LA CLEF

DE

LA SCIENCE

PARIS. — IMP. SIMON RAÇON ET COMP., RUE D'ERFURTH, 1.

LA CLEF

DE

LA SCIENCE

OU LES

PHÉNOMÈNES DE TOUS LES JOURS

EXPLIQUÉS

PAR LE Dʳ E. C. BREWER

MEMBRE DE L'UNIVERSITÉ DE CAMBRIDGE, DU COLLÉGE DES PRÉCEPTEURS DE LONDRES, ETC.
AUTEUR DE PLUSIEURS OUVRAGES LITTÉRAIRES, HISTORIQUES,
SCIENTIFIQUES, MATHÉMATIQUES, ETC.

TROISIÈME ÉDITION, REVUE ET CORRIGÉE

PAR M. L'ABBÉ MOIGNO

Si quas res in vita videmus parvas, usitatas,
quotidianas, earum meminisse non solemus.

CICÉRON.

Ouvrage dédié par autorisation

A S. M. NAPOLÉON III, EMPEREUR DES FRANÇAIS

PARIS

Vᵛᵉ JULES RENOUARD, LIBRAIRE-ÉDITEUR

RUE DE TOURNON, 6.

1858

LETTRE

DE MONSEIGNEUR L'ARCHEVÊQUE DE PARIS

AUX ÉDITEURS DE LA CLEF DE LA SCIENCE

ARCHEVÊCHÉ DE PARIS.

Paris, le 21 mai 1855.

MESSIEURS,

Vous avez bien voulu m'envoyer l'intéressant ouvrage que vous venez de publier sous le titre : *la Clef dé la Science*. Ce manuel m'a paru digne d'éloges et d'encouragements. Il réunit ét présente avec concision beaucoup de notions qui sont propres à exciter, sinon à satisfaire la curiosité, et qu'on ne trouve pas en aussi grand nombre dans une foule de livres plus étendus. Les phénomènes de tous les jours y sont expliqués d'une manière claire et attrayante qu'apprécieront surtout les hommes voués à l'instruction des jeunes gens. Mais ce qui m'a plu davantage

a.

encore, c'est l'attention de l'auteur à faire apparaître le nom de Dieu dans ses pages savantes, toutes les fois que l'occasion s'en offrait naturellement. Je lui sais gré de cet hommage rendu publiquement à celui qui a créé et qui gouverne le monde, et je souhaite qu'un tel acte porte bonheur à l'écrivain et à son livre.

† M. D. AUGUSTE,

Archevêque de Paris.

M. L'ABBÉ MOIGNO A L'ÉDITEUR

Vous saviez qu'à la suite de mon illustre maître et ami, François Arago, j'ai pris un rang honorable parmi les écrivains vulgarisateurs; que, forcé par devoir de suivre le progrès sous toutes ses formes, je dois être parfaitement au courant des découvertes et des théories modernes; et vous avez eu la pensée de me confier la révision de la *Clef de la Science*, de M. le docteur Brewer.

Sans vous en douter, vous alliez au-devant d'un de mes plus ardents désirs. J'avais voulu posséder un des premiers exemplaires de cet ouvrage, je l'avais lu avec avidité; j'y avais trouvé d'excellentes choses, mais aussi des imperfections et des lacunes qu'il importait d'autant plus de faire disparaître que le nouveau livre, par son titre attrayant, par son caractère éminemment pratique, par l'auguste patronage sous lequel il était placé, devait se vendre, et s'est vendu par milliers d'exemplaires. Admirable d'intention, la *Clef de la Science* atteignait incomplétement son but; elle froissait quelque peu ceux qui savent, et n'éclairait pas assez ceux qui ne savent pas.

J'ai accepté votre proposition avec une joie vive; je me suis mis à l'œuvre, et aussi à l'étude, avec ardeur et persévérance. Je dis *à l'étude*, parce que l'auteur anglais, et c'est pour lui un véritable titre de gloire, a si bien choisi, tant varié et tant multiplié les questions, qu'une science acquise par une longue vie de travail ne suffisait pas pour opposer à tous ces *Pourquoi* des *Parce que* nets et satisfaisants.

J'ai la conviction qu'au point où je l'ai amenée, sans sortir du cadre tracé par M. le docteur Brewer, la *Clef de la Science* est un bon, j'oserais presque dire, un très-bon livre. Je me suis appliqué, en le révisant, à populariser un grand nombre de faits, de théories, d'explications, que l'habitude ou la routine tiendront longtemps encore à la porte des ouvrages classiques, et même des traités spéciaux; de telle sorte que cette troisième édition d'un livre moins qu'élémentaire sera presque tout à fait au niveau de la science moderne. On remarquera, j'en suis sûr, que l'introduction des conquêtes récentes a grandement facilité les réponses aux questions proposées. Il ne pouvait pas en être autrement, puisque le progrès n'est en réalité qu'un pas fait vers la simplicité; puisque toute explication plus vraie est essentiellement une explication plus facile; puisque le dernier mot de la science est l'INTUITION.

Ce livre s'adresse surtout à l'enfance. Est-ce à dire que l'enfant, à la première lecture, devra comprendre les réponses aux *Deux mille Pourquoi* dressés devant lui? Non, bien certainement; et, en rédigeant les *Deux mille Parce que,* nous n'avons nullement eu, M. Brewer et moi, la prétention de les rendre saisissables tout d'abord à l'esprit de l'enfant. La science, comme la foi, ne peuvent pénétrer dans une jeune âme que par une oreille docile, *fides ex auditu* : c'est uniquement des lèvres d'un père, d'une mère, d'un instituteur, d'une institutrice, que tout enseignement efficace doit découler pour elle. Formuler des réponses vraies et parfaitement intelligibles pour le maître; lui faire comprendre si bien ce dont il s'agit, le mettre à même de le si bien expliquer, que l'élève, en relisant plus tard le texte des réponses, retrouve sans peine, et grave dans sa mémoire, ce qu'il a saisi en écoutant; telle était au fond notre tâche, et nous croyons l'avoir à peu près remplie.

J'ose espérer que, par votre intermédiaire, le noble et si intelligent auteur de la *Clef de la Science* accueillera avec empressement et avec bonheur mes modestes et inoffensives réformes. S'il daigne introduire dans les nouvelles éditions anglaises de son charmant volume les corrections et les additions que l'amour de la vérité et du progrès m'a fait faire à la troisième édition française, je me croirai récompensé amplement de mes peines.

L'abbé F. MOIGNO.

Paris, 12 juin 1858

PRÉFACE

DE L'ÉDITION ANGLAISE

———

Il n'y a pas de science plus intéressante que celle qui explique les phénomènes journaliers de la nature. Nous voyons que le sel et la neige sont tous deux de couleur blanche, qu'une rose est d'un rouge vif ou tendre, que les feuilles des plantes sont vertes, et qu'une primevère est jaune; mais combien peu de personnes se sont jamais demandé quelle en est la cause! Nous savons qu'une flûte produit un son musical, et une cloche fêlée un son discordant; que le feu est chaud, la glace froide et une bougie lumi-

b.

neuse ; que l'eau bout lorsqu'elle est soumise à la chaleur, et que le froid la fait geler. Mais, quand un enfant nous regarde fixement et nous demande la raison de ces phénomènes, combien de fois, ne pouvant la trouver, lui imposons-nous silence, traitant de ridicules les questions que nous adresse sa naïve curiosité! Le but de ce livre est de résoudre plus de deux mille questions de ce genre (pour lesquelles la demande est plus facile à faire que la réponse) dans un langage qui soit également à la portée d'un enfant et à la hauteur d'une intelligence cultivée. Pour s'assurer la plus grande exactitude dans les réponses, l'auteur de ce livre a consulté les écrivains modernes les plus estimés, et chaque édition a été revue par des hommes du plus grand savoir.

TABLE DES MATIÈRES

CONTENUES DANS CE VOLUME.

PREMIÈRE PARTIE.

CHALEUR.

NOTIONS PRÉLIMINAIRES.

TROISIÈME PARTIE.

ACOUSTIQUE.

QUATRIÈME PARTIE.

OPTIQUE.

CINQUIÈME PARTIE.

CHIMIE MINÉRALE OU INORGANIQUE, MÉTALLOÏDES ET MÉTAUX.

SIXIÉME PARTIE.

CHIMIE ORGANIQUE.

SEPTIÈME PARTIE.

CHIMIE ANIMALE ET PHYSIOLOGIE.

PREMIÈRE PARTIE

—

CHALEUR

NOTIONS PRÉLIMINAIRES

—

SOURCES DE LA CHALEUR

1. *Qu'est-ce que la* CHALEUR ? — *Objectivement* ou en elle-même, la chaleur est un mouvement moléculaire ou atomique excité au sein des corps ou de l'éther. *Subjectivement* ou dans celui qui la perçoit, la chaleur est cette sensation *sui generis* ou spéciale, perçue par l'organe du tact général, par la peau, au contact ou à l'approche d'un corps chaud.

2. *Comment cette* SENSATION *est-elle* PRODUITE ? — Par un rayonnement *subtil et invisible*, qui s'échappe des corps *plus chauds* que le nôtre.

3. *Quel est le* NOM *donné à ce rayonnement subtil et invisible ?* — On le nomme *calorique*. En conséquence, le calorique est la cause de la sensation de la chaleur, l'agent qui la produit et qui donne en outre naissance à beaucoup d'autres phénomènes ou effets.

4. *Quelles sont les* SOURCES *de la chaleur?* — Le soleil, l'électricité, l'action chimique, et l'action mécanique.

5. *Quels sont les* EFFETS *principaux de la chaleur?* — L'expansion ou dilatation, la liquéfaction, l'évaporation, et l'ignition.

CHAPITRE PREMIER

LE SOLEIL, SOURCE PRINCIPALE DE LA CHALEUR

6. *Quelle est la* GRANDE *source naturelle du calorique ou de la chaleur?* — **LE SOLEIL.**

7. *La chaleur solaire est-elle identique à la chaleur terrestre ou du feu?* — Ces deux chaleurs ne sont pas absolument identiques, et ne diffèrent pas non plus essentiellement; elles ont des propriétés physiques et chimiques analogues à la fois et différentes, non-seulement en quantité, mais en qualité.

8. *Comment amener au maximum d'évidence les propriétés calorifiques des rayons solaires?* — En les faisant converger au foyer d'une loupe, ou verre ardent, qui devient alors un foyer de lumière vive en même temps que de chaleur intense.

9. *Qu'est-ce qu'une* LOUPE *ou verre ardent?* — C'est un verre dont l'une au moins des surfaces est convexe, c'est-à-dire bombée, de forme sphérique ou cylindrique, qui a la propriété de faire converger vers un point ou foyer les rayons lumineux ou calorifiques qui tombent à sa surface, et dont on se sert aussi pour grossir les objets.

« Convexe » veut dire courbé et arrondi à l'extérieur.

10. *Comment une* LOUPE, *ou verre ardent, peut-elle* ENFLAMMER *les matières combustibles?* — Parce qu'elle fait converger, c'est-à-dire se rencontrer en un point presque unique, les rayons du soleil, d'abord parallèles et séparés, qui tombent sur sa surface et la traversent. Réunis et condensés dans un espace infiniment petit, qu'on appelle foyer, ces rayons produisent un effet d'ensemble beaucoup plus considérable, proportionnel à leur nombre ou à leur somme.

11. *Pourquoi, quand on y fait attention, voit-on autour du foyer une petite image* COLORÉE? — Parce que la lentille ou loupe n'est pas achromatique, c'est-à-dire qu'elle ne fait pas converger vers un point rigoureusement unique tous les rayons diversement colorés ou de réfrangibilités différentes dont se compose la lumière solaire.

12. *Qu'est-ce qu'un* MIROIR ARDENT? — C'est un miroir concave, de forme sphérique ou parabolique, en métal ou en verre étamé ou argenté, qui a comme la lentille ou loupe la propriété de faire converger ou se rencontrer en un point presque unique les rayons parallèles lumineux ou calorifiques qui tombent sur sa surface.

13. *Comment un* MIROIR ARDENT *peut-il mettre en* FEU *les matières combustibles?* — Par la même raison qu'une loupe, c'est-à-dire parce qu'il condense en un petit espace l'ensemble des rayons de chaleur que reçoit sa surface lorsqu'on l'expose directement aux rayons du soleil.

En faisant tomber sur un même point les rayons réfléchis par un grand nombre de petits miroirs plans, Buffon enflammait du bois à plus de quatre-vingts mètres : à seize mètres, il mettait l'argent en fusion; la réunion des petits miroirs plans faisait l'effet d'un miroir convexe de très-grand diamètre.

14. *Les rayons du* SOLEIL *peuvent-ils* D'EUX-MÊMES EN-FLAMMER *les substances naturelles, sans l'intervention d'une loupe ou d'un miroir ardent?* — En eux-mêmes, les rayons du soleil ne sont pas assez chauds pour enflammer les substances naturelles ; mais il n'est pas impossible qu'ils puissent être concentrés ou condensés accidentellement, sans moyens artificiels, en assez grand nombre pour mettre le feu à certaines substances très-sèches. Il n'est pas démontré que des incendies survenus en été n'ont pas pu avoir pour cause efficiente la chaleur solaire.

15. *Pourquoi la lumière de la lune, réunie au foyer d'une forte lentille, n'élève-t-elle pas sensiblement le thermomètre?* — Parce que la lumière de la lune, qui est la lumière du soleil réfléchie par le globe lunaire, est beaucoup moins riche en rayons calorifiques que la lumière du soleil, et que la faible chaleur des rayons lunaires est en outre absorbée presque en totalité par l'atmosphère de la terre. Les expériences de Melloni et les expériences plus récentes de M. Piazzi Smyth, au sommet du pic de Ténériffe, à une grande hauteur au-dessus de la mer, hors de l'influence, par conséquent, d'une portion notable et la plus dense de l'atmosphère terrestre, ont cependant mis en évidence d'une manière certaine la réalité d'une action calorifique exercée par la lumière de la lune.

16. *De quoi se compose, dans son ensemble, la radiation solaire, ou de combien de sortes de rayons est-elle formée ?*

La lumière du soleil contient trois sortes de rayons :

1° Des rayons CALORIFIQUES, auxquels elle doit la propriété d'échauffer;

2° Des rayons LUMINEUX, auxquels elle doit la propriété d'éclairer :

3° Des rayons CHIMIQUES OU ACTINIQUES (du grec ἀκτίν pointe), d'où dépend l'action chimique qu'elle exerce sur diverses substances.

Les premiers rayons sont moins *réfrangibles* que les seconds, et ceux-ci moins que les troisièmes.

Le rayon *violet* fait moins monter le thermomètre que les autres rayons ; mais il est de tous celui qui a le plus d'*action chimique*, et il a aussi la propriété de développer la matière *verte des plantes*.

Le rayon *jaune* est le plus lumineux.

Le rayon *rouge* échauffe plus le thermomètre que tous les rayons du spectre.

En dehors du spectre visible, au delà des rayons violets et en deçà des rayons rouges, il existe des rayons invisibles; les premiers ont plus de puissance chimique que les rayons violets; les seconds sont plus chauds que les rayons rouges.

17. *Est-il vrai qu'un feu exposé aux rayons du soleil* BRULE *difficilement?* — Non : le préjugé populaire qui règne à cet égard est le produit d'une illusion. En présence de la lumière plus vive du soleil, le feu semble naturellement moins ardent. Toute lumière pâlit nécessairement et semble s'éteindre quand elle est comme éclipsée par une lumière beaucoup plus vive. Auprès de la lumière électrique, la lumière d'une lampe modérateur n'est plus qu'une ombre noire.

CHAPITRE II

ÉLECTRICITÉ

SECTION I. — DÉVELOPPEMENT DE L'ÉLECTRICITÉ.

18. *Nommez une seconde source de chaleur.* — **L'ÉLECTRICITÉ.**

Du mot grec ἤλεκτρον (*ambre* ou *succin*).

19. *Pourquoi a-t-on donné à cet agent le nom* d'ÉLECTRICITÉ, *qui signifie la propriété de l'ambre?* —

Parce que l'ambre est la première substance que l'on ait vue acquérir, par le frottement, la propriété d'attirer les corps légers, tels que de petits morceaux de papier, la sciure de bois, la moelle de sureau, les barbes de plume, etc., etc.

Thalès a découvert cette propriété de l'ambre, l'an 600 avant Jésus-Christ.

20. *Combien distingue-t-on* d'ESPÈCES DIFFÉRENTES *d'électricité?* — Il y a deux espèces d'électricité : l'électricité *vitrée* et l'électricité *résineuse*. Cette distinction est plutôt nominale et explicative que réelle et théorique.

21. *D'où vient la dénomination d'électricité* VITRÉE ? — De ce que cette électricité a d'abord été mise en évidence en frottant un bâton ou une surface de *verre poli (vitre)*.

22. *D'où vient la dénomination d'électricité* RÉSINEUSE? — De ce que cette électricité s'est montrée d'abord sur un bâton ou surface de *résine* frottés avec de la laine. L'ambre est lui-même une sorte de résine.

23. *Y a-t-il* d'AUTRES NOMS *par lesquels les deux électricités soient désignées?*—Oui : l'électricité vitrée s'appelle aussi *positive*, et l'électricité résineuse *négative*.

24. *Pourquoi ces noms d'électricité* POSITIVE *et d'électricité* NÉGATIVE? — 1° Parce que dans une des hypothèses que l'on a faites sur la nature de l'électricité, on admettait que les phénomènes électriques étaient dus à un excès ou à un défaut d'un fluide impondérable, appelé *fluide électrique*. L'*excès* de fluide constituait l'*é-lectricité positive* ou l'*état électrique positif*; le défaut, l'*électricité négative* ou l'*état électrique négatif*; 2° parce que les deux électricités semblent produire des phénomènes contraires ou opposés, que l'une semble attirer ce que l'autre repousse, et réciproquement.

Unies ou combinées en quantités égales dans un même corps, les deux électricités se neutralisent et dissimulent leurs propriétés ; le corps est alors à l'état neutre, c'est-à-dire que le fluide électrique dont il est pénétré est à l'état de fluide neutre.

25. *Pourquoi le* FROTTEMENT *produit-il l'électricité?* — Dans l'état actuel de la science, on admet que la force mécanique exercée et dépensée dans le frottement peut se transformer sous certaines conditions en électricité ou force électrique, comme sous d'autres conditions elle se transforme en chaleur et en lumière. Dans l'ancienne hypothèse on admettait que le frottement séparait les deux électricités unies à l'état neutre, et que, suivant la nature du corps frotté, c'était tantôt l'électricité positive, tantôt l'électricité négative qui devenait prédominante à sa surface, l'électricité contraire étant emportée par le corps frottant.

26. *Pourquoi un morceau de papier devient-il* ADHÉRENT *à la table, lorsqu'on le frotte avec de la* GOMME ÉLASTIQUE?—Parce que le frottement développe dans le papier l'*électricité*, laquelle lui communique la propriété d'attirer la table, ou mieux d'être attirée par elle, et d'y adhérer. L'attraction est toujours réciproque ou mutuelle, mais c'est celui des deux corps qui a le moins de masse qui cède à l'attraction.

27. *Si l'on sèche au feu un morceau de gros* PAPIER GRIS, *et qu'on le frotte en le tirant deux ou trois fois entre les genoux serrés, il pourra* ADHÉRER AU MUR : *pourquoi cela?* — Parce que par le frottement il devient électrique, attirant et attiré, apte, par conséquent, à adhérer aux corps qui l'avoisinent.

28. *Quand un vitrier raccommode une vitre et la nettoie avec sa* BROSSE, *pourquoi les parcelles de* MASTIC *éparses sur le châssis dansent-elles de haut en bas?* — Parce que le frottement électrise le verre et lui communique la propriété d'attirer des corps légers, tels que des parcelles de mastic. En touchant la partie électrisée de la vitre, ces parcelles se *chargent d'électricité* de même nom, et, repoussées, elles *retombent* sur le châssis; lorsqu'elles ont perdu leur électricité, elles s'élèvent encore pour recevoir une *charge nouvelle* et retomber ensuite.

29. *Pourquoi, après s'être brossé fortement la tête, y éprouve-t-on des démangeaisons?* — Ces démangeaisons peuvent être le résultat, soit d'une irritation mécanique, soit de l'état électrique des cheveux déterminé par le frottement.

30. *Pourquoi la* PEAU *de la* FIGURE *nous démange-t-elle quelquefois à l'approche de la pluie?* — Lorsque la pluie a pour cause l'orage ou l'état électrique de l'atmosphère, il est assez naturel que l'électricité de l'air impressionne la peau plus sensible du visage.

31. *Pourquoi voyons-nous les* CHIENS *et les* CHATS *se* FROTTER *les* OREILLES, *quand il va pleuvoir?* — La peau du chat, vivant ou mort, et aussi, mais plus faiblement, la peau du chien est facilement électrisable; frottée-vivement, elle s'électrise jusqu'à donner des étincelles. Il est donc assez naturel que l'électricité de l'air, cause de la pluie d'orage, agace la peau des chats et détermine une démangeaison qu'ils combattent en se grattant.

32.. *Comment l'*ÉLECTRICITÉ DE L'AIR *peut-elle produire une sensation de* PICOTEMENT *sur la peau?* — Les poils chargés d'électricité ne restent pas *couchés;* ils ont une tendance à se redresser, et cette tendance produit une sorte de chatouillement, comme si la peau était couverte de *toiles d'araignées.*

33. *Pourquoi ces animaux (les chiens et les chats) se* LÈCHENT-*ils si* SOUVENT *alors?* — Pour mouiller, désélectriser et coucher leurs poils, afin de faire cesser la sensation qui les irrite.

34. *L'électricité se* MANIFESTE-*t-elle de quelque* MANIÈRE *ostensible?* — En lui-même le fluide électrique est invisible, comme la chaleur; mais l'électricité dans un grand nombre de cas engendre de la lumière, et se manifeste sous forme d'étincelle, d'aigrette, d'éclair, de nappe de feu, etc.

35. *Quelque* ODEUR *accompagne-t-elle l'électricité?* — En elle-même l'électricité n'a pas d'odeur; mais, auprès d'une forte machine électrique en marche, comme dans l'air par les temps très-orageux, on sent une odeur particulière *sui generis*, qui rappelle un peu celle du soufre et du phosphore, et qui est propre à l'oxygène de l'air électrisé, désigné par M. Schœnbein sous le nom d'ozone.

36. *Pourquoi la secousse électrique est-elle ressentie plus fortement aux articulations?* — Probablement parce qu'aux articulations la conductibilité est moindre et qu'il y a saut d'un os à l'autre.

SECTION II. — MANIFESTATION DE L'ÉLECTRICITÉ DANS LA NATURE.

37. *Quelles sont les principales manifestations de l'électricité dans la nature?* — L'aurore électrique, le feu Saint-Elme, et l'orage, comprenant la foudre, l'éclair et le tonnerre.

§ 1. — DES AURORES ÉLECTRIQUES.

38. *Qu'est-ce que l'aurore électrique?* — Une lueur ou nuée lumineuse qui se montre quelquefois dans le ciel, vers le nord ou vers le sud, près des pôles magnétiques nord et sud de la terre, c'est-à-dire près des points vers lesquels se dirige la pointe de l'aiguille aimantée, ou boussole, dans les deux hémisphères. L'aurore électrique s'appelle *aurore boréale*, quand elle apparaît vers le nord; *aurore australe*, quand elle apparaît vers le sud.

Dans nos contrées, les aurores boréales sont assez rares; dans le **Nord**, elles sont très-communes; et, sous le 70ᵉ degré de latitude, il est rare qu'une nuit claire se passe sans qu'il y en ait au moins quelques lueurs.

39. *Sous quels* ASPECTS *différents les aurores électriques se présentent-elles?* — Sous *deux* aspects : celui d'*arc* ou celui de *rayons*.

40. *Décrivez l'aspect de l'aurore électrique lors-*

*qu'elle se montre sous la forme d'*ARC. — L'arc, séparé de l'horizon par un segment de nuance très-foncée, est d'un *blanc brillant*, passant quelquefois au *bleuâtre* ou au *jaunâtre* nuancé de *vert*; son bord *inférieur* est nettement *dessiné*, son bord *supérieur* se confond avec la lueur qui éclaire tout le ciel.

41. *Décrivez l'aspect de l'aurore électrique lorsqu'elle se montre sous la forme de grands* RAYONS. — Les rayons sont *blancs* et montent de l'horizon vers le *zénith* sous la forme de *draperies étincelantes* qui paraissent agitées par le vent.

Il se forme quelquefois aussi des *couronnes zénithales* ornées des plus belles couleurs, et d'où les rayons semblent s'élancer.

42. *Quelle est la* CAUSE *des aurores électriques?* — On croit actuellement que l'aurore *boréale* ou *australe* est essentiellement une manifestation électrique du magnétisme terrestre, une sorte d'orage ou de tempête magnétique. Ce phénomène est cependant loin d'être encore expliqué. Plusieurs causes secondaires peuvent concourir à sa formation et le modifier.

43. *Quelle est la cause des* COULEURS *diverses des aurores électriques?* — La densité diverse et l'état hygrométrique différent des couches de l'atmosphère à travers lesquelles passe sa lumière suffisent à lui donner des aspects variés, lesquels peuvent aussi dépendre de particularités encore inconnues, l'intervention des nuages appelés cirrus, des petits corps ou des nuées de poussière qui flottent dans l'atmosphère à de grandes hauteurs, etc., etc.

44. *Quelque* BRUIT *accompagne-t-il les aurores magné-*
tiques ? — Quelques observateurs ont cru entendre,
pendant les aurores boréales, certains bruits de sifflle-
ment, de murmure, de grondement, de craquement ;
il est plus probable cependant que ces bruits sont illu-
soires et qu'en elle-même l'aurore boréale est silencieuse.

45. *Quel est le phénomène qui a valu communé-*
ment à l'aurore électrique le nom de CHÈVRES DANSANTES,
en anglais MERRY DANCERS? — Les mouvements *ondula-*
toires de ses rayons.

46. *Comment sait-on que les* AURORES *sont un phéno-*
mène électrique, produit par le magnétisme terrestre? —
Parce qu'elles exercent une grande influence sur
l'*aiguille aimantée* et la font dévier de sa direction
habituelle ; qu'il y a une relation certaine entre les apparitions d'aurores magnétiques et les variations d'intensité du magnétisme terrestre; que les apparitions
périodiques *maxima* et *minima* des aurores correspondent aux *maxima* et aux *minima* périodiques de l'intensité du magnétisme. On sait qu'Arago, en observant
les agitations de l'aiguille aimantée à l'intérieur de
l'Observatoire de Paris, a pu annoncer que des aurores
magnétiques avaient dû se montrer tel jour et à telle
heure dans l'hémisphère nord.

§ 2. — DU FEU SAINT-ELME.

47. *Comment nomme-t-on les petites* FLAMMES *qui*
s'attachent quelquefois aux MATS *des vaisseaux ?* — Elles

sont appelées en français *feux Saint-Elme*; les Anglais les appellent *comazants*.

Comazants, du latin *coma* (cheveux), d'où vient aussi le nom des comètes ou astres chevelus.

Quand *une* flamme seule se montre à l'extrémité du mât-d'un navire, les matelots anglais l'appellent Hélène ou Helena; elle annonce que le moment le plus violent de l'orage *n'est pas encore venu*. Mais, quand *deux* globules de feu paraissent à la fois, ils annoncent la *fin prochaine* de l'orage. Horace a fait mention de la joie des matelots lorsque les deux feux appelés par les Romains Castor et Pollux se montrent pendant un orage. (L. 1er, od. xii.)

> « Dicam . . . . puerosque Ledæ
> . . . . . quorum simul alba nautis
> Stella refulsit,
> Defluit saxis agitatus humor,
> Concidunt venti, fugiuntque nubes,
> Et minax, sic Di volêre, ponto
> Unda recumbit. »

En 1696, M. de Forbin vit plus de trente feux Saint-Elme sur son vaisseau.

48. *Les feux Saint-Elme se montrent-ils à la surface de la* TERRE *aussi bien que sur les mers?*—Oui; on les voit assez souvent apparaître aux extrémités de corps métalliques aigus et élevés, tels que les *lances* des soldats; ou quelquefois même à l'extrémité des branches des arbres, des *cheveux*, etc., sur les bords des chapeaux, des parapluies, etc.; sur les vêtements, sur les portions les plus saillantes des corps terrestres, etc. Quelquefois ces feux ont la forme d'aiguilles; quelquefois ils sont concentrés sous forme de petits globules, sans aucune trace de jets divergents; on croit les avoir entendus quelquefois petiller ou siffler.

Pline l'Ancien, l'auteur célèbre de l'*Histoire naturelle*, fait mention de ce phénomène.

49. *Quelle est la* CAUSE *des feux Saint-Elme?* —

L'électricité de l'atmosphère, dans un état inconnu d'union avec des vapeurs aqueusès, ou avec certaines autres matières subtiles qu'elle rend phosphorescentes. Pendant de grands orages, les gouttes de pluie, les grêlons, les flocons de neige, apparaissent aussi quelquefois lumineux ou produisent de la lumière soit en arrivant à terre, soit en s'entre-choquant.

50. *En quel temps ces feux se montrent-ils le plus ordinairement ?* — Dans les temps à la fois chauds, orageux et humides, s'il s'agit du feu Saint-Elme ordinaire; dans les temps froids et très-secs, lorsqu'il s'agit de la neige devenue lumineuse.

§ 5. — LA FOUDRE, L'ÉCLAIR.

1° Nature et aspect de la foudre, orages.

51. *Qu'est-ce que la* FOUDRE? — La foudre est une décharge *électrique* d'une grande puissance entre deux nuages ou entre un nuage et la terre: La décharge se fait du nuage ou du corps électrisé positivement au nuage ou au corps électrisé négativement.

52. *Combien y a-t-il de différentes* ESPÈCES *de foudre?* La foudre ou décharge électrique est une; mais on peut la distinguer en foudre descendante ou foudre ascendante, dans le cas où elle a lieu entre la terre et un nuage, suivant qu'elle vient du nuage à la terre ou va de la terre au nuage.

53. *Qu'est-ce que l'*ÉCLAIR? — L'éclair est la lumière

ou le phénomène lumineux qui accompagne la foudre
ou la décharge d'électricité atmosphérique.

54. *Qu'est-ce que le* TONNERRE? — Le tonnerre est
le bruit ou le phénomène acoustique qui accompagne
la foudre.

Les mots foudre, éclairs, tonnerre, que l'on confond trop souvent, ont
donc une signification différente, nette et précise; et il importe beaucoup qu'on ne les emploie jamais l'un pour l'autre, surtout dans la des-
cription des phénomènes. Arago a fait remarquer que les bons écrivains
sont loin d'en faire des synonymes. Un grand prosateur a dit : « Le ciel
a plus de tonnerres pour épouvanter qu'il n'a de foudres pour punir. »

55. *Qu'est-ce que l'*ORAGE? — C'est une tempête électrique, une perturbation plus ou moins violente de
l'état électrique de l'atmosphère, qui se manifeste par
les phénomènes définis plus haut : la foudre, les éclairs,
le tonnerre.

56. *Quelles sont les* SOURCES *de l'électricité atmosphé-*
rique? — Les changements d'état des corps, l'évaporation, les frottements mutuels de l'air, des eaux et de
la terre; les combinaisons et les décompositions chimiques qui surviennent dans la nature; la végétation
des plantes qui, dans l'acte de la respiration, émettent
de l'oxygène électrisé ou ozone, etc., etc. Lorsque le ciel
est serein, cette électricité n'est en général sensible
qu'aux électroscopes; c'est en s'accumulant au sein des
nuages, ou autrement, que l'électricité atmosphérique
peut donner naissance à l'orage.

57. *A quels* CARACTÈRES *distingue-t-on les nuages ora-*
geux? — On y remarque une sorte de fermentation
intérieure; on les voit se gonfler, se terminer par des

contours curvilignes brusques, agir, en leur imprimant des mouvements divers, sur d'autres petits nuages blancs nettement circonscrits.

58. *A quelle* HAUTEUR *de la terre se trouvent les nuages électriques?* — A toutes les hauteurs, de 50 à 10,000 mètres et plus.

59. *Comment a-t-on vérifié l'*IDENTITÉ *de l'électricité et de la foudre?* — L'abbé Nollet a le premier clairement énoncé la probabilité de cette identité, ou de la nature électrique de la foudre ; Franklin a le premier proposé de soutirer de l'électricité des nuages orageux à l'aide d'une pointe unie à la terre par un fil conducteur. L'expérience a été faite d'abord à Marly à l'aide d'une barre de fer de 40 pieds de hauteur, isolée et terminée en pointe; électrisée par un nuage orageux, cette barre donna pendant un quart d'heure d'abondantes étincelles électriques.

60. *Quand l'*ÉCLAIR *est-il simple et rectiligne?* — Quand la distance que parcourt la décharge électrique est trop petite pour qu'elle ait le temps de subir des déviations, ou quand ses zigzags sont trop nombreux, trop serrés pour que l'œil puisse les distinguer; elle apparaît alors sous forme de trait, de sillon de lumière très-resserré, très-mince, très-arrêté sur les bords.

61. *Pourquoi l'éclair se bifurque-t-il quelquefois à son extrémité?* — Parce que la décharge électrique se partage entre deux ou plusieurs objets qu'elle va frapper, ou prend deux routes différentes, également conductrices.

62. *Pourquoi les éclairs se dessinent-ils ordinairement sous la forme d'une ligne brisée en zigzag ?* — L'éclair, comme du reste l'étincelle de nos machines électriques, se dessine sous forme de zigzag, parce que, dans l'intervalle qu'elle doit parcourir, la décharge électrique ne rencontre pas un milieu conducteur homogène; et qu'il est de sa nature de prendre le chemin de meilleure conductibilité. Les portions de conductibilité plus grande étant irrégulièrement réparties les unes à la suite des autres, la décharge, en passant de l'une à l'autre, décrit nécessairement des sinuosités. On sait, en outre, que les masses relativement moins conductrices, placées sur le trajet de la décharge électrique, l'attirent, la font dévier, l'amènent en quelque sorte à caramboler sur elles : c'est donc cette double série d'inflexions pour chercher les portions conductrices, et de carambolages sur les portions non conductrices, qui déterminent la forme en zigzag des éclairs.

63. *Pourquoi les éclairs sont-ils quelquefois des lueurs qui embrasent une partie de l'horizon et le rendent tout* flamboyant *?* — 1° Parce qu'il peut arriver que la décharge électrique se fasse d'une manière diffuse autour de la périphérie des nuages, soit parce qu'elle n'a pas assez de tension, soit parce que l'espace intermédiaire et le second nuage vers lequel elle devrait s'élancer ne sont pas d'assez bons conducteurs; 2° parce qu'en se réfléchissant sur les nuages qui le cachent, et en les illuminant, l'éclair en zigzag se change naturellement en un amas de lumière diffuse.

64. *Quelle* AUTRE *forme les éclairs prennent-ils quelquefois ?* — La décharge électrique et par suite l'éclair
prend quelquefois une forme arrondie, qu'on désigne à
tort du nom de tonnerre en boule, et qu'il faudrait appeler *foudre en boule*. Sous cette forme la foudre n'est
plus animée d'une très-grande vitesse ; elle chemine,
au contraire, lentement, et l'œil peut la suivre pendant
plusieurs secondes. Voici comment on peut concevoir
la formation de la foudre en boule. Si une décharge
électrique intense, qui a suivi d'abord un corps bon
conducteur, se trouve arrêtée tout à coup, par exemple
parce que le conducteur se replie à angle droit ou
aigu, elle se condense ; les atomes dont elle est formée
et qui, comme tous les atomes de matière, s'attirent en
raison inverse du carré de la distance, devenus alors
très-rapprochés et pressés l'un contre l'autre, peuvent
céder à leurs attractions mutuelles et prendre momentanément la forme sphérique, qui est la forme naturelle d'équilibre; en même temps que leur vitesse de
translation se ralentit. Mais, en raison de la faible
masse de ces atomes, cet équilibre sera très-instable ;
associés un instant, les éléments de la foudre en boule
sont prêts à se séparer en éclatant; et c'est ce qui arrive
en effet dans la nature. M. le docteur Noath, qui avait
à sa disposition l'effrayante décharge de l'énorme machine du panopticon de Londres, l'a forcée à se former
en boule en la faisant jaillir par une sphère de trop
petit diamètre ; on l'a vue descendre lentement dans
un tube de six mètres de longueur, où l'on avait fait
un vide partiel.

65. *Pourquoi la foudre produit-elle de la lumière et*

du bruit en traversant l'air? — L'air n'est pas un bon conducteur; la décharge électrique le traverse donc avec une certaine résistance; et l'on comprend très-bien que l'effort produit pour vaincre cette résistance puisse mettre en mouvement soit l'éther ou fluide lumineux contenu dans l'air, de manière à faire jaillir la lumière ou l'éclair, soit les molécules d'air elles-mêmes, en faisant naître un bruit ou le tonnerre.

66. *La foudre ne produit-elle ni lumière ni bruit lorsqu'elle traverse un bon conducteur?* — Non, le fluide électrique passe par un bon conducteur *sans bruit et sans être vu.*

67. *Pourquoi l'éclair est-il en général suivi d'une* AVERSE? — Parce qu'il est de la nature d'une décharge électrique, ainsi que l'a démontré M. l'abbé Laborde, de condenser les vapeurs au sein desquelles elle arrive, et de produire en même temps un refroidissement sensible. Les livres saints disent en plusieurs endroits que Dieu a transformé la foudre en pluie, ou qu'il a produit de la pluie avec la foudre : *Fecit fulgura in pluviam.* Le vieux proverbe dit aussi : *Après gros tonnerre, force eau sur la terre.*

68. *Pourquoi l'éclair est-il en général suivi d'un* COUP DE VENT? — Par cela même que la décharge électrique produit un refroidissement et condense les vapeurs, elle peut faire naître un vent d'aspiration; en tant que puissance mécanique, elle est apte aussi à faire naître le vent par impulsion.

69. *Quels sont les éclairs connus sous le nom d'é-*

CLAIRS DE CHALEUR? — Des éclairs *sans tonnerre*, qu'on observe souvent à l'horizon, dans les beaux soirs d'été.

Pourquoi ne pas donner à ces éclairs le nom populaire d'*épars* qu'ils reçoivent dans diverses contrées; cette dénomination les caractériserait très-bien? Les Anglais les appellent éclairs d'été, ou éclairs en nappe, *sommer lightning; flash lightning*.

70. *Pourquoi ne tonne-t-il pas lorsqu'il fait des éclairs de chaleur?* — Parce qu'ils ne sont que le *reflet* des éclairs d'orages *situés très-loin au-dessous de notre horizon*, et que le bruit du tonnerre est perdu avant d'arriver jusqu'à nos oreilles. Il ne nous semble pas impossible cependant qu'au sein de nuages très-dilatés, ou lorsqu'elle a lieu entre deux nuages très-rapprochés, une décharge électrique de faible tension puisse rester silencieuse, et qu'il y ait par conséquent de véritables *éclairs sans tonnerre*. Il peut arriver de même, s'il n'y a pas d'écoulement vers la périphérie ou de décharge, que les attractions et les répulsions électriques exercées au sein du nuage ne donnent lieu qu'à des effets sonores, et qu'il y ait par conséquent *des tonnerres sans éclairs:*

71. *Qu'appelle-t-on choc en retour?* — Une décharge électrique, consécutive ou indirecte, laquelle a lieu lorsque l'électricité, excitée par influence ou par la présence à distance d'électricité contraire, devient tout à coup libre par la soustraction subite de l'électricité contraire qui l'avait fait naître et la maintenait comme enchaînée ou suspendue.

72. *La foudre passe-t-elle aussi de la* TERRE *aux nuages?* — Oui, et la foudre est dite alors ascendante.

73. *Laquelle des deux électricités s'échappe des nuages?* — L'électricité positive; quand la décharge va du nuage à la terre, le nuage était électrisé positivement et la terre négativement.

74. *Quelle électricité s'élance de la* TERRE? — L'électricité positive; si la décharge va de la terre au nuage, la terre était électrisée positivement et le nuage négativement.

75. *Dans quelles saisons de l'année les orages sont-ils le plus* FRÉQUENTS? — Ils sont *le plus* fréquents en *été*, puis en automne, et ils le sont *le moins* au printemps et en hiver.

Si nous désignons par *cent* le nombre total des orages dans l'année, nous aurons la distribution suivante pour les contrées de l'Europe occidentale : été, 53; automne, 21; printemps, 17; hiver, 9.

Les orages sont très-communs dans le nord de l'Italie; mais, dans le nord de l'Europe, ils sont très-rares.

76. *Pourquoi les orages sont-ils plus communs en* ÉTÉ *et en* AUTOMNE *que pendant le printemps ou l'hiver?* — Parce que c'est surtout en été et en automne, de juin en septembre, que les sources de l'électricité atmosphérique sont en pleine activité, et que l'atmosphère est dans des conditions qui se prêtent mieux à l'accumulation de l'électricité. Lorsqu'un orage éclate à la fin de mai ou au commencement de juin, alors que la végétation, une des sources les plus fécondes de l'électricité atmosphérique, est très-active, l'équilibre rompu est très-lent à se rétablir; les orages se succèdent ordinairement pendant huit ou neuf jours, quelquefois pendant un mois et plus.

77. *Pourquoi un orage suit-il généralement un temps* sec? —Parce que la siccité de l'air est une des conditions essentielles de l'accumulation de l'électricité au sein des nuages. L'air sec ne soutiré pas cette électricité à mesure qu'elle se produit, il contribue même à l'engendrer par le frottement de ses particules; la charge électrique des nuages peut alors atteindre les proportions nécessaires à la production de la foudre.

78. *Pourquoi l'orage survient-il très-*rarement *après un temps* pluvieux? — Parce que l'*air humide* et la pluie *conduisent l'électricité* et ne la font pas naître. Les nuages sont alors déchargés lentement et sans bruit à mesure que l'électricité tend à s'y accumuler.

2° Effets physiques de la foudre.

79. *La foudre pénètre-t-elle dans l'*arbre *qu'elle frappe, ou en suit-elle seulement la surface extérieure?* — Quelquefois la foudre pénètre au sein même de l'arbre et le divise en éclats ou lattes; mais, le plus ordinairement, elle passe *entre le bois et l'écorce* où se trouve l'aubier, là où la *sève est la plus abondante.*

80. *Pourquoi la foudre passe-t-elle ordinairement entre le* bois *et l'*écorce *d'un arbre?* — Parce qu'elle choisit toujours le *meilleur conducteur*, qui, dans l'arbre, est l'aubier.

81. *La foudre parcourt-elle la peau d'un* homme, *ou*

pénètre-t-elle dans son corps? — Elle pénètre dans le corps humain.

82. *Pourquoi la foudre passe-t-elle à travers le corps humain?* — Parce qu'il est *meilleur conducteur* de l'électricité que la peau : la foudre, conséquemment, passe dans le corps de l'homme et ne court pas seulement à sa surface.

Le corps des animaux et celui de l'homme, en particulier, conduisent assez bien l'électricité.

83. *Pourquoi un* ARBRE *est-il quelquefois* BRULÉ *par la foudre comme si on y avait mis le feu?* — Parce que l'arbre *opposait* une grande résistance à la décharge électrique, et que, toutes les fois qu'elle rencontre une grande résistance, l'électricité fait naître une *grande chaleur.*

84. *Pourquoi l'écorce des arbres est-elle quelquefois* ARRACHÉE *par la foudre?* — Parce que la foudre, brisant la résistance que lui opposait l'arbre, en arrache l'écorce par sa violence mécanique.

85. *Pourquoi la foudre* CASSE-t-elle *les branches des arbres?* — En raison de sa grande puissance mécanique ; les branches de l'arbre, étant des *conducteurs imparfaits,* se trouvent brisées par la foudre, dans sa lutte contre la résistance qu'elles lui opposent.

86. *Pourquoi les vieux* CHÊNES *et les troncs desséchés sont-ils brisés par la foudre plus souvent que les autres arbres?* — Parce qu'ils sont secs et pleins de nœuds ; qu'ils sont, par conséquent, plus mauvais conducteurs que les autres arbres.

87. ˙ *Comment la foudre* FAIT-*elle* PÉRIR *les animaux qu'elle frappe?* — Soit en lésant les organes et le système *vasculaire*, soit en paralysant le système nerveux.

88. *Dans quel cas un homme peut-il être frappé de* MORT *par la foudre?* — Directement, lorsque son corps se trouve sur le trajet de la foudre et que la décharge électrique l'atteint ; indirectement, par un effet de choc en retour ; il faut, en outre, que la décharge soit. forte; une décharge faible blesse et ne tue pas.

89. *Pourquoi est-il dangereux de se trouver au milieu d'une grande* FOULE *pendant un orage?* — Parce qu'une multitude de personnes offre à la foudre un meilleur conducteur qu'une personne isolée ; que la vapeur humide exhalée d'une foule lui ouvre un accès plus facile dans l'atmosphère environnante.

90. *Pourquoi une* MULTITUDE *de personnes est-elle un meilleur conducteur qu'un seul individu?* — Puisque chaque individu est un conducteur de l'électricité, il s'ensuit qu'un *grand nombre* de personnes fournit un accès plus facile au fluide électrique que ne saurait le faire un seul individu ; en d'autres termes, la masse des individus peut attirer la foudre qu'un seul individu n'attirerait pas.

91. *Pourquoi le danger s'accroît-il par la* VAPEUR *exhalée d'une multitude de personnes?* — Parce que la vapeur est meilleur *conducteur* que l'air sec, et, par conséquent, plus elle est abondante, plus le danger augmente.

92. *Pourquoi un* THÉATRE *est-il dangereux pendant*

un orage? — Parce que la *multitude* et la *vapeur* qui le remplissent forment un meilleur conducteur du fluide électrique.

93. *Pourquoi un grand* TROUPEAU *est-il plus en danger que quelques bœufs ou quelques moutons?* — Par la raison déjà indiquée quand il s'agissait d'une foule assemblée.

94. *Un homme recouvert d'une* ARMURE *de métal est-il en danger d'être foudroyé?* —Il peut être atteint par la foudre, mais celle-ci sera moins redoutable, parce que, l'armure lui donnant un accès plus facile, le corps lui même sera, jusqu'à un certain point, à l'abri.

95. *Est-il avantageux, en temps d'orage, d'être couché dans un lit en fer?* — Oui; parce que la foudre choisirait pour conducteur le lit de préférence au corps humain?

96. *Pourquoi un* MATELAS, *un* LIT *de plume, un* TAPIS *de laine, etc., sont-ils autant de garanties contre les effets de la foudre?* — Parce qu'en leur qualité de *mauvais conducteurs* ils isolent le corps, et qu'alors la décharge électrique cherche une autre voie d'écoulement.

97. *Pourquoi les* CLEFS, *les* MONTRES, *les* BAGUES, *les* JOYAUX, *une paire de* LUNETTES, *etc., accroissent-ils le danger que l'on court pendant un orage?* — Parce que ces objets en métal s'offrent comme conducteurs de la foudre, sans pouvoir néanmoins la conduire jusqu'à la terre; et qu'après les avoir frappés la foudre n'a d'issue que par le corps humain.

98. *Quels sont les* ENDROITS *les plus* DANGEREUX *pendant un orage?* — Il est très-dangereux d'être auprès d'un *grand arbre* ou d'un *bâtiment élevé*, ainsi que près d'une *rivière* ou d'une *eau courante*.

99. *Pourquoi est-il dangereux d'être auprès d'un* ARBRE *ou d'un* BATIMENT ÉLEVÉ *pendant un orage?* — Parce que la présence d'un objet élevé, tel qu'un arbre, etc., facilite l'*explosion* d'un nuage orageux ; et que, si quelqu'un s'en trouvait rapproché, la foudre pourrait passer par le corps humain, meilleur conducteur que l'arbre ou l'édifice.

La foudre préfère les conducteurs *métalliques* aux corps des animaux, et ces *derniers* aux végétaux.

100. *Comment un* ARBRE *ou un* CLOCHER *peuvent-ils faciliter l'*EXPLOSION *d'un nuage orageux?* — Parce que, placés à une moindre distance du nuage, ils lui offrent un passage plus facile et s'électrisent davantage par influence, en se chargeant d'électricité contraire, ce qui est comme une préparation à l'explosion.

101. *Pourquoi la foudre* S'ÉCARTERAIT-*elle d'un* ARBRE *pour venir frapper un* HOMME *qui serait auprès?* — Parce qu'elle cherche toujours les meilleurs conducteurs, et que le corps de l'homme conduit mieux qu'un arbre ou un édifice.

102. *Pourquoi est-il dangereux d'être auprès d'une* EAU COURANTE *pendant un orage?* — Parce qu'elle est bon *conducteur*, et que la foudre se dirige toujours vers les meilleurs conducteurs.

103. *Pourquoi le pouvoir conducteur de l'eau rend-il dangereux le voisinage d'une rivière pendant un orage?* — Parce qu'un homme *diminue l'espace* entre le nuage orageux et le sol ; et que, s'il ne se trouve aucun objet plus élevé, le fluide électrique peut prendre l'*homme* pour se guider vers l'eau.

104. *Dans les campagnes, on sonne les cloches aux approches d'un orage, pour l'écarter et fendre la nuée orageuse. Cette habitude rend-elle les orages moins redoutables?* — Physiquement parlant, non : il est certain que le tonnerre tombe aussi bien sur les clochers où l'on sonne que sur ceux où l'on ne sonne pas ; et, dans le premier cas, les sonneurs sont en danger d'être foudroyés, à cause des cordes qu'ils tiennent dans leurs mains, et qui peuvent conduire la foudre jusqu'à eux.

105. *Les églises offrent-elles un abri assuré pendant un orage?* — Non : car, 1° les clochers, après avoir attiré la foudre sur eux en raison de leur élévation, sans pouvoir toujours la conduire dans le sol, laissent les églises exposées à son action ; — 2° les individus rassemblés forment un amas conducteur sur lequel la foudre se jette de préférence aux objets environnants.

La prudence commande donc, tant que les églises ne seront pas armées de paratonnerres, de ne point s'y rassembler pendant un orage.

106. *Pourquoi est-il dangereux de* s'appuyer *contre un mur pendant un orage?* — Parce que la foudre, si elle *parcourait la muraille*, pourrait chercher un passage au travers du corps de l'homme, meilleur conducteur.

107. *Comment arrive-t-il que la foudre* DÉTRUISE *quelquefois des maisons et des églises?* — En général, c'est le *clocher* ou la *cheminée* qui sont d'abord foudroyés ; de là, la foudre se jette sur les *barres* et les *crampons de fer* employés dans la construction, et, en se jetant d'une barre à l'autre, elle brise les briques et les pierres qu'elle rencontre. Sa force mécanique est extrême, parce qu'elle est formée de matière animée d'une vitesse excessive, soit de translation, soit de rotation, soit de vibration.

108. *Pourquoi la foudre se* JETTE-*t-elle ainsi d'un endroit à un autre, au lieu de se précipiter en ligne droite?* — Parce qu'elle prend toujours dans sa route les *meilleurs conducteurs*, et que, pour les trouver, elle se jette à droite et à gauche.

109. *Dans* QUELLES PARTIES *d'une maison est-il le plus dangereux de rester pendant l'orage?* — Dans celles qui *se lient avec les cheminées et la toiture* par une ligne continue de substances conductrices, qui ne parviennent pas jusqu'au sol, comme le *foyer ;* l'intérieur de la cheminée, revêtue de suie, matière conductrice, offre un accès facile à la décharge ; mais le foyer l'arrête brusquement.

110. *Pourquoi le foyer ne peut-il pas conduire la foudre jusqu'au sol?* — Parce que c'est une *dalle de pierre ou de marbre* qui conduit mal l'électricité.

111. *La foudre sauterait-elle du foyer pour venir frapper quelqu'un qui se trouverait auprès de la cheminée?* — Naturellement, par sa tendance à se porter sur les corps qui la conduisent mieux.

3.

112. *Pourquoi est-il dangereux de* TIRER *une* SONNETTE *pendant l'orage?* — Parce que les *fils d'archal* sont d'*excellents conducteurs*, et que la foudre, en suivant ces fils, pourrait s'écouler en partie par la *main* et la blesser.

113. *Pourquoi est-il dangereux de toucher à l'*ESPA-GNOLETTE *d'une fenêtre pendant un orage?* — Parce que la barre de fer est un *bon conducteur*; le fluide électrique pourrait courir le long de la barre et blesser la personne qui touche à l'espagnolette.

114. *Pourquoi le* MILIEU *d'une* CHAMBRE *est-il l'endroit le* MOINS *dangereux pendant un orage?* — Parce que la foudre, s'il arrivait qu'elle frappât la maison, descendrait soit par la *cheminée*, soit le long des *murs;* par conséquent, plus on est éloigné de ces endroits, plus on est en sûreté.

115. *Un* ÉDIFICE EN FER *est-il dangereux pendant un orage?* — Non : parce que les murs *métalliques* conduiraient naturellement la foudre jusqu'au sol sans causer de dommage.

Le globe terrestre absorbe entièrement, dissipe ou neutralise toute l'électricité développée sur une surface avec laquelle il est en contact. C'est à raison de cette propriété qu'on lui donne le nom de *réservoir commun;* les corps non conducteurs sont *isolants,* en ce sens qu'ils interceptent la communication avec le globe.

116. *Dans quel endroit est le* MOINS *exposée une personne qui est surprise* HORS *de chez elle par un orage?* — A 6 ou 8 mètres de quelque grand arbre, d'un bâtiment élevé, ou d'une rivière, etc.

117. *Pourquoi serait-on en sûreté à 6 ou 8 mètres d'un grand arbre pendant un orage?* — D'une part, parce que la foudre choisit, en général, le grand *arbre* pour conducteur; de l'autre, parce qu'à 8 mètres on n'est pas assez près de l'*arbre* pour que le fluide électrique ait tendance à l'abandonner pour venir vous foudroyer.

118. *Lequel vaut mieux d'être* MOUILLÉ *ou d'être* SEC *pendant un orage?* — Il vaut mieux être *mouillé*. Si l'on se trouve en plein champ, ce qu'on a de mieux à faire, c'est de se tenir isolé, à environ 6 ou 8 mètres de quelque grand *arbre*, et d'y recevoir la pluie, dût-on être tout *trempé*.

119. *Pourquoi vaut-il mieux être* MOUILLÉ *que* SEC *pendant l'orage?* — Parce que les vêtements *mouillés* sont meilleurs conducteurs, et qu'il y aurait plus de chances que la foudre s'écoulât à leur surface, pour atteindre le réservoir commun, sans pénétrer dans le corps.

Les vêtements en eux-mêmes sont mauvais conducteurs; mais l'eau, la vapeur et les liquides conduisent mieux le fluide électrique.

Franklin a trouvé qu'il ne pouvait pas tuer un rat *mouillé*, bien qu'il pût tuer un rat *sec* au moyen d'électricité artificielle accumulée.

120. *S'expose-t-on à être foudroyé quand, pendant l'orage, on reste dans un* COURANT D'AIR, *ou que l'on court?* — Tout ce qui amoindrit la densité de l'air diminue sa résistance et tend plus ou moins à y attirer la foudre; or, dans un courant d'air, l'air est moins dense, et l'homme qui court laisse derrière lui un espace où l'air est raréfié; il n'est donc pas impossible

que ces deux circonstances produisent quelque effet
fatal.

121. *Quels sont les plus exposés à être frappés de la
foudre des habitants des grandes villes ou des habitants
des campagnes?* — La chance est à peu près la même
des deux côtés. Dans les campagnes, il y a beaucoup
d'arbres; dans les villes, il y a beaucoup de clochers et
de cheminées très-élevées. Cependant, à surface égale,
l'espace occupé par une ville est plus exposé à être
frappé de la foudre. Il est rare qu'un orage éclate sur
une grande ville, sur Paris, par exemple, sans que la
foudre tombe sur un ou plusieurs points. Arago cependant dit « que des considérations théoriques tendraient à confirmer l'opinion commune suivant laquelle
on est plus exposé dans les villages et en rase campagne
que dans les villes. »

122. *Les dangers que fait courir la foudre sont-ils
assez grands pour qu'on doive s'en préoccuper?* — Le
nombre des victimes de là foudre est assez restreint
pour qu'on puisse regarder comme faible la chance de
périr par le tonnerre. Cependant il y a assez d'exemples de mort dues à cette cause pour qu'on ne doive
pas négliger de se mettre à l'abri de pareils accidents
par les moyens que la science indique.

Si l'on demande quelle est dans nos climats la quantité de victimes que la foudre fait annuellement, nous
dirons qu'une statistique, publiée en 1852, fait monter
à soixante-neuf le nombre des personnes tuées annuellement par la foudre. Cette estimation est certainement
trop faible.

123. *Qu'est-ce qu'une personne craintive pourrait*

faire de MIEUX *pour échapper à la foudre ?* — Placer son
lit au milieu de la chambre, se coucher et se confier à
la garde de Dieu, se rappelant que Notre-Seigneur a
dit : « *Il n'y a pas un cheveu sur votre tête qui ne soit
compté.* »

3° Effets chimiques, physiques et magnétiques de la foudre

124. *La foudre est-elle accompagnée de quelque* ODEUR
particulière ? — Oui : en temps d'orage, et même sans
que la foudre éclate, on sent dans l'air une odeur particulière due, sans doute, en partie, du moins, à la
formation de l'ozone ou oxygène électrisé. En outre,
presque partout où la foudre éclate, elle répand une
odeur de soufre ou de phosphore, quelquefois très-
prononcée.

125. *D'où vient cette odeur de soufre ou de phosphore
que la foudre laisse après elle ?* — Ce phénomène n'a
pas encore été expliqué. En outre de l'ozone, il peut se
former dans l'air, en temps d'orage, de l'acide nitreux
qui possède une odeur forte et suffoquante ; mais cette
odeur diffère beaucoup de celle du soufre ou du phosphore. Le soufre est si répandu dans la nature et si
volatilisable, qu'il n'y a rien d'extraordinaire à ce que
la foudre en rencontre presque toujours sur son passage, l'entraîne avec elle dans son parcours, le vaporise et le laisse là où elle éclate.

126. *La foudre produit-elle quelque effet* CHIMIQUE
*sur l'*AIR *atmosphérique ?* — Oui ; elle détermine quelquefois la combinaison soit de l'azote et de l'oxgyène de

l'air, en donnant naissance à l'acide azoteux ou à l'acide azotique; soit de l'hydrogène des vapeurs aqueuses avec l'azote de l'air, en donnant naissance à de très-petites quantités d'ammoniaque. Les pluies d'orage renferment presque toujours des traces, au moins, d'acide nitrique ou d'ammoniaque.

127. *Pourquoi l'orage* purifie-*t-il l'atmosphère?* — Parce que : 1° la foudre, pendant son passage dans l'air, produit de *l'acide nitrique*; — 2° l'agitation *ébranle* l'air et en disperse les *exhalaisons pestilentielles.*

Cette question serait mieux formulée ainsi : L'orage purifie-t-il l'atmosphère? Le fait, bien constaté, pourrait s'expliquer, soit par la formation de l'ozone et de l'acide nitrique, soit par l'effet de la pluie qui accompagne presque toujours l'orage, soit enfin par la simple agitation de l'air.

128. *Comment l'ozone et* l'acide nitrique *purifieraient-ils l'atmosphère?* — En raison de leur tendance à former avec les matières putrides toujours riches en hydrogène, du nitrate ou du nitrite d'ammoniaque, qui se dissolvent ensuite dans la vapeur aqueuse de l'atmosphère.

129. *Pourquoi un orage fait-il* tourner *le* lait? — Peut-être par la chaleur ou par l'ozone qu'il engendre?

130. *Pourquoi la* corruption *des* chairs *est-elle plus prompte par des temps d'*orage *que par des temps ordinaires?* — 1° La chaleur humide qui règne pendant un orage favorise la putréfaction; 2° la putréfaction est une oxydation qui peut être rendue plus facile par la présence de l'ozone ou de l'oxygène électrisé, qui agit comme l'oxygène à l'état naissant.

131. *Quand un orage fait-il* TOURNER *la* BIÈRE ? — Quand la bière est *nouvelle*, et qu'elle n'a pas fini de fermenter.

132. *Pourquoi un orage fait-il tourner la* BIÈRE NOUVELLE ? — Parce qu'il interrompt le cours de sa fermentation régulière, et que la présence de l'ozone, au lieu d'une fermentation alcoolique, peut déterminer une fermentation acide.

133. *Pourquoi un orage ne fait-il pas tourner la bière* FORTE *et le* PORTER ? — Parce que leur fermentation *complète* ou achevée n'est plus empêchée ou modifiée par l'ozone.

134. *Pourquoi les* MÉTAUX *sont-ils quelquefois* FONDUS *par la foudre ?* — Parce que, lorsque la décharge électrique est trop forte, elle ne trouve pas un écoulement assez facile dans le métal qu'elle a frappé; parce qu'en raison de la résistance qu'elle rencontre elle dégage beaucoup de chaleur, ou que sa puissance mécanique se change en une chaleur intense. On a vu un coup de foudre fondre complétement une chaîne de fer de 40 mètres de long en communication avec la mer par une de ses extrémités, et dont les chaînons avaient 6 millimètres de diamètre.

135. *Qu'appelle-t-on* FULGURITES ? — Des *tubes* formés dans les *sables quartzeux* par l'action de la foudre.

Quartzeux, nature du quartz. QUARTZ est un mot emprunté de l'allemand, qui désigne une roche de la nature du *caillou* ou du cristal, d'où l'on tire du feu avec le briquet.

Le mot fulgurites est emprunté du latin *fulgur*, éclair.

136.   *Comment la foudre produit-elle les fulgurites?* — En fondant et vitrifiant quelques portions de la matière siliceuse des sables qu'elle traverse, et leur donnant la forme de tubes de verre.

Personne ne peut douter que la foudre n'ait la propriété de se frayer un chemin à travers le sable, de l'amener instantanément à l'état de fusion, et de lui donner, jusque sur des longueurs énormes, de 10 à 12 mètres, la forme d'un tube creux vitrifié intérieurement. Sur un grand nombre de pics ou de sommets de montagne, on trouve sur les roches des traces évidentes de fusion, des couches vitreuses qui sont certainement l'effet de la foudre.

137.   *La foudre a-t-elle quelque effet sur les corps* COMBUSTIBLES? — Oui; elle enflamme souvent la poudre à canon, le coton-poudre, etc.; elle met quelquefois le feu aux magasins où l'on garde ces produits inflammables.

138.   *La foudre peut-elle opérer des phénomènes de transport?* — Il n'est pas douteux que la foudre ait la faculté de transporter quelquefois au loin des masses d'un grand poids. On l'a vue lancer des pierres à la distance de plus de 50 mètres et emporter des arbres entiers

139.   *Est-il vrai qu'après avoir frappé un objet, un arbre, un fer à cheval, une pièce de monnaie, etc., la foudre puisse tracer une empreinte plus ou moins fidèle*

de ces objets sur une surface apte à la recevoir, la surface du corps humain, par exemple? — Oui; il est des exemples certains de ce genre d'action de la foudre, quelque extraordinaire qu'il paraisse. On l'explique en admettant que la foudre emporte avec elle des particules brûlées, oxydées, ou du moins très-divisées de l'objet qu'elle a frappé, et dans le même ordre où elle les a rencontrées dans l'objet. On comprend, sans trop de peine, qu'en traversant un objet la foudre se moule en quelque sorte sur lui, prenne sa forme, et devienne comme un cachet, apte à son tour à reproduire cette même forme. Là foudre peut, par brûlure ou par dépôt, faire ce que la lumière fait par action chimique dans les phénomènes de la, photographie.

140. *Quels sont les effets* MAGNÉTIQUES *de la foudre?* — 1° Lorsqu'elle atteint les aiguilles des *boussoles*, elle peut les aimanter en sens contraire et renverser leurs pôles, ou diminuer et même *détruire* leur magnétisme; — 2° on l'a vue communiquer une *aimantation* à des barres de fer qui, auparavant, n'en offraient aucune trace; — 3° elle altère quelquefois la marche des chronomètres; 4° elle empêche l'action régulière des aiguilles du *télégraphe électrique*.

141. *De quelle manière la foudre empêche-t-elle la transmission régulière des dépêches par le* TÉLÉGRAPHE ÉLECTRIQUE? — Quelquefois en désaimantant les aiguilles, le plus souvent en faisant naître dans les fils des courants secondaires qui contrarient les courants nés des piles, empêchent les signaux de se produire régulièrement, ou produisent eux-mêmes des mouvements anormaux des aiguilles.

4° Paratonnerre.

142. *Qu'est-ce qu'un* PARATONNERRE? — Un paratonnerre est une barre métallique s'élevant au-dessus d'un
édifice, en contact métallique avec un conducteur métallique aussi, qui descend, sans aucune *solution de
continuité* jusque dans l'*eau* d'un puits, ou dans un *sol
humide*.

La *tige* du paratonnerre doit se projeter à une certaine hauteur dans
l'air, en forme de *baïonnette* ou de *pyramide*.
Le paratonnerre a été inventé par Franklin.

143. *Quel est le meilleur* MÉTAL *pour un paratonnerre?* — Le cuivre rouge.

144. *Pourquoi le* CUIVRE *est-il meilleur que le fer?* —
Parce que : 1° son *pouvoir conducteur* est plus grand que
celui du fer; — 2° il est moins sujet à *se fondre* par
l'action de la foudre ; — 3° il résiste davantage aux in-
jures du temps.

Les chiffres suivants indiquent la conductibilité de divers métaux
plomb, 1; — étain, 2; — zinc, 3; — fer, $3\frac{1}{2}$; — cuivre, 5.

145. *Quel est l'*EFFET *d'un paratonnerre?* — La
pointe métallique qui termine le paratonnerre *soutire*
l'électricité en excès dans les nuages qui passent au-
dessus, et le conducteur la *transmet à la terre* où elle
est dissimulée.

146. *Jusqu'à quelle* DISTANCE *s'étend le pouvoir protecteur d'un paratonnerre?* — Une tige de paratonnerre
protége efficacement contre la foudre un espace cir-

culaire autour d'elle d'un rayon *double* de sa hauteur.
Ainsi, un bâtiment long ou carré de vingt mètres n'aurait besoin que d'une seule tige de cinq mètres de hauteur.

147. *Pourquoi ne voit-on pas* PLUS *de maisons protégées par un paratonnerre?* — Parce qu'il est arrivé beaucoup d'accidents occasionnés par des *imperfections* dans la *construction* de ces appareils, ou un défaut de vigilance pour le maintenir toujours en bon état.

148. *Comment les paratonnerres peuvent-ils causer des* ACCIDENTS? — Si le conducteur métallique est rompu, soit par *vétusté*, soit par toute autre cause, ou si sa communication immédiate avec le sol humide n'existe plus, la foudre, dont le passage se trouve intercepté, peut alors endommager l'édifice.

149. *Si le conducteur n'est pas* ROMPU, *et que la communication avec le sol humide soit bien* ÉTABLIE, *peut-il arriver des accidents?* — Non, à moins que la décharge électrique ne soit tellement forte qu'elle ne puisse plus être transmise par la tige ou le conducteur. La tige ou le conducteur peuvent être brisés ou fondus, et la foudre alors peut exercer de grands ravages.

150. *Quelle* GROSSEUR *doit avoir un paratonnerre?* — Le diamètre d'une barre de *cuivre* doit être de 4 centimètres, et celui d'une barre de *fer* d'un peu plus.

151. *Pourquoi un paratonnerre doit-il se terminer en* POINTE? — Parce que : 1° une *pointe* soutire *imperceptiblement et sans bruit* l'électricité des nuages qui passent au-dessus; tandis qu'une *boule* les déchargerait

par petites explosions successives, qui seraient im-
portunes, alors même qu'elles seraient sans danger;
2° les pointes déchargent les nuages *à une distance
plus grande* que les boules; ainsi la pointe d'une aiguille
tenue à 8 centimètres de la bouteille de Leyde la dé-
chargera sans danger et sans explosion; une boule ne
produirait certainement pas le même effet. On décharge presque instantanément et sans danger une bat-
terie électrique en lui présentant l'extrémité d'une
corde en paille communiquant avec le sol, en raison des
mille aspérités des brins de paille.

Les brins d'herbe, les épis et autres objets terminés en pointe, aident
à soutirer l'électricité des nuages.

152. *Quel est le meilleur système de paratonnerre?*
— Celui de sir Snow-Harris, certainement, qui établit
la communication directe avec le sol, non par des
chaînes plus ou moins flottantes, mais par des lames de
cuivre incrustées dans la toiture et les murs de l'édifice, ou dans les mâts et les vergues des navires, sans
que jamais le contact des lames successives puisse être
interrompu.

5° Tonnerre.

153. *Qu'est-ce que le* TONNERRE? — Le bruit ou le
phénomène acoustique qui accompagne la foudre. La
décharge électrique, douée, d'une part, d'une grande
puissance mécanique, apte, de l'autre, à refroidir une
masse de vapeur et à la condenser, comme aussi à la
dilater subitement par une élévation de température,
formée enfin d'électricité, dont la nature est de déter-

miner des attractions ou des répulsions successives, possède évidemment en elle-même tout ce qu'il faut pour mettre l'air en mouvement ou en vibration, c'est-à-dire pour engendrer du bruit, et un bruit d'une intensité excessive !

154. *Quand le tonnerre se fait-il entendre comme un SEUL FRACAS ressemblant à la détonation de plusieurs armes à feu?* — Lorsque la décharge électrique est unique ou formée de décharges partielles, arrivant toutes au même instant, et presque d'un même point de l'espace.

155. *Quand l'éclat du tonnerre se fait-il entendre comme un roulement?* — Lorsque la décharge électrique est multiple, que les décharges partielles éclatent successivement, et à des distances de l'oreille suffisamment inégales. La décharge électrique, ou l'éclair, embrasse souvent un arc immense dans le ciel; aussi est-il des cas où le roulement du tonnerre a duré 30, 40 et même 50 secondes.

156. *Quels sont les bruits qui nous arrivent le PLUS TÔT?* — Ceux évidemment qui se sont produits à une distance moins grande de l'oreille ou dans des régions plus basses de l'atmosphère. Il peut se faire ainsi que les dernières décharges électriques soient les premières que nous entendions.

157. *Pourquoi les dernières décharges peuvent-elles être celles que nous entendons les premières?* — Parce que la vitesse de propagation de la décharge électrique et de la lumière dans l'espace est très-grande, par rapport à la vitesse de propagation du son. Les apparitions des éclairs indiquent les points précis où se font les décharges et l'ordre de leur succession : il n'en est pas ainsi du tonnerre et du bruit. Le bruit produit par la première décharge, si l'orage s'est rapproché de l'observateur, doit arriver à son oreille un certain temps après qu'il a perçu le bruit de la dernière décharge; la différence de temps, infiniment petite, est compensée, et bien au delà, par la différence des distances.

158. *Si la décharge électrique, se propageant dans la direction qui vient du nuage orageux à l'observateur, s'est étendue à une distance de* 1,700 *mètres, combien de temps durera le bruit du tonnerre?* — Cinq secondes, en prenant 340 mètres pour la vitesse de propagation du son; 1700, divisé par 340, donne en effet 5 pour quotient, et les premiers bruits n'arriveront à l'oreille que cinq secondes après les derniers

159. *Comment explique-t-on les renforcements ou augmentations du bruit du tonnerre?* — Quand une décharge électrique qui fuyait l'observateur se replie sur elle-même pour revenir sur ses pas, à la même distance de l'oreille, les deux bruits, partis de distances égales, seront perçus à la fois ; il y aura donc augmentation de son; son intensité sera presque doublée; elle sera triple, quadruple, si la décharge dans ses zigzags revient trois, quatre fois, etc., à la même distance de l'oreille.

160. *D'autres causes locales ou secondaires peuvent-elles influer sur l'intensité du bruit produit par la décharge électrique, et contribuer aux grondements, aux*

roulements, aux renforcements? — Évidemment : si la décharge est très-éloignée, le bruit sera sourd et confus, le tonnerre semblera gronder. Dans un pays plat ou en pleine mer, le bruit sera, toutes choses égales d'ailleurs, plus uniforme et plus continu ; dans un pays de montagnes, au contraire, le bruit sera irrégulier, discontinu et plus dur ; la répercussion ou la répétition par les échos prolongera le bruit et déterminera des roulements ou des renforcements, etc., etc.; les éclats de la foudre, en un mot, gagneront en retentissement, en intensité, en durée.

161. *Pourquoi ne perçoit-on le bruit du tonnerre que plus ou moins longtemps après qu'on a vu l'éclair?* — Parce que la vitesse de la lumière est très-grande, qu'elle franchit la distance comprise entre le nuage le plus éloigné et notre œil dans moins d'un millième de seconde; que nous voyons l'éclair, par conséquent, au moment où il est né ; au contraire, la vitesse de propagation du son est relativement très-petite, il lui faut un temps relativement considérable pour arriver à l'oreille ; nous ne percevons, par conséquent, le bruit du tonnerre qu'une ou plusieurs secondes après sa production : on a compté jusqu'à 72 secondes entre l'apparition de l'éclair et la perception du bruit. Le son parcourt à peine 340 mètres par seconde, tandis que la lumière, en une seconde, franchit une distance de 80,000 lieues, ou huit fois la circonférence du globe terrestre.

162. *En mesurant le temps écoulé entre l'arrivée de l'éclair et celle du tonnerre, l'observateur peut-il évaluer approximativement la distance maximum qui le sépare* *du point où la décharge électrique a eu lieu?* — Évidemment; il lui suffira, pour cela, de multiplier le nombre entier ou fractionnaire de secondes par 340, vitesse du son; le produit sera la distance maximum cherchée exprimée en mètres. Si, par exemple, le bruit n'arrive que 5 secondes après l'éclair, le nuage sera au plus à 1,700 mètres; il sera au plus à 340, 168, 135, 65, 34 mètres, si l'intervalle entre les deux phénomènes est de une seconde, une demi-seconde, 4 dixièmes, 5 dixièmes, 2 dixièmes, ou un dixième de seconde. Si l'on a mesuré ou estimé, en outre, l'angle que fait avec l'horizon le rayon visuel mené à l'extrémité de l'éclair la plus voisine de l'observateur, on pourra calculer sa distance maximum à la terre ou sa hauteur maximum dans l'atmosphère.

163. *Y a-t-il des lieux où il ne tonne jamais?* — Il n'y a ni tonnerre ni éclairs à Lima, au Pérou, pays très-chaud. Il paraît qu'au delà du 75ᵉ degré de latitude nord il ne tonne jamais, soit en pleine mer, soit dans les iles.

164. *Quels sont les lieux où il tonne le plus?* — Tandis qu'en France, en Angleterre, en Allemagne, le nombre moyen annuel des jours de tonnerre s'élève au plus à 20, à Rio-Janeiro ou dans l'Inde il y en a plus de 50. Un observateur placé à l'équateur, s'il était doué d'organes assez sensibles, entendrait chaque jour, ou même constàmment, le bruit du tonnere, car les décharges électriques sont presque continues dans l'atmosphère.

165. *Des circonstances locales influent-elles sur la*

fréquence du phénomène? —Sans aucun doute; il est même probable qu'il existe une certaine liaison entre la nature géologique des terrains et le nombre ou la force des orages.

165 *bis.* *Tonne-t-il aujourd'hui aussi souvent qu'autrefois?* — L'ensemble des observations recueillies donne une certaine probabilité à l'idée que depuis les temps anciens les orages ont diminué d'intensité.

CHAPITRE III

ACTION CHIMIQUE

SECTION I. — DÉVELOPPEMENT DE LA CHALEUR PAR L'ACTION CHIMIQUE

166. *Expliquez de quelle manière l'exercice de l'action ou de l'affinité chimique est une source de chaleur.*— L'exercice de l'action chimique est une combinaison entre deux ou plusieurs substances; qui dit combinaison dit rapprochement intime et comme pénétration des molécules qui se combinent. Or c'est ce rapprochement intime qui fait naître ou dégage de la chaleur.

167. *Comment ce rapprochement intime fait-il naître de la chaleur?* — Le rapprochement intime équivaut à une diminution de volume; or, dans la nature, en général, toute diminution de volume est accompagnée de dégagement de chaleur comme toute augmentation de volume ou dilatation est accompagnée d'une production de froid.

168. *D'où vient le rapport intime entre les augmentations ou les diminutions de volume d'un corps et le calorique?* — Puisque c'est le calorique qui maintient les molécules dans l'écartement qui constitue leur volume actuel, une diminution de volume, c'est de la chaleur abandonnée par le corps et devenue libre, c'est par suite une élévation de température ; tandis qu'une augmentation de volume, c'est de la chaleur empruntée ou soutirée aux corps environnants, avec production, par conséquent, de froid.

169. *Donnez une autre raison de la production de la chaleur par l'exercice de l'action chimique?* — L'électricité, qui joue un grand rôle dans l'exercice de l'action chimique.

Au fond, dans toute combinaison chimique, c'est une molécule électrisée positivement qui s'unit à une molécule électrisée négativement, de l'électricité positive qui se combine avec l'électricité négative ; or la combinaison des deux électricités est naturellement accompagnée d'un dégagement de chaleur, et même d'un dégagement de lumière, dégagement que l'on rencontre souvent aussi dans les combinaisons chimiques. Dans les combinaisons chimiques encore, la chaleur se dégage en proportion définie ; comme si dans les molécules qui s'unissent un équivalent de chaleur était remplacé par un équivalent de matière pondérable.

170. *Pourquoi une grande chaleur s'échappe-t-elle*

*lorsqu'on verse de l'*EAU FROIDE *sur de la* CHAUX VIVE? —
Parce que l'eau se combine avec la chaux et devient
solide : or toutes les fois qu'un liquide se change en
une substance *solide*, toute la chaleur qui était nécessaire pour le retenir à l'état fluide se dégage.

L'élévation de la température qui a lieu pendant la combinaison de
l'eau avec la chaux vive est souvent assez considérable pour déterminer
l'inflammation de la poudre.

L'opération par laquelle on combine la chaux avec de l'eau s'appelle
éteindre la chaux (en anglais, *slaking the lime*). On donne le nom de
chaux éteinte (*slaked lime*) à la chaux hydratée, pour la distinguer de
la chaux anhydre, qu'on appelle *chaux vive* (en anglais, *quick lime*).

171. *D'où* VIENT *la chaleur qui s'échappe de l'eau et
de la chaux dans cette opération?* — Elle existait déjà
dans ces substances, mais à l'*état latent.*

SECTION II. — CALORIQUE LATENT.

172. *Qu'est-ce que le* CALORIQUE *à l'état* LATENT *dans
un corps?* — La chaleur ou le calorique dont le *thermomètre n'accuse pas la moindre partie*, ou qui est
absolument insensible à notre toucher.

Latent du latin *latere* (être caché).

173. *Expliquez de quelle manière la chaleur peut
être* LATENTE? — La chaleur, comme toute autre force,
ne peut pas produire, à la fois, plusieurs effets; si
donc elle est employée, et comme dépensée ou épuisée
à maintenir ou à amener à une certaine distance les
molécules des corps, elle ne peut pas en même temps
agir sur les corps environnants, sur le thermomètre
par exemple, ou l'organe du tact; elle sera donc insensible ou latente. Voilà pourquoi la grande quantité de
chaleur absorbée par un corps dans son passage de

l'état solide à l'état liquide, ou de l'état liquide à l'état gazeux, n'élève pas sa température et n'est pas mise en évidence par le thermomètre.

174. *Comment* SAIT-ON *que ce calorique existe, s'il n'est point sensible même au* THERMOMÈTRE? — Parce que l'on sait, d'une part, qu'il a été absorbé par le corps; de l'autre, qu'il n'apparaît pas au thermomètre. Ainsi, par exemple : 1° 1 kilogramme de *glace*, à la température de *zéro*, et 1 kilogramme d'*eau*, à la température de 75 degrés, donnent, après leur mélange et après la fusion complète de la glace, 2 kilogrammes d'eau à *zéro* : les 75 degrés de chaleur du kilogramme d'eau chaude sont donc à l'état latent, dans les deux kilogrammes d'eau à zéro ; ils ont servi à écarter les molécules de la glace pour les faire passer à l'état liquide; ils sont dépensés, épuisés, dissimulés dans le maintien de cet écart, et n'affectent pas, par conséquent, le thermomètre; ils sont, mais n'apparaissent pas; 2° 1 kilogramme de vapeur à 100 degrés, en revenant à l'état liquide, élève d'un degré la température de 643 kilogrammes d'eau ; donc, pour faire passer 1 kilogramme d'eau à 100 degrés à l'état de kilogramme de vapeur, aussi à 100 degrés, il faut lui faire absorber la chaleur nécessaire pour élever d'un degré la température de 643 kilogrammes d'eau, ou 643 fois la chaleur nécessaire pour élever d'un degré la température d'un kilogramme d'eau. En appelant *unité* de chaleur ou *calorie* la chaleur qui élève d'un degré la température d'un kilogramme d'eau, il faut 75 calories latentes pour faire passer un kilogramme de glace de l'état solide à l'état liquide, et 643 calories latentes pour le faire passer de l'état liquide à l'état gazeux, et 718 calories, par conséquent, pour le faire passer de l'état solide à l'état gazeux à 100 degrés.

175. *Y a-t-il de la chaleur même dans la* GLACE *et dans la* NEIGE? — Oui : tous les corps contiennent une certaine chaleur, la *glace* la plus froide aussi bien que le *feu* le plus ardent : la chaleur est ce qui maintient les molécules des corps à distance, donc partout où il y a distance des molécules ou volume, il y a chaleur.

176. *La chaleur est-elle quelque chose d'absolu ou de relatif?* — En elle-même ou en tant que force employée à maintenir à distance les molécules des corps, la chaleur est quelque chose d'absolu ; mais, dans ses manifestations extérieures, résultats d'échanges incessants entre les corps plus chauds et les corps plus froids, la chaleur n'est évidemment qu'un phénomène relatif ; ce qui naturellement semble froid peut, si l'on se place dans d'autres conditions, sembler chaud. Ainsi, par exemple, la neige, en elle-même, très-froide, peut être rendue sensiblement chaude.

177. *De quelle manière peut-on relativement rendre chaude la glace ou la* NEIGE? — Dans un litre de neige mettez un demi-litre de sel ; si alors vous plongez vos mains dans ce mélange, vous sentirez un *froid si intense*, que la neige elle-même vous semblera *chaude* en comparaison.

178. *Un mélange de neige et de sel est-il réellement plus* FROID *que la glace?* — Oui, de 4 à 5 degrés. Cette production de froid est due à une *absorption de la chaleur de la neige*, produite par la désagrégation du sel,

qui, en se dissolvant, passe de l'*état solide* à l'état liquide, et rend latente, par conséquent, une certaine
quantité de chaleur. Il est vrai que la dissolution du
sel dans l'eau est une sorte de combinaison ou d'hydra-
tation qui devrait engendrer un peu de chaleur ; mais
le refroidissement dû à la liquéfaction l'emporte, et, si
cette liquéfaction est très-rapide, si, par exemple, au
sel marin on substitue un sel plus soluble, le chlorhydrate d'ammoniaque, la température du mélange réfri-
gérent sera beaucoup plus basse encore.

179. *Pourquoi la* VAPEUR *fait-elle une* BRULURE *plus
forte que celle de l'eau bouillante?* — A masse égale,
c'est-à-dire que si deux poids égaux, l'un d'eau bouill-
lante, l'autre de vapeur à 100 degrés, venaient en contact avec la peau, la brûlure produite par la vapeur
serait plus forte, parce qu'elle renferme plus de calories ; mais, comme en raison de sa faible densité la
masse de vapeur en contact avec la peau est toujours
beaucoup plus petite, la brûlure à l'eau chaude est plus
redoutable, la vapeur saturée ou aqueuse que l'on reconnaît à sa teinte blanche cède facilement son calorique et brûle énergiquement; la vapeur sèche et surchauffée qui se montre bleue cède difficilement son
calorique, et brûle peu ou beaucoup moins.

SECTION III. — COMBUSTION.

180. *Qu'est-ce que la* COMBUSTION ? — La combustion,
dans l'acception la plus générale du mot, est une
combinaison chimique, accompagnée de chaleur et de
lumière. Dans un sens plus restreint, ou dans son acception vulgaire, on limite le mot *combustion* aux com-

binaisons chimiqués avec lumière et chaleur dont l'air atmosphérique, ou plutôt l'oxygène de l'air, est le principal agent.

181. *Quelle est, dans la combustion, la source réelle de la chaleur et de la lumière?* — La chaleur de la combustion est engendrée par l'action chimique, la lumière de la combustion a son origine dans l'intensité de la chaleur. Dans toute combustion, il y a donc une substance qui brûle et une substance qui fait brûler; la substance qui brûle s'appelle *combustible*, la substance qui fait brûler s'appelle *comburant*.

182. *Quels sont les éléments principaux ou essentiels de la combustion ordinaire?* — Dans les matières que nous brûlons habituellement, les éléments combustibles principaux sont le carbone et l'hydrogène; l'élément comburant est l'oxygène de l'air.

Les combustibles contiennent, en outre, un certain nombre de substances minérales fixes, qui forment les cendres.

183. *Quels sont les* ÉLÉMENTS *de l'*AIR *atmosphérique?* — L'air atmosphérique est essentiellement un mélange d'oxygène et d'azote, à peu près dans les proportions de 4 volumes d'azote pour 1 volume d'oxygène.

L'air renferme, de plus, une très-petite quantité d'acide carbonique et une quantité variable de vapeur d'eau; il contient en outre, mais en quantité à peine appréciables, quelques autres gaz ou vapeurs provenant de la décomposition des matières végétales et animales.

184. *Quelles sont les matières employées généralement pour faire un feu ordinaire?* — Toutes les matières riches en carbone et en hydrogène: le charbon de bois ou de terre, le bois, la paille, le gaz d'éclairage, etc. Le plus agréable de tous les feux est, sans contredit, le feu obtenu avec le gaz d'éclairage ou même avec le gaz hydrogène pur ; il dégage une chaleur considérable ; on peut lui donner toutes les formes possibles ; on l'allume ou on l'éteint à son gré ; il ne donne aucune fumée, etc.

185. *Comment détermine-t-on et comment s'opère la combustion ?* — On détermine la combustion en élevant d'abord la température du combustible, ou en y mettant une première fois le feu à l'aide d'une allumette ou autrement, pour qu'une fois allumé il continue à brûler par lui-même. Sous l'influence de l'élévation de température, les éléments combustibles, l'hydrogène et le carbone, se combinent avec l'oxygène, et la combustion continue tant que le combustible n'est pas épuisé.

186. *Quels sont les principaux résidus de la combustion ?* — L'eau ou la vapeur d'eau née de la combinaison de l'hydrogène avec l'oxygène ou de la combustion de l'hydrogène, l'acide carbonique, né de la combinaison du carbone avec l'oxygène ou de la combustion du carbone, les cendres provenant des matières minérales fixes que contiennent toujours le bois et le charbon.

187. *Qu'est-ce que le* FEU ? — Le feu, à proprement parler, n'est pas autre chose que la combustion personnifiée en quelque sorte ; le composé de chaleur et de lumière qui constitue la combustion. Feu signifie aussi l'amas de bois ou de charbon qui brûle dans nos foyers.

188. *Pourquoi un* FEU *de charbon qui a brûlé long-temps est-il* ROUGE ? — Il est rouge, parce qu'il est en

pleine activité; que la masse entière du charbon est
à une température assez élevée pour que sa combinaison avec l'oxygène soit très-active. Après le rouge, il y
a cependant le rouge blanc et le blanc, qui supposent
une combustion plus ardente encore.

189. *Pourquoi quelquefois la surface* INFÉRIEURE *des
combustibles est-elle* ROUGE, *tandis que la surface* SUPÉ-
RIEURE *a une couleur* NOIRE? — Parce qu'à sa surface
inférieure le combustible est à une plus haute température, et peut, par conséquent, brûler, tandis qu'à sa
surface supérieure il est encore relativement froid, et
ne brûle pas.

190. *Lequel se consume plus* VITE, *d'un feu* FLAMBANT
ou d'un feu ROUGE? — Le feu flambant est celui dans
lequel l'hydrogène et le carbone du combustible se
combinent à la fois avec l'oxygène en brûlant ensemble, il y a donc alors double consommation; dans le
feu rouge, c'est le carbone seul qui se combine ou qui
brûle, la consommation est une.

191. *Pourquoi la houille qui jette de la* FLAMME *se*
CONSUME-*t-elle plus* VITE *que celle qui est rougie au feu?*
— Par la raison qu'on vient de donner; parce qu'elle
perd à la fois de l'hydrogène et du carbone.

192. *Pourquoi la houille d'un feu* CLAIR *et* VIF *se
consume-t-elle plus* LENTEMENT *que celle qui jette de la
flamme?* — Parce que la première ne perd que du carbone; que la seconde perd à la fois du carbone et de
l'hydrogène.

193. *Pourquoi y a t-il* PLUS *de* FUMÉE *quand le feu*

s'allume qu'après que les charbons sont devenus rouges ?
— Parce qu'au début la température n'est pas encore
assez élevée pour que toutes les matières volatiles dé-
gagées puissent se combiner avec l'oxygène et brûler ;
la fumée est le résultat d'une combustion imparfaite,
un mélange d'eau, de vapeur d'eau et de charbon divisé, etc., qui a échappé à la combustion.

194. *Pourquoi les feux très-rouges ne produisent-ils
que très-peu de fumée ?* — Parce que rien, ou presque
rien, n'échappe à la combustion, que toute la matière
combustible se transforme, soit en vapeur d'eau, soit
en acide carbonique, l'un et l'autre invisibles.

195. *Pourquoi, même au sein d'un feu vif de charbon
de terre, voit-on certaines parties* NOIRES, *tandis que les
autres sont* ÉBLOUISSANTES ? — Parce qu'il est presque impossible que la température et la combustion
soient parfaitement égales et également intenses sur
tous les points ; les parties noires sont celles où la
température est plus basse, où la combustion est ralentie.

196. *Pourquoi l'*INTENSITÉ *de la combustion est-elle
si* INÉGALE ? — Parce que l'air qui apporte le principe
comburant ou l'oxygène entre inégalement dans son
intérieur.

197. *Quelle est l'origine des formes bizarres de toutes
sortes qui apparaissent au sein d'un feu très-ardent ?* —
Les inégalités de la combustion, qui, suivant son intensité, colore les charbons enflammés de nuances différentes. Ces flammes si diverses, rouges, jaunes,

blanches, parsemées çà et là d'espaces noirs, peuvent faire naître des images singulières et fantastiques.

198. *Pourquoi le* PAPIER *brûle-t-il plus promptement que le bois ?* — Parce que son hydrogène et son carbone sont plus accessibles à l'oxygène de l'air, ou qu'il est moins compact.

199. *Pourquoi le* BOIS *brûle-t-il plus promptement que le charbon de terre ?* — Par la raison qui fait que le papier brûle mieux que le bois. Un bois très-sec et très-divisé est presque aussi combustible que le papier.

200. *Pourquoi met-on du* PAPIER *sous les autres combustibles, toutes les fois qu'on allume un feu de bois ou de charbon ?* — Parce qu'il prend feu très-facilement et que sa combustion, facile et prompte, est très-apte à déterminer celle des autres combustibles.

201. *Pourquoi, quand pour allumer le feu on se sert à la fois de papier et de bois, met-on le bois sur le papier ?* — Pour que la flamme née de la combustion du papier, et qui tend à monter, atteigne le bois, l'enveloppe et l'amène à brûler à son tour.

202. *Pourquoi le* PAPIER *ne serait-il pas* SUFFISANT *sans le bois ?* — Parce qu'il se *consume si rapidement*, que la flamme qu'il donne ne serait pas suffisante pour déterminer la combustion du charbon.

203. *Pourquoi le* BOIS *n'allumerait-il pas le feu* SANS *papier, copeaux ou boules chimiques ?* Parce que la substance du bois est trop *compacte*, ou que sa masse est trop forte pour que la petite flamme d'une *allumette* puisse l'embraser.

204. *Pourquoi le feu ne s'allumerait-il pas si l'on mettait le* PAPIER SUR *le charbon?* — Parce que la flamme tend toujours à *s'élever;* par conséquent, si le papier était mis *sur les charbons,* il n'y aurait *aucune flamme pour les allumer.*

205. *Pourquoi faut-il mettre le* CHARBON AU-DESSUS *du bois?* — Afin que la flamme du bois puisse s'élever *au travers* des charbons; ce qui n'arriverait pas si on les arrangeait autrement. Quoi de plus naturel que de ranger les diverses substances, d'une part, dans l'ordre de leur combustibilité, de l'autre, dans le sens suivant lequel la combustion tend à se propager, papier d'abord et en dessous, bois ensuite et au-dessus du papier, charbon enfin et au-dessus du bois.

206. *Pourquoi* ALLUME-*t-on toujours un feu par le* BAS? — Afin que la flamme, qui tend à monter, puisse échauffer *tous les combustibles.*

207. *Pourquoi la flamme tend-elle toujours à monter?* — Parce qu'elle est formée de gaz combustibles, plus légers que l'air, soit en eux-mêmes comme l'hydrogène, soit en raison de leur température très-élevée.

208. *Pourquoi le* COKE *et les* BRAISES *rougissent-ils plus vite au feu que le charbon?* — La braise de boulanger s'allume plus vite que le charbon de bois parce qu'elle est moins compacte et surtout parce que, si elle a été conservée avec soin, elle contient beaucoup moins d'eau ou de vapeur d'eau ; mais il est faux que le coke, quoique plus léger, s'allume plus vite que le charbon de terre : il brûle au contraire à une température plus élevée et donne beaucoup moins de flamme. Le coke n'est que du charbon privé du gaz hydrogène et des composés hydrogènes qu'il renferme, ou réduit autant que possible à l'état de carbone pur.

209. *Pourquoi le* COKE *et les* BRAISES *sont-ils plus* LÉGERS *que le charbon?* — Parce qu'ils sont pleins de petites *ouvertures* ou *pores*, d'où une combustion première a déjà chassé le gaz et les autres matières volatiles.

210. *Pourquoi des combustibles* HUMIDES *n'allumeront-ils pas un feu?* — Parce qu'ils ne s'allumeraient pas eux-mêmes.

211. *Pourquoi ne s'allumeraient-ils pas eux-mêmes?* — Parce que, tant qu'ils seront humides, la chaleur qu'on leur fournit sera d'abord dépensée à réduire en vapeur l'eau dont ils sont pénétrés ; la réduction de l'eau en vapeur ne se fait pas, comme on l'a vu, sans beaucoup de chaleur ; la température du combustible humide s'élèvera donc très-difficilement, on aura peine à lui faire prendre feu.

212. *Pourquoi le bois* SEC *brûle-t-il mieux que le vert?* — Parce que dans le bois sec il n'y a plus d'eau à réduire préalablement en vapeur, que ses pores, au contraire, contiennent de l'air sec qui active la combustion.

213. *Pourquoi* DEUX *morceaux de bois brûlent-ils*

mieux qu'un seul? — Parce que l'un des morceaux placé à côté ou au-dessus de l'autre fait, par rapport à celui-ci, l'office incessant d'allumeur; il hâte sa combustion, et reçoit à son tour l'influence de cette combustion hâtée. Il est tout naturel que l'intensité du feu soit proportionnelle à la quantité de combustible, pourvu que la circulation de l'air soit facile et suffisante.

214. *Pourquoi le bois ou le papier* ne bruleront-*ils pas s'ils ont été trempés dans une dissolution de* potasse, *de phosphate de chaux ou d'ammoniaque?* — Parce que la potasse, la chaux, l'ammoniaque sont des substances incombustibles, des sortes de cendres, résultat d'une combustion antérieure; et que, par conséquent, en trempant le bois dans une dissolution de ces alcalis ou terres, on remplace en réalité une surface combustible par une surface incombustible. On ne doit donc recourir à ces substances qu'alors précisément qu'il s'agit de rendre incombustibles des matériaux par eux-mêmes trop disposés à brûler, les planches et les papiers des coulisses de théâtre, les rideaux d'avant-scène, etc., etc.

215. *Pourquoi un* jet *de* flamme *s'élance-t-il quelquefois dans la chambre à travers les barres d'une grille de fer?* — Parce que dans ses progrès le feu a atteint certaines cavités de la houille ou du bois remplies d'hydrogène carboné, ou d'une matière facile à être transformée par la chaleur en hydrogène carboné; c'est ce gaz allumé qui donne naissance, en brûlant, au jet de flamme plus ou moins blanche suivant qu'il est plus ou moins carboné.

216.. *Pourquoi une* FLAMME BLEUATRE *voltige-t-elle quelquefois sur la surface d'un feu de charbon?* — Parce qu'une combustion imparfaite dans les couches inférieures peut faire naître de l'oxyde de carbone qui monte entre les couches supérieures et brûle avec une flamme bleue ou bleuâtre, en se transformant en acide carbonique, dernier terme de la combustion du carbone.

L'oxyde de carbone et *l'acide* carbonique se produisent presque toujours simultanément dans la combustion du carbone. Le premier contient moitié moins d'oxygène que le dernier, comme on peut le voir par les formules suivantes :

1° *L'oxyde* de carbone $= CO$ (une molécule de carbone et une molécule d'oxygène);

L'acide carbonique $= CO^2$ (une molécule de carbone et deux molécules d'oxygène).

2° *L'oxyde* de carbone n'altère aucunement les couleurs bleues végétales; *l'acide* carbonique *rougit* la teinture bleue de tournesol.

3° *L'oxyde* de carbone est un *peu* plus léger que l'air atmosphérique : *l'acide* carbonique a une densité *beaucoup* plus grande que celle de l'air.

4° *L'oxyde* de carbone brûle avec une belle *flamme* bleue; *l'acide* carbonique est incombustible.

Lorsque le charbon brûle *librement* dans l'air, il se change en *acide* carbonique; mais, toutes les fois que la combustion du charbon se fait sous l'influence d'une quantité insuffisante d'oxygène, il se forme beaucoup d'*oxyde* de carbone.

217. *Pourquoi la lumière du feu est-elle plus* INTENSE *en certains moments qu'en certains autres?* — Parce que la combustion, en raison de l'accès plus ou moins facile de l'air et de sa richesse en oxygène, est plus ou moins parfaite. Si la combustion est aussi parfaite qu'elle peut l'être si elle se fait à la température la plus élevée que le feu puisse atteindre, le charbon enflammé est blanc, et l'intensité de sa lumière est la plus grande possible. Si la combustion se ralentit sur la masse entière ou sur certains points, le charbon descend au rouge blanc, au rouge cerise, au rouge obscur, et l'intensité de sa lumière diminue de plus en plus.

218. *Pourquoi le* COKE *ne* FLAMBE-*t-il pas comme la houille?* — Parce que, d'une part, comme on l'a dit plus haut, le coke est du carbone dépouillé par une première combustion de son gaz hydrogène et hydrogène carboné ; parce que, d'autre part, le coke brûle à une température très-élevée, à laquelle il ne se forme plus d'oxyde de carbone, brûlant avec flammes bleues, mais uniquement de l'acide carbonique sans production de flamme.

219. *A quel* GAZ *est due la* FLAMME *de la houille?* — Aux gaz hydrogène et hydrogène carboné d'une part, à l'oxyde de carbone de l'autre, quelquefois aussi à un peu de vapeur de soufre qui brûle en se transformant en acide sulfureux. Les flammes de l'hydrogène, de l'oxyde de carbone, de la vapeur de soufre, sont bleues, celles des hydrogènes carbonés plus ou moins blanches, suivant qu'elles sont plus ou moins riches en carbone.

220. *Pourquoi le feu ne flambe-t-il pas aussi long-temps lorsqu'il* GÈLE, *c'est-à-dire quand il fait froid, que lorsqu'il ne gèle pas?* — Parce que, quand il fait froid, l'air est dense, et amène une grande quantité d'oxygène au foyer ; la température est plus élevée, la combustion plus active ; le bois ou la houille se distillent plus vite ou perdent plus vite les gaz hydrogène et hydrogènes carbonés qu'ils contenaient et qui faisaient flamber le feu.

221. *Pourquoi le feu brûle-t-il plus ardemment en* HIVER *qu'en été?* — Parce que le *tirage est beaucoup plus fort* quand l'air est froid et dense.

222. *Pourquoi le* TIRAGE *est-il plus fort quand l'air est* FROID *et dense ?* — Parce qu'il y a *plus* de *différence* entre le *poids* de l'air chaud ascendant et celui de la colonne d'air qui détermine l'ascension ; par conséquent, l'air échauffé se trouve soulevé et chassé plus rapidement en haut par l'air qui presse à l'orifice inférieur de la cheminée ; le tirage est plus actif

223. *Pourquoi le feu brûle-t-il moins ardemment en* ÉTÉ *qu'en hiver ?* — 1° Parce que l'air, raréfié, contient moins d'oxygène à volume égal, et active moins la combustion; 2° parce que le tirage est moins actif, en ce sens que la différence de poids de l'air chaud ascendant et de l'air inférieur affluent est moins grande. Il arrive donc, dans un temps donné, moins d'air au sein du feu, cet air contient moins d'oxygène, et il est fourni en moins grande abondance au feu.

224. *Pourquoi le feu brûle-t-il moins ardemment sur les hautes* MONTAGNES ? — Parce que sur une haute montagne l'air est très-raréfié ; on peut dès lors appliquer à cet air raréfié, en raison de la pression moindre de l'atmosphère, ce que l'on vient de dire de l'air raréfié par la chaleur de l'été ; le tirage est moindre et l'air est moins oxygéné.

225. *Pourquoi le feu au* GRAND AIR *brûle-t-il plus ardemment qu'un feu dans une chambre?* — Parce que : 1° l'air extérieur est *plus dense* que celui d'un appartement chaud ; — 2° l'air peut *arriver plus facilement au feu* pour remplacer celui qui a servi à la combustion.

226. *Pourquoi le feu ne brûle-t-il pas aussi bien pendant le* DÉGEL *que pendant qu'il gelait?* — Parce qu'en temps de dégel l'air qui alimente le feu est chargé d'humidité, et qu'une partie de la chaleur est employée à réduire cette humidité en vapeur, aux dépens de la combustion ; l'air chargé de vapeurs humides est, en outre, moins dense que l'air sec.

227. *Pourquoi un feu ne brûle-t-il pas si ardemment quand l'air est moins dense?* — Parce qu'il y a moins de tirage pour appeler dans le foyer l'air nécessaire à la combustion, et pour entraîner l'acide carbonique né de la combustion, gaz qui la ralentirait s'il n'était pas entraîné.

228. *Pourquoi un feu brûle-t-il très-ardemment lorsqu'il fait du* VENT? — Parce que le renouvellement *rapide* de l'air, mettant plus d'oxygène en contact avec le feu, lui fournit ainsi une alimentation plus abondante.

229. *Pourquoi un* SOUFFLET *rallume-t-il un feu languissant?* — Parce qu'il fait passer sur le feu une grande quantité d'air plus dense, et augmente beaucoup le tirage.

230. *Pourquoi, quand on abaisse le tablier mobile d'une cheminée, rallume-t-il un feu languissant?* —Parce que la tablette de la cheminée, suivant qu'elle est plus ou moins abaissée, fait plus ou moins, par aspiration, ce que le soufflet fait par impulsion, elle active le tirage, et contraint l'air à passer à travers le feu.

231. *Pourquoi au sein d'un poêle la combustion estelle beaucoup plus ardente que dans une grille ordinaire?* — Parce que, dans un poêle, l'appel de l'air est plus actif et le tirage plus fort.

232. *Qu'est-ce qui cause le grand* BRUIT *que produit quelquefois le feu d'un poêle?* — L'activité de l'appel et du tirage; l'air qui rase, rapide, les fentes de la porte du poêle entre en vibration et produit un bruit plus ou moins intense; ces fentes font, par rapport à l'air, l'effet de l'embouchure d'un instrument à vent.

233. *Pourquoi ce bruit est-il beaucoup moins grand lorsqu'on* OUVRE *la* PORTE *du poêle?* — Parce que le tirage est moindre et le courant d'air est moins rapide, que les fentes ne sont plus là pour faire l'office d'embouchure et mettre l'air en vibration.

234. *Quel* GAZ *est engendré par la combustion du charbon?* — L'acide carbonique, gaz formé par la combinaison du carbone des combustibles avec l'oxygène de l'air.

235. *Pourquoi un morceau de* PAPIER *étendu sur la surface d'un feu de charbon sans flamme ne s'enflamme-t-il pas, mais brûle en charbonnant?* — Parce qu'au-dessus du charbon enflammé, entre le charbon et le papier, il n'y a plus d'air oxygéné, mais de l'acide carbonique impropre à la combustion et qui la rend impossible.

236. *Si l'on* OUVRE *subitement* LA PORTE *de la chambre ou si l'on* SOUFFLE *sur le papier, celui-ci s'enflammera immédiatement. Pourquoi cela?* — Parce que le courant d'air dissipe l'acide carbonique, et met le papier en contact avec de l'air oxygéné propre à la combustion.

237. *Comment les* CENDRES *qu'on met sur le feu le conservent-elles longtemps?* — Les cendres empêchent l'oxygène de l'air de parvenir *librement* au feu, mais ne l'excluent pas *entièrement* ; par conséquent. les combustibles brûlent très-lentement et longtemps sans être consumés.

238. *Pourquoi l'*EAU *éteint-elle le feu ?*— Parce que : 1° elle forme autour des combustibles une enveloppe qui *empêche l'air d'y parvenir ;* — 2° que, sa conversion en vapeur exigeant une certaine quantité de chaleur, la température du combustible diminue, sa combustion devient moins active ; il peut même s'éteindre, d'autant plus que la vapeur d'eau est impropre à la combustion tant qu'elle n'est pas décomposée.

239. *Un* PEU *d'eau rend un feu* ARDENT, *mais une* GRANDE *quantité l'*ÉTEINT. *Comment expliquez-vous cela?* — Lorsque la quantité d'eau est petite, la petite quantité de vapeur qui en naît peut être décomposée par les charbons ardents et se transformer en oxygène et en hydrogène, deux gaz qui activent la combustion, l'un en brûlant lui-même, l'autre en faisant brûler ; le feu, après cette réaction, peut donc devenir plus ardent. Il n'en est plus ainsi lorsque la quantité d'eau projetée sur le feu est très-grande, sa température ou son ardeur diminuent trop pour qu'il puisse décomposer alors la masse de vapeur formée.

240. *Quand les* CHARBONS *de terre sont très-petits et presque réduits en poussière, pourquoi les* ARROSE-t-on *quelquefois?* — Pour former une masse unique sur laquelle la chaleur ait plus de prise ; et, parce qu'au contact intime des particules de charbon enflammées, la vapeur née des molécules d'eau très-divisées peut facilement se décomposer en gaz oxygène et hydrogène qui activent sa combustion.

241. *Lorsqu'une maison est en feu, une* TROP-PETITE *quantité d'eau est-elle plus* NUISIBLE *que l'*ABSENCE *totale d'eau ?* — Certainement : à moins que l'eau ne soit fournie assez abondamment pour *éteindre les flammes*, sa vapeur augmentera l'*intensité* du feu.

242. *Dans quelle* CONDITION *l'eau* ÉTEINDRA-*t-elle un feu ?* — Quand la quantité en sera assez abondante pour que le feu, après avoir réduit l'eau en vapeur, ne puisse pas décomposer cette vapeur en gaz oxygène et hydrogène.

243. *Un* PEU *d'eau ne* RALENTIRA-*t-il pas la chaleur d'un feu ?* — Oui, jusqu'à ce qu'elle *soit convertie en vapeur*, et à la condition que cette vapeur ne sera pas décomposée, car, décomposée, la vapeur active la combustion.

244. *Qu'est-ce qui* ÉTEINDRA *un feu* MIEUX *que l'eau ?* — De la *fleur de soufre* ou du soufre en poudre.

245. *Pourquoi la fleur de* SOUFRE *éteindra-t-elle un feu plus sûrement que l'eau ?* — Parce qu'elle se convertit en acide sulfureux qui ne se décompose pas comme la vapeur d'eau en gaz capables d'activer la combustion. Le gaz sulfureux, au contraire. s'il en produit en quantité suffisante, forme autour du feu une atmosphère dense et blanche qui le défend de tout contact avec l'oxygène, et l'éteint ou l'étouffe.

L'acide sulfureux, liquide à des températures très-basses et sous une très-forte pression, est gazeux à la température ordinaire; il est formé d'un atome de soufre et de deux atomes d'oxygène.

Il est toujours bon d'avoir sous la main dans chaque ménage une certaine quantité, un kilogramme, par exemple, de soufre en poudre pour s'en servir au besoin. Lorsqu'on s'aperçoit que le feu a pris dans un tuyau de cheminée, on étend sur l'âtre le bois allumé, ainsi que la braise, et on y jette, le plus également possible, trois ou quatre poignées de *soufre en poudre*. L'on bouche immédiatement après le devant de la cheminée, en y plaçant une table ou une porte, ou un drap bien mouillé, qu'on a soin de tendre fortement à la partie supérieure et sur les côtés.

246. *Pourquoi avec de la* PAILLE *ou du* FOIN HACHÉ *éteindra-t-on un feu de charbon?* — Parce que la paille humide ou le foin haché humide refroidissent le charbon, et empêchent l'oxygène de l'air de parvenir au feu, qui s'éteint faute d'alimentation.

247. *Du* BOIS *ne peut-il pas s'allumer sans le contact du feu?* — Oui, si l'on tient trop *près du feu*, pendant quelque temps, un morceau de bois, il s'allumera, quoiqu'il *ne touche* pas le feu.

248. *Pourquoi le bois* s'ALLUMERA-*t-il, quoiqu'il ne touche pas le feu?* — Parce que la chaleur du feu fait sortir du bois l'*hydrogène bicarboné*, qui, se trouve en contact, d'une part, avec le bois, de l'autre, avec les charbons rouges, ce gaz s'allume et met le feu au bois.

L'hydrogène bicarboné se compose de 1 volume de carbone et de 2 volumes d'hydrogène (C^2H^4).

249. *Pourquoi un* BATIMENT VOISIN *d'une maison qui brûle peut-il prendre feu, quoiqu'il ne soit pas touché par les flammes?* — Parce que la chaleur de la masse brûlante dégage l'*hydrogène bicarboné* de la charpente du bâtiment voisin; et ce gaz est allumé par les flammes ou les parois ardentes de la maison en feu.

250. *De quoi l'*INTENSITÉ *d'un feu dépend-elle?* — L'intensité d'un feu est toujours proportionnée, d'une part, à la masse de combustible ; de l'autre, à la *quantité d'oxygène* qu'on lui fournit.

251. *Pourquoi un* FEU *languissant se* RAVIVE-*t-il si l'on balaye le foyer, les chenets, les barres de la grille, etc. ?* — Parce que l'air, qui avant était arrêté par la poussière et les cendres éparses, retrouve un accès *libre* au feu aussitôt que ces obstacles ont disparu.

252. *Pourquoi un* FEU *de charbon languissant se ravive-t-il s'il est* REMUÉ ? — Parce que la barre métallique ou tisonnier rompt les charbons agglomérés et ouvre un *passage* à *l'air* au *sein même du feu.*

Un feu de charbon de terre doit être remué dans le bas, non à la surface.

253. *Pourquoi le tisonnier ou la barre métallique mise en travers au-dessus d'un feu languissant le* RAVIVE-*t-il ?* — Parce qu'en s'échauffant et rougissant elle augmente la température du foyer, en même temps qu'elle appelle l'air à sa surface, hâte son écoulement et active le tirage.

254. *Pourquoi un feu languissant se ravive-t-il si l'on plante le* TISONNIER *au* MILIEU *de ce feu ?* — Par les raisons qu'on vient de donner. Le tisonnier ouvre un passage à l'air à travers les charbons, lui sert en quelque sorte de conducteur et hâte sa circulation ; en rougissant, il augmente, en outre, la température et active la combustion des charbons qui l'entourent.

255. *Pourquoi les* FEUX *sont-ils faits au niveau ou un peu au-dessus du* PLANCHER *de la chambre ?* — Pour que le courant d'air qui constitue l'appel ou le tirage soit mieux établi; l'air chaud, nécessairement moins dense, tendant à s'élever, l'appel se fait de bas en haut; l'air froid, qui alimentera la combustion, doit donc se trouver en bas. En outre, un feu bas réchauffe plus vite et mieux l'air de l'appartement.

256. *Pourquoi un feu bas réchauffe-t-il mieux l'air de l'appartement?* — Parce que l'échauffement d'une masse d'air, mauvais conducteur du calorique, ne peut se faire que par déplacement de bas en haut, en ce sens que les portions basses, devenues chaudes, s'élèvent et cèdent leur place aux portions plus élevées qui descendent, s'échauffent à leur tour et s'élèvent. Si le foyer était au sommet de la masse d'air, les couches inférieures ne s'échaufferaient pas ou s'échaufferaient avec une lenteur excessive.

257. *Pourquoi sentons-nous quelquefois nos* PIEDS *se* REFROIDIR, *quoique nous soyons assis près d'un bon feu?* — Parce que l'air froid entre dans la chambre par les fentes des portes et des fenêtres pour remplacer l'air échauffé par le feu; et ces courants d'air froid, *passant continuellement sur nos pieds*, les privent de chaleur.

§ 1. — Fumée et suie.

258. *Qu'est-ce que la* SUIE? — Le dépôt que laisse contre les parois d'une cheminée la fumée d'un feu de bois ou de charbon. C'est une matière noire, d'une odeur désagréable, d'une saveur amère, composée principalement de charbon, d'huiles empyreumatiques, d'acide acétique, etc.

259. *Qu'est-ce que la* FUMÉE? — Un mélange de vapeurs aqueuses et de particules de charbons ou autres matières combustibles qui ont échappé à la combustion, et sont entraînées par le courant d'air du foyer.

260. *Pourquoi la* FUMÉE MONTE-*t-elle dans la chemi-née?* — Parce que ce mélange de vapeurs d'eau, d'air chaud et de particules solides très-divisées est plus léger que l'air ambiant ; mais à mesure qu'elle commence à se refroidir au sein de la cheminée, la fumée laisse déposer des particules solides et donne naissance à la suie.

261. *Qu'est-ce qui détermine la* RAPIDITÉ *ou la force du* TIRAGE *d'une cheminée?* — La différence entre le poids de la colonne d'air chaud *ascendante,* et celui de la colonne d'air froid qui presse à l'*orifice inférieur de la cheminée.*

262. *Pourquoi la* FUMÉE TOURBILLONNE-*t-elle en montant?* — Parce que les courants d'air la poussent en tous sens.

263. *Que sont les* FLOCONS *de fumée?* — Des particules de charbon agglomérées, ou du noir de fumée qui tombe à terre par son propre poids.

264. *Pourquoi n'y a-t-il jamais de flocons noirs lancés par le tuyau de la machine à* VAPEUR *d'une* LOCO-MOTIVE? — Parce qu'il ne s'échappe pas de fumée de la cheminée de la locomotive, mais seulement de la vapeur d'eau qui se dissout dans l'atmosphère.

265. *Pourquoi ne sort-il pas de* FUMÉE *d'une machine*

à vapeur? — Parce que le tirage est si fort et si continu que les particules solides *se consument entièrement*, et que le courant d'air n'entraine plus que de la vapeur d'eau. Mais cette vapeur peut être salie dans son passage à travers la cheminée, et donner naissance à un dépôt noir dont les voyageurs se plaignent quelquefois. On sait que, pour activer le tirage, on fait passer dans la cheminée des locomotives un courant de vapeur d'eau.

266. *Pourquoi la vapeur qui sort de la cheminée des locomotives* tourbillonne-*t-elle très-vite?* — Parce que les courants d'air produits par la marche du *train*, par la *chaleur* qui sort de la machine, et par le passage de la *vapeur* elle-même, ajoutés au *vent* et aux *courants aériens ordinaires*, poussent la vapeur en tous sens et la font ondoyer avec une grande rapidité.

267. *Pourquoi quelques* cheminées *renvoient-elles la* fumée *dans les appartements?* — 1° Il arrive quelquefois que les courants d'air extérieurs ou le vent, en passant sur l'ouverture de la cheminée, l'obstruent en quelque sorte ou s'opposent au libre passage de l'air chaud et de la fumée qui en sortent; la fumée est forcée alors de refluer dans la cheminée et dans l'appartement; les coups de vent l'y font rentrer par bouffées. 2° Lorsque plusieurs cheminées débouchent dans un même corps de logis, la fumée trop abondante de l'une ou plusieurs d'entre elles peuvent obstruer l'ouverture des autres et faire refluer encore la fumée. 3° Enfin, lorsque le tirage ne se fait pas, qu'il n'y a pas d'appel, ou d'appel suffisant, l'air chaud et la fumée encombrent la cheminée et sont forcés encore de refluer; c'est ce qui survient surtout lorsqu'il n'arrive pas au foyer assez d'air froid.

268. *Quelles sont les causes qui empêchent l'accès au foyer d'air froid en quantité suffisante?* — Le plus souvent une fermeture par trop hermétique ; des bourrelets cloués aux portes et aux fenêtres, des rideaux trop épais, des portières trop compactes, tous les moyens trop excessifs, par lesquels on s'oppose à l'entrée de l'air dans l'appartement.

269. *Que faut-il faire dans ce cas?* — Ouvrir la porte ou la fenêtre. En général cependant on n'est sûr d'obtenir un bon tirage, surtout dans un appartement trop petit, qu'autant que, au moyen de ventouses, on puise, à l'extérieur, par des prises convenablement ménagées, l'air froid qui doit alimenter la combustion. Il est presque impossible, sans ce moyen, de chauffer un petit appartement : car, s'il est hermétiquement fermé, la cheminée fume ; si on laisse accès aux courants d'air extérieur, l'air intérieur est toujours froid ; à mesure qu'elle s'échauffe un peu, la masse d'air intérieure est entraînée dans la cheminée et remplacée par de l'air froid attiré du dehors.

270. *Pourquoi les* CHEMINÉES *s'élèvent-elles, en général, au-dessus du toit?* — Afin qu'elles *ne fument pas*. L'expérience prouve que, si un tuyau a moins de 3 mètres, il donne presque toujours de la fumée ; il faut quelques mètres pour la sûreté du tirage. Si cependant la longueur du tuyau est par trop grande, le tirage s'établira mal.

271. *Pourquoi, si le tuyau est trop évasé, la cheminée*

fumera-t-elle?—Si la cheminée est par trop large, le courant d'air chaud s'établit mal; il se refroidit au contraire,
sa force d'ascension n'a pas le temps de se développer
ou d'acquérir une vitesse suffisante pour entraîner la
fumée, il se mêle trop facilement à l'air extérieur froid.

272.   *Pourquoi une cheminée trop* LONGUE *fume-t-elle
quelquefois?* — Parce que : 1° le *frottement* prolongé
de l'air contre les parois de la cheminée ralentit l'ascension de la fumée; — 2° l'air ascendant *devient froid*
avant d'atteindre le sommet du tuyau.

273.   *Pourquoi les cheminées des* FABRIQUES *sont-elles
toujours très-élevées?* — Afin : 1° d'augmenter le tirage
du feu, qui dans une usine est toujours très-intense, et
demande, par conséquent, une longueur de cheminée
proportionnée; — 2° d'obvier à l'*incommodité* causée
par la fumée des fabriques aux habitations voisines :
en portant à une plus grande hauteur dans l'atmosphère
la fumée et les émanations sulfureuses et autres, on
peut espérer qu'elles se perdront mieux dans l'air.

274.   *Pourquoi l'*INTENSITÉ *d'un* FEU *est-elle plus
grande si le tuyau est long?* — Parce que, dans un tuyau
plus long, le courant d'air chaud qui doit entraîner la
fumée et faire appel à l'air froid qui environne le foyer,
s'établit mieux, le tirage est plus fort; on peut brûler
plus de combustible et obtenir, par conséquent, un feu
plus intense. La longueur du tuyau ne doit cependant
pas dépasser de justes limites.

275.   *Pourquoi la fumée se répandra-t-elle dans l'appartement si le tuyau est trop* LARGE ? — Parce que le feu

qu'on fait ordinairement n'est pas assez grand pour échauffer tout l'air qui se trouve dans un tuyau très-large : par conséquent, l'air froid du tuyau refroidit le courant ascendant et empêche le tirage.

Ou ne doit pas donner, même aux grandes cheminées, plus de trois ou quatre décimètres carrés de section.

276. *Dans quels tuyaux le tirage est-il le plus fort ?*

— Le tirage est plus fort dans les tuyaux de *fonte* que dans ceux de tôle ; il est plus fort dans les tuyaux de tôle que dans ceux de brique ou de pierre. Les tuyaux de fonte ou de tôle s'échauffent plus vite ou prennent plus vite la température du courant d'air ascendant, le tirage s'établit sans peine et se continue parfaitement. Il n'en est pas de même dans les tuyaux en brique ou en pierre qui commencent par refroidir le courant ascendant, de sorte que le tirage est plus lent à s'établir.

277. *Les* COUDES *et les* INFLEXIONS *d'une cheminée diminuent-ils la vitesse du courant dans le tuyau ?* — Un peu ; parce que : 1° ils allongent le tuyau sans augmenter la longueur verticale de la colonne ascendante d'air chaud ; — 2° le frottement de l'air ascendant contre les parois est un peu plus grand.

278. *Pourquoi les tuyaux* CIRCULAIRES *sont-ils préférables à tous les autres ?* — Parce qu'ils présentent le *plus de surface*, à égalité de contour ; le courant d'air s'y établit mieux.

279. *Si une cheminée basse ne peut pas être haussée, que faut-il faire pour empêcher la fumée de se répandre dans l'appartement ?* — Il faut rétrécir l'ouverture du foyer.

7

280. *Pourquoi un foyer* A OUVERTURE MOINS LARGE *empêchera-t-il la cheminée de fumer?* — Parce que l'air, passant plus *près du feu*, sera plus échauffé et s'élèvera plus vite par le tuyau : de cette manière, l'accroissement de chaleur du courant ascendant compensera la trop petite longueur du tuyau.

281. *Pourquoi la fumée se répand-elle souvent dans un appartement où l'*OUVERTURE *du foyer est trop* LARGE *et trop* HAUTE? — Parce qu'une grande quantité d'air s'y engage sans *passer par le feu;* cet air froid, se mêlant avec la colonne ascendante, en réduit tellement la température, qu'il n'y a que très-peu de tirage.

Le défaut ordinaire de nos cheminées est d'avoir une ouverture beaucoup trop large, et surtout trop élevée au-dessus du foyer.

282. *Pourquoi la fumée se répand-elle quelquefois dans l'appartement s'il y a* DEUX *feux?* — Parce que le feu le plus ardent appelle ou aspire l'air du feu le plus faible, et fait rentrer sa fumée dans la chambre.

Cette incommodité n'arrivera pas si la chambre est assez grande pour fournir assez d'air aux deux feux, et si les foyers sont placés convenablement.

283. *Pourquoi la fumée se répand-elle souvent dans un appartement, quand on ouvre la porte de communication entre deux chambres voisines?* — Parce qu'en ouvrant la porte on fait une sorte de vide qui aspire, dans une des chambres, l'air de la cheminée de l'autre chambre et fait refluer la fumée. Si l'une des chambres est plus chaude, l'air y sera plus raréfié, ce sera encore comme une sorte de vide vers lequel se précipitera l'air d'alimentation de la chambre la plus froide, entraînant avec lui la fumée qui descendra de la cheminée.

284. *Que doit-on faire pour* EMPÊCHER *cet inconvé-nient?* Il faut assurer aux deux cheminées une alimentation d'air indépendante, et, autant que possible, par de l'air pris au dehors, amené dans le foyer par des canaux établis sous le parquet.

285. *Pourquoi les cheminées des maisons situées dans une* VALLÉE *fument-elles très-souvent?* — Parce que le vent, frappant contre les collines d'alentour, *se rabat sur les cheminées* et arrête le tirage. Dans les vallées aussi, l'air, à une certaine hauteur au-dessus du sol, est plus humide, plus froid, plus dense, et devient ainsi un obstacle à la sortie de la fumée.

286. *Que fait-on ordinairement pour* REMÉDIER *au premier de ces inconvénients?* — On fixe sur la cheminée un chaperon, ou une mitre, ou un tuyau en T, qui tourne avec la girouette. Pour remédier au second, il faudrait, avant d'allumer le combustible ordinaire, faire dans la cheminée un feu clair et vif avec du menu bois ou de la paille, pour établir le plus vite possible le courant d'air chaud.

287. *Mentionnez une disposition bien préférable aux chaperons, aux mitres, etc.* — Elle consiste à fermer l'ouverture supérieure de la cheminée, et à y établir latéralement des ouvertures dirigées en bas, comme des espèces de jalousies.

288. *A quoi servent les chaperons, les mitres et les tuyaux en* T? — A empêcher le vent de s'engouffrer dans la cheminée, en ménageant à la fumée un essor par une ouverture sur laquelle le vent n'ait pas de prise.

289. *Quel* MAL *le vent ferait-il en s'engouffrant dans la cheminée?* — 1° Il empêcherait la *fumée de sortir;* — 2° il introduirait dans la cheminée de l'air froid qui descendrait par le tuyau, chassant devant lui dans l'appartement la fumée ascendante.

290. *Pourquoi une cheminée fumera-t-elle quelquefois si la* PORTE *et le* FOYER *se trouvent du même côté de l'appartement?* — Parce qu'en ouvrant ou fermant la porte, on-déterminera des courants d'air par impulsion ou par aspiration qui agiront sur le courant d'air chaud de la cheminée et empêcheront son jeu naturel.

291. *Lorsqu'on ouvre la* FENÊTRE *d'une* CUISINE, *pourquoi la fumée du fourneau se répand-elle souvent dans l'appartement?*—Parce que l'air froid venu de la fenêtre, en soufflant au-dessus du fourneau, chasse devant lui le courant d'air chaud qui devait continuer l'ascension de la fumée; celle-ci alors se répand dans la cuisine.

292. *Quand la* PORTE *et la* FENÊTRE *d'une petite cuisine sont ouvertes en même temps, pourquoi le fourneau fume-t-il quelquefois?* — Par la même raison que précédemment, c'est-à-dire par l'action perturbatrice que les courants venus de la porte et de la fenêtre exercent sur le courant d'air chaud.

293. *Lorsqu'on* SOUFFLE *tout à coup sur des* BRAISES *ardentes, pourquoi s'en élève-t-il quelquefois un nuage de poussière blanche?* — Parce que le souffle détache des braises les poussières minérales et incombustibles qui forment la *cendre*, et les chasse en l'air.

Les parties *incombustibles* que l'on rencontre dans les êtres organisés sont la potasse, la soude, la chaux, la magnésie, l'alumine, les oxydes de

fer et de manganèse; de plus, certains acides minéraux, comme l'acide
carbonique, l'acide phosphorique, l'acide sulfurique et l'acide silicique. On
trouve en outre des chlorures de potassium, de sodium, de calcium et de
magnésium : ces substances incombustibles se retrouvent dans les cendres que laissent les corps organisés après leur combustion.

294. *Pourquoi une cheminée fumera-t-elle si elle a
besoin d'être* RAMONÉE ? — Parce que la suie, en s'accumulant, *arrête le passage de la fumée* et gène le tirage.

295. *Pourquoi une cheminée en* MAUVAIS ÉTAT *fume-
t-elle ?* — Parce que : 1° les briques d'où s'est détaché
le ciment forment des saillies qui gênent l'ascension de
la fumée ;—2° les courants d'air qui se glissent au travers des crevasses de la cheminée refroidissent la colonne
d'air chaud ascendante, qui alors, au lieu de monter,
reflue avec la fumée.

296. *Pourquoi les* POÊLES *fument-ils si les jointures
des tuyaux ne sont pas parfaites ?* — Parce que les courants d'air qui se glissent à travers les jointures refroidissent la colonne d'air chaud et en arrêtent l'ascension.

297. *Pourquoi presque toutes les cheminées fument-
elles par un temps d'*ORAGE *ou par une bourrasque ?* —
Parce que l'action du vent, plus impétueux et plus
froid, suspend ou arrête le courant d'air chaud et fait
refluer la fumée.

Il faut que la fumée sorte avec une vitesse de deux mètres par seconde
pour n'être pas refoulée par les vents ordinaires.

298. *Quel est l'usage d'un* CONDUIT *sur une cheminée ?*
— 1° Il augmente la force du tirage ; — 2° il élève
une cheminée lorsqu'elle est dominée par quelque
édifice.

299. *Comment un* CONDUIT *peut-il augmenter le tirage ?* — 1° En rétrécissant son ouverture, il empêche l'air froid et la pluie de *pénétrer* dans le tuyau ; — 2° il sert à *accélérer la sortie* de la fumée en concentrant et régularisant le courant d'air chaud ; — 3° en *allongeant* la cheminée il en augmente le tirage.

Le tirage a pour effet d'appeler dans le foyer l'air nécessaire à la combustion, d'emporter la fumée et les gaz que la combustion développe.

300. *Pourquoi un* SALON *a-t-il quelquefois, en été, une odeur de* FUMÉE *ou de suie ?* — Parce que l'air de la cheminée, étant *plus froid* que celui de l'appartement, descend dans le *salon* et y apporte une odeur de fumée ou de suie.

301. *Pourquoi un* FEU *de coke ou de charbon répandil quelquefois une odeur de* SOUFRE? — Parce que ces combustibles, coke ou charbon, contiennent du soufre ; et, toutes les fois que le tirage n'est pas assez fort pour emporter le soufre dans le tuyau, l'odeur s'en répand dans la chambre.

302. *Pourquoi les* PLAFONDS *des bureaux publics sont-ils souvent* NOIRS *de* FUMÉE? — Parce que l'air échauffé en s'élevant emporte avec lui la *poussière* et la *suie fine,* qui alors se déposent sur le plafond.

303. *Pourquoi* QUELQUES *parties du plafond sont-elles plus noires et plus sales que d'autres?* — Parce que le plâtre du plafond offre, en certains endroits, des rugosités et des saillies sur lesquelles les courants d'air déposent de préférence la poussière et la suie.

304. *Qu'est-ce que la* FUMÉE *d'une* LAMPE *ou d'une* CHANDELLE ?—Un mélange d'air chaud de vapeur d'eau, et de molécules de charbon très-divisé, qu'une combustion imparfaite a laissé échapper sans qu'elles fussent converties en acide carbonique. Le dépôt de ce charbon très-divisé est ce qu'on nomme noir de fumée.

305. *Pourquoi une chandelle fume-t-elle lorsqu'elle a besoin d'être mouchée?* — Parce que : 1° la longueur de la mèche charge la flamme de *plus de carbone* qu'elle n'en peut *consumer;* — 2° elle diminue la *chaleur* de la flamme et rend la combustion imparfaite.

306. *Pourquoi une* BOUGIE *fume-t-elle un peu?* — Parce que l'*enveloppe extérieure* de la flamme prive de l'accès de l'air les parties *intérieures* de la mèche, et qu'ainsi des particules de charbon échappent à la combustion.

307. *Les lampes* FUMENT-*elles quelquefois?* — Oui, les lampes fument lorsque la mèche est trop élevée, qu'elle a été coupée inégalement, ou que l'air n'arrive pas à la mèche en quantité suffisante.

308. *Pourquoi une lampe fume-t-elle lorsque la* MÈCHE *est coupée* INÉGALEMENT? — Parce que : 1° les *dents formées sur le bord de la mèche*, s'en séparant très-facilement, *chargent la flamme* de plus de carbone qu'elle n'en peut *consumer;* — 2° parce que, si l'ensemble de la mèche est à la hauteur convenable, les dentelures qui font saillie sont trop hautes et brûlent incomplétement.

309. *Pourquoi une lampe fume-t-elle lorsqu'on* LÈVE TROP *la mèche?* — Parce qu'alors la portion carbonisée de la mèche est trop considérable pour qu'elle puisse être entièrement brûlée. En outre, une grande hauteur de mèche diminue la température de l'huile qui monte à son bord supérieur, et la combustion, par conséquent, devient imparfaite.

310. *Pourquoi une lampe fume-t-elle si l'air n'arrive pas à la mèche en quantité suffisante?* — Parce qu'une quantité suffisante d'air est une condition essentielle de combustion parfaite, puisque la combustion n'est pas autre chose que la combinaison des hydrogènes et du carbone de l'huile avec l'oxygène de l'air.

311. *Pourquoi les* LAMPES *modernes et en particulier les lampes d'Argand ou les lampes Modérateur ne fument-elles pas?* — Parce qu'elles sont à double courant d'air intérieur et extérieur; que, d'une part, l'alimentation en air ne laisse rien à désirer, que, de l'autre, l'alimentation en huile est aussi assurée par le mécanisme intérieur de la lampe.

312. *Pourquoi un* VERRE *de lampe* DIMINUE-*t-il la* FUMÉE *d'une lampe?* — Parce que : 1° il augmente la provision d'*oxygène* de la lampe en produisant un tirage meilleur ; — 2° il *concentre* et *réfléchit* la chaleur de la flamme; or une température élevée est encore une des conditions d'une combustion parfaite ; — 3° il défend la flamme des courants d'air extérieurs qui troubleraient l'ascension régulière de l'air chaud.

§ 2. — Flamme.

313. *Qu'est-ce que la* FLAMME? — La lumière émise par un gaz ou une vapeur élevés à une très-haute température, en combustion ou qui brûlent.

Il faut que la température de la matière gazeuse atteigne au moins 600 degrés du thermomètre centigrade, puisque c'est toujours à ce degré de chaleur que la lumière se manifeste.

314. *Pourquoi* CERTAINES *substances en brûlant donnent-elles toujours une* FLAMME, *tandis que d'autres substances n'en donnent jamais?* — Tout corps solide qui *n'est pas susceptible* de se réduire *en gaz* ou en *vapeur* devient *rouge* par l'action du feu, mais ne *produit pas de flamme;* tout corps combustible, au contraire, qui est *gazeux*, ou qui peut se réduire en gaz ou en vapeur combustible, *brûle toujours avec flamme.*

315. *Décrivez la* STRUCTURE *de la* FLAMME *d'une chandelle.*

Elle a quatre parties :

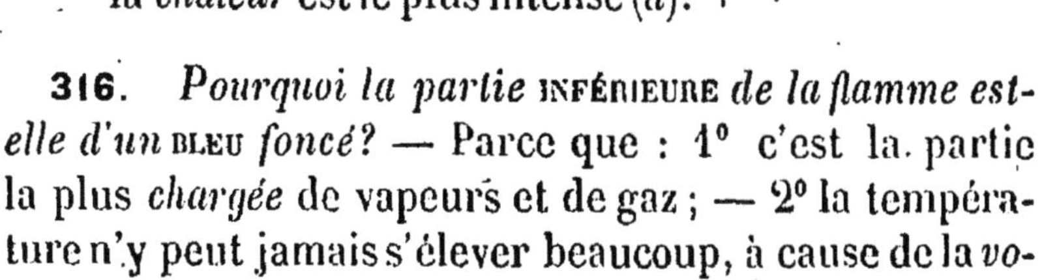

1° La BASE, dans laquelle on remarque un petit calice d'un *bleu foncé* (*a*) ;

2° Le CENTRE, qui est un espace obscur qu'on aperçoit aisément à travers l'enveloppe brillante (*b*);

3° La PARTIE BRILLANTE, ou la *flamme* proprement dite, qui *entoure l'espace central* (*c*) ;

4° La DERNIÈRE ENVELOPPE, peu lumineuse, dans laquelle la combustion des gaz s'achève, et où la *chaleur* est le plus intense (*d*).

316. *Pourquoi la partie* INFÉRIEURE *de la flamme est-elle d'un* BLEU *foncé?* — Parce que : 1° c'est la partie la plus *chargée* de vapeurs et de gaz ; — 2° la température n'y peut jamais s'élever beaucoup, à cause de la *vo-*

latilisation abondante du suif, de la cire ou de l'huile, etc., qui se fait dans cette portion de la flamme; — 5° elle contient fort peu de *carbone incandescent,* qui donne la couleur blanche à la flamme.

317. *Qu'est-ce que l'*INCANDESCENCE *?* — L'état d'un corps solide dont la chaleur est portée jusqu'au *blanc.*

La chaleur *rouge* commence à la température de 525 degrés centigrade; la chaleur *blanche* à 1,500. La plus grande que l'on ait observée est de 15,941 degrés centigrade.

318. *Pourquoi le* CENTRE *de la flamme est-il obscur?* — Parce qu'il renferme une certaine quantité de gaz hydrogènes carbonés provenant de la distillation de la matière grasse, et qui échappent à la combustion, ainsi que des molécules de charbon provenant de la mèche.

319. *Pourquoi les gaz, dans le* CENTRE *de la flamme, échappent-ils à la* COMBUSTION *?* — Parce qu'ils sont *hors du contact de l'air,* et que l'air est absolument nécessaire à la combustion.

320. *Pourquoi la flamme proprement dite, qui* ENTOURE *l'espace central, est-elle la plus* LUMINEUSE *?* — Parce que c'est là que brûle à la faveur de l'oxygène de l'air la majeure partie des gaz nés de la distillation, et que cet espace renferme en outre du carbone très-divisé, qui devient *incandescent,* et qui donne à la flamme une plus grande clarté.

321. *Pourquoi l'enveloppe* EXTÉRIEURE *de la flamme est-elle moins* LUMINEUSE *que le cône intermédiaire?* — Parce que le carbone incandescent s'y combine *trop vite avec l'oxygène* de l'air, et se transforme en acide carbonique, avec gain de chaleur, mais avec perte de lumière pour cette troisième zone.

322. *Pourquoi le* BOUT *d'une mèche, lorsque celle-ci est longue ou recourbée, est-il rouge, tandis que le reste est noir ?* — Parce que le bout de la mèche, sorti du cône obscur et arrivé au contact de l'air, brûle seul comme un corps solide, avec lumière, mais sans flamme, tandis que le reste charbonne seulement.

323. *La partie la plus* CHAUDE *de la flamme n'est-elle pas aussi la plus* LUMINEUSE *?* — Non ; la seconde zone, celle qui entoure le cône obscur, est la plus *lumineuse ;* mais la troisième zone, ou l'*extérieur* de la flamme, donne la *chaleur* la plus intense.

La *chaleur* de la flamme n'est pas toujours en rapport avec l'intensité de sa *lumière*. Par exemple, la flamme de l'hydrogène bicarboné est bien plus dense et plus *brillante* que celle de l'hydrogène pur; et cependant cette dernière répand plus de *chaleur* que la première. La flamme qui produit la plus *haute température* est celle qui résulte de l'inflammation du mélange d'un volume d'oxygène et de deux volumes d'hydrogène, et cependant cette flamme est à peine *visible* à la lumière du jour.

324. *Qu'est-ce que la* LUMIÈRE *?* — Objectivement ou en elle-même et suivant la théorie la plus accréditée, la lumière est un mouvement ondulatoire de l'éther ou milieu éthéré; subjectivement la lumière est la sensation spéciale, *sui generis*, que nous percevons par l'organe de la vue. Les corps lumineux, le soleil, les étoiles, les flammes, etc., sont les corps qui jouissent de la propriété de mettre en vibration l'éther ou fluide lumineux. Il n'est pas toutefois improbable que les phénomènes de la lumière puissent s'expliquer, comme le veulent M. Seguin, M. Grove et d'autres physiciens distingués, par des atomes matériels semblables à ceux qui, unis et cohérents forment la matière pondérable, mais libres dans l'espace et animés de vitesses énormes ; sans qu'il soit nécessaire d'admettre l'existence d'un milieu spécial ou fluide éthéré qui n'est encore qu'un fluide hypothétique.

325. *Comment les* VIBRATIONS *ondulatoires de l'éther lumineux peuvent-elles produire la sensation de la* LUMIÈRE ? — De même que le *son* naît des vibrations ondulatoires de l'*air atmosphérique* frappant les oreilles, la lumière peut naître des vibrations ondulatoires de l'*éther lumineux* frappant les yeux.

326. *Qu'est-ce que l'*ÉTHER LUMINEUX *dans l'idée de ceux qui admettent son existence comme réelle ?* — Un fluide impondérable d'une densité presque nulle, d'une élasticité presque infinie, qui remplirait tout l'espace et pénétrerait tous les corps.

327. *Pourquoi l'huile d'une lampe ou le suif d'une* CHANDELLE *allumés brûlent-ils ?* — Parce que la chaleur de la mèche allumée distille la matière grasse, la décompose et la transforme en gaz combustibles qui s'unissent avec l'oxygène de l'air.

328. *En* QUELS GAZ *la cire, l'huile ou le suif se transforment-ils par l'effet de la chaleur ?* — En hydrogène et en hydrogènes carbonés. 1° L'*hydrogène* de la chandelle, se combinant avec l'oxygène de l'air, se transforme en *vapeur d'eau,* — 2° le *carbone* de la chandelle, se combinant avec l'oxygène de l'air, se transforme en *acide carbonique.*

329. *Où la cire, l'huile et le suif se décomposent-ils ?*

—Dans la *mèche* qui, par sa combustion, et la température très-élevée que cette combustion développe, détermine la distillation et la décomposition de ces matières grasses.

330. *De quelle manière la cire, l'huile et le suif* s'élèvent-*ils dans la mèche et jusque dans la flamme?* — Par l'action capillaire des filaments de la mèche, action qui détermine incessamment l'ascension de la matière grasse liquéfiée.

331. *A quels caractères reconnaît-on qu'une lampe ou une bougie brûlent très-bien?* — 1° A l'absence complète de fumée; 2° à la blancheur de la flamme. La lumière de nos lampes, de nos bougies et du gaz est cependant toujours un peu jaune, c'est-à-dire que les rayons jaunes y sont toujours en plus grande proportion que les autres rayons du spectre; on s'en aperçoit quand on les compare à la lumière du soleil, de la lune ou de la lampe électrique.

332. *Pourquoi la lumière est-elle d'autant plus blanche que la combustion est plus parfaite?* — Parce que, quand la combustion est parfaite, les particules enflammées de charbon brûlent blanc ou sont incandescentes, tandis que dans une combustion imparfaite ou quand leur température n'a pas atteint son maximum, elles sont plus ou moins rouges ou jaunes.

333. *Pourquoi la* flamme *est-elle* chaude? — Parce qu'elle est le résultat d'une combustion à une température très-élevée.

334. *Pourquoi la* flamme *a-t-elle une direction* ascen-

DANTE? — Parce qu'elle échauffe autour d'elle l'*air* qui, par conséquent, s'élève rapidement sous forme de cylindre et entraine la flamme avec lui.

335. *Pourquoi la* FLAMME *est-elle* POINTUE *vers le sommet?* — Parce que le cylindre *des vapeurs*, en s'élevant, est *consumé de plus en plus ; l'étendue de la flamme* diminue dans la même proportion, et de cylindrique' elle devient conique ; on peut dire aussi que c'est au-dessus de la flamme que l'air est plus chaud, plus dilaté, qu'il s'y forme, par conséquent, une sorte de vide vers lequel convergent les vapeurs enflammées.

336. *Pourquoi la* FLAMME *d'une chandelle* HUMECTE-*t-elle une* CLOCHE *tenue au-dessus?* — Parce que l'hydrogène de la matière grasse, en se combinant avec l'oxygène de l'air, ou en brûlant, donne naissance à de la vapeur d'eau, et que cette vapeur est condensée par le verre froid tenu au-dessus de la flamme.

337. *Pourquoi la* MAIN *tenue* AU-DESSUS *de la flamme d'une bougie sent-elle plus de chaleur que lorsqu'on la tient en* DESSOUS *ou à* CÔTÉ? — Parce que l'*air échauffé ascendant* vient en contact avec la main tenue au-*dessus* de la flamme, tandis que, si la main est tenue au-*dessous* de la flamme ou à côté, on ne sent que la chaleur *rayonnante.*

Le rayonnement est l'*émission de rayons.* La flamme d'une bougie envoie de tous côtés des rayons de chaleur ; mais, quand la main est tenue au-*dessus* de la flamme, elle sent, non-seulement la chaleur de ces *rayons,* mais aussi celle du courant ascendant de l'*air échauffé.*

338. *Pourquoi la* FLAMME *d'une chandelle ou d'une lampe jette=t-elle des* ÉCLATS DE LUMIÈRE *toutes les fois que le suif ou l'huile sont presque consumés ?* — Parce que la

mèche n'est plus alimentée d'une matière continue par
les gaz ou vapeurs combustibles ; la lumière par là
même devient intermittente ; la flamme apparaît quand
les vapeurs arrivent à la mèche, elle disparaît quand
celles-ci manquent.

339. *Pourquoi un* souffle éteint-*il la flamme d'une*
bougie, *et ne l'augmente-t-il pas, comme il ravive le* feu ?
— Parce que la masse d'air insufflée est très-considérable par rapport à la matière en combustion dans la
flamme, et qu'elle abaisse dans une proportion trop
forte la température de la mèche. Au reste, on éteint
aussi un feu de coke qui, pour brûler, demande une
température très-élevée, en soufflant dessus, même
avec un soufflet.

340. *Pourquoi une* mèche *encore* rouge *peut-elle quelquefois se* rallumer *lorsqu'on* souffle *dessus ?* — Parce
que le souffle apporte à la mèche, encore enflammée,
de l'oxygène qui active ou ranime la combustion ; mais
il la ranimera à la condition qu'il sera modéré, car,
s'il est violent, il refroidira la mèche, en détachera les
particules enflammées et l'éteindra.

341. *Pourquoi la mèche rouge n'est-elle pas rallumée*
*par l'*air *sans qu'on* souffle *dessus ?* — Parce que l'*oxy-*
gène n'est pas fourni en assez *grande abondance* par
l'air ambiant ; l'air du souffle a plus de densité, et, est,
par conséquent, plus efficace.

342. *Pourquoi cette expérience réussira-t-elle plus*
probablement dans un temps de gelée ? — Si le fait existe,
on pourra l'expliquer en disant que l'air froid est plus

dense et contient plus d'oxygène sous un volume donné.

343. *Pourquoi une bougie qu'on vient d'éteindre se* RALLUME-t-elle *toujours très-aisément ?* — Parce qu'elle est déjà *chaude,* et qu'il faut moins de chaleur pour la rallumer que pour l'allumer une première fois.

344. *Pourquoi un peu de chaleur additionnelle* RA-VIVE-t-elle *la flamme qu'on vient d'éteindre ?* — Parce qu'elle lui rend la température nécessaire à la distillation et à la décomposition des matières grasses.

345. *Pourquoi une* VEILLEUSE *s'éteint-elle plus vite qu'une lampe avec une mèche en* COTON ? — Parce que sa flamme est plus petite, que la quantité de matière en combustion est moindre, et qu'il faut, par conséquent, moins d'air froid pour abaisser la température de la mèche.

346. *Pourquoi est-il plus difficile d'éteindre en souf-flant la flamme d'une mèche en* COTON *que celle d'une veilleuse ?* — Parce qu'avec une mèche de coton la quantité de matière en combustion est plus grande, que la combustion est plus active.

347. *Qu'est-ce que le gaz employé à l'*ÉCLAIRAGE ? — Le gaz employé à l'éclairage est l'hydrogène bicarboné, ou bicarbure d'hydrogène.

348. *Qu'est-ce que le gaz* HYDROGÈNE BICARBONÉ ? — Le gaz que l'on obtient en distillant et décomposant à la chaleur rouge des huiles grasses, de l'alcool, du charbon de terre, ou du bois, etc.

L'hydrogène pur brûle au contact de l'air avec une flamme bleue *très-peu brillante*, mais produisant beaucoup de chaleur.

L'hydrogène protocarboné se produit constamment pendant la décomposition spontanée des matières organiques, et dans leur distillation à feu nu. Il brûle avec une lumière *jaunâtre* assez faible, et se compose de 1 volume de carbone et de 2 volumes d'hydrogène (CH^2).

L'hydrogène bicarboné se forme dans la distillation en vase clos des matières grasses, huileuses et bitumineuses; il brûle avec une flamme *blanche* très-lumineuse. Un volume d'hydrogène bicarboné se compose de 2 volumes de carbone et de 2 volumes d'hydrogène (C^2H^4).

349. *Pourquoi le* GAZ *hydrogène bicarboné est-il très-*LUMINEUX ? — Parce qu'à la lumière de l'hydrogène, qui en brûlant donne beaucoup de chaleur, s'ajoute celle des molécules incandescentes du charbon qui entre dans la composition de l'hydrogène bicarboné ; l'hydrogène protocarboné, qui contient moins de charbon, donne moins de lumière.

350. *Pourquoi la partie* INFÉRIEURE *d'un jet de* GAZ *allumé est-elle d'un* BLEU *sombre?* — Parce que le courant continuel de gaz frais *refroidit* cette partie de la flamme, dont la chaleur n'est pas suffisante pour le décomposer et pour brûler le carbone qui y est contenu.

La conversion des deux éléments du gaz ne se fait pas en même temps : l'hydrogène brûle le premier, et abandonne le carbone, qui, déposé momentanément dans l'intérieur de la flamme, parvient à la température du *rouge blanc*, et concourt alors à donner à la flamme sa blancheur éclatante.

351. *Pourquoi un jet de* GAZ *s'éteint-il plus facilement quand le conduit est à demi fermé que lorsque le gaz sort à plein tuyau?* — Parce que plus la quantité de matière en combustion est petite, plus la flamme est facile à éteindre.

352. *L'intensité de la lumière du gaz est-elle toujours proportionnelle à la quantité de combustible?* —

Oui, si toutes les conditions d'une combustion parfaite sont remplies ; si le bec n'a pas trop de masse, si la quantité d'air affluent est suffisante, etc., etc.

353. *Pourquoi un* ÉTEIGNOIR *éteint-il une chandelle?* — Parce qu'il soustrait la flamme à l'influence de l'oxygène, soutien de la combustion ou nécessaire à la combustion; la petite quantité d'air contenu dans l'éteignoir est bientôt privée de son oxygène et la flamme s'éteint.

354. *Pourquoi la flamme d'une chandelle ne met-elle pas en feu un morceau de* PAPIER *tortillé en forme d'éteignoir et employé à cet usage?* — Parce que la flamme : 1° consume aussitôt l'oxygène contenu dans l'éteignoir de papier ; — 2° revêt l'intérieur du papier d'*acide carbonique*, qui l'empêche de prendre feu.

355. *Quelle est la cause qui fait courber une* LONGUE MÈCHE *de chandelle?* — C'est son propre *poids*.

356. *D'où vient, au sommet de la mèche, le champignon connu sous le nom vulgaire de voleur?* — De l'accumulation du noir de fumée ou des particules charbonnées du coton, qui ne sont pas entièrement séparées de la mèche, mais pendent légèrement sur le sommet.

357. *Pourquoi le champignon n'est-il pas consumé par la flamme?* — Parce que la longueur et l'épaisseur de la mèche diminuent tellement la *chaleur* de la flamme, qu'il n'y en a pas assez pour consumer les particules charbonnées.

358. *Pourquoi les* CHANDELLES *ont-elles besoin d'être*

MOUCHÉES *continuellement?*—Parce que le suif, qui fond à une température plus basse que la cire ou l'acide stéraique des bougies, distille plus vite que la mèche n'est consumée, d'autant plus que celle-ci n'est pas au contact immédiat de l'air ; la mèche va donc en s'allongeant de plus en plus, la combustion devient moins active, et force est de moucher pour la ranimer.

359. *Pourquoi les* BOUGIES *n'ont-elles* JAMAIS *besoin d'être* MOUCHÉES? — 1° Parce que la cire ou l'acide gras de la bougie se fond et se distille moins vite ; — 2° parce que la mèche tressée ou tordue se détord au fur et à mesure que la cire se fond ; la mèche alors se recourbe et son extrémité, arrivant au contact de l'air dans l'enveloppe lumineuse, brûle; elle ne s'allonge donc plus progressivement et la combustion n'est plus ralentie.

Cette précaution de *tresser* les mèches ne *suffit* pas; car la faible quantité de *chaux* que retient toujours l'acide gras engorgerait les mèches et diminuerait leur capillarité, ainsi que leur combustibilité, si l'on ne prenait pas la précaution de les plonger dans une dissolution *d'acide borique*, qui forme, avec la chaux, un *borate* qui reste fluide et se convertit en une perle qu'on voit briller à l'*extrémité de la mèche* après sa complète combustion.

360. *Pourquoi rend-on plus intense la lumière d'une bougie lorsqu'on* RECOURBE *un peu la* MÈCHE? — Parce qu'on diminue la longueur de la mèche qui était un obstacle à la combustion ; parce qu'en amenant son extrémité au contact de l'air, où elle se brûle, on produit le même effet que si on l'avait mouchée.

361. *Pourquoi les* MÈCHES *des* CHANDELLES *ne sont-elles pas* TRESSÉES? — Parce que la chaleur de la mèche recourbée *liquéfierait* trop rapidement le suif du côté où elle serait inclinée, et ferait *couler* la chandelle. Il existe cependant dans le commerce des chandelles-bougies en suif dont la mèche est tressée, en même temps que préparée d'une certaine manière, et qu'on est dispensé de moucher.

362. *Pourquoi la chaleur de la mèche rougie par la flamme ne fait-elle pas couler une* BOUGIE ? — Parce que la cire ou la stéarine d'une bougie ne fond pas à une *température* aussi basse que le suif.

Le suif fond à 38 degrés centigrade; la stéarine ne fond qu'à 62; les cires ne fondent généralement qu'à 64.

STÉARINE. — La graisse animale contient deux principes ; l'un *solide*, qui a été nommé *stéarine*, du grec στέαρ (suif); et l'autre, *liquide*, qui a reçu le nom d'*oléine*, du latin *oleum*, qui signifie *huile*.

363. *Quand on souffle une* CHANDELLE, *d'où vient la mauvaise* ODEUR *de la* MÈCHE *fumante ?* — Le suif chaud de la mèche dégage une *huile volatile*, qui a reçu le nom d'ACRYLE, dont l'odeur est nauséabonde, mais que l'on ne sentait pas lorsqu'elle était complétement brûlée.

L'acryle est la base hypothétique du produit de la distillation de la glycérine (le *principe doux des huiles*). L'acryle se compose de 6 volumes de carbone et de 3 volumes d'hydrogène (C^6H^3).

364. *A quoi est due l'*ODEUR *désagréable de la* GRAISSE *répandue et brûlée sur la sole échauffée d'un* FOUR ? — A une *huile volatile* dont la vapeur irrite fortement les yeux, et qui enflamme les voies respiratoires. Cette huile a reçu le nom d'*acroléine*.

L'acroléine est un oxyde d'acryle hydraté.

365. *A quoi est due l'*ODEUR *désagréable de la* FRITURE ? — Elle est due à l'huile volatile, nommée *acroléine*.

366. *Quelle est la cause de l'*ODEUR *désagréable d'une* CUISINE, *après que les rôtis ont été servis à table?* — Le gras des viandes, maintenu en ébullition, se décompose au contact de l'air, et dégage l'huile volatile nommée *acroléine*.

SECTION IV. — CHANGEMENT DE VOLUME PAR LA CHALEUR.

§ 1. — Dilatation des gaz et des liquides.

367. *Quel effet* MÉCANIQUE *la chaleur produit-elle généralement?* — Elle produit une *expansion* ou une dilatation de la substance échauffée.

Il n'y a qu'un petit nombre de corps qui fassent exception. Le plus connu est l'*argile*. Le pyromètre de Wedgewood est fondé sur ce retrait de l'argile, c'est-à-dire sur la propriété qu'a cette substance de diminuer de volume à mesure que la température s'élève, et de *conserver* cette *diminution* après le refroidissement.

Ce retrait de l'argile paraît dû à une déshydratation ou perte d'eau, et à un commencement de *fusion*, d'où résulte un *tassement plus complet des molécules.*

L'*eau* offre aussi une exception à la même règle. Supposons un thermomètre rempli d'eau pure : si le niveau est en M à la température de zéro, il *descendra*, à mesure qu'on échauffera le liquide, jusqu'à 4 degrés, où l'eau sera à son maximum de densité, et à partir de ce point, il y aura toujours dilatation tant qu'on élèvera la température.

368. *Prouvez que la chaleur* DILATE *le volume de l'*AIR. — Si une vessie, remplie *partiellement* d'air, est liée au col, et *posée devant le feu,* l'air se dilatera jusqu'à ce que la vessie *se rompe.*

369. *Pourquoi l'*AIR *se* DILATERA-t-il *si l'on met la vessie devant le feu?* — Parce que la chaleur du feu fera écarter les molécules de l'air *les unes des autres,* et, de la sorte, leur fera occuper plus d'espace qu'auparavant. C'est, comme nous l'avons dit, une propriété essentielle de la chaleur que de tenir à distance les molécules des corps, et d'autant plus qu'elle est plus abondante.

370. *Pourquoi les* MARRONS *non fendus* ÉCLATENT-*ils avec un grand bruit lorsqu'on les fait cuire dans les cendres?* — Parce qu'ils contiennent une certaine quantité d'air qui se *dilate par la chaleur*, et qui, ne pouvant s'échapper, fait éclater l'enveloppe avec explosion.

371. *Qu'est-ce qui donne lieu à l'*ÉCLAT *et à l'explosion du marron?* — 1° La *rupture soudaine* de l'écorce; 2° l'air qui sort du marron, sous une forte pression causée par la dilatation, dans un espace fermé.

Ces deux actions mécaniques agitent violemment l'air environnant; or, l'agitation violente de l'air est une cause naturelle de bruit. Du bois, ou du verre qui se brisent brusquement, la balle d'étoupe, qui sort avec violence de la canonnière des enfants, etc., etc., sont autant de causes de bruit.

372. *Pourquoi un marron n'éclatera-t-il pas s'il est* FENDU *d'abord?* — Parce que l'air échauffé peut alors trouver une issue facile à travers la *fente* faite à la peau.

373. *Pourquoi une* POMME *se fend-elle et* CRACHE-*t-elle lorsqu'elle est devant le feu?* — 1° En partie à cause de la *dilatation* de l'air intérieur par la chaleur du feu; — 2° surtout parce que le *jus* aqueux de la pomme se convertit en *vapeur*.

374. *Comment le* JUS *d'une pomme est-il* CONTENU

dans le fruit? — Il est placé dans de *nombreuses petites cellules*, comme celles d'une ruche à miel. Quand le jus se convertit en vapeur, il s'élance hors de ces cellules, et chasse les parties qui lui résistent *à travers les fissures* de la peau.

375. *Lorsqu'une pomme est devant le feu, pourquoi* s'amollit-*elle du côté du feu, tandis que tout le reste continue à être dur?* — Parce que la *pulpe* de la partie tournée vers le feu est cuite par la vapeur du jus échauffé : les cellules se rompent, l'air et la vapeur s'en élancent, beaucoup de jus en sort, et, conséquemment, la pomme s'*amollit* et s'*affaisse* du côté du feu.

376. *Pourquoi des* buches *mises au* feu *lancent-elles quelquefois des bouquets d'*étincelles *qui s'échappent en petillant?* — Parce que : 1° l'*air*, *dilaté* par la chaleur, s'élance à travers les *pores du bois*, projetant en même temps ce qui le *recouvrait* et résistait à son passage; — 2° la conversion en gaz combustible de la *fibre ligneuse* de l'intérieur du bois contribue aussi au même phénomène.

377. *Que sont les* pores *du bois?* — Ce sont des *ouvertures* presque *imperceptibles* du bois, par lesquelles la sève se répand dans tout l'arbre.

378. *Qu'est-ce que les* étincelles *qui s'élancent du bois mis au feu?* — De fort petits morceaux de bois enflammés, que l'air chaud sépare de la bûche en s'échappant par les pores.

379. *Pourquoi un* morceau *de* sapin *craque-t-il et jette-t-il plus d'étincelles que tout autre bois?* — Parce que les *pores* du sapin sont *très-grands* et contiennent plus d'*air* que ceux d'un bois dont le grain est plus fin.

380. *Pourquoi le bois* VERT *craque-t-il* MOINS *et jette-t-il* MOINS *d'*ÉTINCELLES *que le bois sec?* — Parce que les pores du bois vert sont remplis de séve, et contiennent, par conséquent, *moins d'air* que ceux du bois sec

381. *Pourquoi le bois* SEC BRULE-*t-il plus facilement que le bois vert ou le bois humide?* — Parce que les *pores* du bois sec sont remplis d'*air*, qui alimente la combustion; au contraire, les pores du bois vert ou du bois mouillé sont remplis d'*humidité*, qui *éteint* le feu.

382. *Pourquoi l'*HUMIDITÉ ÉTEINT - *elle le feu?* — 1° Parce que cette humidité doit, avant tout, se réduire en vapeur, et que la réduction de l'eau en vapeur est un obstacle à la combustion par la chaleur qu'elle exige et l'abaissement de température qu'elle détermine ; 2° le carbone et l'hydrogène des particules combustibles, nageant dans une atmosphère de vapeur aqueuse, sont comme soustraites à l'action de l'oxygène de l'air et ne peuvent, par conséquent, pas brûler.

383. *Pourquoi les* PIERRES *se brisent-elles et sautent-elles dans la chambre toutes les fois qu'elles sont dans le feu?* — Parce que les pierres contiennent soit de l'air emprisonné dans leurs vides, soit de l'eau d'imbibition ou de cristallisation ; cet air se dilate, cette eau se réduit en vapeur, et tendent à sortir; la pression qu'ils exercent fait éclater la pierre.

384. *Lorsqu'on met une bouteille de* BIÈRE *devant le*

feu, *pourquoi le* BOUCHON SAUTE-*t-il quelquefois dans la chambre?* — Parce que l'*acide carbonique* de la liqueur se dilate *par la chaleur* et lance le bouchon hors du goulot de la bouteille.

Toutes les liqueurs fermentées contiennent plus ou moins d'acide carbonique. La *bière*, mise en *bouteilles*, en contient une grande quantité.

385. *Pourquoi la* BIÈRE *mousse-t-elle* DAVANTAGE *toutes les fois qu'on la met devant le* FEU? — Parce que la chaleur du feu dégage l'acide carbonique en telle abondance, que ce gaz soulève la surface du liquide et y forme les bulles qu'on appelle mousse ou écume.

386. *Comment* CHAUFFE-*t-on les* MAISONS *par l'*AIR CHAUD? — On allume dans un calorifère placé à la *cave* du feu qui échauffe l'air qui remplit la *chambre à air*; celui-ci, en s'élevant, pénètre par des conduits dans les appartements de la maison, et y apporte de la chaleur.

387. *Qu'est-ce que la* CHAMBRE *à* AIR? — Un espace enclos de maçonnerie, entourant un fourneau, et dans lequel l'air froid vient s'échauffer, en remplaçant l'air chaud *ascendant*. — L'air froid entre par des tuyaux ou des ventouses pratiquées à la partie inférieure de la maçonnerie.

388. *Lorsqu'un enfant fait une montgolfière de papier, et met le feu à l'*ÉPONGE *trempée dans l'*ESPRIT-DE-VIN *et placée au-dessous, pourquoi le ballon s'*ENFLE-*t-il?* — Parce que l'air du ballon *est dilaté* par la flamme, il occupe un volume de plus en plus grand, le ballon se gonfle, son enveloppe en papier se tend de plus en plus.

389. *Pourquoi le* BALLON MONTE-*t-il?* — Parce que la

chaleur triple et quadruple le volume de l'air du ballon, qui, par conséquent, devient, malgré l'addition du papier, du coton, de l'éponge, etc., plus *léger* que l'air extérieur.

Lorsqu'une quantité donnée d'air est amenée à occuper un espace deux fois, trois fois plus grand que l'espace qu'elle occupe naturellement, elle devient deux fois, trois fois moins lourde ou plus légère. Elle deviendrait, au contraire, deux fois, trois fois plus lourde, si par la compression on lui |faisait occuper un espace deux fois, trois fois plus petit.

Le ballon est porté par la pression de l'air froid qui vient d'en bas, de la même manière que la fumée dans le conduit d'une cheminée ; il s'élève jusqu'à ce qu'il rencontre une couche d'air aussi légère à volume égal.

390. *Pourquoi a-t-on généralement de la peine à* ENLEVER *un* BOUCHON *de cristal, si on l'a mis* HUMIDE *sur une carafe ou sur un flacon ?* — Ce fait se produit surtout lorsque le flacon a été bouché dans un lieu chaud, et voici comment on l'explique : 1° L'humidité du bouchon fait que la fermeture est hermétique, ou qu'il n'y a plus aucune communication entre l'air extérieur et l'air intérieur du flacon ; 2° l'air intérieur du flacon, qui était plus chaud et plus dilaté, se refroidit et occupe un espace moindre; il y a donc, dans le goulot du flacon, comme une sorte de vide; la pression intérieure est moins grande que la pression de l'air extérieur, et c'est cet excès de pression de l'air extérieur qui s'oppose à l'enlèvement du bouchon.

391. *Pourquoi le* BOUCHON *de cristal d'un* FLACON à *odeurs tient-il souvent au goulot ?* — Parce que le flacon à odeur est, le plus souvent, dans la condition d'un flacon bouché en lieu chaud, avec un bouchon humide, et dans lequel la pression de l'air intérieur est moins, grande que la pression de l'air extérieur.

392. *Quels sont les corps qui se* DILATENT *le* PLUS *par la chaleur, des solides, des liquides ou des gaz?* — Ce sont les *gaz* qui, sous la même pression et à la même température, prennent des accroissements de volumes sensiblement égaux. On a cru d'abord que tous les gaz se dilataient rigoureusement de la même quantité, et l'on a longtemps cherché leur coefficient commun de dilatation. Gay-Lussac le faisait égal à 0,00375, c'est-à-dire qu'il supposait que tous les gaz, pour chaque élévation de température, égale à un degré, se dilataient, de 375 cent-millièmes de leur volume primitif. Il était tout naturel cependant de penser que la nature physique propre de chaque gaz devait influer sur la quantité plus ou moins grande dont il se dilate ; c'est ce que les physiciens modernes ont en effet reconnu. Comparés à un certain gaz théorique ou abstrait, certains gaz se dilatent ou se contractent trop, d'autres se dilatent ou se contractent trop peu, quand la température augmente ou diminue.

Le coefficient de dilatation de l'*air* atmosphérique ou la fraction dont il se dilate pour chaque degré du thermomètre est 0,00367.

393. *Quelle relation existe-t-il entre la* DENSITÉ *et la* TEMPÉRATURE *de l'air et de tous les gaz?* — Pour un même gaz, la densité est toujours en *raison inverse* de la température : — par exemple, la *densité* de l'air devient *moitié moindre* quand la chaleur augmente son *volume du double*.

394. *Qu'est-ce que la* POUDRE *à* CANON? — C'est un mélange de *salpêtre* bien pur, de fleur de *soufre*, et de nitre ou nitrate de potasse, et de *charbon* léger peu calciné et très-divisé.

Les proportions de ces trois substances varient suivant les pays et suivant les usages auxquels la poudre est destinée. Par exemple :

	Nitre.	Charbon.	Soufre.	
Poudre de chasse (française).	78	12	10	= 100
— guerre · —	75	$12\frac{1}{2}$	$12\frac{1}{2}$	= 100
— mine —	65	15	20	= 100
— dite *anglaise*. —	76	15	9	= 100

395. *Qu'est-ce qui produit la* DÉTONATION *de la* POUDRE *à canon?* — La commotion violente imprimée à l'air par le passage de la poudre de l'état solide à l'état gazeux, par la dilatation subite des gaz dans lesquels la poudre se transforme. Quand on met le feu à la poudre, le salpêtre se décompose en donnant naissance à de l'oxygène et à de l'azote, le soufre et le carbone en brûlant se transforment en acide sulfureux et en acide carbonique ; au lieu d'un corps solide, on a donc trois ou plusieurs gaz nés à une température très-élevée qui se dilatent brusquement et tendent à occuper un volume incomparablement plus considérable. Telle est la cause de l'explosion produite par l'inflammation de la poudre, quand on oppose à l'expansion des gaz un obstacle contre lequel ils sont forcés de lutter et qu'ils peuvent surmonter.

396. *Pourquoi donne-t-on à la poudre la forme de grains?* — La forme de grains est un intermédiaire très-convenable entre une masse unique qui s'allumerait difficilement, lentement, et un amas de poussière très-fine qui prendrait feu trop vite et sans produire assez d'effet. Dans la poudre en grains, la présence de l'air et la circulation de la flamme des premiers grains enflammés régularisent l'explosion, qui n'est, dans ce cas, ni trop lente ni trop rapide; l'effet produit est alors aussi beaucoup plus grand.

397. *Qu'est-ce qui donne à la* POUDRE *l'*ODEUR *qu'elle répand?* — Le sulfure de carbone.

398. *Qu'est-ce que le* RÉSIDU *solide de la poudre qui reste dans l'*ARME *après la projection de la charge?* — Ce résidu est du *sulfure de potassium.*

399. *Pourquoi la* POUDRE *peut-elle* LANCER *des* BALLES *métalliques et d'autres corps pesants?* — Parce que les produits gazeux, par leur *expansion* subite, exercent sur ces projectiles une grande *pression* qui les lance avec une force considérable.

400. *Pourquoi la poudre peut-elle faire* SAUTER *des blocs de* PIERRE? — Lorsqu'on met le feu à la poudre versée dans le trou de mine et recouverte de fragments de pierre ou de sable, les gaz dégagés subitement ne trouvant pas d'issue, pressent fortement les parois du trou, font éclater le bloc et projettent au loin ses fragments.

Le volume de la poudre est à celui des gaz élastiques qu'elle développe pendant sa combustion, comme 1 est à 4,000.

401. *Pourquoi les* PAROIS *de l'*ARME *sont-elles souvent* BRISÉES *par la poudre?* — Parce que la réaction de la poudre au moment de son explosion est si violente et si brusque, que la *cohésion des parois métalliques* ne peut pas y résister.

402. *Comment les* BONBONS CHINOIS *sont-ils confec-
tionnés?* — Avec le *fulminate d'argent* ou de *mercure.*
On colle une parcelle de cette poudre avec quelques
grains de *verre pilé* ou de sable entre deux bandes étroites de parchemin, qui peuvent glisser avec frottement
l'une sur l'autre quand on les tire en sens opposés.

403. *Pourquoi les* BONBONS CHINOIS *produisent-ils une*
DÉTONATION *lorsqu'on en tire les bandes en sens contraire?*
— La chaleur née du frottement des bandes de parchemin suffit à enflammer le fulminate d'argent ou de
mercure et à le faire détonner.

404. *Comment les* CARTES *et les* PÉTARDS *fulminants
sont-ils préparés?* — De la même manière que les bonbons chinois. Lorsqu'on *jette avec force* ces jouets par
terre ou qu'on les *frappe avec le pied*, ils font explosion.

§ 2. — Dilatation des solides, métaux, etc.

405. *Les* MÉTAUX *se* DILATENT-*ils?* — Oui, les métaux
se dilatent par la chaleur; mais beaucoup moins que les
gaz et les liquides, et beaucoup plus inégalement, c'est-
à-dire que la quantité dont le métal se dilate varie
beaucoup plus d'un métal à l'autre.

Placés dans les mêmes circonstances, l'*étain* est plus dilatable par la
chaleur que le cuivre, et le *cuivre* plus que le fer.

406. *Pourquoi les* MÉTAUX *se* DILATENT-*ils moins que
les gaz ou les liquides?* — Les molécules des solides
sont fortement liées entre elles par la cohésion ; la
cohésion au contraire est presque nulle pour les liquides au lieu de tendre à rester unies, les molécules des gaz

tendent au contraire à se séparer; il est très-naturel dès lors que l'action d'écartement de la chaleur produise plus d'effet sur les gaz et sur les liquides que sur les solides.

407. *Parmi les métaux en est-il un qui soit liquide à la température ordinaire, et qui se dilate comme les liquides ?*— Oui, le mercure, qui pour chaque élévation de température d'un degré et jusqu'à 100 degrés se dilate d'un cinq millième environ de son volume.

408. *A quels usages cette propriété du* mercure *le rend-elle très-propre?*. — A la construction des instruments de physique et de chimie, tels que le thermomètre, le baromètre, etc.

Lorsque le mercure est pur, il n'adhère pas au verre, il coule et roule librement sans laisser de trace.

409. *Pourquoi le mercure du* thermomètre s'élève-*t-il toutes les fois que le temps est* chaud ? — Parce que la chaleur *dilate* le mercure, qui occupe alors *plus d'espace* ; et, comme il ne peut pas s'étendre *par en bas* ou *de côté*, il s'élève dans le tube du thermomètre.

410. *Pourquoi un rasoir coupe-t-il mieux quand on le plonge dans l'eau avant de se raser?* — Ce bon effet est d'autant plus sensible, que l'eau est très-chaude, assez chaude pour ne pas mouiller le rasoir. Il s'explique de la manière suivante : Un rasoir ne coupe que par un effet de scie très-fine, à dents excessivement rapprochées ; or la chaleur de l'eau dilate davantage les petites parties saillantes du tranchant qu'elle pénètre mieux et augmente l'effet de scie, le tranchant devient plus aigu ; en dilatant la peau, la chaleur du rasoir la rend moins sensible en même temps qu'elle ramollit les poils de la barbe. On peut dire aussi que la chaleur, en dilatant le bord mince du rasoir, l'effile davantage et le rend plus tranchant.

411. *Pourquoi un* TONNELIER ÉCHAUFFE-*t-il ses* CERCEAUX *en fer lorsqu'il les met autour d'une cuve?* — 1° Comme le fer se *dilate* par la chaleur, les *cerceaux* rougis au feu *seront agrandis*, et *glisseront* alors *plus facilement sur la cuve;* — 2° comme le fer se *contracte* par le refroidissèment, les cerceaux, en se refroidissant, *serreront la cuve plus étroitement.*

412. *Pourquoi le* CHARRON *fait-il rougir au feu la* BANDE *de fer qu'il fixe autour du moyeu d'une roue?* — Afin : 1° qu'élargie par la chaleur, la bande glisse plus facilement sur le moyeu; — 2° que contractée par le refroidissement elle le serre plus étroitement.

413. *Pourquoi a-t-on eu soin de laisser de petits* INTERVALLES *entre les pièces de bronze qui forment l'hélice de la colonne de la place Vendôme?* — Pour laisser un jeu libre aux dilatations et aux contractions successives des portions d'hélice; afin que, dans les dilatations qui ont lieu dans les temps très-chauds, il n'y ait aucune tendance à la dislocation ou à la déforma-tion. Les dilatations extrèmes des diverses portions ajoutées ensemble feraient une longueur de 20 à 25 centimètres; or ce déplacement suffirait jusqu'à un cer-tain point pour déformer la colonne.

414. *Pourquoi les* HORLOGES RETARDENT-*elles quand il fait chaud?* — Parce que le *pendule* qui règle l'horloge, s'*allongeant* par la chaleur, oscille plus lentement et en retarde ainsi la marche.

415. *Que doit-on faire si l'*HORLOGE *marche trop* LEN-TEMENT? — On doit *raccourcir le pendule* en remontant la lentille au moyen de la vis qui est à l'extrémité.

416. *Existe-t-il des pendules métalliques qui conservent sensiblement la même longueur par toutes les températures?*—Oui, ce sont les pendules appelés régulateurs.

417. *Pourquoi a-t-on. composé de divers métaux les pendules appelés régulateurs?* — Afin que les dilatations des tiges des divers métaux, dilatations inégales, et qui s'exercent dans des directions opposées, de bas en haut et de haut en bas, se compensent mutuellement de telle sorte, que la longueur du pendule demeure invariable.

418. *Existe-t-il une matière avec laquelle on puisse construire des pendules d'horloge qui ne s'allongent pas sensiblement par la chaleur et ne se raccourcissent pas par le froid ?*—Oui, une tige en bois debout, non hygrométrique ou très-peu hygrométrique, comme le bois de sapin desséché par une très-longue exposition à l'air, constitue à elle seule un pendule régulateur, ou dont les variations de longueur sont presque insensibles.

419. *L'emploi dans les grandes horloges ordinaires des pendules régulateurs est-il nécessaire ou du moins efficace à un certain degré?* — Non. Il est bien d'autres causes d'irrégularités dans la marche des grandes horloges, telles que les frottements des diverses pièces, l'épaississement des huiles, etc., etc., auprès desquelles

les irrégularités causées par les variations de longueur des pendules sont presque insensibles et négligeables. Même pour les horloges astronomiques l'emploi d'un pendule en bois debout serait préférable, d'autant plus que le prix des pendules régulateurs est très-élevé.

420. *Ce qui arrive aux pendules métalliques des horloges arrive-t-il aux spirales des chronomètres ou montres marines ?* — Oui, les spirales se dilatent par la chaleur ou se contractent par le froid et font retarder ou avancer le chronomètre ; et, comme pour un chronomètre il faut une régularité presque absolue, le secours des spirales compensées ou formées de divers métaux dont les dilatations se compensent devient nécessaire.

421. *Lorsqu'on établit un fourneau, un poêle, etc., pourquoi laisse-t-on du* jeu *à la porte ?* — Parce que le métal se *dilate* par la chaleur, et se *contracte* en se refroidissant ; par conséquent, sans un jeu convenable, la porte, qui fermerait bien à un moment, ne pourrait plus se fermer à un autre, ou tendrait à démantibuler le poêle.

422. *Pourquoi un* poêle craque-*t-il toutes les fois que le feu est très-*ardent *?* — Parce qu'il se *dilate* par la chaleur, et que ses diverses parties *frottent l'une contre* l'autre, ou se rapprochent brusquement.

423. *Pourquoi le* poêle craque-*t-il toutes les fois que le feu* s'éteint *après avoir été très-ardent ?* — Parce que les parties diverses du poêle se *refroidissent* de nouveau, et, en se contractant, elles *frottent l'une contre l'autre* ou se rapprochent brusquement.

424. *Pourquoi le* PLATRE *se* FEND-*il autour du tablier des cheminées ou des grilles à l'anglaise, et* TOMBE-*t-il quelquefois?* — Parce que : 1° le *fer se dilate* par la chaleur du feu *plus que le plâtre*, qui est comme repoussé : quand le feu s'éteint, le métal se *contracte* de nouveau, et laisse derrière lui le plâtre, qui tombe par son propre poids ; — 2° comme la chaleur du feu *varie* perpétuellement, le *volume du métal* varie de même : ces dilatations et ces contractions successives ébranlent le plâtre et toute la maçonnerie.

425. *Si l'on verse de l'eau froide dans le réservoir ou bassine en fonte d'un fourneau de cuisine quand le feu est rouge, pourquoi le métal se* FEND-*il?* — Parce que la partie du métal dilaté que touche l'eau froide se *contracte* subitement, avant que le changement de température *puisse s'étendre jusqu'aux parties supérieures* du réservoir ; il en résulte que les deux parties tendront à se séparer et pourront se séparer effectivement l'une de l'autre.

426. *Pourquoi le* VERRE *d'un tableau se* CASSE-*t-il quelquefois quand la chambre est très-*CHAUDE? — Le verre, se dilatant plus que le bois, pressera contre les rainures du cadre si on ne lui a pas laissé assez de jeu ; et cette pression, qui ne s'exerce pas parfaitement dans le sens de la surface du verre, laquelle d'ailleurs n'est jamais parfaitement plane, est de nature à le faire éclater.

La dilatation du verre est plus grande que celle du bois ou même que celle des métaux.

427. *Pourquoi un* VERRE *se* BRISE-*t-il lorsqu'on y verse de l'eau* BOUILLANTE? — Parce que la partie du verre touchée par l'eau chaude se *dilate plus* que les autres parties ; par conséquent, le diamètre de la partie *inférieure* du verre devenant plus grand que celui de la partie *supérieure*, il en résulte une tension ou pression qui peut très-bien briser le verre ou le faire éclater.

428. *Pourquoi la partie* SUPÉRIEURE *du verre ne se dilate-t-elle pas autant que la partie* INFÉRIEURE ? — Parce que, le verre étant un corps mauvais conducteur du calorique, la chaleur exige un certain temps pour être transmise de la partie inférieure à la partie supérieure. Or, avant que ce temps se soit écoulé, la tension née de la différence de température a très-bien pu faire briser le verre.

429. *Pourquoi une* TASSE *de* PORCELAINE *se* CASSE-*t-elle si l'on y verse de l'eau* BOUILLANTE ? — Par la même raison que le verre, la porcelaine est aussi un corps mauvais conducteur. Pour éviter tout accident, il faut verser d'abord une petite quantité d'eau chaude dans le vase en verre ou en porcelaine, puis incliner le verre dans divers sens pour mettre l'eau chaude en contact successif avec toutes les parties de sa surface ; quand toutes seront également échauffées, on pourra verser sans crainte une grande quantité d'eau très-chaude.

430. *Si l'on met un* VERRE *à boire sur le feu ou devant des braises ardentes, pourquoi le* FOND *peut-il se détacher ?* — Le verre étant un *mauvais conducteur* de la chaleur, la partie la plus proche du feu se *dilate plus* que le reste, et de cette inégalité de dilatation nait une pression ou tension qui peut faire briser le verre en séparant le fond.

431. *Pourquoi les* BALLONS *et les* CORNUES *en verre se cassent-elles souvent?* — Par suite des dilatations iné-gales et brusques causées par des coups de feu.

432. *Lorsqu'on a de la peine à* ENLEVER *d'un flacon un* BOUCHON *de cristal, que doit-on faire?* — On doit échauffer le goulot du flacon, soit avec des *charbons ardents*, soit avec une *serviette trempée dans l'eau bouillante*, soit en le frottant vivement avec *une ficelle*; le bouchon sortira ensuite sans peine.

433. *Pourquoi le* BOUCHON *de cristal sortira-t-il, si l'on* ÉCHAUFFE *le* GOULOT *du flacon?* — Parce que la chaleur *dilate le goulot*, sans dilater le bouchon qu'elle n'atteindrait que plus tard. (*Voyez* n°ˢ 390 et 391.)

434. *Pourquoi un* VERRE ÉPAIS CASSE-*t-il plus facilement au feu qu'un verre mince?* — Parce que les dilatations d'un *verre épais* ne peuvent pas se faire d'une manière aussi *uniforme* que celles d'un verre mince; il s'établit facilement dans un verre épais des efforts antagonistes qui font briser le verre.

SECTION V. — CHANGEMENT D'ÉTAT PAR LA CHALEUR.

§ 1. — **Corps solides, liquides, gazeux.**

435. *Pourquoi la* CIRE *fondue devient-elle* DURE *et* SOLIDE *lorsqu'elle se refroidit?* — Parce que, ses molécules, séparées par la chaleur, se rapprochant, l'attraction qu'elles exercent naturellement les unes sur

les autres entrent de nouveau en jeu et font renaître
la cohésion.

436. *Pourquoi le* FER ROUGE *est-il plus* SOUPLE *que le
fer froid?* — Parce que la chaleur, en *écartant les molécules,* diminue tellement leur cohésion, qu'on peut
les faire mouvoir plus facilement les unes sur les autres.

Une chaleur encore plus grande, écartera les molécules si loin les unes
des autres, que le fer solide se liquéfiera. — Dans cet état, les molécules
rouleront presque *sans résistance* les unes autour des autres.

437. *Pourquoi certaines substances sont-elles* SOLIDES,
certaines autres LIQUIDES, *et d'autres* GAZEUSES? — Parce
que les molécules des diverses substances de la nature
sont plus ou moins rapprochées, plus ou moins liées,
par la cohésion, ou plus ou moins indépendantes les
unes des autres. Les substances dont les molécules
sont très-serrées et liées par la cohésion sont solides;
celles dont les molécules ne s'attirent plus et manifestent même comme un commencement de répulsion
sont des gaz; les autres, dans lesquelles les molécules
demeurent à peu près indifférentes à la séparation,
sont des liquides plus ou moins visqueux, plus ou moins
fluides.

438. *Quelle est la différence entre une* VAPEUR *et un
gaz proprement dit?* — Le gaz proprement dit reste
gaz à toutes les températures et à toutes les pressions
que l'on rencontre dans la nature, ou à moins qu'on ne
le soumette à des températures très-basses et à des
pressions très-énergiques : c'est pour cela qu'on l'a
appelé *gaz permanent.* Les vapeurs, au contraire, nées
de substances que l'on trouve dans la nature à l'état

solide ou liquide, reprennent l'état liquide, à des températures et à des pressions comprises dans les limites de l'échelle naturelle; elles ne sont gaz que par accident ou exceptionnellement. La vapeur d'eau, par exemple, née de l'eau amenée à l'ébullition, se condense de nouveau en eau dès que sa température descend au-dessous de cent degrés.

439. *Que deviennent les gaz à une température très-*BASSE? — Tous les gaz soumis à une température extrêmement basse se condenseraient probablement *en li-quides* : néanmoins le froid le plus intense produit jusqu'à présent, avec l'aide de la physique et de la chimie, uni aux pressions les plus énergiques, n'a pas suffi pour amener à l'état liquide certains gaz, l'oxygène, par exemple, l'hydrogène et l'air atmosphérique. D'autres gaz, au contraire, comme l'acide carbonique, ont été amenés successivement à l'état liquide et à l'état solide. Ce qu'il y a de vraiment remarquable, c'est qu'en engendrant l'acide carbonique au sein d'un espace hermétiquement fermé par l'action de l'acide sulfurique sur le carbonate de soude, 'on ait pu faire naître, en même temps, une pression intérieure assez grande pour liquéfier le gaz produit. Ce qui est plus extraordinaire encore, c'est qu'en ouvrant une issue à l'acide carbonique liquide, il ait produit, en se dilatant subitement, un froid assez grand pour qu'une autre partie de l'acide se soit congelée et soit apparue solide, à l'état de neige, parce que l'absorption de chaleur des particules qui passent à l'état gazeux est, pour d'autres particules voisines, une soustraction de chaleur tellement grande, qu'elles se congèlent et se solidifient.

440. *Pourquoi la* CHALEUR *change-t-elle un* SOLIDE, *comme la glace, en* LIQUIDE *d'abord, et ensuite en* GAZ ? — Parce que la chaleur écarte les molécules *les unes des autres ;* par conséquent, une certaine quantité de chaleur convertit la *glace* solide en *eau ;* et une *plus grande quantité* convertit cet eau en *vapeur.*

441. *Comment expliquez-vous que la chaleur qui fond et liquéfie certaines substances comme le suif, coagule et solidifie d'autres substances comme le blanc et le jaune d'œuf ?* — En admettant que la chaleur change ou modifie la composition chimique ou l'arrangement moléculaire intime de ces substances, comme elle le fait pour l'œuf ; tandis que, pour les liquides simples, elle ne fait qu'écarter leurs molécules. On comprend encore que la chaleur puisse solidifier d'abord certaines substances, en leur enlevant l'eau ou les liquides vaporisables qui les rendent fluides.

§ 2. — Évaporation.

442. *Qu'est-ce que l'évaporation ?* — Le passage d'une substance de l'état liquide à l'état solide. Si ce passage a lieu à l'air libre et à la température ambiante. il constitue l'évaporation proprement dite ; s'il est le résultat de l'application d'une chaleur additionnelle, on l'appelle *vaporisation.*

443. *Quelles circonstances favorisent l'évaporation ou la vaporisation ?* — 1° L'étendue de la surface recouverte par le liquide, qui se vaporise à la fois. ou simultanément, sur d'autant plus de points que cette surface est plus grande; 2° l'élévation de la température, ou l'action du feu, puisque la chaleur est la cause directe du passage de l'état liquide à l'état solide; 3° la séche-resse de l'air, puisqu'il est apte à se charger d'autant plus de vapeurs nouvelles qu'il en contient moins : 4° le renouvellement de l'air, puisqu'au lieu d'un air saturé il amène de nouvel air qui ne l'est pas; 5° en-fin la raréfaction de l'air, car la pression de l'air extérieur, qui tend à rapprocher les molécules, fait antagonisme à là chaleur qui tend à les séparer, en réduisant le liquide en vapeur.

444. *Pourquoi du thé ou du café se* REFROIDISSENT-*ils plus promptement dans une* SOUCOUPE *que dans une tasse?* — Parce que la surface de la soucoupe est, en général, plus grande que celle de la tasse, et qu'en étendant la surface on favorise l'évaporation, qui est une cause de refroidissement; parce que la quantité plus petite de liquide de la soucoupe lui cède plus facilement sa cha-leur.

445. *Pourquoi le* SOLEIL *ardent dessèche-t-il les* PLAN-TES, *la* TERRE, *et tout ce qu'il frappe?* — Parce que la chaleur de ses rayons hâte l'évaporation des liquides qui y sont contenus.

446. *Pourquoi le* VENT, *quand il n'est pas lui-même humide,* SÈCHE-t-il *les linges* MOUILLÉS ? — Parce qu'il *balaye la vapeur* déjà formée, de sorte que les surfaces mouillées se trouvent toujours en contact avec de l'air à peu près sec, ce qui hâte la vaporisation et par consé-quent le séchage.

447. *Pourquoi les* LINGES *exposés à l'*AIR *se* SÈCHENT-

ils plus lentement lorsqu'il n'y a pas de VENT ? — Parce que le même air, restant plus longtemps en contact avec le linge mouillé, se sature bientôt de vapeur et n'en absorbe plus ; la vaporisation alors est très-lente.

448. *Pourquoi ne ferme-t-on qu'avec des* JALOUSIES *les* SÉCHOIRS *des blanchisseries ?* — Afin que l'air s'y *renouvelle* continuellement, et balaye la surface humide du linge qu'on y a étendu.

449. *Pourquoi les* LINGES *exposés au dehors sèchent-ils plus promptement que si on les étend dans une chambre fermée ?* — Parce qu'au dehors l'air se renouvelle plus facilement, et qu'il y a presque toujours un peu de vent qui hâte la vaporisation ; tandis qu'au contraire l'air de la chambre est bientôt saturé et ne se renouvelle pas.

450. *Pourquoi l'*ÉVAPORATION *se fait-elle plus rapidement sur les* MONTAGNES ? — Parce que l'air des montagnes est mieux renouvelé, plus *raréfié*, par conséquent, plus *léger* que celui des plaines ; l'*évaporation* augmente avec le *renouvellement* de l'air et la diminution de *pression*.

451. *Pourquoi l'*HERBE *reste-t-elle* FRAÎCHE *sous les* ARBRES *d'une forêt, tandis qu'elle est déjà desséchée dans les plaines ou sur les montagnes découvertes ?* — Parce que : 1° le *feuillage épais* arrête les *rayons du soleil*, qui auraient hâté l'évaporation des liquides des plantes ; 2° il limite un espace où l'air se renouvelle à peine, et où il est presque toujours *saturé* d'humidité.

452. *Pourquoi les* VALLÉES *profondes et les* CAVES, *etc., sont-elles toujours humides ?* — Parce que : 1° les *rayons*

du soleil n'y pénètrent pas ; — 2° l'*air* ne s'y *renouvelant*
que très-difficilement, la vapeur dont il est saturé ne
peut se dissiper, il reste donc humide.

453. *Pourquoi le* SOL *est-il* HUMIDE *sous les* CLOCHES
*que les jardiniers mettent sur les plantes, tandis que le
sol qui les entoure est sec et poudreux?* — Parce que la
cloche empêche de s'échapper la vapeur fournie par
l'*évaporation* du sol, et surtout par la *transpiration* des
plantes qui s'y trouvent.

454. *Pourquoi les* RÉSERVOIRS *d'eau se* DESSÈCHENT-*ils
souvent en été?* — Parce que l'évaporation en est favo-
risée : 1° par la *chaleur des rayons du soleil ;* — 2° par
la *raréfaction* de l'air qui en est la suite.

455. *Pourquoi les* MARAIS, *les étangs, les ruisseaux, etc., sont-ils souvent* DESSÉCHÉS *pendant l'*ÉTÉ*?* —
Parce que l'eau s'en *évapore*, sans être renouvelée par
la *pluie*.

456. *Quel effet l'*ÉVAPORATION *produit-elle sur le liquide qui se vaporise?* — La portion vaporisée *absorbe*
une certaine quantité de la chaleur du liquide qui
fournit la vapeur, et le refroidit par conséquent.

457. *Si l'on* MOUILLE *son* DOIGT *avec la bouche, et si on
le tient en l'air, pourquoi ressent-on une sensation de*
FROID *?* — Parce que la salive s'*évapore* assez promptement, et que la vapeur, en se formant, absorbe une
portion de la *chaleur du doigt ;* ce qui produit la sensation du froid. Si l'air est absolument calme et qu'il n'y
ait pas de vent, la sensation du froid sera la même sur
tout le doigt ; si, au contraire, il fait du vent, la sensa-

tion sera plus vive du côté d'où le vent souffle, puisque l'évaporation, cause de cette sensation, est plus grande sous l'action du vent ; cette expérience, très-simple, fait donc reconnaître le côté d'où souffle le vent ou sa direction, sinon générale et réelle, du moins locale ; en plein air ou en rase campagne, ce moyen est assez sûr et donne réellement la direction du vent ; il la donne moins, ou il ne la donne qu'approximativement, à côté d'édifices ou d'arbres qui modifient ou changent cette direction générale.

458. *Pourquoi ressent-on une sensation intense de* FROID, *lorsqu'on verse de l'*ÉTHER *sur la main?* — Parce que l'éther se *vaporise très-promptement*, et absorbe beaucoup de chaleur ; ce qui produit la sensation du froid.

459. *Pourquoi l'*ÉTHER *est-il meilleur que l'eau pour le soulagement d'une inflammation?* — Parce que, étant plus volatil, il absorbe ou soustrait une plus grande quantité de chaleur.

460. *Pourquoi l'*ÉTHER *soulage-t-il la douleur d'une* BRULURE? — Parce qu'il se *vaporise très-promptement*, et que l'évaporation emporte la chaleur de la brûlure.

461. *Pourquoi sentons-nous le* FROID *quand nos* PIEDS *ou nos* VÊTEMENTS *sont* HUMIDES? — Parce que l'humidité des chaussures ou des vêtements en *s'évaporant* soustrait une certaine quantité de la chaleur de notre corps, ce qui donne la sensation du froid.

462. *Pourquoi s'*ENRHUME-*t-on après avoir eu les pieds ou les vêtements* HUMIDES? — Parce que l'évaporation absorbe *assez de chaleur* de la surface du corps, pour que la température de ce dernier s'abaisse au-dessous du *degré normal;* ce qui suffit pour causer un rhume ou quelque autre indisposition.

463. *Pourquoi s'enrhume-t-on quelquefois quand on s'endort sur sa chaise pendant le jour, sans avoir pris soin de se couvrir la tête ou le corps?* — Parce que dans le sommeil, la respiration étant moins active, la température du corps diminue, et l'on se refroidit.

464. *Pourquoi est-il dangereux de dormir dans des* DRAPS HUMIDES, *ou de mettre du linge humide?* — Parce que l'humidité des draps ou du linge, pour se convertir en vapeur, enlève continuellement de la chaleur au corps : la chaleur animale s'abaisse donc au-dessous du degré normal.

465. *Pourquoi la* SANTÉ *est-elle* COMPROMISE *quand la température de notre corps s'abaisse au-dessous du degré normal?* — Parce que, l'*équilibre de la circulation* étant *détruit,* le sang chassé par le froid de la surface extérieure de notre corps reflue vers les *organes intérieurs,* ce qui peut déterminer une congestion ou une irritation des muqueuses.

Ne serait-il pas plus exact de dire que le sang afflue vers les parties froides par un effet de capillarité ou de réaction, et que cet afflux du sang détermine l'irritation des membranes muqueuses du nez, de la poitrine, des entrailles. Qui ne sait que, si on s'est lavé les mains avec de la neige, ou qu'on les ait laissées exposées à l'air froid, jusqu'au point de sentir ce qu'on appelle l'*onglée,* elles se réchauffent ensuite spontanément,

Quand la terre est très-froide, l'eau intérieure accourt vers la surface et s'y gèle, on la fait apparaître liquide en piétinant.

466. *Pourquoi n'éprouve-t-on pas la même sensation de froid si l'on met un* MACKINTOSH *ou paletot imperméable sur les vêtements humides?* — Parce que le paletot imperméable *empêche l'évaporation;* l'humidité des vêtements ne peut pas se vaporiser, et la chaleur du corps ne se perd pas.

467. *Pourquoi avec un par-dessus ou des chaussures en caoutchouc sue-t-on au point que le corps ou les pieds semblent nager dans l'eau?* — Parce que le caoutchouc, étant un corps très-mauvais conducteur, ne permet pas à la chaleur animale de se dissiper à mesure qu'elle se produit, ou de se mettre en équilibre avec la température extérieure, elle s'accumule donc, et vaporise en grande quantité les fluides animaux.

468. *Pourquoi les* MATELOTS *ne* s'ENRHUMENT-*ils pas, eux qui se trouvent souvent mouillés tout le jour par l'eau de mer?* — Parce que : 1° le *sel* de l'eau de mer *retarde l'évaporation*, et que le refroidissement, par conséquent, n'est pas aussi grand quand on est mouillé par l'eau de mer : tout le monde sait que l'eau de mer ne sèche pas, ou sèche très-difficilement, ce qui prouve que son évaporation est excessivement lente ; 2° parce que le sel de la mer agit comme un stimulant, en entretenant la circulation du sang dans la peau ; 3° parce que l'habitude devient une seconde nature.

469. *Si l'on* ARROSE *une* CHAMBRE *chaude avec de l'eau, pourquoi devient-elle plus* FRAÎCHE ? — Parce que la chaleur vaporise promptement l'eau qu'on y a jetée, et que l'*évaporation*, en absorbant le *calorique* de la chambre, la rafraîchit.

470. *Pourquoi arrose-t-on les rues pendant l'été?* — Pour diminuer la réverbération du sol devenu trop ardent et abattre la poussière. En été, le pavé est sec, blanc et beaucoup plus chaud que l'air ; il rayonne à la fois beaucoup de lumière et beaucoup de chaleur ; en l'arrosant, on diminue ce double rayonnement ; la couleur du pavé s'assombrit et l'évaporation de l'eau le rafraîchit ; mais on remarque que les premières bouffées de vapeurs humides qui s'élèvent du pavé ardent sont très-chaudes et un peu nauséabondes, de sorte que le premier effet de l'arrosement. est désagréable.

471. *Pourquoi une grande* PLUIE RAFRAÎCHIT-*elle* l'AIR *en été?* — Parce que le sol perd son excès de chaleur en faisant évaporer l'eau qui l'humecte, et qu'après s'être rafraîchi il rafraîchit l'air en contact avec lui.

472. *Pourquoi les* MAINS *se* REFROIDISSENT-*elles après qu'on les a lavées dans de l'eau chaude?* — Parce que l'eau chaude restée à la surface des mains se *vaporise* très-promptement, et enlève à la peau beaucoup de chaleur.

473. *Pourquoi, pendant l'été et l'automne, recouvre-t-on d'une toile* MOUILLÉE *le* BEURRE *exposé en vente?* — Parce que : 1° la toile mouillée empêche les *rayons du soleil* de faire *fondre* le beurre ; — 2° l'*évaporation* de la toile mouillée conserve le beurre frais et compacte.

474. *Pourquoi les marchands de poisson couvrent-ils*

d'une TOILE MOUILLÉE *la corbeille qui contient leur poisson?* — Parce que : 1° la toile humide empêche les *rayons directs du soleil* de tomber sur les poissons et de les dessécher ; 2° l'*évaporation* de la toile humide les maintient frais.

475. *Pourquoi un* HIVER FROID *succède-t-il, en général, à un* ÉTÉ PLUVIEUX ?— On pourrait dire que la grande évaporation, qui a lieu pendant un été pluvieux, *abaisse* beaucoup la *température du sol ;* et que la surface froide du sol refroidit ensuite l'air ; mais l'été est trop distant de l'hiver, pour que la température de l'un puisse réagir efficacement sur l'autre.

476. *Dans l'Inde, pourquoi les appartements sont-ils souvent séparés les uns des autres par des* TOILES *ou des tapisseries qu'on* ARROSE *constamment d'eau froide?* — Parce que : 1° les toiles ou les tapisseries sont de *mauvais conducteurs* de la chaleur, et s'échauffent moins que des cloisons ou des murs ; — 2° l'*évaporation* rapide de l'eau qu'on y répand abaisse la température des appartements de 10 ou 15 degrés.

477. *Pourquoi l'*ANGLETERRE *est-elle plus* CHAUDE *maintenant qu'elle ne l'était jadis, quand les* FIÈVRES *y étaient très-communes?* — Parce qu'elle est mieux *desséchée* et mieux *cultivée.*

478. *Pourquoi la* CHALEUR *d'un pays augmente-t-elle lorsqu'on* DESSÈCHE *le* SOL? — Parce que le desséchement du sol diminue l'évaporation, et qu'alors sa température ne s'abaisse pas par la *réduction en vapeur de l'humidité surabondante.*

479. *Pourquoi la* culture *augmente-t-elle la* chaleur *d'un pays?* — Parce que : 1° les *haies* et les *rangées d'arbres* se multiplient ; — 2° le *sol* est mieux desséché ; — 3° les vastes *forêts* sont *abattues*.

480. *Pourquoi les* haies *et les rangées d'*arbres *augmentent-elles la* chaleur *d'un pays?* — Parce qu'elles *abritent* le pays contre les vents, et *retardent l'évaporation*.

481. *Si les haies et les rangées d'arbres augmentent la chaleur d'un pays, pourquoi les* forêts *augmentent-elles le* froid? — Parce que : 1° les forêts arrêtent et condensent les *nuages* qui se résolvent en eau ; — 2° elles empêchent l'accès du *soleil et du vent* ; — 3° le sol des forêts se couvre toujours d'*herbes longues et humides*, de *feuilles en décomposition* et de *broussailles épaisses* ; — 4° les vastes forêts abondent toujours en creux profonds et en terrains marécageux.

482. *Pourquoi les longues* herbes *et les* feuilles *en décomposition augmentent-elles le* froid *d'un pays?* — Parce qu'elles sont toujours *humides*, et donnent naissance à une *évaporation continuelle* qui emporte la chaleur du sol.

483. *Pourquoi la* France *et l'*Allemagne *sont-elles plus* chaudes *maintenant qu'elles ne l'étaient jadis, quand le* raisin *n'y mûrissait jamais?* — Parce que : 1° leurs vastes *forêts* ont été *abattues* ; — 2° le sol y est mieux *desséché* et mieux *cultivé*.

484. *Pourquoi* mouille-t-on *constamment avec de l'eau froide les* organes *de certaines* machines? — Afin que *l'évaporation* puisse abaisser la chaleur *produite* par leur mouvement rapide.

485. *Comment peut-on faire* GELER *de l'eau par l'*ÉVAPORATION ? — Par plusieurs moyens : — par exemple, si l'on enveloppe une bouteille dans du coton qu'on humecte continuellement avec de l'*éther*, l'eau contenue dans la bouteille se gèlera en peu de temps.

486. *Pourquoi l'*EAU *se* GÈLERA-*t-elle si l'on humecte constamment avec de l'éther la* BOUTEILLE *qui la contient?* — Parce que l'*évaporation* emportera la chaleur de l'eau, et en abaissera la température au point de la faire congeler.

487. *Pourquoi l'*EAU *placée sous le* RÉCIPIENT *d'une machine pneumatique se* GÈLERA-*t-elle s'il se trouve de* l'ÉTHER *au-dessous de la même cloche, et si l'on y épuise l'air?* — Parce que l'*évaporation* augmente beaucoup quand la *pression de l'air diminue :* comme l'éther s'y vaporise très-promptement, sa *vapeur absorbe assez de chaleur* pour faire geler l'eau.

En faisant le vide au sein d'un serpentin en métal qui entoure un grand vase rempli d'eau, et faisant circuler sans cesse dans le serpentin de l'éther qui se vaporise presque instantanément dans le vide, on est parvenu à obtenir d'assez grandes quantités de glace pour en faire dans les pays très-chauds un objet de commerce.

488. *Pourquoi le même effet se produit-il, lorsqu'à l'éther on substitue un vase plein d'acide sulfurique concentré, et placé au-dessous de la capsule qui contient l'eau qu'il s'agit de faire congeler?* — Parce que l'acide sulfurique qui a une très-grande affinité pour l'eau absorbe les vapeurs d'eau aussitôt qu'elles se produisent dans l'air raréfié du récipient ; cet air est donc sans cesse dégagé

de la vapeur qu'il reçoit, et toujours prêt à en recevoir une nouvelle quantité; l'évaporation est ainsi grandement accrue, et bientôt l'eau est assez refroidie pour
passer à l'état solide.

489. *Pourquoi de l'eau exposée dans un* LIEU DÉCOU-
VERT *se gèlera-t-elle plus promptement que dans un endroit renfermé?* — Parce que : 1° l'eau dans un lieu
découvert se *vaporise* plus promptement, et l'évaporation *emporte beaucoup de la chaleur* de la masse générale; — 2° une couverture quelconque fait *rayonner*
sur l'eau une portion de sa chaleur, ce qui l'empêche
de se congeler.

La chaleur, comme la lumière, rayonne en tous sens à travers l'air, et
cette propriété de rayonner appartient aussi bien à la chaleur *obscure* qu'à
celle qui est perceptible à nos sens.

490. *Dans l'Inde, comment se pourvoit-on de* GLACE
quand la CHALEUR *est* EXTRÊME? — On fait dans la terre
un trou d'environ 1 mètre de profondeur sur 10 mètres carrés de large; le fond en est couvert de *chaume*
ou de *cannes à sucre.* Quand le soleil se couche, on
met sur le chaume des *terrines peu profondes* remplies
d'*eau qu'on a fait bouillir*, mais qui est refroidie. —
Le lendemain matin, l'eau se trouve *gelée* à la surface;
on enlève la couche mince de glace et on la jette dans
la glacière.

491. *Pourquoi cette* EAU *se trouve-t-elle* GELÉE? —
Parce que la radiation très-intense vers les espaces
célestes abaisse la température de l'eau à un degré suffisant pour que sa surface au moins soit congelée. Les
espaces célestes sont très-froids; la terre, beaucoup
plus chaude, rayonne donc vers eux du calorique. Elle

tend à se mettre avec eux en équilibre de température, et se refroidit dans une proportion considérable. On croit assez communément que l'évaporation est pour quelque chose dans cette congélation de l'eau; il n'en est rien; et, en effet, la première condition de succès, c'est que la paille ou les cannes à sucre soient très-sèches : c'est le rayonnement nocturne qui fait tout.

492. *Pourquoi la surface du* SOL *se* DURCIT-*elle par la chaleur du* SOLEIL? — Parce que l'*humidité* de la surface s'évapore; par conséquent, ses particules se contractent et toute la masse se durcit.

493. *Montrez la* SAGESSE *et la* BONTÉ *du Créateur dans cet arrangement.* — Si le sol ne devenait pas dur et serré dans le temps sec, la chaleur et la sécheresse le pénétreraient et feraient *périr les semences et les racines.*

494. *Pourquoi le* PAIN *devient-il* DUR *lorsqu'il a été conservé pendant quelques jours?* — Parce que l'eau qu'il contenait s'étant évaporée, ses particules solides se sont rapprochées et contractées : ce qui rend le pain mou, c'est l'humidité qu'il renferme.

495. *Pourquoi le* PAIN RASSIS *se* RAMOLLIT-*il dans les premiers moments de son exposition au* FEU, *lorsqu'on en fait des rôties?* — Parce que la petite quantité d'eau qu'il renfermait encore se vaporise et l'humecte de nouveau. Un peu d'eau en vapeur fait momentanément l'effet de beaucoup d'eau.

496. *Pourquoi la* VAPEUR *de la* MER *n'est-elle pas* SALÉE? — Parce que, dans la vaporisation de l'eau de mer, mélange d'eau et de sel , l'eau seule s'évapore et le sel reste.

497. *Qu'est-ce que l'*INCRUSTATION BLANCHE *qui se manifeste, dans les temps chauds,* sur *les* VÊTEMENTS *qui ont été mouillés par l'eau de* MER? — C'est le *sel* laissé par l'eau vaporisée qui se dépose sur les vêtements.

498. *Pourquoi cette incrustation blanche* DISPARAÎT-*elle toujours quand il fait* HUMIDE? — Parce que l'air humide redissout le sel, qui disparaît de nouveau.

499. *Pourquoi les personnes qui prennent un* EXERCICE VIOLENT *ne doivent-elles pas porter des vêtements trop* ÉPAIS? — Parce que des vêtements trop épais ont le double inconvénient d'augmenter la transpiration et de l'empêcher de se dissiper; la sueur non évaporée se refroidit sur le corps, ce qui est toujours dangereux.

500. *Pourquoi les personnes qui portent des paletots imperméables trouvent-elles souvent tout trempés leurs vêtements de dessous?* — Parce que la *sueur*, ne pouvant pas passer à *travers le paletot*, se *condense* à sa surface intérieure, coule le long des vêtements de dessous et les rend tout humides.

501. *Pourquoi les* ALLUMETTES *chimiques ne s'*EMBRASENT-*elles pas si elles sont* HUMIDES? — Parce que l'humidité, par les raisons déjà souvent données, est un obstacle à l'inflammation et à la combustion.

502. *Pourquoi la* PEINTURE *forme-t-elle quelquefois de petites* AMPOULES *à la chaleur du soleil ou du foyer?* — Parce que la chaleur, pénétrant la peinture, convertit *en vapeur l'humidité du bois;* la vapeur formée repousse la peinture et forme ces petites protubérances pour s'y loger.

§ 3. — Ébullition.

503. *Qu'est-ce que l'*ÉBULLITION? — Le *bouillonnement* qui se produit dans un liquide lorsque les bulles de vapeur se forment au sein de sa masse.

504. *De quelle* MANIÈRE *ces bulles se forment-elles et* s'ÉLÈVENT-*elles au sein de la masse liquide?* — Elles se forment sur les parois *échauffées* du vase, s'élèvent en vertu de leur légèreté, et viennent éclater à la surface.

505. *Les bulles de vapeur* GROSSISSENT-*elles en s'élevant au milieu de la masse liquide?* — Dans les premiers instants, ou lorsque l'ébullition commence, les bulles formées au fond, au lieu de grossir, se condensent, au contraire, en eau, et disparaissent; plus tard, elles s'élèvent sans se condenser; plus tard encore, leur température étant beaucoup plus élevée, elles vaporisent l'eau qu'elles rencontrent et augmentent beaucoup de volume.

506. *Quelle* TEMPÉRATURE *est nécessaire pour faire* BOUILLIR L'EAU?—Au niveau de la mer, sous la pression barométrique ordinaire, l'eau bout à 100 degrés; sous une pression barométrique moindre, comme, par exemple, à une hauteur plus ou moins grande au-dessus du niveau des mers, ou dans une atmosphère raréfiée par divers moyens, l'eau bout à des températures d'autant plus au-dessous de 100 degrés que la pression est moindre.

Dans le vide absolu, ou lorsque la pression qu'elle supporte est nulle, l'eau bout, même à la température *zéro*. Généralement, l'ébullition commence aussitôt que la force élastique de la vapeur qui se forme peut vaincre la pression que l'eau supporte.

507. *Pourquoi* l'eau *bouillante est-elle beaucoup* MOINS CHAUDE *sur les hautes* MONTAGNES *que dans les plaines?* — Parce que, sur les montagnes, la pression atmosphérique étant moindre, l'eau bout à une température plus basse. On a construit une espèce de thermomètre appelé *hypsomètre*, à l'aide duquel on mesure la hauteur des montagnes par l'observation de la température à laquelle l'eau bout à leur sommet.

Dans l'hospice du Saint-Gothard, *sur les Alpes*, l'eau bout à 92 degré centigrade, — dans la métairie d'Antisana, *sur les Andes*, elle bout à 84 degrés.

508. *Pourquoi* l'eau *bouillante est-elle plus* CHAUDE *dans des lieux très-*PROFONDS? — Parce que, dans les lieux très-profonds, la pression atmosphérique est beaucoup plus forte; et que, par conséquent, l'eau ne bout qu'à une température plus élevée.

Si, à la profondeur de 10 mètres, dans une cloche à plongeur, on faisait bouillir de l'eau, elle aurait une température de 120 degrés environ.

509. *Pourquoi* l'eau BOUT-*elle plus* TARD *dans un vase très-*PROFOND? — Parce que la *pression* de l'eau supportée par les couches inférieures est assez *grande* pour retarder sensiblement l'ébullition.

510. *Pourquoi* l'eau BOUT-*elle plus* PROMPTEMENT *dans un vase de* MÉTAL *que dans des vases de terre ou de verre?* — Parce que le métal est un meilleur conducteur du calorique que la terre ou le verre, et qu'il transmet plus vite, par conséquent, à l'eau la chaleur nécessaire à son ébullition.

511. *Pourquoi se* GARDE-*t-on de* POLIR L'INTÉRIEUR *des bouilloires?* — Pour que l'ébullition soit plus prompte.

512. *Pourquoi l'eau* BOUT-*elle plus vite dans un vase dont l'intérieur n'est pas* POLI? — Parce que les aspérités de l'intérieur du vase, formant l'effet de pointes, laissent mieux passer la chaleur, ou la cèdent plus facilement à l'eau.

513. *Pourquoi le* FOND *d'un vase dans lequel on fait bouillir de l'eau est-il à* UNE TEMPÉRATURE RELATIVEMENT *basse, de telle sorte qu'on puisse le* TOUCHER *impunément?* — Parce que la chaleur que reçoit le fond du vase est emportée par la vapeur d'eau qui se forme; le fond cède donc la chaleur sans la garder pour lui; il s'échauffera d'ailleurs d'autant moins qu'il sera plus mince.

514. *Est-il vrai qu'on puisse faire* BOUILLIR *de l'eau sur une flamme dans* UN VASE DE PAPIER *sans que ce vase prenne* FEU? — Oui, si le papier est très-mince, et par la raison qui précède : la vapeur d'eau emporte la chaleur, et la température du papier ne s'élève pas assez pour qu'il puisse s'enflammer. Les Arabes de l'Afrique font bouillir chaque jour leur lait dans des vases en jonc ou en nattes de jonc sans qu'ils s'enflamment.

515. *Tous les* LIQUIDES *bouillent-ils à la* MÊME TEMPÉRATURE?— Non; le point d'ébullition varie avec la *nature* du liquide, avec sa *fluidité* plus ou moins grande, et, par conséquent aussi, avec son état plus ou moins grand de pureté.

516. *L'eau bouillante s'échauffe-t-elle de* PLUS EN PLUS *en restant sur le feu?* — Non; l'eau ne peut pas s'échauffer au-dessus de son *point d'ébullition*, si la vapeur peut se former et s'échapper.

517. *Pourquoi l'eau contenue dans un vase ouvert ne peut-elle pas s'échauffer au-dessus du point d'*ÉBULLITION? — Parce que la vapeur *emporte toute la chaleur additionnelle*. C'est un principe général que la température d'un corps reste constante pendant qu'il change d'état, qu'il passe de l'état solide à l'état fluide, et de l'état fluide à l'état gazeux.

Un physicien français, nommé *Papin*, fit construire une machine pour chauffer l'eau au delà du point d'ébullition. Son appareil consiste en un vase de cuivre très-épais, dont le couvercle est maintenu par la pression d'une forte vis, et porte une soupape de sûreté. La température de l'eau, dans ce vase *fermé*, n'est plus bornée à 100 degrés, parce qu'il n'y a plus de vapeur qui emporte la chaleur fournie incessamment par le feu, parce qu'au contraire la température de la vapeur emprisonnée s'élève indéfiniment et se communique à l'eau. L'étain, le plomb, etc., peuvent s'y fondre. Si l'on y met des os, le liquide se trouve chargé de gélatine en peu d'instants; les os sont alors blancs et friables, comme s'ils avaient été calcinés. Cette marmite ingénieuse a reçu le nom de *Marmite de Papin*. Lorsqu'on ouvre subitement la marmite de Papin, longtemps chauffée, il en sort des torrents de vapeur brûlante.

518. *Pourquoi l'*EAU FRÉMIT-*elle avant de bouillir ?*—
Parce que les particules de l'eau qui sont les plus rapprochées du feu, se réduisant en vapeur et devenant
plus légères, *s'élèvent*, mais *se condensent* de nouveau
en rencontrant d'autres portions d'eau moins échauffées; ces petites condensations successives, d'où résultent des séries de petits espaces vides que l'eau environnante vient remplir, produisent les *vibrations du
liquide* qui constituent le frémissement. Ce frémissement se communique à la bouilloire, et l'on dit alors
qu'elle chante.

519. *Pourquoi le frémissement* CESSE-*t-il* QUAND *l'eau
est en* PLEINE ÉBULLITION? — Parce qu'alors il n'y a plus·
de condensations successives ; les bulles de vapeur qui
montent du fond vaporisent l'eau qu'elles rencontrent
au lieu de se condenser; loin de disparaître, elles augmentent considérablement de volume.

520. *En quelles circonstances une* BOUILLOIRE CHANTE-
t-elle le PLUS? — Lorsqu'on la met *devant le feu* au lieu
de la mettre *sur le feu* pour la faire bouillir.

521. *Pourquoi une* BOUILLOIRE CHANTE-*t-elle* PLUS
LONGTEMPS *lorsqu'on la met* DEVANT *le feu que lorsqu'on
la met dessus?* — Parce que l'eau du vase entre plus
lentement en pleine ébullition lorsqu'on l'attaque par
le côté que lorsqu'on l'attaque par le fond. Les liquides, comme les gaz, sont de mauvais conducteurs du
calorique; ils ne s'échauffent que par déplacement de
bas en haut; les parties les plus chaudes du fond montent à la surface et cèdent leur place aux parties situées
au-dessus, qui sont plus froides et plus lourdes.

522. *Pourquoi peut-on faire* BRULER *de l'huile ou de l'alcool à la surface d'un liquide sans qu'il* ENTRE EN ÉBULLITION *ou même sans qu'il* S'ÉCHAUFFE *sensiblement?* — Parce que le liquide est mauvais conducteur du calorique, et ne s'échauffe que par déplacement de bas en haut.

523. *Pourquoi l'*EAU BOUILLANTE AUGMENTE*-t-elle de volume?* — Parce que, comme tous les corps, elle se dilate par la chaleur, et qu'en outre les bulles de vapeur occupent un espace beaucoup plus grand que l'eau qui leur a donné naissance.

524. *Qu'est-ce qui cause l'*AGITATION *de l'eau bouillante?* — Le déplacement incessant des parties chaudes qui montent à la surface, des parties froides qui tombent au fond, et plus encore l'ascension plus ou moins tumultueuse des bulles de vapeur.

525. *Pourquoi une bouilloire* DÉBORDE*-t-elle quelquefois, même alors qu'elle n'est pas pleine?* — Parce que l'eau bouillante, et plus encore le mélange de vapeur et d'eau, occupent un volume beaucoup plus considérable que l'eau froide.

526. *Pourquoi du* LAIT, *etc.,* DÉBORDE*-t-il plus facilement que l'eau?* — Parce qu'il se forme à la surface du lait chauffé une pellicule qui, s'opposant au libre dégagement de la vapeur aqueuse, détermine bientôt la tuméfaction de la masse; celle-ci se gonfle donc, monte subitement, et tend à se répandre hors du vase.

527. *Pourquoi une* BOUILLOIRE *qui se trouvait* TOUT A

FAIT PLEINE *tandis que l'eau bouillait*, NE *l'est-elle* PLUS *lorsqu'elle est retirée du feu?* — Parce que l'eau, dilatée par la chaleur et gonflée par les bulles de vapeur, est revenue à son volume primitif, beaucoup plus petit.

528. *Pourquoi, dans une bouilloire munie d'un* COU-VERCLE *et armée d'un* BEC, *l'eau bouillante* S'ÉCOULE-*t-elle par le* BEC? — Parce que la vapeur; arrêtée par le couvercle, presse à la surface de l'eau bouillante; cette eau, par elle-même incompressible, et qui, d'ailleurs, trouve une issue, monte dans le bec et s'écoule au dehors.

529. *Quelle est la cause du* BRUIT *que produit le* COU-VERCLE *d'un chaudron ou d'une chaudière qui contient un liquide en ébullition?* — La vapeur, pour s'échapper, *soulève le couvercle*, celui-ci retombe de *son propre poids*; ces soulèvements et ces chutes, répétés *plusieurs fois* très-rapidement, produisent le bruit que l'on entend.

530. *Si la vapeur ne pouvait pas* SOULEVER *le* COU-VERCLE *du chaudron, etc., qu'arriverait-il?* — Elle finirait par faire éclater le chaudron.

531. *Pourquoi les* MACHINES À VAPEUR ÉCLATENT-*elles quelquefois?* — Parce qu'il arrive qu'elles se remplissent subitement de vapeur, qui, ne trouvant pas d'issue, exerce contre les parois une pression énorme qu'elles sont incapables de supporter.

532. *Quand la vapeur sort du bec d'une bouilloire, pourquoi ne l'aperçoit-on qu'à* UN OU DEUX CENTIMÈTRES *de ce bec?* — Parce que la vapeur pure ou l'eau passée

tout entière à l'état de gaz est invisible; or, très-près
du bec ou de l'ouverture de la bouilloire, l'eau est tout
entière à l'état de gaz.

533. *Pourquoi la* VAPEUR *d'eau n'est-elle pas* TOUJOURS
INVISIBLE *comme à sa sortie de la bouilloire?* — Parce
qu'elle n'est pas toujours à l'état de gaz ou de vapeur
pure; dès qu'une portion de la vapeur s'est condensée
ou est revenue à l'état liquide, elle redevient visible.
C'est ainsi que se forment les nuages auxquels donne
naissance la vapeur sortie des cheminées des locomotives.

534. *Pourquoi, la vapeur devenue* VISIBLE, *les* NUAGES,
par exemple, que fait naître la vapeur sortie des loco-
motives, DISPARAISSENT-*ils quelquefois si promptement?* —
Parce que cette vapeur visible a la propriété de se dissoudre dans l'air, et qu'à l'état de dissolution dans
l'air elle redevient invisible. En montant dans l'atmosphère, elle peut redevenir visible de nouveau et donner naissance à ce qu'on appelle proprement nuage.

535. *Pourquoi un vase rempli d'*EAU *ne bouillira-t-il*
jamais placé dans un autre vase rempli du MÊME *liquide?*
— Parce que : 1° l'eau contenue dans le premier vase,
supposé ouvert, ne peut pas s'élever à plus de 100 degrés. — 2° parce que le second vase, arrête et retient
une portion de la chaleur que l'eau qu'il contient
pourrait recevoir de l'eau environnante, cette eau intérieure est nécessairement moins chaude que l'eau extérieure ; elle n'est donc pas à 100 degrés et ne peut
pas bouillir. En d'autres termes, pour porter à 100 degrés la température de l'ensemble du vase intérieur et

de l'eau qu'il contient, il faut plus de chaleur que pour l'eau qui remplirait le même espace ; or cet excédant de chaleur ne peut pas être fourni par l'eau ambiante, qui ne dépasse jamais 100 degrés.

536. *Pourquoi du sucre ou du sel, etc., dissous dans de l'eau, en retardent-ils l'ébullition?* — Parce qu'ils augmentent la *densité* de l'eau, et que tout ce qui augmente la *densité d'un liquide* en retarde l'*ébullition*. L'affinité ou l'attraction exercée sur les molécules de l'eau dissolvante par les molécules du sucre dissous combat jusqu'à un certain point l'action du calorique, et les molécules d'eau salée ou sucrée exigent, pour se réduire en vapeur, une température plus élevée.

537. *Si l'on veut faire bouillir de l'eau au bain-marie, sans* CONTACT *avec une chaudière* MÉTALLIQUE, *de quelle manière faut-il s'y prendre?* — Il faut plonger le vase qui contient l'eau qu'on veut faire bouillir dans une *forte saumure*, c'est-à-dire une eau fortement chargée de sel, ou dans un autre liquide qui ne bout qu'à une température plus élevée que l'eau, et plus élevée d'une quantité suffisante.

538. *Pourquoi le vase* INTÉRIEUR *bouillira-t-il si la chaudière contient une forte* SAUMURE? — Parce que la saumure bout à une température plus élevée de 8 degrés environ que celle à laquelle bout l'eau pure ; que la saumure bouillante est par conséquent à 108 degrés, ce qui suffit pour que l'ensemble du vase intérieur et de l'eau qu'il contient puisse atteindre 100 degrés, température de l'ébullition de l'eau pure.

§ 4. — Vaporisation.

539. *Que signifie le mot* VAPORISATION? — Là conversion *en gaz* d'un solide ou d'un liquide sous l'action du calorique.

540. *Qu'est-ce qu'une* VAPEUR? — Le gaz non permanent qui résulte de la vaporisation d'un solide ou d'un liquide, ou le nouvel état passager que prennent les corps liquides et solides sous l'action d'une chaleur suffisamment intense. Quand elles sont soustraites à l'influence de cette chaleur intense, les vapeurs se liquéfient ou se solidifient de nouveau, et c'est en cela qu'elles diffèrent accidentellement des gaz que nous nommons permanents, parce que, comme l'oxygène, l'hydrogène, l'azote, l'air atmosphérique, ils restent gaz aux températures même les plus basses dont nous puissions disposer. Déjà, néanmoins, beaucoup de gaz que nous croyions permanents ont été amenés à l'état liquide ou solide, et ne sont en réalité que des vapeurs.

Il n'est pas nécessaire qu'un liquide *bouille* pour être capable de se gazéifier. Tous les liquides, en effet, à toute température, ont une tendance à se réduire en gaz ; et c'est à ces gaz que l'on donne le nom *de vapeur*, pour les distinguer des gaz *permanents*, tels que l'oxygène, l'hydrogène, l'azote, etc., etc.

541. *La vaporisation* SUPPOSE-*t-elle nécessairement l'*ÉBULLITION, *ou un corps ne se* VAPORISE-*t-il qu'autant qu'on l'a amené à* BOUILLIR? — Non ; l'évaporation ne suppose pas l'ébullition. Tous les liquides et même tous les solides tendent à se réduire et se réduisent en vapeur, mais avec une lenteur excessive, à la température ordinaire, et même à toute température. Ainsi qu'on l'a déjà dit, les corps ne sont jamais soustraits à l'action de la chaleur; même alors qu'ils nous semblent le plus froids, il s'en échappe incessamment une radiation calorifique. qui peut emporter et emporte avec elle des particules infiniment petites de ces corps.

542. *Pourquoi de l'*EAU *versée sur des braises ardentes, des charbons ardents projetés dans une bouilloire, ou un morceau de* FER *rouge plongé dans l'*EAU *froide, produisent-ils un* SIFFLEMENT*?* — Parce que les dilatations et les condensations qui accompagnent la réduction subite de l'eau en vapeur et le refroidissement subit des braises ou du fer sont des causes naturelles de bruit, ou sont naturellement aptes à faire vibrer l'air et les vases qui renferment l'eau réduite en vapeur.

543. *Pourquoi le* SEL *de cuisine crépite-t-il lorsqu'on le jette sur des charbons incandescents?* — Parce que : 1° l'eau qui est, en petite quantité, interposée entre les lamelles cristallines du sel ou son eau de cristallisation, se réduisant brusquement en vapeur, produit une série de petits bruits; — 2° la conductibilité du sel est si faible, que la chaleur du feu produit une foule de petites ruptures dans chaque cristal salin.

544. *Pourquoi un morceau de* CAMPHRE *mis à l'air* DISPARAÎT-*il bientôt?* — Parce qu'il se *volatilise* dans les conditions ordinaires de température.

545. *Pourquoi la* GLACE, *dans les plus grands froids,*

DIMINUE-*t-elle toujours?* — Parce qu'elle se *vaporise,* même avant de *fondre.*

546. *Tous les corps se* VOLATILISENT-*ils?* — Oui, presque tous les métaux se volatilisent lorsqu'on les *chauffe.*

Le *mercure* se volatilise à la température ordinaire. Le plomb, le zinc, l'argent, l'or, etc., se volatilisent à la *chaleur blanche.* Les corps se volatilisent infiniment peu à des températures basses, entièrement si la température est suffisamment élevée. En employant la chaleur produite par une énorme pile de Bunsen de 600 éléments, M. Despretz a pu volatiliser tous les corps, le charbon lui-même et le diamant.

547. *A-t-on tiré quelque parti de la propriété qu'ont les corps de se volatiliser?* — Oui, pour les purifier à l'aide de l'opération qui a reçu le nom de distillation. C'est ainsi qu'on obtient du zinc, du mercure ou de l'eau parfaitement pure. S'il s'agit du zinc ou d'un amalgame de mercure, on les place dans une cornue de grès ou de fonte qu'on chauffe au rouge blanc ; le métal se vaporise : les vapeurs sont condensées dans le col de la cornue entouré de linges mouillés ou autre appareil réfrigérant, et le métal coule goutte à goutte. S'il s'agit de l'eau, on la verse dans un alambic ; par l'application de la chaleur, l'eau pure se réduit en vapeurs ; on condense ces vapeurs dans un réfrigérant ou en la faisant circuler dans un serpentin entouré d'eau froide, et l'on obtient l'eau purifiée ou distillée ; les impuretés restent dans l'alambic.

548. *Pourquoi l'eau projetée en* GOUTTES TRÈS-FINES *sur du fer ou autre métal* SUFFISAMMENT CHAUD S'ARRONDIT-*élle en* GLOBULES? — Parce que la goutte d'eau ne mouille pas les corps dont la température est suffisamment élevée, de 142 degrés environ ; cédant à leurs at-

tractions mutuelles, les molécules de la goutte prennent leur figure naturelle d'équilibre ou s'arrondissent
en sphérules; on dit alors que l'eau est à l'*état sphéroïdal*.

549. *Pourquoi l'eau ne* MOUILLE-*t-elle pas le fer ou
le métal suffisamment échauffé?* — Parce qu'il s'échappe
du métal chaud un effluve de chaleur qui soulève la
goutte d'eau, en la supposant assez petite, et la maintient à distance.

550. *Pourquoi l'eau à l'*ÉTAT SPHÉROÏDAL *est-elle* AGI-
TÉE *de* MOUVEMENTS *plus ou moins rapides, ou* ROULE-*t-elle
sur le fer échauffé?* — Parce qu'elle est entrainée par
la vapeur qui se dégage à sa surface, et qui, comme
tous les gaz chauds, est extrêmement mobile.

551. *Pourquoi l'eau à l'état sphéroïdal se vaporise-
t-elle si lentement,* BEAUCOUP PLUS LENTEMENT *que si le métal était moins chaud et que la goutte le mouillât?* —
Parce que sa température est au-dessous de son point
d'ébullition, de 96 degrés environ au lieu de 100 degrés.

552. *Pourquoi la température de l'eau à l'état sphéroïdal est-elle* INFÉRIEURE *à la température de son point
d'ébullition?* — Parce que : 1° l'eau est un mauvais
conducteur du calorique; 2° que la goutte sphérique,
tenue à distance de la surface chaude, ne donne point
passage au calorique à travers sa substance; 3° la goutte
se vaporise néanmoins, quoique très-lentement, à sa
surface extérieure; et la vapeur, en se dégageant à
100 degrés, abaisse un peu au-dessous de 100 degrés
la température de la goutte d'eau.

C'est un fait général de théorie et d'expérience que

la température des liquides à l'état sphéroïdal est au-
dessous de leur point d'ébullition. Si le liquide est de
l'acide sulfureux, la température de la goutte sera au-
dessous de — 10 degrés; donc de l'eau introduite au
sein de la goutte se congèlera subitement. Si le liquide
est un mélange d'acide carbonique solide et d'éther, la
température de la goutte sera au-dessous de —50 degrés; donc, si l'on introduit du mercure au sein de la
goutte, il se congèlera. C'est ainsi que MM. Boutigny et
Faraday ont pu faire congeler de l'eau et du mercure
au sein d'un creuset incandescent. L'expérience réussit même d'autant mieux que la température du creuset est plus élevée, puisque c'est alors seulement que
des masses de liquide un peu considérables peuvent
exister à l'état sphéroïdal. Quand la température est
basse, cet état n'est possible que pour de très-petites
gouttes.

553. *Pourquoi, lorsque la surface sur laquelle le li-*
quide est à l'état sphéroïdal vient à se refroidir, ce liquide,
à un instant donné, se réduit-il subitement en vapeur? —
Parce que, dès que la température de la plaque est descendue au-dessous de 142 degrés, l'eau arrive en contact avec elle, la mouille, et se trouve dans les conditions
ordinaires de sa vaporisation. C'est ainsi que peuvent
et doivent s'expliquer certaines explosions de générateurs à vapeur. Lorsque, pendant un intervalle de repos, par exemple, on a cessé d'alimenter suffisamment
d'eau le générateur, ou lorsque la vapeur n'a pas une
issue suffisante, le fond et les parois du générateur se
surchauffent considérablement; l'eau qu'il renferme
passe à l'état sphéroïdal; si alors on recommence l'a-

limentation ou l'on donne issue à la vapeur surchauffée, la température du fond et des parois diminue; l'eau cesse d'exister à l'état sphéroïdal; elle mouille les parois et se réduit subitement en vapeur; il en résulte une pression énorme et soudaine qui fait éclater le générateur.

554. *Pourquoi une* BLANCHISSEUSE *jette-t-elle un peu de salive sur son fer à repasser pour savoir s'il est assez* CHAUD? — Ce fait s'explique sans peine par ce qui vient d'être dit ; si la salive mouille le fer, c'est que sa température est au-dessous de 142 degrés; si, au contraire, elle ne le mouille pas et s'arrondit en globules, la température du fer dépasse 142 degrés. Le fer devant réduire rapidement en vapeur l'eau du linge qu'on repasse, sa température doit dépasser notablement 100 degrés.

§ 5. — Fusion et liquéfaction.

555. *Qu'entend-on par* FUSION *ou* LIQUÉFACTION? — Le changement d'état d'un corps qui, de *solide*, devient *fluide* ou *liquide* par la seule action de la *chaleur*.

On dit en général la FUSION des *métaux* et la LIQUÉFACTION de la glace, de la cire, de la résine, du suif, etc.

556. *Lorsqu'on chauffe un morceau de* PLOMB, *pourquoi le voit-on s'*AMOLLIR *par degré, puis enfin se* LIQUÉFIER? — Parce que la chaleur écarte de plus en plus ses molécules, jusqu'au point de les désunir en détruisant leur cohésion; le plomb alors devient liquide.

557. *Chaque substance se* FOND-*elle à* UNE *tempéra-*

ture spéciale et toujours invariable? — Oui; de quelque manière qu'on *applique* la chaleur; mais les substances diverses fondent à des températures diverses.

Par exemple, la glace se fond à zéro; — la cire blanche à 68 degrés centigrade; — le plomb, à 334 degrés; — le fer martelé (anglais) à 1,600 degrés.

558. *A-t-on utilisé cette propriété qu'ont les divers corps de* FONDRE A DIVERSES TEMPÉRATURES? — Oui, par exemple, pour séparer les divers métaux qui entrent dans la composition d'un alliage; les métaux les plus fusibles se séparent d'abord de la masse, et on peut ainsi les en extraire.

559. *Citez quelques autres* APPLICATIONS *grandement utiles de la* FUSION. — On a fait, avec des alliages très-fusibles, des rondelles que l'on applique sur les soupapes des générateurs à vapeur; lorsque la température de ces générateurs s'élève trop, qu'ils se remplissent de vapeur trop surchauffée, la rondelle fond et ouvre un passage à la vapeur. On a fait aussi des alliages qui fondent à toutes les températures, depuis 100 jusqu'à 1,500 degrés, et qui peuvent ainsi servir de moyen pyrométrique pour estimer la chaleur dans les diverses opérations de l'industrie.

560. *Les corps passent-ils tous* SANS INTERMÉDIAIRE *de l'état liquide à l'état solide?* — Non; quelques-uns, comme la cire, se ramollissent d'abord ou passent par un état de viscosité intermédiaire entre l'état solide et l'état liquide.

561. *Pourquoi certains corps* FONDENT-*ils d'abord* A LA SURFACE, *tandis que d'autres fondent presque en même* *temps* A LA SURFACE ET AU CENTRE? — Parce qu'il est des corps qui conduisent difficilement la chaleur, comme les corps gras, le suif, etc., et que la chaleur pénètre très-difficilement ; tandis que d'autres corps, comme les métaux, sont très-pénétrables à la chaleur; les premiers fondent d'abord à leur surface ; les seconds fondent presque à la fois à la surface et au centre.

562. *Pourquoi le* BOIS *ne se fond-il pas comme les métaux?* — Parce que, déjà à 140 degrés, le bois se décompose en gaz combustibles et en charbon, qui brûlent en laissant pour résidu des cendres.

563. *Pourquoi, si l'on fait cuire des légumes* SECS *dans une casserole en étain, la chaleur du feu* FONDRA-*t-elle le métal?* — Parce que l'étain fond à une *température* peu élevée, que la chaleur qui est nécessaire pour faire *cuire les légumes secs* suffit aussi à le faire *fondre*. Ainsi placés, les légumes secs peuvent s'échauffer au point de brûler; or la température qui les fait brûler fait d'abord fondre l'étain.

564. *Si l'on fait bouillir des corps* GRAS *dans une casserole en étain, pourquoi le métal* NE *se fondra-t-il pas?* — Si le corps gras est volatil à une température inférieure au point de fusion de l'étain, celui-ci ne fondra pas; mais, si le corps gras est fixe ou ne se volatilise qu'à une température supérieure à celle de l'étain, l'étain se fondra certainement.

565. *Pourquoi les* VASES *en* ÉTAIN *dans lesquels on fait bouillir de l'eau ne fondent-ils pas, quoique placés sur le feu?* — Parce que : 1° la température de l'eau ne s'élève pas au delà de 100 degrés; — 2° que la vapeur

d'eau produite enlève la chaleur excédante que le feu
communique à chaque instant au vase et à l'eau ; le
métal reste donc sensiblement à la température de
100 degrés ou même au-dessous.

566. *Pourquoi fait-on les grandes marmites en* FER
ou en CUIVRE *au lieu d'étain?* — Parce que le fer et le
cuivre ne se fondent qu'à une température très-supérieure à celle de l'étain.

Le fer doux (français) se fond à 1,500 degrés ; — le cuivre à 1,010 degrés ; — l'étain à 230 degrés.

SECTION VI. — PROPAGATION DE LA CHALEUR.

§ 1. — Conductibilité.

567. *Qu'entend-on par* CONDUCTIBILITÉ? — La propriété qu'ont certains corps de donner passage à la
chaleur à travers leur substance, de la conduire, en
quelque sorte, d'une molécule à l'autre.

568. *La* CONDUCTIBILITÉ *de* TOUTES *les substances est-
elle* ÉGALE? — Non ; les différents corps diffèrent beaucoup sous le rapport de la conductibilité : quelques-uns
sont excellents conducteurs, d'autres bons conducteurs,
d'autres conducteurs imparfaits, d'autres mauvais conducteurs?

569. *Quels sont les* MEILLEURS *conducteurs de la chaleur?* —En général, les corps solides, denses ou lourds,
et surtout les métaux.

570. *Quels sont les* MÉTAUX *qui conduisent le mieux
la chaleur?* — Au premier rang : l'or, — le platine, —

l'argent, — et le cuivre; — au second rang : le fer, — le zinc,—et l'étain:—au troisième rang : le plomb, etc.

Si l'on suppose la conductibilité de l'or égale à 1,000, les conductibilités des autres substances seront :

1	Or	= 1,000	5.	Fer	= 574	9.	Marbre	=	24
2.	Platine	= 981	6.	Zinc	= 303	10.	Porcelaine	=	12
3.	Argent	= 973	7.	Étain	= 303	11.	Poterie	=	11
4.	Cuivre	= 898	8.	Plomb	= 180	12.	Charbon	=	10

571. *Quels sont les plus mauvais conducteurs?* — 1° Les corps les plus *légers* et les plus *poreux*; — 2° les liquides et les gaz.

Les plus *mauvais*, conducteurs de la chaleur sont : 1° le poil de lièvre et l'édredon; 2° la fourrure du castor et la soie écrue; 3° le bois et le noir de fumée; 4° le coton et le lin; 5° le charbon et les cendres de bois, etc.

Toutes les substances végétales et animales, en général, conduisent mal la chaleur.

572. *Pourquoi peut-on tenir* sans *se* bruler *un morceau de* bois *très-court dont une extrémité est* enflammée? — Parce que le bois *conduit si difficilement* la chaleur, que les molécules d'une extrémité peuvent rougir et brûler avant que la chaleur parvienne à l'*autre* extrémité.

573. *Pourquoi peut-on tenir dans la flamme d'une chandelle,* sans *se* bruler, *un petit morceau de* charbon *jusqu'à ce qu'il devienne rouge?* — Par la même raison que pour le bois.

574. *Pourquoi un morceau de* viande brule-t-il *quelquefois d'un côté pendant qu'il est encore* froid *de l'autre?* — Parce qu'il est mauvais conducteur.

575. *Pourquoi un tube de* verre *peut-il être* fondu *à un bout sans qu'il soit chaud à quelques centimètres plus loin?* — Parce qu'il est mauvais conducteur.

576. *Lorsqu'on* CACHETTE *une* LETTRE, *pourquoi peut-on tenir, sans se brûler, un petit morceau de* CIRE *dont une extrémité est* ENFLAMMÉE? — Parce que la cire ne conduit pas.

577. *Lorsqu'on allume une* BOUGIE *ou une* CHANDELLE, *pourquoi la chaleur de la flamme ne se propage-t-elle pas dans toute sa longueur et ne* FOND-*elle pas sur-le-champ toute la cire ou tout le suif?* — Parce que la cire et le suif sont mauvais conducteurs.

578. *Pourquoi ne peut-on pas saisir impunément une barre de* FER *dont un bout est* ROUGI *au feu?* — Parce que le fer est *bon conducteur*, et que, lorsqu'on le chauffe par une extrémité, la chaleur se propage très-rapidement *dans toute sa masse.*

579. *Si l'on se place devant le feu, pourquoi l'*ARGENT *qu'on a dans la poche semble-t-il très-*CHAUD *au toucher?* — Parce que l'argent, *bon conducteur* de la chaleur, se laisse *pénétrer facilement* par elle.

580. *Pourquoi répand-on dans le fond des* OMNIBUS *ou des diligences de la* PAILLE *ou de la sciure de bois en* HIVER? — Parce que la paille et la sciure de bois, *mauvais conducteurs*, empêchent les pieds des voyageurs de se *refroidir.*

581. *Pourquoi met-on un* TAPIS *sur le plancher en* HIVER? — Parce que la laine, *mauvais conducteur*, empêche la chaleur des pieds de se perdre, ou ne la soutire pas.

582. *Pourquoi* RETIRE-*t-on les* TAPIS *en été?* — Parce qu'ils ne sont plus utiles, qu'ils seraient plutôt incommodes; le plancher ou les briques sont plus frais, ils perdent plus vite que les tapis la chaleur qu'ils ont absorbée.

583. *Pourquoi couvre-t-on de* PAILLE *l'intérieur des* GLACIÈRES *et en* BLANCHIT-on *à la chaux l'extérieur?* — Parce que : 1° la paille est *mauvais conducteur* et empêche la *chaleur du dehors* d'atteindre la glace; — 2° la *couleur blanche* de la chaux diminue dans une proportion considérable le pouvoir absorbant des murs de la glacière; blanchie, elle s'échauffe donc beaucoup moins.

584. *Pourquoi le* FOND *d'une bouilloire est-il presque* FROID *au toucher, même quand l'*EAU *qu'elle contient est* BOUILLANTE?— Par la raison déjà donnée : la chaleur ne fait que traverser le fond sans l'échauffer; l'eau l'emporte à la surface, et la vapeur l'emporte dans l'air.

585. *Pourquoi le* COUVERCLE *d'une bouilloire est-il* très-CHAUD *au toucher quand l'eau bout?* — Parce qu'il est en contact avec l'eau bouillante ou de la vapeur à 100 degrés et plus, et que rien n'empêche qu'il ne se mette en équilibre de température.

586. *Pourquoi confectionne-t-on les chauffe-pieds, moines ou chancelières en étain poli?* — On fait les moines en métal, parce que le métal prend sans peine la température de l'eau intérieure; on les fait en métal poli, parce que les métaux polis ont très-peu de pouvoir émissif et rayonnent ou cèdent peu la chaleur à l'air environnant.

587. *Pourquoi enveloppe-t-on de* FLANELLE *une chauf-*

ferette d'étain? — La flanelle a le double avantage de
protéger le poli de l'étain et de conserver la chaleur en
sa qualité de mauvais conducteur; en perdant son poli,
l'étain rayonnerait mieux ou céderait plus facilement
sa chaleur.

588. *Pourquoi une* BRIQUE ENVELOPPÉE *de* FLANELLE
forme-t-elle un très-bon chauffe-pieds? — Parce que la
brique chauffée, corps très-mauvais conducteur, conserve longtemps sa chaleur, et que la flanelle aide
à cette conservation, en même temps qu'elle défend les
pieds de la trop grande chaleur de la brique.

589. *Quelle est sans contredit la* MEILLEURE *de toutes
les* CHANCELIÈRES ? — La chancelière Larcher en caoutchouc, enfermée dans une chemise de drap ou de ve-
lours; elle conserve sa chaleur plus longtemps que toute
autre, et le caoutchouc, ramolli par l'eau chaude, forme
comme un coussin moelleux de chaleur.

590. *Pourquoi fait-on en* BRIQUES *poreuses les fourneaux et les poêles dans lesquels on doit dégager beaucoup de* CHALEUR? — Parce que les briques poreuses
sont de *mauvais conducteurs*, et empêchent la perte de
la chaleur.

Dans les contrées du Nord, on a de grands poêles en briques ou en
pierres, qu'on allume seulement le matin pendant une ou deux heures;
cette masse prend ainsi une provision de chaleur qu'elle cède ensuite peu
à peu, de manière que l'appartement reste à 15 ou 16 degrés pendant
vingt-quatre heures, lors même qu'au dehors la température est de
15 ou 20 degrés au-dessous de zéro.

591. *Pourquoi couvre-t-on d'une pâte d'*ARGILE *et de*
SABLE *la* PORTE *des fourneaux où l'on dégage une grande
chaleur?* — Parce que la conductibilité très-faible du

mortier s'oppose efficacement à la déperdition de la chaleur.

592. *Pourquoi, dans la construction des fourneaux, interpose-t-on quelquefois entre deux couches de briques une couche de charbon en poudre?* — Parce que le charbon, le corps le plus mauvais conducteur, rend encore moindre la déperdition de chaleur.

593. *Lorsqu'on* RETIRE *du feu un vase de* MÉTAL, *pourquoi l'ébullition* CESSE-*t-elle immédiatement?* — Parce que le métal, bon conducteur, et qui était à 100 degrés; descend rapidement au-dessous de cette température au contact de l'air; il n'y a donc aucune raison pour que l'ébullition continue.

594. *Pourquoi l'*EAU *bouillante contenue dans un vase de* TERRE CHANTE-*t-elle quelquefois après qu'on l'a* RETIRÉE *du feu?* — Le vase de terre, plus mauvais conducteur que le vase de métal, était, pendant l'ébullition, bien au-dessus de 100 degrés; en se refroidissant lentement au contact de l'air, il peut donc, pendant quelque temps, fournir à l'eau la chaleur nécessaire à son ébullition; et, comme l'eau s'est en même temps refroidie à la surface, on se retrouve dans les conditions d'une ébullition qui commence, et la bouilloire peut chanter.

595. *Si l'on met un* POÊLE *dans le* MILIEU *d'une chambre, doit-il être en* FER *ou en porcelaine?* — Le poêle en fer s'échauffe très-facilement et cède plus rapidement sa chaleur à l'air ambiant; mais il se refroidit aussi beaucoup plus vite; il a en outre l'inconvénient de s'échauffer trop, de rougir quelquefois; il brûle alors

l'air de la chambre et le transforme en oxyde de carbone, gaz très-dangereux ou toxique. Le poêle de faïence
s'échauffe plus difficilement, cède plus lentement sa
chaleur à l'air; mais il se refroidit beaucoup moins vite,
ne rougit pas et ne donne pas d'odeur de brûlé. Tout
comparé, le poêle de faïence semble préférable.

596. *Pourquoi les tables d'une poissonnerie et d'une
laiterie doivent-elles être en* MARBRE *et non pas en bois?*
— Le marbre est plus frais; il ne se laisse pas pénétrer
par les liquides animaux; il se nettoie beaucoup plus
facilement; il n'est pas sujet à décomposition; il n'en
est pas ainsi du bois, qui possède plutôt les qualités
contraires.

597. *Pourquoi l'eau, le thé, le café* BOUILLANTS ÉCHAUF-
FENT-*ils une cuiller d'*ARGENT *plus qu'une cuiller en métaux
inférieurs, l'aluminium, le nickel, l'étain, ou en alliages,
le maillechor, l'oréide, etc.?*— Parce que l'argent est un
meilleur conducteur de la chaleur que les métaux inférieurs ou les alliages.

598. *Pourquoi une* CUILLER *de métal laissée dans une
casserole* RETARDE-*t-elle un peu l'ébullition?* — Parce que
le métal s'échauffe aux dépens de l'eau, et qu'en sa
qualité de corps bon conducteur, il cède facilement
à l'air la chaleur qu'il reçoit à chaque instant de l'eau;
c'est donc autant de chaleur perdue et un retard
apporté à l'ébullition.

599. *Pourquoi la* PEINTURE CONSERVE-*t-elle le* BOIS? —
Parce que : 1° en couvrant sa surface, elle empêche
l'*air*, l'*humidité* et les *insectes* de pénétrer dans ses
pores; 2° la peinture, surtout la peinture blanche, *peu*

conductrice de la chaleur, maintient le bois à une température plus égale.

600. *Si l'on se couvre de* SABLE *la paume de la main, pourquoi peut-on y tenir impunément une* BALLE *de fer* ROUGIE *au feu?* — Parce que le sable est un *mauvais conducteur* et empêche la chaleur d'arriver à la main.

601. *Lorsqu'on veut transporter sur le champ de bataille des* BOULETS *de canon* ROUGIS *au feu, pourquoi les met-on sur une brouette dans une* COUCHE DE SABLE? — Parce que le sable est un *mauvais conducteur* et empêche les boulets de perdre leur chaleur.

602. *Pourquoi la* TEMPÉRATURE *de l'intérieur du* CORPS *humain reste-t-elle toujours à 37 degrés environ, quand la surface et les extrémités sont à peu près à la température de l'*AIR *ambiant?* — Parce que la peau, le tissu cellulaire et la graisse conduisent *très-mal la chaleur;* par conséquent l'intérieur du corps est à peine affecté par l'air extérieur.

603. *Pourquoi peut-on* ENTRER *impunément dans un* FOUR *où le thermomètre marque une température plus élevée que celle de l'eau* BOUILLANTE? — Parce que, 1° la peau, le tissu cellulaire et la graisse conduisent *très-mal la chaleur* et s'échauffent difficilement; — 2° parce que l'air chaud et sec cède très-lentement sa chaleur, alors même qu'il est à une température très-élevée. Dans les fabriques de moules de plâtre, les ouvriers entrent dans les fours où le thermomètre marque 200 degrés, et la chaleur de leur corps ne s'élève que de 1 ou 2 degrés.

Quoi qu'il en soit, les ouvriers doivent prendre le soin de n'avoir sur eux aucun *morceau de métal.*

Un homme portant des *lunettes* entra dans un four d'air chaud. En peu de temps, la soudure de la monture de ses lunettes fondit, et lui brûla cruellement le *nez*, sans qu'il éprouvât aucun autre mal.

604. *Est-il vrai et comment expliquez-vous qu'on puisse,* SANS SE BRULER, *couper avec le doigt un jet de fonte, plonger le doigt ou la main dans une poche pleine de fonte incandescente, passer la langue sur du fer incandescent, le prendre avec la main, courir nu-pieds sur des gueuses qu'on vient de couler, remuer du plomb fondu avec le doigt, plonger la main dans du goudron bouillant, etc.?* — Oui ; ce sont là des faits incontestables qui, à l'éveil donné par M. Boutigny, ont été l'objet d'expériences publiques récentes. On les explique en admettant que l'humidité extérieure du doigt, de la main, du pied, passe à l'état sphéroïdal et qu'elle est repoussée et tenue à distance par le flux calorifique sortant du corps incandescent; qu'il n'y a, par conséquent, pas contact entre l'organe et le foyer de chaleur, qui n'agit sur lui que par rayonnement; or ce rayonnement, qui n'a lieu que pendant un temps très-court, est impuissant à produire une brûlure ou une sensation douloureuse. Cette répulsion du foyer de chaleur pour le liquide environnant peut être mise en évidence par une expérience très-remarquable. On prend un gros œuf en argent ou en platine du poids d'environ 200 grammes, muni d'un anneau; on le fait rougir, puis on le fait plonger, en le tenant suspendu à un fil de fer, dans un vase plein d'eau, et l'on voit que d'abord l'eau laisse un intervalle vide autour de l'œuf; mais au bout de quelque temps un sifflement se fait entendre, l'eau bout avec violence et se réduit en vapeur.

605. *Si la peau, le tissu cellulaire et la graisse sont*

*de mauvais conducteurs, comment le corps devient-il
plus chaud dans le voisinage du feu?* — Les corps mauvais conducteurs s'échauffent plus lentement, mais ils s'échauffent ; l'action bienfaisante du feu extérieur augmente aussi la vitalité intérieure, et le corps, stimulé par le feu, contribue de son côté à élever sa température.

606. *Montrez la* SAGESSE *et la* BONTÉ *du Créateur lorsqu'il a fait la* PEAU, *les* TISSUS, *etc., peu conducteurs.* — Si la peau, le tissu cellulaire et la graisse étaient de *bons conducteurs* ; le froid de l'hiver *paralyserait* les fonctions du corps, et la chaleur de l'été le ferait périr.

607. *Pourquoi la sensation que nous éprouvons au contact des divers corps est-elle si* DIFFÉRENTE ? *pourquoi quelques-uns semblent-ils beaucoup plus* FROIDS *que les autres?* — Cette différence tient, toutes choses égales d'ailleurs, à la différence de conductibilité. Les corps bons conducteurs soutirent plus rapidement la chaleur de la main et produisent une sensation de froid ; les corps mauvais conducteurs soutirent moins de chaleur, et la sensation de froid est moindre.

608. *Pourquoi, à la même température, les* MÉTAUX *nous paraissent-ils bien plus* FROIDS *que le bois, la paille, la laine, etc.?* — Parce que les métaux sont bons conducteurs ; le bois, la paille, la laine, mauvais conducteurs.

609. *Pourquoi le* VERRE *et le* MARBRE *paraissent-ils aussi* FROIDS *que les métaux, quoiqu'ils ne conduisent pas si bien la chaleur?* — Parce que, pour le métal, le verre, et en général pour les surfaces polies, l'effet du poli supplée à l'absence de conductibilité. Quand la surface est polie, le nombre des molécules en contact avec la main est beaucoup plus grand; chacune soutire moins de chaleur que la molécule métallique, mais, en raison de leur nombre, l'effet résultant est le même.

610. *Lorsqu'on plonge la main dans un bain de mercure, pourquoi ressent-on une forte impression de froid?* — Parce que le mercure est *très-bon conducteur* du calorique; il absorbe rapidement la chaleur de la main qu'il entoure de tous côtés, et la refroidit subitement.

611. *Pourquoi, à température égale, les* MÉTAUX *paraissent-ils bien plus* CHAUDS *que la laine?* — Parce que les métaux ont plus de pouvoir émissif ou cèdent plus facilement la chaleur dont ils sont pénétrés.

612. *Pourquoi le* GARDE-FEU, *devant une cheminée sans feu, est-il bien plus* FROID *au toucher que le tapis du foyer?* — Parce que le garde-feu est bon conducteur et le tapis mauvais conducteur.

613. *Pourquoi le* TISONNIER, *les* PINCETTES *et la* PELLE s'ÉCHAUFFENT-*ils excessivement toutes les fois qu'ils sont posés* CONTRE *le poêle ou le foyer ardent?* — Parce qu'ils sont *bons conducteurs.*

614. *Pourquoi la* MANIVELLE *en fer d'une* POMPE *est-elle si* FROIDE *au toucher en hiver?* — Parce qu'elle est bon conducteur.

615. *La* MANIVELLE *en fer de la pompe est-elle vraiment plus* FROIDE *que le* CORPS *de* POMPE *en bois?* — Non;

dans une même enceinte ou dans une même atmosphère, tous les corps inanimés ou qui n'ont pas de source propre de chaleur se mettent en équilibre de température.

616. *Pourquoi un* ATRE *de* MARBRE *ou de pierre est-il bien plus* FROID *au toucher que le tapis près du foyer?* — Parce que, quoique plus mauvais conducteur que la laine, en raison de son poli, il touche la main par un plus grand nombre de points et la refroidit davantage.

617. *Pourquoi un* ATRE *de* MARBRE *ou de pierre* REFROIDIT-*il nos pieds?* — Parce qu'il est plus froid que le corps et s'échauffe à ses dépens.

618. *Le* TAPIS *est-il à la même température que nos pieds?*—Non; mais il enlève si lentement leur chaleur, que le refroidissement est presque insensible.

619. *Pourquoi le* TAPIS *enlève-t-il si lentement la chaleur de nos pieds?* —Parce qu'il est mauvais conducteur et que le poli ne supplée pas à son défaut de conductibilité.

620. *L'*ATRE *de marbre et le* TAPIS *ont-ils vraiment la même température?* — Oui; *tout* ce qui n'a point de vie est, dans une même chambre, à *la même* température.

621. *Combien de temps l'*ATRE *de marbre paraîtra-t-il être* FROID *à nos pieds?* — Jusqu'à ce que le marbre se soit mis en *équilibre* avec notre *température.*

622. *Pourquoi un corps, même bon conducteur,* NE *paraîtra-t-il pas froid au toucher s'il est à la* MÊME *température que notre corps?* — Parce que, en raison de l'équilibre de température, le corps conducteur n'enlève rien et ne cède rien à notre corps. C'est une loi générale que l'échange de calorique entre deux corps est proportionnel à la différence entre leurs températures; l'échange est donc nul si la différence est nulle.

623. *Pourquoi fait-on en* BOIS *ou recouvre-t-on d'*OSIER *les* ANSES *des ustensiles de cuisine, des théières, des cafétières, etc., fabriqués en* MÉTAL? — Parce que le bois, mauvais conducteur du calorique, reste à une température beaucoup plus basse que le métal, et qu'on ne court plus risque de se brûler. En l'absence d'anse en bois, on recouvre l'anse en métal de papier ou d'étoffe de soie ou de laine; on saisit alors sans danger l'anse qui aurait douloureusement impressionné la main. Le bois, la natte d'osier, le papier, l'étoffe, n'atteindraient que très-lentement une température très-élevée, et même à température égale, ils produiraient une sensation moins pénible.

624. *L'air est-il* BON *ou* MAUVAIS *conducteur de la chaleur?* — L'air est un mauvais conducteur de la chaleur.

625. *Si l'*AIR *est un mauvais conducteur, pourquoi n'avons-nous pas aussi chaud* SANS VÊTEMENTS *que lorsque nous sommes enveloppés de laine et de fourrure?* — Dans un air parfaitement calme et sec, quoique froid, le corps se refroidirait à peine; mais l'air est toujours en mouvement, et le seul contact du corps chaud suffit à y faire naître des courants ascendants, en ce sens que les molécules d'air chauffées deviennent plus légères, s'élèvent, et font place à des molécules d'air froid.

Chaque molécule d'air enlèverait donc au corps une petite quantité de calorique, et la petitesse de l'emprunt, compensée par le nombre immense de molécules, causerait un refroidissement très-appréciable.

626. *Pourquoi avons-nous plus* froid *lorsqu'il fait du* vent *que quand l'air est calme?* — Par la raison qui précède : les molécules d'air, en se succédant et passant successivement au contact du corps, le refroidissent promptement. Dans les régions hyperboréennes, alors que le thermomètre était descendu à 40 degrés au-dessous de zéro, des voyageurs ne souffraient pas quand l'air était parfaitement calme; il leur aurait été impossible de supporter un aussi grand froid dans un air agité.

627. *Un coussin imperméable rempli d'*air *remplacerait-il avec avantage les* coussins d'édredon? — Sans aucun doute: il serait très-léger et défendrait parfaitement du froid.

628. *Pourquoi des bas à demi tirés et avec lesquels on se couche tiennent-ils les pieds plus chauds que des bas restés tirés sur la jambe?*— Parce que l'air contenu dans le pied du bas à demi tiré forme autour des doigts comme un coussin ou matelas d'air qui ne donne pas passage à la chaleur naturelle du corps. L'air est plus mauvais conducteur que le fil ou la laine des bas, toujours, d'ailleurs, un peu humides.

629. *Pour savoir si un œuf est* frais *ou* vieux, *certaines personnes appliquent le* gros bout *de l'œuf sur leur langue; si elles éprouvent une sensation de chaleur, alors elles jugent que l'œuf est frais; elles le rejetteraient* *comme vieux si elles éprouvaient une sensation de fraî- cheur. Quelle est la raison de cette pratique singu- lière?* — Un œuf est frais tant qu'il est entièrement plein; dès qu'il commence à devenir vieux, il contient plus ou moins d'air qui s'amasse au gros bout; or les liquides de l'œuf sont meilleurs conducteurs de la cha- leur que l'air; si donc on applique sur la langue le gros bout, elle se refroidira plus quand l'œuf ne contiendra que des liquides, ou sera frais, que lorsqu'il contien- dra de l'air, ou sera déjà vieux.

630. *Pourquoi une chambre est-elle plus chaude lors- qu'on* TIRE *les* RIDEAUX? — Parce que : 1° l'air calme et mauvais conducteur compris entre les rideaux et la fenêtre empêche la chaleur de la chambre de se trans- mettre aux vitres, qui la céderaient à l'air extérieur, sans cesse renouvelé; — 2° les rideaux ferment un ac- cès direct aux petits courants d'air froid qui pénètrent à travers les fentes de la fenêtre.

631. *Pourquoi les appartements sont-ils beaucoup plus* CHAUDS *lorsqu'on y met de* DOUBLES *portes et de dou- bles fenêtres?* — Parce que l'air, mauvais conducteur, renfermé entre les doubles portes et les doubles fenê- tres, est un obstacle efficace au refroidissement de l'air intérieur de la chambre, mieux défendue en outre des courants d'air froid extérieur.

632. *Montrez combien* SAGE *et* BON *a été le Créateur en faisant l'*AIR *un* MAUVAIS *conducteur de la chaleur.*— Si l'air était un bon conducteur comme les métaux, il enlèverait très-rapidement la chaleur de notre corps, et le froid de l'hiver ferait *périr* les hommes, les bêtes et toute la création végétale.

633. *Pourquoi fait-on usage de* LAINE *et de* FOURRURES *en hiver?*—Parce que la *conductibilité* de ces substances *est très-faible;* que, par conséquent, elles empêchent l'écoulement de la chaleur de notre corps.

634. *Les laines et les fourrures ne* COMMUNIQUENT-*elles pas une certaine* CHALEUR *au corps?* — Non; les vêtements par eux-mêmes *ne communiquent aucune chaleur;* seulement ils conservent celle qui se développe en nous par l'action de la vie.

635. *Quels vêtements sont les plus* CHAUDS? — 1° Les vêtements amples, bien fermés au cou ou à la ceinture, qui laissent autour du corps comme une sorte d'enveloppe d'air à travers laquelle la chaleur du corps se dissipe très-peu; — 2° les vêtements formés de substances qui conduisent le plus mal la chaleur, comme la laine, les fourrures, les étoffes ouatées, etc.; 3° les vêtements blancs, dont le pouvoir émissif est plus faible ou qui cèdent moins de la chaleur qui les pénètre.

636. *Quels sont les vêtements les plus frais?* — 1° Les vêtements serrés contre le corps; — 2° les vêtements faits des étoffes qui conduisent le moins mal la chaleur; — 3° les vêtements blancs, doués d'un très-faible pouvoir absorbant ou se laissant moins pénétrer par la chaleur extérieure.

637. *La* SOIE *est-elle un bon conducteur de la chaleur?* — Non; la conductibilité de la soie est *très-faible;* la *soie apprêtée* laisse s'échapper la chaleur du corps plus promptement que la laine; mais la *soie écrue* la retient mieux que cette dernière.

Le comte de Rumford trouva que si, dans l'air atmosphérique, il fallait 575 secondes de temps pour que le thermomètre s'abaissât d'un degré, il s'abaisserait de la même quantité dans :

917 secondes, entouré de soie apprêtée ;
1,046   —   coton brut ;
1,118   —   laine ;
1,284   —   soie écrue ;
1,505   —   édredon.

638. *Pourquoi un mouchoir en baptiste, des chemises et des draps en tissu de lin semblent-ils plus frais que des mouchoirs, des chemises et des draps en tissu de coton?* — Les tissus de lin sont plus mauvais conducteurs que les tissus de coton ; ils semblent donc plus froids ou plus frais au toucher ; ils absorbent mieux aussi la transpiration de la peau, ce qui contribue encore à augmenter la sensation de fraîcheur.

639. *Pourquoi les* BÊTES *sont-elles couvertes de* POIL, *de* FOURRURE *ou de* LAINE? — Parce que le poil, la fourrure et la laine sont de *mauvais conducteurs*; et, comme les bêtes ne peuvent pas se vêtir, le Créateur leur a donné un *vêtement de poil,* etc., pour conserver leur chaleur.

640. *Pourquoi, à l'approche de l'*HIVER, *divers animaux prennent-ils leur* GROS *poil, c'est-à-dire une fourrure plus épaisse et plus longue?* — Cette fourrure, qui est un effet naturel de la diminution de la transpiration, est évidemment aussi l'effet d'une disposition providentielle, puisqu'elle défend mieux les animaux du froid.

641. *La coutume de tondre ou de raser les chevaux et même les bœufs de travail est-elle une coutume essentiellement barbare?* — Non ; si l'absence de fourrure épaisse est compensée par des étables plus chaudes et des soins plus assidus. L'animal tondu, si on le bouchonne bien lorsqu'il est couvert de sueur, est moins exposé aux refroidissements ou aux accidents nés d'une transpiration brusquement suspendue.

642. *Pourquoi les* oiseaux *sont-ils couverts de* plumes *ou de* duvet? — Parce que les plumes et le duvet sont de *mauvais conducteurs,* et le Créateur leur a donné ce *vêtement* naturel pour conserver leur chaleur.

643. *Montrez comment la* sagesse *et la* bonté *du Créateur se manifestent, même dans la robe des oiseaux et des bêtes.* — Les *petits* oiseaux, qui sont les plus *délicats,* ont un plumage *plus épais* que les oiseaux plus gros et plus forts; de même, les bêtes qui demeurent dans les *régions froides* des zones glaciales ont un poil plus *épais* et plus *chaud* que celles qui habitent près des tropiques.

644. *Pourquoi la conductibilité du* poil, *de la* fourrure, *des* plumes *et de la* laine *est-elle si faible?* — Parce que les poils emprisonnent une *grande quantité d'air,* et que l'air est très-peu conducteur de la chaleur.

645. *Pourquoi les Lapons portent-ils des peaux d'animaux avec la* fourrure *en* dedans? — Afin que : 1° la surface lisse des peaux fasse glisser en quelque sorte le vent et l'empêche de *pénétrer* jusqu'au corps; — 2° l'air retenu entre les poils de la fourrure *s'échauffe* promptement par la chaleur du corps; le Lapon alors est revêtu d'un fourreau d'air chaud *imperméable au vent et au froid.*

646. *Quels vêtements sont les plus* chauds *de ceux qui sont faits avec du drap* fin *ou de ceux qui sont faits avec du drap* grossier? — Plus la *laine est fine*, plus les *vêtements sont chauds*, parce que la conductibilité de la laine fine est plus faible que celle de la laine grossière.

647. *La* terre *est-elle un bon conducteur de la chaleur?* — Non, la conductibilité du sol est *très-faible*.

A une profondeur d'un mètre, la température du sol *reste la même jour et nuit;* à 8 mètres, la *différence-entre l'été et l'hiver* va tout au plus à 1° 5'. — Cela montre avec quelle lenteur la chaleur pénètre dans la terre.

648. *Pourquoi le* sol, *au-dessous de l'écorce de la terre, est-il plus* chaud *en hiver que la superficie?* — Parce que le sol est *très-peu conducteur* de la chaleur; le froid le plus intense ne pénètre jamais qu'à quelques mètres.

649. *Pourquoi le* sol, *au-dessous de l'écorce, est-il plus* frais *en été que la surface même de la terre?* — Parce que le sol est *très-peu conducteur*; la chaleur, comme le froid, ne pénètre dans la terre qu'à quelques mètres.

650. *Pourquoi l'eau de* fontaine ou de source *est-elle* froide, *même en été?* — Parce que l'eau de fontaine ou de source vient d'une profondeur à laquelle la chaleur de l'été ne pénètre pas ou pénètre à peine.

651.. *Pourquoi l'eau de* fontaine ou de source *ne* gèle-*t-elle jamais en hiver?* — Parce que l'eau de fontaine ou de source, venant d'une profondeur à laquelle le froid de l'hiver ne pénètre pas ou pénètre à peine, arrive à

la surface à une température assez élevée, et ne se refroidit pas assez pour se congeler.

La température du sol augmente à mesure qu'on
pénètre plus profondément dans le sol, et d'un degré
environ pour chaque 30 mètres de profondeur. Si donc
l'eau vient de couches de plus en plus profondes, sa
température sera de plus en plus élevée. L'eau du puits
artésien de Grenelle, dont la profondeur est de 500 mètres, est à plus de 27 degrés au-dessus de zéro, même
en hiver.

652. *Pourquoi l'*AIR *est-il toujours* FROID *à l'ombre
d'un* ARBRE *très-touffu?* — Parce que, au-dessous de
l'arbre, l'air n'est échauffé ni par les rayons directs du
soleil, arrêtés par le feuillage, ni par le contact du sol,
qui reste froid; sous un arbre, aussi, l'air est toujours
humide; or, l'air humide est plus froid que l'air sec,
parce qu'il conduit mieux la chaleur.

653. *Montrez la* SAGESSE *et la* BONTÉ *du Créateur
quand il a fait le sol très-peu conducteur.* — Si le sol
était un bon conducteur comme les métaux, la chaleur
de l'été sécherait les fontaines, les ruisseaux, les rivières, les racines des plantes, etc.; le froid de l'hiver,
à son tour, frapperait les arbres dans leurs racines,
tuerait le germe des semences, etc.

654. *L'*EAU *est-elle un bon conducteur de la chaleur?*
— Non; la conductibilité des liquides est *très-faible.*

Si l'on suppose la conductibilité de l'or égale à 1,000, celle de l'eau
est seulement égale à 9.

655. *Pourquoi la conductibilité des* LIQUIDES *est-elle*

si FAIBLE? — Parce que la distance entre leurs molécules, indépendantes en quelque sorte les unes des
autres, est plus grande que dans les solides.

Le *mercure*, quoiqu'il soit liquide, est un bon conducteur, parce que
ses molécules sont aussi rapprochées que celles des métaux, et qu'il est
très-dense.

656. *Comment sait-on que la conductibilité de l'eau
est très-faible?* — Parce qu'on peut l'échauffer à sa
surface, soit en plaçant au-dessus, à une très-petite
distance, une plaque de fer rouge; soit, comme l'a fait
M. Despretz, en la faisant lécher par un courant d'eau
bouillante toujours renouvelée, sans qu'à une certaine
profondeur l'eau devienne sensiblement chaude, sans
que des morceaux de glace placés à quelques centimètres au-dessous de la surface entrent en liquéfaction.

657. *Lorsqu'un* FORGERON *plonge dans un réservoir
d'eau un fer à cheval rougi au feu, pourquoi en sort-il de
la vapeur, tandis que le reste de l'eau reste à peu près*
FROID? — Parce que la *conductibilité* de l'eau est si
faible, que la partie en contact avec le fer rouge se *vaporise* avant que l'eau du réservoir puisse se mettre
en équilibre de température dans toutes ses parties.

658. *Pourquoi les changements de température n'ont-
ils aucun effet à 5 ou 6 mètres au-dessous de la surface
des* MERS *et des* LACS? — Parce que : 1° les liquides sont
mauvais conducteurs de la chaleur; — 2° qu'en outre,
l'eau a un maximum de densité, c'est-à-dire que, vers
4 degrés environ, elle est plus lourde à volume égal;
par conséquent, dès que l'eau des mers ou des rivières
profondes est descendue à 4 degrés, les parties refroi-

dies ou les glaçons de la surface ne peuvent plus descendre; ils restent suspendus à une petite profondeur, et le froid ne pénètre pas plus avant.

659. *Lorsqu'on plonge la main dans de l'eau, pourquoi ressent-on une impression de froid?* — Parce que, quoique mauvais conducteur, l'eau, qui d'ailleurs est plus froide que la main et qui est avec elle en contact continu, soutire une portion de sa chaleur, et une portion plus grande que ne le ferait l'air, moins dense et plus mauvais conducteur.

660. *Quand la température de l'air descend au-dessous de zéro, pourquoi trouve-t-on que la* TERRE *couverte de* NEIGE *est moins* FROIDE *que le sol nu?* — Parce que la *neige* est une substance *peu conductrice*, et qu'en sa qualité de corps blanc, elle jouit d'un pouvoir émissif très-faible ou cède peu proportionnellement de la chaleur qu'elle reçoit du sol ; voilà comment la neige contribue à défendre les semences et les plantes contre un froid trop rigoureux.

661. *Pourquoi le Psalmiste* COMPARE-*t-il la* NEIGE *à la* LAINE *(Qui dat nivem sicut lanam)?* — Parce que la neige tombe en·flocons et qu'elle est pour la terre comme un vêtement protecteur.

662. *Pourquoi la* GLACE *se* CONSERVE-*t-elle très-longtemps dans les glacières, quoique la* CHALEUR *du dehors soit excessive?* — Parce que : 1° la *glace* est une substance *peu conductrice;* — 2° les glacières sont construites de façon que la *chaleur du dehors* ne puisse les *pénétrer.*

663. *Lorsqu'on* TRANSPORTE *de la* GLACE, *pourquoi en sépare-t-on les blocs par une couche épaisse de* TAN, *de* SCIURE DE BOIS *ou de* PAILLE? — Parce que le tan, la sciure de bois et la paille sont de *très-mauvais conducteurs* et empêchent la chaleur de l'air de pénétrer jusqu'à la glace.

On transporte souvent dans l'Inde de la glace prise aux États-Unis, sans autre abri que de la sciure de bois, dans des navires qui passent sous la ligne, où l'air et l'eau sont brûlants, et c'est à peine si l'on en perd par la fusion quelques kilogrammes.

664. *Pourquoi un peu d'*HUILE *étendue à la surface de l'eau l'*EMPÊCHERA-*t-elle de* GELER? — Parce que l'huile est *si peu conductrice*, qu'elle empêche l'eau située au-dessous de se refroidir assez pour devenir solide.

665. *Montrez la* SAGESSE *et la* BONTÉ *du Créateur lorsqu'il a fait l'*EAU *un mauvais conducteur.* — 1° Si l'eau était un bon conducteur comme les métaux, la *chaleur* de l'été et la *gelée* de l'hiver feraient *périr tous les poissons;* — 2° de plus, les fontaines, les rivières et les mers deviendraient en hiver d'immenses *glaciers* que la chaleur de l'été ne ferait plus fondre ; en été, elles se convertiraient en vapeur et couvriraient d'un immense brouillard la surface de la terre.

666. *Montrez la* SAGESSE *et la* BONTÉ *du Créateur lorsqu'il a fait la neige* MAUVAIS CONDUCTEUR ET BLANCHE. — Ainsi constituée, la neige est pour les semences et les jeunes plantes un abri bienfaisant, et même un engrais, parce qu'elle contient de l'azote et de l'ammoniaque.

§ 2. — Comment s'échauffent les liquides et les gaz.

667. *Si les liquides et les gaz sont de si* MAUVAIS CONDUCTEURS, *comment* S'ÉCHAUFFENT-*ils?* — Par déplacement, ou par des courants ascendants ou descendants. Les molécules chaudes du fond montent à la surface, et les molécules froides de la surface descendent au fond pour s'échauffer à leur tour. Ce déplacement et ces courants sont rendus visibles dans l'eau au moyen de sciure de bois très-fine : dans une cloche renversée qu'on chauffe lentement par le bas, on voit les courants ascendants s'établir au centre, et les courants descendants suivre les parois.

Au mot *déplacement* les Anglais substituent le mot *convection*, formé du latin *cum vectus*, et qui exprime assez bien que les particules échauffées *emportent avec* elles la chaleur qui détermine leur ascension.

668. *Expliquez de quelle manière un* FOYER CHAUFFE *un* APPARTEMENT. — L'air le plus *proche du feu* s'échauffe et s'élève; l'air *froid* descend, s'échauffe et s'élève à son tour; ce mouvement successif continue jusqu'à ce que tout l'air de l'appartement soit échauffé *également.*

669. *Quand on tient à la main un morceau de fer, la barre, par exemple, avec laquelle on remue le charbon, ou le tisonnier rouge à* SON EXTRÉMITÉ INFÉRIEURE, *pourquoi sent-on une* CHALEUR BEAUCOUP PLUS VIVE *que si l'extrémité rouge est en haut?* — Parce que l'air, devenu brûlant au contact de l'extrémité rouge inférieure, monte le long de la barre, atteint la main et l'impressionne. Le même effet ne se produit pas, évidemment, quand l'extrémité rouge est au-dessus de la main.

670. *Les rayons du* SOLEIL *élèvent-ils d'une manière sensible la température de l'air qu'ils traversent?* — Non; les rayons du soleil, en traversant l'air, ne le chauffent pas d'une *manière sensible*.

671. *Si les rayons du soleil* N'ÉLÈVENT PAS LA TEMPÉRATURE *de l'air*, *comment l'atmosphère devient-elle si* CHAUDE *en été?* — Parce que, au contact de la terre, qui, elle, absorbe et retient la chaleur solaire, les couches d'air inférieures s'échauffent à leur tour, s'élèvent, et sont remplacées par de nouvelles couches qui se mettent elles-mêmes en équilibre de température ; l'atmosphère alors, au moins jusqu'à une certaine hauteur, devient très-chaude.

672. *Pourquoi les* SOMMETS *de certaines* MONTAGNES *sont-ils toujours couverts de* NEIGE, *même en été?* — 1° La température de l'atmosphère diminue, et dans une proportion sensible, à mesure qu'on s'élève à une plus grande hauteur, parce que l'air devient de plus en plus léger et mauvais conducteur; — 2° les masses qui forment les sommets des montagnes, après s'être grandement refroidies pendant l'hiver, réagissent longtemps sur la surface du sol et l'air tempéré qui les enveloppe, les maintiennent à une température assez basse pour que les masses de neige ne puissent pas fondre, même pendant les chaleurs prolongées de l'été.

Sur les Alpes, la limite des neiges éternelles est à 2,670 mètres; la neige ne fond jamais ou presque jamais à cette hauteur, quoique la température moyenne de l'année soit de 4 degrés.

673. *Si l'air est un mauvais conducteur de la chaleur, pourquoi le* FER ROUGI *au feu se* REFROIDIT-*il lorsqu'on l'expose à l'air?* — L'air en contact avec le métal
rougi s'échauffe, *s'élève* rapidement, emportant la chaleur qu'il a absorbée; d'autre air le remplace, absorbe
une nouvelle quantité de chaleur et s'élève à son tour,
et ainsi de suite jusqu'à ce que *toute la chaleur* du fer
ait été emportée.

674. *Comment le* POTAGE *chaud exposé à l'air se* RE-
FROIDIT-*il?* — Par l'évaporation, d'une part, et par les
courants d'air chaud qui s'établissent à sa surface,
comme pour le fer.

675. *Pourquoi le thé, le café, le potage, etc., se* RE-
FROIDISSENT-*ils plus promptement si on les* REMUE? — Parce
que l'agitation : 1° renouvelle plus promptement l'air
à la surface du liquide chaud et le met successivement
en contact avec un plus grand nombre de molécules
d'air; — 2° aide au remplacement des molécules de
liquide refroidies par des molécules chaudes qui se re-
froidiront à leur tour.

676. *Pourquoi les liquides ou, en général, les aliments chauds, se* REFROIDISSENT-*ils plus promptement si
on* SOUFFLE *dessus?* — Parce que le souffle, faisant l'effet
de l'agitation, rend l'évaporation et le refroidissement
par déplacement plus rapides.

Voyez plusieurs autres questions relatives à l'eau bouillante dans le cha-
pitre *Ébullition* (page 126).

677. *Pourquoi applique-t-on la* CHALEUR *sur le* FOND
*des vases qui renferment le liquide qu'on veut faire
bouillir?* — Parce que les liquides ne s'échauffent que

par déplacement, ou par des courants allant du fond
plus chaud à la surface plus froide.

678. *Lorsqu'on fait cuire des* POMMES *de terre, pourquoi celles qui sont en* DESSUS *sont-elles cuites plus tôt
que celles qui sont les plus rapprochées du feu?*— Parce
que : 1° en vertu du mode d'échauffement des liquides,
la partie supérieure est la plus chaude; — 2° la vapeur
qui se trouve entre le couvercle et la surface de l'eau
s'échauffe au delà de 100 degrés et contribue à rendre
plus active la cuisson des légumes en contact avec
elle.

679. *Pourquoi la* SOUPE GRASSE *reste-t-elle* CHAUDE *plus
longtemps que l'eau bouillante?* — Parce que sa surface
est couverte de matière grasse qui, conduisant très-mal
la chaleur et ne s'évaporant pas, se refroidit très-lentement elle-même, et empêche les portions plus aqueuses
qu'elle recouvre de se refroidir.

680. *Quel moyen prendre pour conserver le plus
longtemps possible* SA CHALEUR *à l'eau bouillante contenue
dans un vase?* — 1° Il faut envelopper le vase d'un
corps mauvais conducteur, comme de la flanelle ou du
drap; — 2° enlever à l'eau sa trop grande mobilité ou
empêcher les courants de particules chaudes et froides
de s'établir en lui ajoutant, lorsqu'elle est encore bouillante, une petite quantité d'amidon ou d'empoi.

681. *Citez un fait vulgaire qui met parfaitement en
évidence l'*EXISTENCE DES COURANTS *dans l'air soumis à
l'influence de la chaleur.* — Lorsqu'un rayon de soleil
pénètre dans une chambre par une petite ouverture,
il trace sa marche en ligne droite en éclairant les

atomes de poussière ou les débris animaux et végétaux qui flottent dans l'air; or l'on remarque que ces atomes devenus lumineux sont agités de mouvements très-rapides, conséquence et symptôme de l'agitation de l'air.

§ 3. — Rayonnement de la chaleur.

682. *Qu'entend-on par* RAYONNEMENT *de la chaleur?* — La propriété qu'a la chaleur, sous une de ses formes, d'échauffer les corps à distance à travers d'autres substances ou milieux qui, eux-mêmes, ne s'échauffent pas ou s'échauffent très-peu. Cette forme particulière de la chaleur s'appelle *chaleur rayonnante* ou *calorique rayonnant;* et l'on dit *rayons calorifiques, rayon de chaleur,* comme on dit rayons lumineux, rayon de lumière.

Le calorique traverse les milieux avec une grande vitesse, comme la lumière traverse les espaces célestes, et cela sans s'y arrêter, sans les rendre chauds, à peu près encore comme la lumière passe dans le verre sans s'y éteindre et sans le rendre lumineux.

683. *Donnez des exemples du* RAYONNEMENT *de la chaleur.* — La chaleur solaire n'arrive à la terre qu'en traversant l'atmosphère ou qu'en rayonnant à travers l'atmosphère, qui s'échauffe beaucoup moins que le sol. Le feu d'un foyer nous réchauffe à distance sans presque échauffer l'air intermédiaire, très-mauvais conducteur.

684. *Si l'on suspend dans l'air un* BOULET ROUGI AU *feu, pourquoi sent-on tout autour une impression de chaleur?* — Parce que la chaleur du boulet *rayonne en* *tous sens* à travers l'air, comme la lumière d'une bougie.

On ne peut pas supposer que cet effet soit dû à l'*air échauffé ;* car l'air échauffé *monte,* tandis que la chaleur du boulet rouge se fait sentir en *dessous* et de *tous les côtés.*

685. *Lorsqu'on remplit un vase d'*EAU BOUILLANTE, *pourquoi sent-on tout autour une impression de* CHALEUR? — Parce que la chaleur de l'eau bouillante *rayonne* en tous sens à travers les parois du vase.

686. *Pourquoi le* VISAGE *est-il* INCOMMODÉ *de la chaleur du feu lorsqu'on se place devant le* FOYER? — Parce que la chaleur du feu *rayonne* sur le visage, qui, étant à nu, ressent immédiatement l'effet du rayonnement.

687. *Pourquoi la chaleur du feu* BRULE-*t-elle le* VISAGE *et les* MAINS *plus que le reste du corps?* — Parce que le *reste* du corps est *couvert,* et que les vêtements, *mauvais conducteurs,* empêchent la transmission *rapide et soudaine* de la chaleur à la peau.

688. *Quelles sont les conditions nécessaires de l'existence de la chaleur rayonnante?* — Elle suppose essentiellement : 1° que le corps qui émet la chaleur est doué d'un certain *pouvoir rayonnant ou émissif ;* 2° que le corps qui s'échauffe est doué à son tour d'un certain *pouvoir absorbant.*

689. *Tous les corps sont-ils doués du pouvoir émissif?* — Oui ; tous les corps sont plus ou moins, pour la chaleur, ce que la flamme d'une bougie est par rapport à la lumière. De même que de tous les points de la flamme partent des rayons lumineux qui se répandent au loin dans l'espace ; de même de tous les points d'un corps quelconque partent sans cesse des rayons de chaleur qui traversent l'air et se propagent librement jusqu'à ce qu'ils rencontrent quelque corps qui les arrête ou les absorbe.

690. *La chaleur* RAYONNE-*t-elle* ÉGALEMENT *de* TOUTES *les substances ?* — Non ; la chaleur rayonne, en général, en plus grande quantité des substances les plus *noires* et les plus *ternes ;* les substances *blanches, polies* et *brillantes*, au contraire, n'émettent en général la chaleur que difficilement.

La table suivante représente la relation qui existe entre le pouvoir rayonnant de plusieurs substances :

Noir de fumée	=	100	Colle de poisson	=	91
Carbonate de plomb	=	100	Verre	=	85
Papier blanc	=	98	Gomme laque	=	72

La surface métallique = 12 à 15, suivant le poli.

Le *carbonate de plomb*, qui est d'une *blancheur* parfaite, émet autant de chaleur que le *noir* de fumée ; le *papier* aussi rayonne beaucoup. Néan-moins le rayonnement d'une substance de couleur *foncée et terne* est généralement plus grand que celui d'une substance *blanche et polie*.

691. *Pourquoi un poêle, noirci avec une couche de* NOIR DE FUMÉE, *émettra-t-il beaucoup* PLUS *de chaleur qu'un poêle de porcelaine blanche ?* — Parce que le noir de fumée *augmente* considérablement le *pouvoir rayonnant* des surfaces qu'il recouvre ; de sorte que, si le pouvoir rayonnant d'un poêle blanc et poli est 12 ou 15, une couche très-mince de *noir de fumée* suffira pour le porter à 100.

Pour la même raison, on doit *noircir* avec de la *mine de plomb* les *tuyaux* d'un poêle, si l'on veut répandre plus de chaleur dans la chambre.

692. *Pourquoi la* NEIGE *tombée au pied d'un* FOSSÉ *ou d'un* MUR FOND-*elle plus promptement que celle qui se* *trouve en rase campagne?* — Parce que : 1° le fossé ou le mur renvoient les rayons du soleil sur la neige par *réflexion*; — 2° ils lui envoient beaucoup de chaleur par rayonnement.

693. *Comment le* FER ROUGE *se* REFROIDIT-*il?* — Par le rayonnement et par le renouvellement incessant de l'air à sa surface.

694. *Pourquoi dans une* THÉIÈRE *en* MÉTAL POLI *et brillant le thé est-il meilleur que dans une théière en poterie noire?* — Parce que la théière en métal poli et brillant conserve plus longtemps une température élevée, et que le thé s'infuse d'autant mieux que l'eau reste plus longtemps chaude.

695. *Pourquoi la* SECONDE *infusion faite dans une théière métallique est-elle très-*FAIBLE? — Parce que la première infusion faite à une température élevée a enlevé au thé presque toute sa portion soluble. Dans une théière en porcelaine, dont la température s'abaisse davantage, par rayonnement, la première infusion est moins forte, et la seconde moins faible. Dans une théière noire et terne qui se refroidit encore plus vite, l'eau épuise encore moins le thé, et on peut faire plusieurs infusions successives.

696. *Les parties d'une bouilloire, etc., qui ne touchent pas les braises ardentes, doivent-elles toujours être le plus* PROPRES *et le plus* POLIES *possible?* — Oui : pour qu'il ne se perde pas de chaleur par rayonnement. Si la surface était sale ou terne, il faudrait un peu plus de temps pour déterminer l'ébullition.

15.

697. *Pourquoi fait-on de métal uni et brillant les réchauds qui portent les plats sur la table et les cloches qui les recouvrent?* — Toujours par la même raison, c'est-à-dire parce que les surfaces métalliques et brillantes sont celles qui perdent le moins de chaleur par rayonnement.

698. *Pourquoi les* viandes *exposées au* clair *de* lune *se* corrompent-*elles très-promptement?* — Si le fait est vrai, en voici l'explication. Lorsque la lune brille, le ciel est serein, les corps et la surface de la terre se refroidissent; ils se couvrent de rosée ou d'humidité; or la viande et toute substance animale humide se putréfient plus facilement qu'une substance animale sèche; la lune n'est pour rien dans cet effet de putréfaction; elle est seulement l'indice d'un ciel serein. Il est possible aussi que le dépôt de la rosée soit accompagné de la transformation en ozone d'une certaine quantité d'oxygène de l'air; or l'ozone ou l'oxygène électrisé, joint à l'humidité, est un agent actif de décomposition.

699. *Est-il* vrai *que les plantes poussent plus rapidement par un* beau clair de lune *?* — Cela peut être : 1° parce que la lumière contribue efficacement à la végétation des plantes; 2° parce que, lorsque là lune brille ou que le ciel est serein, la rosée est beaucoup plus abondante, et que l'eau de la rosée, sucée par les racines des plantes, hâte leur développement.

700. *Pourquoi le sol et les couches* inférieures *de l'air sont-ils plus* froids *que les couches supérieures après le* coucher *du soleil?* — Parce que : 1° le sol, rayonnant beaucoup plus que l'air, se refroidit plus vite et davantage ; 2° ce refroidissement se fait sentir d'abord aux couches inférieures de l'atmosphère.

701. *Pourquoi les* ARBRISSEAUX *souffrent-ils* PLUS *des gelées de printemps que les* ARBRES *plus élevés?* — Parce que le sol et les couches inférieures de l'atmosphère sont plus froids que les couches supérieures de l'atmosphère.

§ 4. — Réflexion de la chaleur.

702. *Qu'est-ce que la* RÉFLEXION *de la chaleur?* — C'est le renvoi de la chaleur par les surfaces des corps qui l'ont reçue ou qu'elle a frappés. La chaleur renvoyée s'appelle *chaleur réfléchie*, et la chaleur reçue *chaleur incidente*. La faculté de renvoyer la chaleur, faculté que les différents corps possèdent à divers degrés, s'appelle *pouvoir réfléchissant*.

703. *Quels corps sont les* MEILLEURS *réflecteurs de la chaleur ou qui sont doués* DU PLUS GRAND *pouvoir réfléchissant?* — Les corps à surface unie et brillante de couleur blanche ou claire.

704. *Les corps bons réflecteurs* ABSORBENT-*ils aussi beaucoup la chaleur?* — Non : le pouvoir réfléchissant est en *raison inverse* du pouvoir absorbant : ainsi les *meilleurs* réflecteurs absorbent très-mal la chaleur, tandis que les plus *mauvais* l'absorbent facilement.

705. *Pourquoi les corps qui* RÉFLÉCHISSENT BEAUCOUP *ne peuvent-ils pas aussi* ABSORBER BEAUCOUP *la chaleur?* — La somme des chaleurs réfléchie et absorbée est nécessairement équivalente à la chaleur primitive ou incidente reçue par le corps : si donc il y a beaucoup de chaleur réfléchie, il y aura peu de chaleur absorbée; réciproquement, s'il y a peu de chaleur réfléchie, il y aura beaucoup de chaleur absorbée.

706. *Comment met-on en évidence le fait de la réflexion de la chaleur?* — On prend deux miroirs concaves, métalliques, argentés à leur surface et de même longueur focale, on les place en face l'un de l'autre, de manière que leurs centres soient sur une même ligne horizontale : au foyer de l'un on place, dans un vase en fil de fer, un boulet rougi au feu, au foyer de l'autre un thermomètre; et bientôt on voit le thermomètre monter très-rapidement sous l'action des rayons calorifiques partis du boulet, réfléchis une première fois et horizontalement par le miroir du boulet; une seconde fois par le miroir du thermomètre, qui, en les réfléchissant, les fait converger sur la boule du thermomètre. Si à la place du boulet on mettait de la glace, le thermomètre baisserait au foyer du second miroir, l'échange des températures et les réflexions se feraient en sens contraires.

707. *Si les métaux sont de bons* CONDUCTEURS, *comment peuvent-ils* RENVOYER *la chaleur qui tombe sur leur surface?* — Les métaux conduisent très-bien la chaleur lorsqu'ils la reçoivent au *contact;* mais il n'en est pas ainsi de la chaleur qu'ils reçoivent par rayonnement: ils la renvoient presque en totalité si leur surface est brillante et polie; et s'échauffent très-peu sous son action. La chaleur transmise de molécule en molécule par les corps et la chaleur qui rayonne dans l'espace diffèrent l'une de l'autre par des caractères essentiels : elles sont toutes deux des mouvements vibratoires, mais dans des milieux différents.

708. *A quoi sert le* RÉFLECTEUR *d'étain ou de fer-blanc qu'on pose quelquefois devant le feu lorsqu'on fait* RÔTIR *des viandes?* — 1° Il accélère la *cuisson*, en réfléchissant la chaleur du feu *sur les viandes;* — 2° il tient *plus fraîche* la cuisine, en empêchant la chaleur de s'y répandre.

709. *Pourquoi un réflecteur en bois* PEINT *ne servirait-il pas au même but?* — Parce qu'il absorberait plus de chaleur et en réfléchirait moins.

710. *Pourquoi l'eau bouillirait-elle moins vite si le fond de la bouilloire était* POLI *et* LUISANT *que s'il était tout* SALI *de noir de fumée?* Parce que le fond poli et brillant absorberait moins de chaleur et en réfléchirait une certaine quantité.

711. *Pourquoi porte-t-on des vêtements blancs en* ÉTÉ? — Parce que les vêtements blancs ont l'avantage de réfléchir plus de chaleur et d'en absorber moins; de sorte qu'en réalité ils sont moins chauds.

712. *Les vêtements* BLANCS *seraient-ils également* AVANTAGEUX EN HIVER? — Oui; parce que le pouvoir émissif est en raison inversé du pouvoir réfléchissant; les vêtements blancs rayonneraient moins et céderaient moins de la chaleur du corps à l'air ambiant; ils seraient donc plus chauds.

713. *Pourquoi les* SOULIERS CIRÉS *sont-ils plus* CHAUDS *lorsqu'ils sont couverts de* POUSSIÈRE? — Parce qu'ils absorbent plus alors la chaleur du *soleil*, du *sol* et de l'*air*, que les souliers luisants, qui la repoussent en vertu de la *réflexion*.

714. *Pourquoi les* SOULIERS *et les* CHAPEAUX NOIRS *sont-ils plus* CHAUDS *que les souliers ou chapeaux blancs ou gris?* — Parce que la couleur *noire* absorbe beaucoup plus la chaleur du *soleil*, du *sol* ou de *l'air* que le blanc ou le gris.

§ 5. — Absorption de la chaleur.

715. *Qu'est-ce que l'*ABSORPTION *de la chaleur?* — Le pouvoir réfléchissant n'est jamais tel que le corps renvoie toute la chaleur incidente et reste froid; il s'échauffe plus ou moins; on exprime cet effet en disant que le corps absorbe une portion de la chaleur incidente, ou qu'il y a eu absorption d'une portion de cette chaleur. On désigne sous le nom de *pouvoir absorbant* la faculté qu'ont les corps de s'échauffer plus ou moins sous l'influence de la chaleur rayonnante. La chaleur est un mouvement; lorsque le mouvement qui constitue la chaleur rayonnante atteint la surface d'un second milieu, il revient en partie dans le premier milieu et il se transmet en partie dans le second milieu; on exprime ce partage en disant qu'il y a à la fois réflexion et absorption.

Le pouvoir *absorbant* est toujours *complémentaire* du pouvoir *réfléchissant*, c'est-à-dire que la *somme* des quantités de chaleur absorbées et réfléchies reproduit exactement la *totalité de la chaleur incidente*.

716. *Quelle est la différence entre la chaleur* CONDUITE *et la chaleur* ABSORBÉE? — Nulle. La chaleur absorbée devient de la chaleur conduite et pénètre

dans tout le corps s'il est bon conducteur; s'il est mauvais conducteur, la chaleur absorbée reste à la surface.

717. . *Les bons* CONDUCTEURS *absorbent-ils aussi la
chaleur?* — Oui, pourvu que leur surface ne soit pas
brillante et polie. La conductibilité n'est nullement un
obstacle à l'absorption, elle la faciliterait au contraire.

718. *De quelles* CIRCONSTANCES *dépend le pouvoir* AB-
SORBANT *d'un corps?* — De l'*état* de sa *surface*. Plus
la surface est polie et brillante, moins l'absorption est
considérable.

719. *Les substances qui* ABSORBENT *la chaleur la perdent-elles aussi par* RAYONNEMENT? — Oui, le pouvoir
absorbant et le pouvoir rayonnant vont toujours ensemble. Les nombres qui représentent les pouvoirs
rayonnants expriment aussi les pouvoirs absorbants.

720. *Le* FER *absorbe-t-il bien la chaleur?* — Oui, si
sa surface est terne et rugueuse; non, si sa surface est
brillante et polie.

721. *Pourquoi le tisonnier, la pelle et les pincettes
restent-ils* FROIDS *sur le* GARDE-*feu, quoiqu'ils soient devant un foyer ardent?* — Parce que leur surface est
brillante et polie et que, par conséquent, ils absorbent peu la chaleur.

722. *Pourquoi les rayons du soleil, réunis au foyer
d'une loupe, enflammeront-ils un morceau de papier* GRIS
plutôt qu'un morceau de papier BLANC? — Parce que le
papier gris réfléchit moins la chaleur et en absorbe
plus.

723. *Pourquoi l'eau bout-elle* MOINS VITE *dans une bouilloire* NEUVE ? — Parce que son fond brillant et poli absorbe moins de chaleur.

724. *La fumée, si incommode, a donc,* ELLE *aussi, quelque* AVANTAGE? — Oui, en noircissant le fond des vases, elle leur fait absorber plus de chaleur.

725. *Si l'on veut avoir* CHAUD, *pourquoi doit-on porter des vêtements* NOIRS *sur du linge* BLANC? — Parce que la couleur *noire* du drap *absorbe* mieux la chaleur solaire que les couleurs plus claires, et que le linge *blanc* enlève moins de chaleur au corps.

726. *Prouvez que les* COULEURS *les plus* FONCÉES *absorbent mieux la chaleur solaire que les couleurs claires.* — Un morceau de drap *noir* mis au soleil sur la *neige* en fait fondre bien plus qu'un morceau de drap *blanc.*

La table suivante représente l'ordre des diverses couleurs selon leur pouvoir absorbant :

1. Couleur noire, la plus *chaude.*	5. Couleur verte.
2. — violette.	6. — rouge.
3. — indigo.	7. — jaune.
4. — bleue foncée.	8. — blanche, la plus *froide.*

727. *Pourquoi les* GANTS *de peau* NOIRS *nous incommodent-ils en été par leur* CHALEUR? — Parce que la couleur *noire absorbe* abondamment là chaleur extérieure.

728. *Pourquoi les* GANTS BLANCS *de* FIL *de lin ou de soie sont-ils agréables à porter en été?* — Parce que : 1° ils *absorbent peu* la chaleur extérieure; 2° la capillarité des fils *pompe la transpiration* de la peau.

La *capillarité* est le pouvoir d'*absorber* ou de *pomper* un liquide, que possèdent les *tubes* et les *fibres* très-ténus. Le mot est emprunté du latin *capillaris* (semblable à un cheveu).

730. *Pourquoi la* GELÉE BLANCHE *reste-t-elle sur les* TOMBES, *etc., longtemps après qu'elle est fondue sur l'*HERBE *et les allées* SABLÉES *d'un cimetière?* — Parce que les tombes *blanches absorbent moins* la chaleur solaire que l'*herbe* et le *gravier*, elles restent plus *froides* et la glace persiste à leur surface.

731. *Si la couleur* NOIRE *absorbe plus la chaleur solaire, pourquoi les habitants des climats les plus chauds ont-ils la* PEAU NOIRE *et non pas blanche, couleur moins absorbante?* — Il paraît certain que la peau noire est un effet du climat ou de la chaleur excessive; cependant cette coloration de la peau en noir a certainement son côté providentiel; nous pourrions ne pas l'apercevoir, il n'en serait pas moins réel. La peau noire absorbe plus de chaleur, mais elle transmet et elle rend aussi plus facilement la chaleur absorbée; il y a accord entre les deux facultés ou fonctions d'absorption et de rayonnement; elles s'exercent tour à tour sans causer de déchirements, de gerçures, d'ampoules. La peau noire est ainsi moins sensible aux coups de soleil et moins sujette aux érésipèles que les Européens ont tant à redouter quand le soleil est ardent, parce que leur peau blanche transmet et cède moins facilement par absorption et rayonnement la *chaleur* reçue.

732. *Pourquoi, en été, se rafraîchit-on le visage avec l'*ÉVENTAIL? Parce que l'éventail *met l'air en mouvement* et le fait passer plus rapidement sur le visage: comme la température de l'air est plus basse que celle de notre corps, chaque bouffée d'air emporte par absorption et par conductibilité une portion de la chaleur du visage.

733. *Pourquoi le* VENT *paraît-il presque toujours* FROID? — Parce qu'il renouvelle sans cesse l'air en contact avec le visage, et que chaque molécule d'air renouvelé emporte avec elle une petite quantité de chaleur dérobée au visage par absorption et par conductibilité.

734. *Si l'air* ÉTAIT *plus* CHAUD *que notre* CORPS, *le vent paraîtrait-il* FRAIS? — Non : si l'air était plus chaud que notre corps, le vent nous apporterait de la chaleur au lieu de l'enlever.

735. L'AIR *est-il* JAMAIS *aussi* CHAUD *que le corps humain?* — L'air de France, pendant les jours d'été *les plus chauds*, est toujours au moins de 10 ou 12 degrés *au-dessous* de la température du corps humain.

736. *Pourquoi la température des* ÎLES *est-elle plus* ÉGALE *que celle des continents?* — 1° Parce que la mer s'échauffe moins en été et tempère la chaleur par l'évaporation de ses eaux ; 2° parce que la mer se refroidit moins en hiver, ou reste relativement plus chaude que le sol.

737. *Pourquoi les* ÎLES *sont-elles plus* CHAUDES *en* HIVER *que les continents?* — Parce que la *mer*, à moins qu'elle ne soit *prise*, ce qui arrive très-rarement, est plus *chaude* que la *terre*, et que sa chaleur relative *adoucit le froid intense* des îles. Les mers aussi sont presque toujours sillonnées par des courants d'eau chaude.

738. *Pourquoi les* ÎLES *sont-elles plus* FRAÎCHES *en* ÉTÉ *que les continents?* — Parce que : 1° la *mer* s'échauffe moins que le sol ; 2° le mouvement des *ondes* et les *brises* de mer concourent à diminuer la chaleur de l'air.

739. *Pourquoi l'eau, en été, reste-t-elle plus* FRAÎCHE *dans un vase d'*ÉTAIN BRILLANT *que dans un vase de terre?* — Parce que le métal blanc et luisant *n'absorbe pas* la chaleur extérieure autant que le vase de terre.

740. *Pourqui l'eau bout-t-elle moins* VITE *dans une bouilloire* NEUVE? — Parce que son fond brillant et poli absorbe moins de chaleur.

741. *La fumée si incommode a donc,* ELLE *aussi, quelques* AVANTAGES? — Oui : par exemple, en noircissant le fond des vases, elle leur fait absorber plus de chaleur.

CHAPITRE IV

ACTION MÉCANIQUE

742. *Comment peut-on* PRODUIRE *la* CHALEUR *au moyen de l'*ACTION MÉCANIQUE? — 1° Par la percussion ; — 2° par le frottement ; — 3° par la condensation ou la compression.

SECTION I. — PERCUSSION.

743. *Que signifie le mot* PERCUSSION? — La percussion est l'action par laquelle *un corps est frappé,* — comme lorsqu'un forgeron bat avec son marteau un morceau de fer sur une enclume.

744. *Pourquoi le* FER *devient-il* CHAUD *lorsqu'on le* BAT? — Parce que la force mécanique, éteinte par la résistance et l'aplatissement du métal, est remplacée par de la chaleur : toute force qui disparaît sous une forme reparaît sous une autre ; le mouvement visible ou de translation, empêché ou éteint, se change en mouvement moléculaire qui constitue la chaleur et a pour effet l'élévation de température.

745. *De quelle manière les* FORGERONS *allumaient-ils jadis leurs* ALLUMETTES ? — Ils avaient coutume de mettre sur une enclume un clou de *fer doux*, de le *battre* vivement avec un marteau, la pointe alors devenait assez chaude pour *embraser une allumette soufrée*.

746. *Pourquoi produit-on une* ÉTINCELLE *en frappant un* CAILLOU *contre un morceau de* FER ? — Parce que la percussion dégage assez de chaleur pour enflammer les petites particules de fer détachées par l'action mutuelle de la pierre dure et du fer.

747. *Pourquoi les* CHEVAUX *font-ils quelquefois voler du* FEU *avec leurs* PIEDS ? — Parce que les *fers* des chevaux, frappant contre les pavés, font l'effet du briquet sur la pierre à feu.

SECTION II. — FROTTEMENT.

748. *Que signifie le terme* FROTTEMENT ? — Le mouvement avec pression plus ou moins grande de deux surfaces l'une contre l'autre.

749. *Comment les sauvages produisent-ils du* FEU *par le* FROTTEMENT *de deux morceaux de* BOIS ? — Ils affilent en pointe un morceau de bois sec, qu'ils frottent rapidement, à plusieurs reprises, sur un autre morceau plat de bois *dur;* en peu de temps les parcelles de bois *prennent feu.*

Les meilleurs bois pour cette expérience sont le *mûrier* frotté contre le *buis,* ou le *laurier* contre le *lierre.*

750. *Pourquoi ces parcelles de bois prennent-elles* FEU *par le* FROTTEMENT? — Parce que le frottement développe assez de chaleur pour allumer le bois.

751. *Pourquoi les* MOYEUX *des roues de voiture prennent-ils* FEU *quelquefois?* — Parce que les essieux trop secs ou trop serrés frottent trop contre les parois des boîtes.

752. *Pourquoi les roues prennent-elles* FEU *si elles ne sont pas graissées, si leur essieu est trop serré dans la boîte, si leur mouvement de rotation est trop rapide?* — Parce que, dans ces conditions, l'essieu frotte considérablement contre les parois de la boite, et que ce frottement dégage une grande quantité de chaleur.

753. *A quoi sert la* GRAISSE *dont on entoure tous les axes de rotation?* — A diminuer le frottement, ou du moins à faire que le frottement n'ait pas lieu entre deux corps durs, mais entre un corps dur et une substance semi-fluide, et que la chaleur dégagée soit par conséquent beaucoup moindre.

754. *Pourquoi, en hiver, se* FROTTE-*t-on les mains, se* FRAPPE-*t-on le corps avec les bras, et* BAT-ON LA SEMELLE? — Pour se réchauffer : le frottement et la percussion font naître de la chaleur, et rendent plus active la circulation du sang.

755. *Pourquoi* FROTTE-*t-on,* MASSE-*t-on, ou* FRAPPE-*t-on le corps des noyés?* — Pour aider au retour de la chaleur animale et de la circulation du sang.

756. *Comment expliquez-vous que deux morceaux de glace* FONDENT *quand on les fait frotter l'un contre*

16.

l'autre? — Le frottement de deux morceaux de glace, comme tous les frottements, dégage de la chaleur, et la chaleur fait fondre la glace.

Partout où il y a frottement, grippement, percussion, etc., il y a de la force mécanique dépensée, et la force mécanique dépensée, dissimulée, mais non anéantie, reparait sous forme de chaleur sensible, ou se convertit en chaleur. Prenez une petite bande de caoutchouc, tenez-la par ses deux extrémités sans la tendre appliquez son milieu contre les lèvres, vous la trouverez froide ou fraîche. Éloignez-la, tendez-la en écartant avec force les deux extrémités, rapprochez-la des lèvres, vous la trouverez chaude relativement; la force, dépensée dans la traction a fait naître de la chaleur. Laissez-la revenir à son état primitif, appliquez-la une troisième fois contre les lèvres, vous constaterez qu'elle est redevenue froide.

757. *Est-il vrai que par de* GRANDS VENTS *et un* TEMPS TRÈS-SEC *le feu puisse prendre aux arbres d'une forêt?*—
—Nous ne le pensons pas ; mais, si le fait était vrai, on pourrait essayer de l'expliquer par la chaleur dégagée dans le frottement des branches des arbres les unes contre les autres, sous l'action d'un vent violent.

758. *Pourquoi l'action de la* VRILLE, *du* FORET, *de la* SCIE, *de la* LIME, *du* MARTEAU, *etc.,* ÉCHAUFFE-*t-elle les corps sur lesquels elle s'exerce, et d'autant plus qu'elle est plus intense?* — Toujours par la même raison ; parce que cette action est un frottement, et qu'elle est accompagnée d'une dépense plus ou moins considérable de force mécanique convertie en chaleur.

759. *Lorsqu'on* FORE *un canon, pourquoi la tarière s'échauffe-t-elle au point de brûler la main qui la toucherait?* — Parce que, dans le forage du canon, il y a frottement énergique et disparition considérable de force mécanique avec conversion en chaleur.

760. *Pourquoi les* BOULETS *de canon s'*ÉCHAUFFENT-*ils quand on les* LANCE? — Par la compression des gaz subitement dégagés ; par le frottement contre les parois du canon et contre l'air.

761. *Pourra-t-on* UTILISER *le* FROTTEMENT *pour engendrer de la* CHALEUR *et même* DE LA VAPEUR? — Oui ; dans le THERMO-GÉNÉRATEUR de MM. Beaumont et Mayer, le frottement d'un cône en bois, recouvert de filasse lubrifiée, contre les parois d'une surface conique de métal entourée d'eau, dégage assez de chaleur pour vaporiser l'eau, de manière à satisfaire aux besoins des diverses industries qui exigent une température élevée. Quatre-vingts pour cent de la force mécanique employée à faire tourner le cône en bois sont convertis en chaleur, de sorte que l'effet utile de la machine est très-considérable.

SECTION III. — COMPRESSION ET CONDENSATION.

762. *Qu'est-ce que la* COMPRESSION? — La réduction à un volume moindre par des moyens *mécaniques.*

763. *Qu'est-ce que la* CONDENSATION? — La réduction à un volume moindre *sans* moyens mécaniques.

La réduction de volume par une force *externe* reçoit généralement le nom de COMPRESSION ; la réduction de volume par une force *interne* (comme le refroidissement) s'appelle CONDENSATION.

764. *Donnez un* EXEMPLE *de* COMPRESSION. — Les parties inférieures d'un édifice sont *comprimées* par le poids des parties supérieures : il en résulte une diminution de hauteur qui est connue sous le nom de *tassement*, et qui est très-visible dans les *voûtes*.

765. *Donnez un exemple de* CONDENSATION. — Si, après que dans un encrier-pompe on a amené l'encre à effleurer les bords de l'entonnoir, la température de l'appartement vient à baisser suffisamment, le niveau de l'encre baissera, et l'encre même pourra ne plus être accessible dans l'entonnoir, parce que l'air refroidi du corps de pompe s'est condensé et occupe un espace moindre.

766. *Quel est l'*EFFET *immédiat résultant de la* COMPRESSION ? — Un dégagement de chaleur d'autant plus grand, que la compression est plus grande, et qui est la conséquence de la force mécanique dépensée pour l'opérer.

767. *Citez une expérience qui* METTE CETTE VÉRITÉ EN ÉVIDENCE. — On prend un cylindre de verre bien calibré, et un piston qui s'adapte parfaitement au cylindre ; on met un morceau d'amadou au fond du cylindre, ou mieux dans la base creusée du piston ; on engage le piston dans le cylindre, et, en le poussant vivement, on le fait descendre jusqu'au fond ; l'air contenu dans le cylindre est violemment comprimé et dégage assez de chaleur pour allumer l'amadou. L'appareil, tel qu'on vient de le décrire, s'appelle *briquet à air*.

768. *Si l'on* TRITURE *rapidement dans un mortier un*

mélange de SOUFRE *et de* CHLORATE DE POTASSE, *pourquoi ce mélange produit-il des* DÉTONATIONS *successives ?* — Parce que : 1° l'action du pilon mêle intimement les deux substances, et en fait une véritable poudre détonante ; 2° parce que la chaleur née du frottement suffit à faire détoner la poudre ainsi formée sur place.

769. *Pourquoi les* POUDRES *détonantes s'*EMBRASENT-*elles par la trituration ou par la percussion ?* — Parce que : 1° la percussion, la compression ou le frottement, en rendant plus intime le contact des molécules des diverses substances qui entrent dans la composition de la poudre, détermine leurs réactions et leurs décompositions mutuelles ; 2° que ces réactions et ces décompositions sont en outre aidées par la chaleur que la percussion ou le frottement font naître. Certaines poudres détonantes, comme l'iodure d'azote, sont des combinaisons tellement instables, que le plus petit frottement, même sans chaleur sensible dégagée, suffit à leur faire faire explosion.

770. *Pourquoi le* PASSAGE *d'un corps de l'*ÉTAT. LIQUIDE *à l'*ÉTAT SOLIDE *est-il toujours accompagné de chaleur ?* — Parce que le calorique à l'état latent ou dissimulé, lorsqu'il était employé à maintenir à une distance plus grande les molécules du liquide, devient libre ou sensible, lorsque, le corps ayant passé à l'état solide, il n'y a plus d'écartement plus grand à maintenir.

771. *Pourquoi, quand dans le* BRIQUET A AIR *on remplace l'air par de l'*OXYGÈNE, *voit-on un* JET DE LUMIÈRE ILLUMINER *le fond du cylindre au moment de la* COMPRESSION ? — Probablement parce qu'au contact de l'oxygène très-comprimé et élevé à une haute température par la compression, les huiles ou matières grasses dont le piston est imbibé prennent feu ou s'allument.

772. *Est-il vrai qu'en exerçant à la surface de l'eau* un CHOC BRUSQUE *ou* VIOLENT, *on en fasse jaillir de la lumière?* — Comme l'eau est incompressible, elle fait, lorsqu'on la frappe vivement et violemment, l'effet d'un corps très-dur ; elle éteint dans un instant très-court la force mécanique qui a produit le choc, avec dégagement d'une grande chaleur; cette chaleur, à son tour, peut engendrer de la lumière ou devenir lumineuse. Le fait de la lumière, née de l'eau frappée, n'est cependant rien moins que certain.

CHAPITRE V

QUESTIONS DIVERSES

773. *Pourquoi la* VAPEUR *qui s'échappe par la soupape d'une chaudière à haute pression est-elle à peine* TIÈDE *à quelque distance de l'ouverture, tandis que, à la même distance, un jet de vapeur d'une machine à* BASSE *pression est encore brûlant?* — Parce que, 1° la vapeur surchauffée, ou à haute pression, est moins dense et cède moins facilement sa chaleur; 2° la vapeur ordinaire, saturée ou à basse pression, est beaucoup plus dense et cède plus facilement la chaleur qu'elle contient. La première vapeur est bleuâtre et participe de la nature des gaz; la seconde est blanchâtre, et contient beaucoup d'eau à une température élevée; on comprend dès lors qu'elle brûle davantage.

774. *Pourquoi la* CHALEUR *du feu ou du soleil fait-elle* COURBER *une feuille de* PAPIER? — Parce que 1° la chaleur, *en desséchant le côté exposé au feu* ou au *soleil,* le force à se contracter; 2° le côté séché, devant avoir une surface moindre, doit devenir concave ou enveloppé, tandis que le coté non chauffé devient convexe ou enveloppant.

775. *Pourquoi le* PAPIER *que la chaleur a courbé se* REDRESSE-*t-il de nouveau lorsqu'on l'a retiré du feu?* — Parce que la surface sèche reprend l'humidité qu'elle avait perdue et revient à son étendue primitive.

776. *Pourquoi, en humectant un des côtés de la feuille de papier, la fait-on se courber?* — Parce que 1° le côté mouillé se dilate; 2° le côté mouillé, devant avoir une surface plus grande, doit devenir convexe ou enveloppant, tandis que le côté sec devient concave ou enveloppé.

777. *Pourquoi l'humidité produit-elle, au sens près de la courbure, le même effet que la chaleur?* — Parce que l'humidité, comme la chaleur ou la sécheresse, détermine une inégalité d'étendue entre les deux surfaces, et que cette *inégalité d'étendue* entre les deux surfaces détermine la COURBURE de la feuille.

778. *A-t-on tiré quelque parti utile de ces* COURBURES *par* INÉGALITÉ *de* CONTRACTION *et de* DILATATION? — Oui, M. Bréguet a fait une curieuse et utile application de ces inégalités de contraction ou de dilatation dans la construction du thermomètre métallique qui porte

son nom. Il roule en hélice un ruban ou lame formée
de trois couches superposées, argent à l'intérieur, or
au milieu, platine à l'extérieur; la couche d'or sert à
souder les deux autres. L'argent se dilate et se contracte
beaucoup plus que le platine; si donc la température s'é-
lève, la surface intérieure sera plus grande, l'hélice se
détordra, l'aiguille qu'elle porte à son extrémité marchera de gauche à droite; si, au contraire, la température
baisse, la surface extérieure sera plus grande, l'hélice
se tordra, l'aiguille qu'elle porte marchera de droite
à gauche; l'hélice indiquera donc et mesurera les variations de température.

779. *Pourquoi fait-on* FRISER *une bande de* PAPIER *en
la* GRATTANT *avec un couteau?* — Parce que le couteau,
comprimant et chauffant le côté du papier sur lequel
il agit, le force à se contracter, et par conséquent à se
courber.

780. *Pourquoi le* BOIS *se courbe-t-il du côté exposé
au* SOLEIL? — Par la même raison que le papier. C'est à
l'aide du feu ou de la chaleur qu'on fait courber les
douves de tonneaux, les brancards de cabriolet, les
manches de charrue, les balustres d'un escalier, les ais
des toits, les membrures des vaisseaux, etc. C'est aussi
à l'aide de la chaleur appliquée en sens contraire qu'on
redresse les bois courbés.

781. *Pourquoi réussit-on à faire* FRISER *ou* BOUCLER
LES CHEVEUX *à l'aide d'un* FER CHAUD? — Parce que la
chaleur, en desséchant le côté de la mèche de cheveux
que le fer touche, la force à se contracter; la mèche
de cheveux alors se contourne comme le papier et le
bois dont il a été question plus haut.

DEUXIÈME PARTIE

MÉTÉOROLOGIE

CHAPITRE PREMIER

PRESSION DE L'AIR

SECTION I. — POMPES ET AÉROSTATS.

782. *A quelle* HAUTEUR *s'étend* L'AIR ATMOSPHÉRIQUE *au-dessus de la surface de la terre?* — L'air forme autour de la terre une couche d'environ 80 kilomètres d'épaisseur. La composition chimique de l'air reste la même à toutes les hauteurs, c'est-à-dire qu'il renferme les mêmes proportions d'oxygène, d'azote et d'acide carbonique; mais sa densité est d'autant plus petite et sa pression d'autant plus faible, qu'on s'élève à une plus grande hauteur.

17

783. *Pourquoi la densité et la pression des couches* INFÉRIEURES *de l'air sont-elles plus grandes que celles des couches supérieures?* — Parce qu'elles supportent le poids des *couches supérieures*, elles sont donc plus condensées et plus tendues.

784. *Quelle est la cause de l'*ASCENSION *des* AÉROSTATS? — La différence entre le poids de l'aérostat rempli d'un gaz plus léger et du volume d'air plus lourd qu'il déplace. Si le ballon en s'élevant arrive à une couche d'air plus léger, de sorte que son poids soit égal à celui de l'air déplacé, il cessera de monter.

785. *Quelle est la* VALEUR *ou l'*EXPRESSION NUMÉRIQUE *de la* PRESSION ATMOSPHÉRIQUE? — La pression exercée par la colonne atmosphérique sur une surface d'un centimètre carré est à très-peu près égale à celle que ferait naître un poids d'un kilogramme placé sur cette même surface.

Comme la surface du corps humain est d'environ 12 000 centimètres carrés, la pression de l'air sur le corps d'un homme est de plus de 12 000 kilogrammes. C'est effrayant au premier abord; mais l'intérieur du corps est en même temps que l'extérieur accessible à l'air, qui y exerce la même pression; la pression extérieure est donc combattue et équilibrée par la pression intérieure, de sorte que nous n'avons nullement la sensation de ce poids de 12 000 kilogrammes qui semblait devoir nous écraser. Une bulle de savon supporte aussi une pression ou un poids relativement énorme et proportionnel à sa surface; mais le gaz ou l'air qu'elle renferme dans son sein est à la même tension que l'air extérieur, et contre-balance sa pression, de sorte que la bulle n'est pas écrasée.

786. *Quel est l'*AGENT *qui fait* MONTER *l'eau dans les pompes ordinaires?* — La pression atmosphérique. En faisant mouvoir le balancier de la pompe, on soulève le piston; en soulevant le piston; on augmente l'espace compris entre sa base et la surface de l'eau; l'air intérieur se dilate pour remplir l'espace devenu libre; en se dilatant, il diminue de densité et de tension, il presse moins à la surface de l'eau; l'air extérieur, qui a conservé sa tension première, exerce donc une pression plus grande sur cette même surface de l'eau, et la fait monter à une certaine hauteur, jusqu'à ce que le poids de l'eau, s'ajoutant à la pression de l'air intérieur, fasse équilibre à la pression extérieure.

Si l'on prend un tube en **U** à moitié plein de mercure, et si l'on fait peser sur les deux surfaces liquides des poids égaux, le mercure restera en équilibre; mais, si l'on enlève *un des poids*, le mercure montera dans la branche d'où le poids aura été enlevé. L'air, par rapport aux pompes, peut être comparé à ces deux poids, car l'air dilaté par le soulèvement du piston équivaut à un air plus léger, et l'air extérieur, comparable à un air plus lourd, fait monter l'eau dans le corps de pompe.

787. *A quelle* HAUTEUR *la pression atmosphérique peut-elle faire* MONTER *l'eau du puits dans la pompe.'—* Théoriquement, et si en soulevant le piston on faisait un vide parfait, l'eau monterait à $10^m,30$; car la pression de la colonne atmosphérique est égale à celle qu'exercerait le poids d'une colonne d'eau de $10^m,30$ de hauteur. Dans la pratique, on ne donne jamais au tube d'aspiration une longueur de plus de 8 mètres. Nous disons tube d'aspiration, car, pour ne pas avoir à faire monter un piston à une hauteur de 8 mètres, ce qui serait impraticable, on fait le vide dans un corps de pompe installé au sommet d'un tube qui descend jusqu'au fond du réservoir d'eau; et qu'on nomme tube d'aspiration.

La pompe ordinaire dont il a été question jusqu'ici est la pompe simplement aspirante.

788. *Comment fait-on monter l'eau dans un puits à*

PLUS *de dix mètres de* HAUTEUR?— A l'aide d'une pompe à la fois aspirante et foulante. Au bas du corps de pompe, ou au sommet du tuyau d'aspiration, se trouve une soupape s'ouvrant de bas en haut et retombant par son propre poids; quand on fait monter le piston, l'eau s'élève dans le tuyau d'aspiration, soulève la soupape, entre dans le corps de pompe, et la soupape se ferme : jusqu'ici la pompe a fonctionné comme une simple pompe aspirante. Mais le piston est en outre creux, et sa base est munie d'une soupape s'ouvrant aussi de bas en haut; quand donc on descendra le piston, l'eau, déjà arrivée dans le corps de pompe, soulèvera la seconde soupape, entrera dans le piston, viendra au-dessus de sa surface supérieure; en même temps la seconde soupape se fermera. Si on soulève de nouveau le piston, il emportera avec lui l'eau qui le couvre et la fera monter à une nouvelle hauteur égale à celle dont il s'élève lui-même. En ajoutant au mécanisme que nous venons de décrire des réservoirs d'air convenablement disposés, on rend l'élévation de l'eau continue, d'intermittente qu'elle était; et, comme dans les pompes à incendie, on peut l'élever à de très-grandes hauteurs.

789. *Qu'est-ce qu'un* SIPHON? — Un tube recourbé en verre ou en métal, dont l'une des branches est plus courte que l'autre et qui sert à transvaser les liquides, à les faire passer par un mouvement continu d'un vase plus élevé ou supérieur dans un vase plus bas ou inférieur.

790. *Expliquez le* MÉCANISME *du* SIPHON? — On le remplit du liquide qu'il s'agit de transvaser, et, fer-

mant avec les doigts ses deux orifices, on fait plonger
l'orifice de la petite branche dans le liquide que contient le vase supérieur, en même temps que l'ouverture de la grande branche débouche au-dessus du
vase inférieur; l'écoulement du liquide du vase supérieur dans le vase inférieur commence alors, et se continuera tant que l'ouverture de la petite branche plon-
gera dans le liquide du vase inférieur.

791. *Pourquoi le liquide s'écoulera-t-il du vase supérieur dans le vase inférieur?* — Parce que la pression
atmosphérique est plus grande à l'orifice de la petite
branche qu'à l'orifice de la grande. En effet, la pression à l'orifice inférieur ou de la grande branche est
combattue et amoindrie par le poids de la colonne de
liquide comprise entre les niveaux des deux orifices.

792. *Pourquoi les* AÉRONAUTES *ressentent-ils des* DOU-
LEURS *aux yeux, aux oreilles et à la poitrine, surtout si
leur ballon a monté rapidement à une grande hauteur?*
— Parce que l'air des régions supérieures de l'atmosphère est *plus raréfié*, dans les premiers instants du
moins, que l'air des poumons et des conduits de l'organisme; il y a donc à l'intérieur un excès de pression
qui pousse les liquides du corps vers la surface, avec
tendance à la congestion et douleur.

793. *Pourquoi les personnes qui descendent dans
une* CLOCHE *a* PLONGEUR *ressentent-elles des* DOULEURS *aux
yeux, aux oreilles et à la poitrine?* — Parce que l'air
d'une cloche de plongeur, *comprimé* par le poids de la
colonne d'eau, est plus dense que l'air des poumons et
des conduits de l'organisme; la pression est donc plus

grande à l'extérieur qu'à l'intérieur, les liquides sont refoulés vers les organes intérieurs.

794. *Pourquoi les* PLONGEURS *sont-ils souvent* SOURDS ? — Parce que la pression sur le tympan de leurs oreilles est si forte, qu'elle *rompt* cette *membrane* ou la rend insensible ; ce qui cause alors la *surdité.*

795. *Pourquoi la* RESPIRATION *est-elle souvent très-difficile et pénible sur le sommet d'une* MONTAGNE *très-elevée ?* — Parce que l'air est si *raréfié*, que nous avons grand'peine à en *inspirer* une quantité suffisante pour les besoins de la vie.

796. *Pourquoi nous sentons-nous* ACCABLÉS *quelque-fois à l'approche d'un* ORAGE ? — Parce que l'air *se* raréfie *subitement.* C'est en partie la diminution de la pression de l'air qui produit l'*accablement* à l'approche d'un orage. (*Voyez n°* 68.)

797. *Comment peut-on savoir que la* PRESSION *de l'air* DIMINUE *à l'approche d'un* ORAGE ? — Parce que le *mer-cure du baromètre* baisse alors considérablement.

798. *Pourquoi les* CORS *aux pieds font-ils* SOUFFRIR *à l'approche d'un* ORAGE *ou de la pluie?* — Parce que l'air *raréfié* ou humide cause une dilatation correspondante dans les tissus des pieds ; comme le *cor*, sub-stance *dure*, ne peut pas se dilater autant que les par-ties environnantes qui sont *plus molles*, les fibrilles des nerfs en sont irritées et font souffrir.

799. *Pourquoi les* CAVES *et les* CELLIERS *sont-ils* CHAUDS *en hiver et* FROIDS *en été?* — Parce que les lieux sou-terrains sont à l'abri des influences dont dépendent

les élévations et les abaissements de température, et
que l'air s'y renouvelle difficilement. Les caves et les
celliers restent à peu près à une *température constante*,
qui est d'environ 8 ou 10 degrés plus chaude en hiver
et plus froide en été que celle du grand air.

A Paris, dans les caves de l'Observatoire, qui sont à 28 mètres de profondeur, la température reste constamment à 11 degrés; mais, même à
une profondeur de 24 mètres, la différence des saisons, dans nos climats,
devient insensible.

SECTION II. — BAROMÈTRE ET THERMOMÈTRE.

800. *Qu'est-ce que le* BAROMÈTRE? — Un instrument
servant à faire connaître la *pesanteur de l'air.* -

Le mot *baromètre* se compose de deux mots grecs βάρος-μέτρον (*mesure de la pesanteur*).

Cet instrument fut inventé, en 1643, par Toricelli, élève de Galilée.

801. *Qu'est-ce que le* THERMOMÈTRE? — Un instrument servant à faire connaître les différents degrés de
chaud et de *froid.*

Le mot *thermomètre* se compose de deux mots grecs θέρμης-μέτρον
(*mesure de la chaleur*).

Le thermomètre fut inventé, en 1620, par Corneille Van Drebbel, paysan
hollandais.

802. *Quelle est la différence entre le thermomètre*
CENTIGRADE *et le thermomètre de* FAHRENHEIT? — Dans le
thermomètre centigrade, usité en France, l'échelle est
divisée en 100 degrés, de 0 (*zéro*), correspondant à la
température de la glace fondante, à 100°, qui correspondent à celle de l'eau bouillante. Le thermomètre de
Fahrenheit, usité en Angleterre et en Allemagne, marque 52° degrés à la glace fondante, et 212° à l'ébullition.

Pour avoir le nombre F de degrés Fahrenheit qui correspond au nombre C de degrés centigrade, il faut multiplier C par $\frac{9}{5}$, et ajouter 32.

Pour avoir le nombre C de degrés centigrade qui correspond au nombre F de degrés Fahrenheit, il faut retrancher 32 de F et multiplier le résultat de la soustraction par $\frac{5}{9}$; c'est-à-dire qu'on a les deux formules :

$$F = \tfrac{9}{5}\,C + 32 \qquad C = \tfrac{5}{9}\,(F - 32).$$

803. *Définissez nettement la différence entre le* BARO-MÈTRE *et le* THERMOMÈTRE? — Le baromètre sert à mesurer la pression atmosphérique ou la pesanteur de l'air; le thermomètre sert à mesurer la température, la chaleur ou le froid de l'atmosphère. Le baromètre est essentiellement un tube ouvert par en bas, fermé par en haut, et dans lequel on a fait le vide avant d'y introduire le mercure. Le thermomètre est un tube fermé par le bas, fermé en général par le haut, mais qui pourrait être ouvert. Le tube en verre du baromètre est d'un assez grand diamètre; le tube du thermomètre est d'un diamètre très-petit, le plus souvent capillaire, quoiqu'on le fasse quelquefois assez gros, surtout quand le liquide employé est de l'alcool. Le liquide dans le baromètre monte ou descend sous l'action de l'air extérieur qui le presse plus ou moins; le liquide du thermomètre monte ou descend par l'effet d'une dilatation ou d'une contraction intérieure produite par l'échauffement ou le refroidissement.

804. *Comment la* CHALEUR *ou le* FROID *agissent-ils sur le* LIQUIDE *du thermomètre, quoiqu'il ne soit pas en* CON-TACT IMMÉDIAT *avec l'air?* — La chaleur et le froid agissent à travers le verre qui, quoique conducteur imparfait, s'échauffe cependant ou se refroidit, et transmet au liquide ses variations de température.

805. *Pourquoi le tube du* BAROMÈTRE *est-il* OUVERT PAR LE BAS? — Afin que l'air puisse *presser* sur la surface découverte du mercure, qui s'élève et s'abaisse, selon que cette pression augmente ou diminue.

806. *Pour quels usages pratiques se sert-on du* BA-ROMÈTRE ? — 1° Pour déterminer la *hauteur des monta-gnes* ; — 2° pour prévoir les *changements de temps.*

807. *Comment peut-on déterminer la* HAUTEUR *d'une* MONTAGNE *à l'aide du* BAROMÈTRE ? — Puisque la pression atmosphérique *diminue* à mesure que l'on s'élève dans l'atmosphère, la hauteur de la colonne barométrique *diminuera aussi,* et *d'autant plus* que l'on sera *monté plus haut.* Il y a ainsi un rapport direct entre la hauteur de la colonne barométrique et l'élévation au-dessus de la mer du lieu où l'on observe ; de la hauteur observée, on pourra donc déduire la hauteur du lieu de l'observation , ou l'altitude.

808. *Existe-t-il un* RAPPORT SIMPLE *entre la hauteur barométrique et l'*ALTITUDE *du lieu d'observation?* — Si la densité de l'air restait la même dans toutes les couches de l'atmosphère, le rapport simple existerait, un abaissement d'un millimètre de la colonne barométrique correspondrait à un accroissement d'altitude de $10^{mm},446$; mais, comme la densité de l'air varie, et varie suivant une loi assez complexe, ce n'est qu'au moyen d'une formule, où de tables calculées d'avance, . qu'on peut déduire l'altitude de la hauteur barométrique observée.

809. *Quelle est la hauteur* MOYENNE *du baromètre au* NIVEAU DE LA MER *et à* PARIS ? — Au niveau de la mer, la hauteur barométrique moyenne est de 760 millimètres; à Paris, dont l'altitude ou l'élévation au-dessus du ni-

veau de la mer est de 60 mètres, la hauteur barométrique moyenne est de 756 millimètres.

810. *La hauteur de la colonne barométrique est-elle
toujours* LA MÊME EN UN MÊME LIEU? — Non : elle varie
entre des limites assez grandes, de 720 à 790 millimètres, par exemple, à Paris, de sorte que l'excursion
du sommet de la colonne est de 70 millimètres, quantité considérable. Mais la pression moyenne, en un
même lieu, telle qu'on la déduirait, par exemple, de
dix années d'observation, est à peu près invariable

811. *Existe-t-il réellement quelque rapport entre la
hauteur barométrique et le* TEMPS QU'IL FAIT, *beau ou
mauvais, serein ou nuageux, sec ou humide, calme ou
agité par le vent?* — Oui : mais cette relation n'est ni
constante, ni précise, ni certaine. Les moyennes d'un
grand nombre d'observations ou d'un grand nombre
de rapprochements établis entre la hauteur du baromètre et l'état actuel du temps, ont fait reconnaître
qu'on pouvait, avec quelque probabilité, prévoir le
temps, à l'aide du baromètre, et écrire sur cet instrument, à côté des diverses divisions ou hauteurs de la
colonne barométrique, le temps probable qu'il fera,
dans l'ordre suivant, en supposant que l'observateur
est au niveau des mers, ou en un lieu qui, comme
Paris, est peu élevé au-dessus de ce niveau :

0,730	tempête.
0,740	grande pluie.
0,750	pluie ou vent.
0,759	variable.
0,767	beau temps.
0,775	beau fixe.
0,785	très-sec.

812. *Quelles sont les* CAUSES *qui font* VARIER *la* PRES-

sion *atmosphérique, et par conséquent la hauteur baro-*
métrique? — L'humidité ou la quantité de vapeurs
aqueuses de l'air, le vent et l'électricité atmosphérique.

813. *Quel est l'effet de l'*humidité? — Quoique la
vapeur aqueuse soit plus légère que l'air, par cela
même qu'elle vient s'ajouter à la colonne atmosphérique, son premier effet doit être d'augmenter la pression de l'air et de faire monter le mercure dans le
baromètre. Mais la vapeur aqueuse, en augmentant la
tension élastique de l'air, le forcera à se mettre en
mouvement, à se déverser, en quelque sorte, à droite
et à gauche, et il en résultera, comme second effet,
une diminution de pression dans le lieu donné, un
abaissement de mercure dans le tube du baromètre.

814. *Quel est l'*effet *du vent sur la hauteur baromé-*
trique? — Il la diminue en général, et d'autant plus,
toutes choses égales d'ailleurs, qu'il est plus violent.
On comprend, en effet, qu'un courant d'air passant sur
le lieu de l'observation suspende l'action ou le poids
des couches d'air situées au-dessus, et diminue par
conséquent le poids total ou la pression de l'atmosphère. On peut donc affirmer que souvent les variations de l'intensité et de la vitesse du vent sont accom-
pagnées de variations en sens opposés de la pression
atmosphérique. Si, par un temps calme, le baromètre
est haut, c'est qu'il n'y a pas de vent violent dans les
régions supérieures de l'atmosphère; si, au contraire,
il est bas, c'est qu'il règne dans les régions supérieures
un vent plus ou moins intense, qui pourra descendre,
après un temps plus ou moins long, et arriver à se

faire sentir dans les régions basses ou au lieu de l'observation.

815. *Quel est l'*EFFET *de l'*ÉLECTRICITÉ *sur la pression
atmosphérique?* — L'électricité, en faisant naître une
répulsion entre les molécules de l'atmosphère, tend à
lui faire occuper un plus grand volume et à le rendre
moins pesant; elle diminuera donc la pression barométrique, et le mercure descendra dans le baromètre.
La terre, en outre, est dans un état constant d'électricité négative; si donc l'air est électrisé positivement,
il y aura attraction entre la terre et l'air, et cette attraction contribuera à augmenter la pression barométrique; si, au contraire, l'air est électrisé négativement, il y aura répulsion et diminution de pression.
Donc, en général, si l'atmosphère est électrisé positivement, le baromètre sera haut; s'il est électrisé négativement, il sera bas.

816. *L'*HUMIDITÉ *plus ou moins grande de l'air, sa*
TEMPÉRATURE *plus ou moins élevée, la* DIRECTION *des vents,
ne sont donc pas les seules* CAUSES DIRECTES *et* IMMÉDIATES *des
variations barométriques?* — Non : le baromètre peut
être beaucoup plus haut par un temps plus humide
que par un temps relativement sec; la température
restant la même, le baromètre peut monter ou descendre considérablement; il est des lieux où la direction du vent n'a aucune influence sur la hauteur barométrique moyenne.

817. *Énoncez les* PRONOSTICS *un peu sûrs que l'on
peut déduire de l'observation du* BAROMÈTRE *relativement*

au temps ou aux divers ÉTATS *de l'atmosphère.* — Voici
ces divers pronostics :

1° *Beau. temps.* Si le mercure monte beaucoup,
mais lentement, le beau temps sera de longue durée ;
s'il monte, au contraire, très-rapidement, le beau temps
sera de courte durée.

2° *Pluie.* Si le mercure descend beaucoup, c'est en
général signe de pluie ; elle sera de courte durée ou
de longue durée, suivant que le mercure est descendu
rapidement ou lentement.

5° *Vent.* La dépression de la colonne barométrique
annonce, en général, du vent, et un vent violent, une
tempête si la dépression est très-grande.

4° *Orage.* Les oscillations de la colonne barométrique, qui monte et descend tour à tour, annoncent l'approche de l'orage ; il sera violent si, dans ses oscillations, la colonne descend beaucoup ; l'orage touche à
sa fin quand elle remonte précipitamment.

5° *Neige.* La neige est ordinairement précédée d'une
grande dépression de la colonne barométrique.

6° *Gelée.* Elle est annoncée assez généralement par
l'ascension du mercure.

7° *Dégel.* Un peu avant le dégel le mercure descend.

818. *Les* AMPLITUDES *ou longueurs d'excursion des
variations accidentelles du baromètre sont-elles les* MÊMES
dans tous les CLIMATS? — Non; près de l'équateur les
variations accidentelles sont très-petites; dans les zones
tempérées, dans nos climats, par exemple, elles sont
très-irrégulières et très-grandes, puisqu'elles atteignent 70 millimètres; dans les régions polaires, elles
sont plus grandes encore, les excursions sont de 100

millimètres, et la colonne barométrique y est presque toujours en mouvement, sans doute à cause de l'effet électrique variable de l'atmosphère.

Il a été démontré récemment que la hauteur moyenne du baromètre au niveau de la mer n'était pas la même à toutes les latitudes ou le long d'un même méridien; elle augmente depuis l'équateur jusque vers le 30ᵉ degré de latitude, diminue du 30ᵉ au 64ᵉ degré et augmente ensuite jusqu'aux pôles.

819. *En outre des variations* ACCIDENTELLES *dont il vient d'être question existe-t-il des* VARIATIONS RÉGULIÈRES DIURNES *ou périodiques?* — Oui; l'observation a prouvé que le baromètre monte et descend régulièrement chaque jour et deux fois par jour. Il monte d'abord à sa plus grande hauteur ou son premier maximum de 9 à 10 heures du matin; descend ensuite et atteint sa plus petite hauteur ou son premier minimum entre 3 et 5 heures du soir; il remonte au second maximum entre 10 et 11 heures du soir, et revient au second minimum entre 3 et 4 heures du matin. Il y a donc chaque jour deux sortes de marées atmosphériques mises en évidence par l'élévation ou l'abaissement du mercure dans le baromètre; près de l'équateur ces marées sont plus régulières, et l'étendue ou l'amplitude des oscillations diurnes est plus grande. Cette amplitude va en diminuant à mesure qu'on s'éloigne de l'équateur ou du tropique jusqu'au 54ᵉ degré de latitude où elle disparait, masquée sans doute par la grandeur, l'irrégularité et l'étendue des variations accidentelles.

L'observation a prouvé encore que l'amplitude

moyenne des variations diurnes diminue du solstice
d'été au solstice d'hiver, et augmente du solstice d'hiver au solstice d'été; qu'elle diminue encore quand
on s'élève dans l'atmosphère; de sorte que la latitude
et la température du lieu d'observation exercent une
influence sensible sur les variations diurnes du baromètre.

820. *Comment peut-on* s'assurer *que le mercure*
monte *ou* descend *dans le tube barométrique?*—Quand le
mercure monte, la courbure, la convexité de la surface
limite de la colonne ou la hauteur du ménisque est
plus grande que lorsqu'il est stationnaire; la convexité
ou la hauteur du ménisque sont au contraire plus
petites quand le mercure descend. Mais, quand le
baromètre est bon, ces différences ne peuvent être
perçues que par un œil très-exercé. Un moyen plus
sûr consiste à frapper sur le tube du baromètre; on
verra alors le mercure faire un saut brusque, s'élever
ou s'abaisser d'une quantité sensible suivant qu'il
montait ou qu'il descendait. En général on ne doit
jamais faire une observation barométrique sans avoir
frappé sur la colonne ou tube de verre, pour vaincre la
paresse du mercure causée par son adhérence au verre,
et le faire arriver tout d'un coup à sa véritable hauteur.

821. *Quelle* relation *existe-t-il entre la* température
de l'air, ou les indications du thermomètre *et l'*orage?—
Avant l'orage l'air est en général très-chaud et très-
lourd, le thermomètre s'élève rapidement. Après l'o-
rage l'air se refroidit et le thermomètre descend.

822. *Qu'indiquent les* variations *subites de* tempéra-

TURE *de l'air ou des indications du* THERMOMÈTRE? — De la pluie qui survient en général dans les vingt-quatre heures.

823. *Pourquoi* PLEUVRA-*t-il si l'air se* REFROIDIT SUBI- ·TEMENT? — Parce que le refroidissement condense les vapeurs que l'air d'abord chaud renfermait en grande quantité.

824. *Pourquoi pleuvra-t-il si l'air s'*ÉCHAUFFE *subitement pendant le jour?* — Parce que l'air chaud se saturera promptement de vapeurs que la fraicheur de la nuit condensera et fera retomber en pluie.

825. *Pourquoi l'*ÉLÉVATION *de* TEMPÉRATURE *fait-elle que l'air soit beaucoup plus* HUMIDE *ou plus* SATURÉ *de* VAPEUR? — Parce que, d'une part, elle hâte l'évapora-·tion, parce que, de l'autre, l'air dissout d'autant plus de vapeur avant de se saturer qu'il est plus chaud. Aussi, en général, l'air est-il plus humide de mars en août, où la température va en augmentant, que d'août en mars, où elle va en diminuant.

SECTION III. — VENT.

826. *Qu'est-ce que le* VENT? — Un courant d'air établi au sein de l'atmosphère dans une direction déterminée, et avec une certaine vitesse.

827. *Quelles sont les* CAUSES *qui* DONNENT NAISSANCE *à ces courants d'air ou aux vents?* — L'échauffement ou le refroidissement du sol et de l'atmosphère; la condensation des vapeurs tenues en suspension dans l'atmosphère; une impulsion mécanique comme celle produite par les vapeurs élastiques, ou les mouvements de la mer, l'électricité atmosphérique, etc.

828. *Comment l'*ÉCHAUFFEMENT *du sol et de l'atmosphère peut-il* ENGENDRER *du* VENT? — Si la température du sol s'élève sur une certaine étendue, l'air en contact avec lui s'échauffe, se dilate, monte et s'écoule vers les régions plus froides. Il y a donc un premier courant d'air ou vent soufflant de la région chaude vers les régions froides. En second lieu, par cette même dilatation, il s'est formé dans les régions chauffées un vide, que l'air froid des régions voisines vient remplir; il y a donc un second courant d'air du vent soufflant des régions froides vers les régions chaudes.

829. *Comment le* REFROIDISSEMENT *du sol ou de l'atmosphère peut-il* ENGENDRER *du* VENT? — En déterminant la condensation des vapeurs, il fait naître une sorte de vide. L'air des régions voisines vient remplir le vide en donnant naissance à un courant d'air qui souffle des régions plus chaudes vers la région refroidie. Il tombe quelquefois jusqu'à 27 millimètres d'eau en une heure sur une étendue considérable de terrain; or, si on calcule le volume qu'occupait dans l'atmosphère cette grande quantité d'eau à l'état de vapeur, on trouvera que leur condensation a déterminé un vide énorme que l'air environnant devra venir remplir.

830. *Comment l'*ÉLECTRICITÉ *atmosphérique peut-elle* FAIRE NAÎTRE *les* VENTS? — Par son action mécanique d'attraction et de répulsion, capable de déplacer et de

18.

mettre en mouvement de grandes masses d'air; par
les variations de température; par le refroidissement
surtout qu'elle détermine et qui amène la condensation des masses de vapeur ou des nuages (*Voyez* n° 67).

831. *Quelle différence* ESSENTIELLE *existe-t-il entre les*
VENTS *produits par des* VARIATIONS *de* TEMPÉRATURE *et les
vents produits par des* CAUSES MÉCANIQUES? — Les premiers, produits par aspiration, soufflent dans un sens,
de la région froide vers la région chaude, et se propagent, en sens contraire, de la région chaude vers
la région froide. Pour les seconds, produits par impulsion, le souffle et la marche progressive se font
dans le même sens, le sens de l'action de la cause
mécanique.

832. *Quelles sont lés* CAUSES *les plus* FRÉQUENTES *des*
VARIATIONS *de température qui donnent naissance au
vent?* — La succession des jours et des nuits, la succession des saisons, l'électricité atmosphérique, ainsi
qu'on l'a déjà expliqué; les courants d'eau chaude qui
sillonnent les mers, les montagnes de glace, etc., etc.,
la présence contiguë des terres et des mers, des terres
cultivées et des forêts, la présence de nuages dans
l'atmosphère, etc., etc.

833. *Comment la* ROTATION *de la terre sur son* AXE
agit-elle sur l'air atmosphérique? — 1° La terre, en
tournant sur son axe, laisse *un peu en arrière* l'air ambiant, qui, pour les personnes placées à la surface du
globe, semble avancer *dans une direction tout à fait opposée;* — 2° la terre, en tournant, présente diverses
parties de sa surface aux rayons directs du soleil; les

unes s'échauffent pendant que les autres se refroidissent, etc. Le soleil passe tour à tour au méridien des divers lieux; sa marche est sans cesse accompagnée, au-dessous, d'une colonne d'air chaud; en arrière, d'une colonne d'air qui va se refroidissant de plus en plus; en avant d'une colonne d'air qui va s'échauffant de plus en plus. Or ces inégalités de température sont autant de causes de vents.

834. *Comment la* JUXTAPOSITION *des* TERRES *et des* MERS *peut-elle* ENGENDRER *du vent?* — Quand le soleil darde à la fois ses rayons sur la mer et sur la terre, la mer s'échauffe moins que la terre; l'air, au-dessus de la terre, est plus chaud que l'air au-dessus des mers: cette différence fait naturellement naître un vent qui souffle de la mer sur la terre.

835. *Pourquoi la* MER *s'*ÉCHAUFFE-*t-elle* MOINS *que la terre sous l'action des rayons solaires?* — Parce qu'elle est moins dense et toujours agitée; parce que ses eaux se réduisent en vapeur et que la vaporisation est une cause d'abaissement de température.

836. *Comment les* NUAGES *peuvent-ils contribuer à faire* NAÎTRE *le vent?* — En s'interposant entre le ciel et le sol, ils l'empêchent de s'échauffer ou de se refroidir, et font naître, par conséquent, des inégalités de température qui sont des causes de vent.

837. *La* DIRECTION, *la* VITESSE *et la* FORCE *du vent sont-elles variables?* — Elles varient nécessairement avec l'intensité très-variable des causes multiples qui les font naître.

838. *Comment exprime-t-on la direction du vent?*

— On a divisé la circonférence entière de l'horizon en
32 parties, aires ou rhumbs de vent, par 32 rayons
qui forment ce que l'on appelle la *rose des vents*, et
qui ont reçu chacun un nom qui rappelle leur position
relativement aux quatre points cardinaux, *nord*, *est*,
sud, *ouest*, etc. On donne au vent le nom du rayon de
la rose suivant laquelle il souffle; ainsi le vent *nord-
est* est celui qui souffle suivant le quatrième rayon, à
partir du *nord*.

839. *Comment* ÉVALUE-*t-on la* VITESSE DU VENT? —
Par le nombre de mètres qu'il parcourt dans une seconde, nombre qui varie depuis 2 jusqu'à 40 et 50
mètres par seconde.

840. *Comment* ÉVALUE-*t-on la* FORCE *du vent?* — Par
la pression qu'il exerce sur un mètre carré, et qui varie
depuis 0,5 jusqu'à près de 200 kilogrammes.

841. *Indiquez la* VITESSE *et la* FORCE *des principaux
vents?*

Vent faible.	*Vitesse.*	2 mèt.	*Force.*	0,54	kilog.
Vent frais ou brise. . .	—	6	—	4,87	
Bon frais.	—	9	—	10,97	
Grand frais (fait serrer					
les hautes voiles). . —	—	12	—	19,50	
Vent très-fort.	—	15	—	30,47	
Tempête.	—	24	—	54,18	
Ouragan.	—	56	—	176.95	

842. *Le* MÊME VENT *règne-t-il toujours sur toute la
hauteur de l'atmosphère?* — Pas toujours. Ainsi, l'on
voit les nuages rester immobiles ou marcher dans une
direction contraire à celle qu'indique la girouette.

843. *A l'aide de quel* INSTRUMENT *estime ou mesure-*

t-on la DIRECTION, *la* VITESSE *et la* FORCE *du vent?* — A l'aide de l'anémomètre qui comprend : 1° une girouette qui indique la direction du vent; 2° un moulinet à ailettes qui tourne sous l'action du vent, et qui, par le nombre plus ou moins grand de tours qu'il fait dans un temps donné, permet d'évaluer la vitesse et la force du vent.

844. *A quoi* SERVENT *les* VENTS? — 1° Ils sont très-utiles pour établir l'*équilibre de la température*, et pour *purifier l'air ;*—2° ils servent à l'*arrosement* des diverses contrées, en y amenant des nuages et de la pluie; — 5° ils transportent le *pollen des fleurs*, et vont au loin semer naturellement les graines; — 4° on emploie leur force pour conduire les *navires sur la mer*, pour *tourner les ailes des moulins*, etc.

845. *Comment le vent sert-il à* PURIFIER *l'air?* — En *répartissant* dans la masse de l'atmosphère *des exhalaisons* qui ne sont nuisibles que lorsqu'elles restent dans un lieu circonscrit; ainsi il renouvelle l'air des villes, et balaye la fumée et les vapeurs qui s'échappent des usines, etc.

846. *Pourquoi les vents qui soufflent par-dessus les grands* CONTINENTS *sont-ils généralement* SECS, *tandis que ceux qui traversent les grandes* MERS *amènent des* PLUIES? — Parce que les vents qui soufflent par-dessus les *continents* ne se chargent pas de vapeurs, tandis que ceux qui traversent les *mers* sont souvent très-*saturés* de vapeur d'eau.

847. *Pourquoi les* MAINS *se* GERCENT-*t-elles lorsqu'il fait du vent sec ou lorsqu'il gèle?* — Parce que le vent sec et le froid suppriment la transpiration cutanée des mains en agissant, le premier par évaporation, le second par abaissement de température.

SECTION IV. — VENTS RÉGULIERS.

848. *Qu'entend-on par* VENTS RÉGULIERS *ou* PÉRIODI-QUES? — Des vents qui soufflent à des époques, à des jours ou à des heures déterminés, parce qu'ils ont leur cause dans des phénomènes naturels réguliers.

849. *Existe-t-il des vents réguliers ou périodiques?* — Oui; les plus remarquables sont : 1° les vents *alizés*, qui soufflent pendant toute l'année de l'est à l'ouest, dans les régions tropicales; — 2° les *moussons*, qui régnent *chacune* pendant six mois, l'*une* d'avril en octobre, l'*autre* d'octobre en avril dans l'Océan indien; — 3° les *brises*, qui se manifestent seulement près des *côtes*, etc.

§ 1. — Vents alizés.

850. *Dans quelle* DIRECTION *soufflent les* VENTS ALIZÉS? —Les vents alizés soufflent *nord-est* dans l'hémisphère *boréal*, *sud-est* dans l'hémisphère *austral*, et *est* très-près de l'équateur.

851. *Quelle est la* CAUSE *des vents* ALIZÉS ?—La chaleur excessive du sol dans la zone torride, où le soleil tombe à plomb. L'air, violemment échauffé, monte et se déverse vers les pôles nord et sud, en donnant naissance à deux courants supérieurs. En même temps, l'air plus froid vient des pôles pour remplir le vide causé par la dilatation excessive de l'atmosphère à l'équateur, et donne naissance à deux courants d'air inférieurs qui sont les vents alizés.

852. *Si les vents alizés viennent des* PÔLES, *pourquoi ne soufflent-ils pas* DIRECTEMENT NORD *dans l'hémisphère* BORÉAL, SUD *dans l'hémisphère austral, mais bien* NORD-EST *et* SUD-EST? — Parce que le mouvement de rotation de la terre de l'est vers l'ouest modifie la direction des courants d'air froid qui viennent des pôles à l'équateur. La vitesse de rotation de la terre et de l'atmosphère entraîné par elle est moindre aux pôles qu'à l'équateur, l'air froid venu des pôles retarde donc sur l'air des régions tropicales, il fait l'effet, par rapport à cet air tropical, d'un courant soufflant de l'est, et voilà comment la direction définitive des vents alizés est nord-est dans l'hémisphère boréal, sud-est dans l'hémisphère austral.

853. *Les* VENTS *alizés sont donc une* PREUVE *directe du* MOUVEMENT DE ROTATION *de la terre autour de son axe?* — Incontestablement; il est même des physiciens qui voient, dans le mouvement de rotation de la terre, la cause unique ou principale des vents alizés. Il est juste cependant de faire remarquer que la preuve de la rotation de la terre, déduite de l'existence des vents alizés, n'a frappé les esprits que depuis que M. Léon Foucault a prouvé directement cette même rotation, et l'a montrée aux yeux par ses belles expériences du pendule et du gyroscope.

854. *Les vents alizés* SOUFFLENT-*ils pendant toute l'*ANNÉE? — Oui : on les rencontre dès que l'on atteint le parallèle de 50 degrés des deux côtés de l'équateur ; ils approchent d'autant plus de l'est et deviennent d'autant plus faibles, que l'on se rapproche de l'équateur. Dans la bande équatoriale située entre deux degrés de latitude nord et deux degrés de latitude sud, l'air est si chaud et a une puissance ascensionnelle si grande, que les courants horizontaux ou les vents alizés ne peuvent plus se faire sentir ; cette bande a, en conséquence, reçu le nom de *région des calmes* : l'équilibre atmosphérique n'y est troublé que par les ouragans, cyclones ou tornados.

855. *Faites ressortir la* BONTÉ *et la* SAGESSE *du* CRÉATEUR, *par l'existence des vents* ALIZÉS, *ou cet échange continuel d'air entre l'équateur et les pôles.* — Si l'air de la zone torride n'était pas rafraîchi par les courants froids des pôles, la chaleur y serait si grande, que *personne ne pourrait l'endurer.* Au contraire, si l'air des régions polaires n'était pas adouci par les courants chauds de la zone torride, *le froid y serait* beaucoup moins supportable.

856. *De quelle autre manière l'échange d'*AIR *entre l'équateur et les pôles agit-il avantageusement?* — Dans les régions situées vers l'équateur et les tropiques, la végétation très-active et très-abondante produit une grande quantité d'*oxygène ;* dans les régions tempérées ou froides, les *feux*, les hommes et les *animaux* produisent une grande quantité d'*acide carbonique.* Le mélange de ces deux atmosphères conserve à l'air, dans les diverses zones, sa composition normale, celle qui répond le mieux aux besoins de la respiration et de la végétation.

857. *Comment le mélange de l'air des régions chau-des avec celui des régions froides conserve-t-il dans chaque zone sa composition normale?* — La végétation active des régions équatoriales exige beaucoup d'*acide carbonique*. La respiration des *animaux* des régions situées plus près des pôles exige une grande quantité d'*oxygène;* les courants d'air qui soufflent des régions polaires portent l'*acide carbonique aux plantes équato-riales*, tandis que les courants d'air de la zone torride portent l'*oxygène aux animaux* qui abondent dans les régions tempérées.

§ 2. — Moussons.

858. *Qu'appelle-t-on* moussons? — Des vents régu-liers et périodiques qui, sur la mer des Indes ou dans l'océan Indien, soufflent du sud-ouest pendant six mois, du 15 avril au 15 octobre, et du nord-est pendant six autres mois, du 15 octobre au 15 avril : ces vents sont dirigés vers les continents dans l'été; en sens con-traire, ou vers les mers en hiver.

859. *Quelle est la* cause *des* moussons? — Les moussons, comme tous les vents, ont leur cause prin-cipale dans l'échauffement de vastes régions sur les-quelles les rayons du soleil tombent à plomb, ou dans la différence de température des continents et des mers. Mais il est difficile, dans l'état actuel de la science, de préciser les continents et les mers qui, par leur différence de température, sont la cause immédiate des moussons. On a dit, d'une manière vague : 1° d'avril en octobre, lorsque le soleil est au nord de l'équateur, ses rayons tombent à plomb sur les vastes plateaux de l'Asie et raréfient l'air qui les recouvre ; l'air froid qui vient, du sud, remplir le vide causé par la raréfaction, constitue les moussons sud-ouest. — 2° Lorsque, d'octobre en avril, le soleil est au sud de l'équateur, ce sont les immenses plateaux de l'Afrique méridionale qui deviennent brûlants ; l'air froid qui vient du nord, appelé par la raréfaction, constitue le mousson nord-ouest. Mais cette explication est bien loin de rendre compte des particularités essentielles du phénomène des moussons dans les différentes mers.

860. *Comparez les* AVANTAGES *et les* INCONVÉNIENTS *des vents* ALIZÉS *et des* MOUSSONS. — Au point de vue de la navigation, les moussons, soufflant six mois dans une direction, six mois dans la direction opposée, donnent aux navigateurs faisant voile pour les grandes Indes la faculté de bien régler les époques d'aller et de retour; mais elles obligent souvent à de longues stations : la constance des vents alizés est quelquefois un bienfait, sans doute, mais elle est le plus souvent un obstacle contre lequel il faut lutter : ils retardent la marche des navires, et, en les entraînant toujours dans la même direction, ils ont empêché qu'on ne découvre plus tôt des îles importantes.

§ 3. — Vents étésiens, simoun, sirocco, mistral, brises de mer et de terre.

861. *Qu'appelle-t-on vents* ÉTÉSIENS? — Des vents ou moussons de la Méditerranée qui, pendant l'été, soufflent du sud, pendant l'hiver soufflent du nord, et qui ont pour cause le réchauffement très-intense pendant l'été, le refroidissement considérable par radiation ou rayonnement pendant l'hiver du désert si aride du Sahara.

862. *Qu'appelle-t-on* SIMOUN? — Un vent terrible qui souffle des déserts de l'Asie et de l'Afrique, et qui est caractérisé par sa haute température, par les sables qu'il élève dans l'atmosphère et transporte avec lui.

863. *Qu'appelle-t-on* SIROCCO, *en Italie et à Alger;* CHAMSIN, *en Égypte?* — Un vent très-chaud qui, depuis la fin d'avril jusqu'en juin, souffle du grand désert de Sahara.

864. *Qu'appelle-t-on* MISTRAL? Un vent de la Méditerranée qui souffle du nord-ouest, très-violent en automne et en hiver, surtout après les pluies d'orage.

865. *Qu'appelle-t-on* BRISE DE MER *ou* BRISE DE TERRE? — La brise de mer est un vent qui commence à se faire sentir vers neuf heures du matin sur le bord des mers, et souffle de la mer vers la terre. La brise de terre est un vent qui s'élève un peu après le coucher du soleil, et souffle de la terre vers la mer.

866. *Pourquoi la brise souffle-t-elle de la* MER *vers* la TERRE *pendant le* JOUR? — Parce que les rayons du soleil échauffent la surface du *sol* plus que celle de la *mer*; les couches d'air en contact avec cette dernière, restées plus froides, se dirigent vers la côte.

967. *Pourquoi la* BRISE *souffle-t-elle de la* TERRE *vers la* MER *pendant la* NUIT? — Parce que la surface du sol se *refroidit* plus vite que celle de la *mer* après le coucher du soleil ; les couches d'air qui couvrent le sol, devenues plus froides, se dirigent *vers la mer.*

868. *Pourquoi la* BRISE DE MER *est-elle* SALUBRE? — Parce qu'elle passe sur la mer et n'est pas chargée *d'exhalaisons malsaines.*

Il est bon pour la santé de se promener sur les côtes avant midi.

869. *Pourquoi la* BRISE DE MER *est-elle* FRAÎCHE? — Parce que le soleil échauffant la surface de la mer moins que celle du sol, l'air en contact avec la mer reste frais.

870. *Pourquoi la* BRISE DE TERRE *semble-t-elle* FRAICHE *aux marins?* — Le sol se *refroidissant* plus vite que la mer après le coucher du soleil, l'air venu de la terre est plus frais que l'air de la mer.

871. *Pourquoi la* BRISE DE TERRE *est-elle moins* SALUBRE *que la brise de mer?* — Parce qu'elle est *chargée d'exhalaisons malsaines* qui s'échappent des matières en décomposition à la *surface de la terre.*

Par conséquent, il est moins salubre de se promener sur les côtes de la mer après le coucher du soleil qu'avant midi.

SECTION V. — VENTS DE FRANCE.

872. *Les vents de France sont-ils* RÉGULIERS? — Non;

mais, à Paris, du moins, les vents généralement domi-
nants sont les vents *sud-ouest*, et les vents voisins, *sud*
et *ouest*. Au printemps, les vents nord et nord-est sont
presque aussi fréquents que les vents opposés ; et, en
été, les vents d'ouest dominent : ce sont les résultats
les plus certains qu'on ait pu déduire de la discussion
de quarante années d'observations.

873. *Pourquoi le* LEVER *du soleil est-il souvent accompagné d'une* BRISE *fraîche pendant l'*ÉTÉ? — Parce
que l'air en contact avec le sol frappé par les premiers
rayons du soleil s'échauffe et s'élève ; des couches d'air
plus froid se précipitent dans le vide pour rétablir l'é-
quilibre, et donnent naissance à la brise matinale.

874. *Pourquoi la* BRISE *s'élève-t-elle après le* COUCHER
*du soleil pendant l'*ÉTÉ? — Parce que, après le coucher
du soleil, la terre perd sa chaleur par le rayonnement
et *l'air se refroidit rapidement*, se condense, diminue
de volume; il en résulte une sorte de vide qui donne
naissance à un courant d'air ou à la brise du soir.

875. *Pourquoi les vents d'*EST *sont-ils en général
FROIDS et* SECS *à Paris?* — Parce qu'ils traversent les
plaines *froides* du nord de l'Europe et ne rencontrent
sur leur passage que de très-*petites étendues d'eau.*

876. *Pourquoi les vents du* NORD *sont-ils* FROIDS *et
SECS à Paris?* — Parce qu'ils viennent des régions polaires, à travers des *montagnes de neige* et les *mers de
glace*, qui leur cèdent peu d'humidité.

877. *Pourquoi les vents du* SUD *sont-ils chauds en
France et amènent-ils souvent la* PLUIE? — Parce que,

échauffés par les sables brûlants de l'Afrique, ils se chargent de beaucoup de vapeurs humides que le froid de nos climats condense sous forme de pluie.

878. *Pourquoi les vents d'*OUEST *sont-ils souvent* PLUVIEUX *en France?* — Parce que, traversant l'océan Atlantique et passant sur dés courants d'eau chaude, ils sont saturés de vapeurs d'eau que le moindre refroidissement précipite.

879. *Pourquoi les vents du* SUD-OUEST, *en France, amènent-ils souvent la* PLUIE? — Parce que, comme les vents du sud ou de l'ouest, et par la même raison, ils sont très-chargés de vapeurs.

880. *Pourquoi les vents de* NORD-EST *n'amènent-ils que rarement la* PLUIE? — Parce qu'ils sont en général froids et secs.

881. *Pourquoi les vents amènent-ils parfois la* PLUIE *et parfois le* BEAU *temps?* — Si le vent est plus *froid* que les nuages, il les *condense en pluie;* au contraire, s'il est plus *chaud*, il fait passer à l'état de vapeurs, dissoutes dans l'air et invisibles, les gouttes d'eau très-fines qui rendaient les nuages visibles; ceux-ci disparaissent et le temps devient serein.

882. *Pourquoi le* CIEL *se trouble-t-il quelquefois* TOUT A COUP *pendant un beau jour?* — Parce qu'un *changement soudain* dans la température a condensé en nuages visibles les vapeurs dissoutes dans l'air et invisibles.

883. *Pourquoi les nuages* S'ÉVANOUISSENT-*ils parfois tout à coup?* — Parce qu'un *vent chaud, sec*, soufflant

sur les nuages, fait passer l'eau qu'ils contenaient à
l'état de vapeur dissoute et invisible.

884. *Pourquoi les vents de la fin de mars et du
commencement d'avril sont-ils* secs? — Parce qu'ils
soufflent en général de l'*est* et du *nord-est*.

885. *Quels* services *nous 'rendent ces vents de* mars?
— Ils *dessèchent le sol*, saturé par la grande quantité
d'eau tombée en février; ils brisent les mottes de
terre dures, et rendent le sol propre à faire germer
les semences qu'on lui confie.

886. *Que signifie le proverbe : Mars, venu comme
un lion, part comme un agneau?*— La France souffle
.sud-ouest vers la Russie pendant un certain nombre
de jours, la Russie à son tour souffle nord-est sur la
France, vers la fin de mars et au commencement d'a-
vril; si les commencements de mars ont été très-froids,
et que les vents violents du nord-est se soient fait
sentir, c'est que le contre-courant de Russie a soufflé
plus tôt; on n'a plus rien à redouter pour la fin du
mois, qui sera par conséquent plus douce.

887. *Pourquoi un vieux proverbe .français dit-il :
Mars hâleux (sec) marie la fille du laboureux?* — Parce
qu'un mois de mars *sec* est *favorable à l'agriculture*,
tandis que la semence se pourrit s'il pleut beaucoup.

888. *Pourquoi le proverbe dit-il :*

> *Mars poudreux, avril pluvieux,*
> *Mai joli, gai et venteux,*
> *Présagent un an plantureux* (abondant)?

— Parce qu'un mois de mars sec *empêche la semence
de périr;* — les pluies d'avril fournissent aux jeunes

germes l'*alimentation*, — et la chaleur, tempérée par le vent d'un beau mois de mai, est favorable.aux *boutons et aux bourgeons.*

889. *Pourquoi le proverbe dit-il :*

> *Bourgeon qui pousse en avril*
> *Met peu de vin en baril?*

—.Parce que les bourgeons qui poussent au commenment d'avril sont exposés à être saisis et détruits par les gelées tardives de la fin de ce mois et des premiers jours de mai.

890. *Pourquoi le proverbe dit-il : Avril froid pain et vin donne?* — Parce que, lorsque avril est froid, la végétation ne fait pas de progrès; les bourgeons, naissant plus tard, n'ont plus à redouter les gelées tardives.

SECTION VI. — MARÉES, VAGUES.

891. *Qu'appelle-t-on* MARÉES? — L'élévation et l'abaissement périodique ou quotidien des eaux des mers. L'Océan s'élève et s'abaisse deux fois par jour; l'intervalle entre l'élévation èt l'abaissement des eaux s'appelle *marée*.

Pendant six heures la mer monte, c'est le *flux* ou *flot*; et, lorsqu'elle a atteint son niveau le plus élevé, on dit que la mer est *haute*. Elle descend ensuite, c'est le *reflux* ou *jusant*; et, lorsqu'elle est arrivée à son point le plus bas, on dit que la mer est *basse*. Chaque jour la haute mer vient quarante-neuf minutes plus tard que le jour précédent.

892. *Quelle est la* CAUSE *du* SOULÈVEMENT *des* EAUX *de l'Océan ou des* MARÉES? — L'attraction du soleil et de la lune. Lorsqu'un astre attirant passe au-dessus de l'Océan, il attire à lui les eaux plus voisines de lui que la terre et les soulève. Après les avoir soulevées, il les entraîne à sa suite en donnant naissance à une, grande vague qui constitue la marée.

893. *L'astre attirant soulève-t-il* A LA FOIS *les eaux les plus* VOISINES *de lui et les plus* ÉLOIGNÉES, *c'est-à-dire celles placées aux* ANTIPODES? — Oui, les eaux placées aux antipodes, étant moins attirées que la terre qui les porte, restent en arrière relativement au corps attirant; or, pour elles, rester en arrière, c'est être plus distantes du centre de la terre ou être soulevées. La marée a donc lieu en même temps aux deux extrémités du diamètre terrestre.

894. *En la supposant* SPHÉRIQUE, QUELLE FORME *l'action du corps attirant fait-elle prendre à la masse des eaux de l'Océan?* — La forme d'un ellipsoïde allongé dans le sens de l'action exercée par le corps attirant.

995. *Des* DEUX *actions du* SOLEIL *et de la* LUNE, *quelle est la plus puissante?* — L'action de la lune, parce que sa petite distance à la terre compense et au delà la petitesse de sa masse.

896. *Pourquoi les* MARÉES *sont-elles les plus* FORTES *à l'époque de la* PLEINE *lune ou de l'opposition, et à celle de la* NOUVELLE *lune, ou de la conjonction?* — Parce que l'attraction du soleil et celle de la lune agissent alors concurremment sur les eaux de la mer pour les soulever. En effet, lorsqu'ils sont en conjonction ou en opposition, c'est-à-dire placés sur une même ligne droite ou à peu près, les deux astres attirants tendent à la fois à donner à la masse des eaux de l'Océan la forme d'un ellipsoïde allongé dans le même sens ou dans le sens de la droite qui unit les deux astres; leurs actions s'ajoutent donc et donnent un ellipsoïde plus allongé, une vague ou une marée plus grande, quoique, dans le cas de l'opposition, ils semblent agir en sens contraire.

897. *Pourquoi les marées sont-elles plus* FAIBLES *à l'époque des* QUADRATURES *de la lune?* — Parce que l'action du soleil contrarie alors l'action de la lune. Si la lune tend à donner à la masse des eaux la forme d'un ellipsoïde allongé dans le sens vertical, le soleil, situé à 90 degrés, tend à lui donner une forme allongée dans le sens horizontal; la première forme l'emportera, les eaux obéiront toujours à l'action de la lune, mais l'ellipsoïde sera moins allongé que si la lune était seule, la vague et la marée seront moins grandes.

898. *A quelle* ÉPOQUE *de l'*ANNÉE *les* MARÉES *sont-elles les plus* HAUTES? — Aux équinoxes de printemps et d'automne, parce qu'alors le soleil et la lune sont à peu près dans un même plan, le plan équateur, et presque sur une même ligne droite; si, en outre, la lune, à l'époque des équinoxes, est près de son périgée ou de sa plus petite distance à la terre, la hauteur de la marée atteindra son maximum ou sera la plus grande possible. La marée, au contraire, sera minimum ou la plus petite possible, lorsqu'à l'époque des solstices d'été ou d'hiver la lune sera près de son apogée ou de sa plus grande distance à la terre.

999. *Le phénomène des marées est-il aussi* SIMPLE *qu'on vient de le dire?*—Non; il se complique d'une foule de circonstances perturbatrices. Les plus grandes ma-

rées n'arrivent qu'un jour et demi après le passage au
méridien de la nouvelle ou de la pleine lune; la mer
ne recouvre pas toute la surface de la terre; les décli-
naisons du soleil et de la lune sont tantôt grandes,
tantôt petites, tantôt australes, tantôt boréales; et,
par conséquent, leurs actions s'accordent ou se contrarient plus ou moins; les eaux de la mer, continuellement en mouvement, sont animées de vitesses ac-
quises dans une certaine direction; lorsque le sens de
l'action vient à changer, les diverses mers ont des
formes et des étendues différentes, communiquant
entre elles par des courants ou détroits plus ou moins
larges; les frottements sur les fonds des mers et l'action des vents peuvent exercer une influence notable
sur le flux et le reflux en chaque point des côtes ma-
ritimes, etc., etc.

900. *Expliquez la cause des* VAGUES *de la mer*. —
Le vent *presse inégalement* sur la surface de la mer et
en *déprime* une partie plus que les autres; cet abaissement cause une *élévation correspondante*, bientôt
suivie d'un abaissement; ces ondulations constituent
les *vagues*. Les vagues, en faisant abstraction de l'impulsion des vents, ne sont qu'un mouvement ondulatoire dans le sens vertical, de bas en haut et de haut
en bas; elles n'avancent ni ne reculent, comme les
bouées installées à la surface des mers.

901. *Si les* VAGUES *restent* STATIONNAIRES, *pourquoi
paraissent-elles s'avancer et se reculer?* — C'est une
illusion des yeux. Lorsqu'on tourne un tire-bouchon,
l'hélice paraît se mouvoir et avancer; la marche apparente des vagues est une illusion semblable. La vague

n'est qu'une forme curviligne qui change, tandis que l'eau qui reçoit ces formes successives reste en place dans le sens horizontal.

902. *D'où viennent les* BRISANTS *de la mer?* — Du choc de la mer contre les *rochers* ou contre les *bancs de sable,* de l'élévation de la côte, qui interrompt la forme régulière de la vague : celle-ci alors s'élance avec plus ou moins d'impétuosité.

903. *D'où vient l'*ÉCUME *de la mer?* — De la division excessive de l'eau sous l'action du vent au sommet des vagues; les molécules d'eau divisées emportent avec elles de l'air; le mélange d'eau et d'air constitue l'écume.

SECTION VII. — VENTILATION.

904. *Qu'est-ce que la* VENTILATION? — Le *renouvellement de l'air* dans les lieux fermés, tels que les salles de réunion ou de spectacle, les églises, les salles d'hôpital, les prisons, les voitures, les vaisseaux, etc.

905. *L'air d'un appartement est-il toujours en* MOUVEMENT? — Oui : il y a toujours deux courants d'air dans un appartement occupé : l'un d'*air chaud,* qui se dirige au dehors, et l'autre, d'*air froid,* qui se précipite dans la chambre.

906. *Comment peut-on* PROUVER *ces deux courants d'air?* — Au moyen de deux bougies allumées placées *l'une au bas et l'autre au haut de la porte* de l'appartement occupé; la direction des flammes fera voir qu'il y a un *courant inférieur* d'air froid qui *entre dans la chambre*, et un *courant supérieur* d'air chaud *qui en sort*.

907. *Pourquoi la flamme de la bougie placée au* HAUT *de la porte aura-t-elle une direction vers l'*EXTÉRIEUR *de la chambre?* — Parce que l'air chaud de la chambre monte et est chassé à travers la *fente supérieure* de la porte par l'air inférieur, qui est plus dense.

908. *Pourquoi la flamme de la bougie placée au* BAS *de la porte sera-t-elle dirigée vers l'*INTÉRIEUR *de la chambre?* — Parce que l'*air froid extérieur* se dirige dans la chambre à travers la *fente inférieure* de la porte, pour remplir le vide laissé par l'air chaud qui s'échappe.

909. *Pourquoi un appartement, même sans feu, est-il en général plus* CHAUD *que l'air extérieur?* — Parce que le renouvellement de l'air y est plus lent; par conséquent, il s'établit en peu de temps un *équilibre de température entre notre corps et l'appartement*, qui alors ne paraît plus froid.

910. *Pourquoi un* VENT COULIS *se glisse-t-il à travers le trou des* SERRURES, *les fentes inférieures et latérales des portes et des fenêtres?* — Parce que l'air de l'appartement occupé, étant *plus chaud* que celui du dehors, *s'élève* ou *sort*, tandis que des courants d'air frais entrent avec force à travers les trous des serrures et les fentes des portes et des fenêtres pour *remplir le vide* causé par l'ascension de l'air chaud de l'appartement.

911. *Pourquoi les* GALERIES *des amphithéâtres, etc.,*

sont-elles plus CHAUDES *que le parterre?* — Parce que l'air chaud d'une salle de spectacle *s'élève*, et tout l'air frais qui peut y entrer reste dans les *parties inférieures* jusqu'à ce qu'il soit échauffé.

912. *Pourquoi les* POÊLES *sont-ils* NUISIBLES *à la* SANTÉ, *et donnent-ils presque toujours mal à la tête lorsqu'on s'en sert dans un appartement fermé?* — Parce que, à moins que le poêle ne soit alimenté par un courant d'air froid pris au dehors, l'air de l'appartement est à la fois chaud, brûlé en partie, c'est-à-dire plus ou moins dépouillé de son oxygène et très-sec; la respiration alors est difficile, il y a tendance à la congestion; la peau se dessèche et cause une sensation désagréable.

913. *De quelle manière effectue-t-on la* VENTILATION *des* MINES? — On creuse deux puits, c'est-à-dire que l'on met le fond de la mine en communication avec l'air extérieur par deux tuyaux cylindriques plus ou moins larges. L'un, le puits d'alimentation d'air, donne accès à l'air froid et pur du dehors; l'autre, le tuyau de ventilation, donne issue à l'air chaud et vicié des galeries.

914. *Comment* DÉTERMINE-*t-on l'*ASCENSION *de l'air* CHAUD *et* VICIÉ *dans le tuyau de ventilation?* — En faisant le vide à son orifice supérieur, ou en allumant à son orifice inférieur un bon feu qui raréfie l'air et produit le tirage.

915. *Quel effet la* RESPIRATION *produit-elle sur l'*AIR *d'une chambre?* — Elle *diminue la proportion d'oxygène* et augmente celle d'*acide carbonique* et d'*azote.*

Un homme consomme par heure 65 décimètres cubes ou litres d'oxygène, et rend irrespirables plus de 4 mètres cubes d'air par jour.

916. *Comment peut-on* DIMINUER *les* FACHEUX *effets d'un air* VICIÉ *dans un appartement où l'on est obligé de demeurer pendant une grande partie du jour?* — En disposant dans toutes les chambres *un bon système de ventilation;* c'est-à-dire en donnant accès, sans production de courants ou coulis d'air, à l'air frais du dehors, et donnant issue à l'air chaud et vicié du dedans.

917. *Pourquoi les personnes qui séjournent dans les* grandes VILLES *et dans les* ATELIERS *sont-elles* PALES *et* BLÊMES? — Parce qu'elles respirent une atmosphère *sombre* et *impure,* qui *manque d'oxygène et de lumière.* C'est l'oxygène de l'air qui donne au sang sa couleur rouge vermeille, et la lumière est tout à fait nécessaire pour que les fonctions vitales s'exercent parfaitement.

918. *Pourquoi les personnes qui séjournent, pendant une grande partie de la journée, en* PLEIN AIR, *dans la campagne, ont-elles en général un teint* FRAIS *et* COLORÉ? — C'est surtout parce qu'elles respirent une atmosphère *fraîche, pure* et *très-éclairée,* où abondent l'oxygène et la lumière.

CHAPITRE II

MÉTÉORES AQUEUX

919. *Que comprend-on sous le nom générique de* MÉTÉORES AQUEUX? — Tous les phénomènes de l'atmosphère dans lesquels l'eau joue un rôle quelconque, à quelque état d'ailleurs qu'elle soit, solide, liquide, gazeux. Les principaux météores aqueux sont les nuages, la pluie, la neige, la grêle, le givre, etc., etc.

SECTION I. — NUAGES.

920. *Que sont les* NUAGES? — Dans l'hypothèse généralement admise, les nuages sont des amas de vapeur vésiculaire; et l'on entend par vapeur vésiculaire de petits globules d'eau remplis d'air, des sortes de petits ballons d'air dont l'enveloppe est une couche mince d'eau. L'hypothèse des vapeurs vésiculaires est complétement inadmissible, et elle doit être désormais bannie de la science; on ne peut comprendre ni comment ces petits ballons peuvent prendre naissance dans l'air, ni comment ils pourraient s'y maintenir, ni comment ils se condenseraient en pluie. Les nuages sont simplement un amas de molécules d'eau à l'état liquide ou solide, mais excessivement divisées ou petites.

921. *Comment les* NUAGES *se* FORMENT-*ils?* — Si, lorsque la vapeur répandue dans une certaine masse d'air est arrivée au plus haut degré de saturation ou de tension qu'elle peut avoir à la température actuelle, cette température vient à s'abaisser, les molécules de vapeur d'eau passent à l'état de globules d'eau liquide infiniment petits: elles passeraient même à l'état de globules solides si le refroidissement était assez considérable. Cet amas de globules d'eau ou de glace nageant dans la masse d'air primitive est ce qu'on appelle un nuage.

922. *Comment expliquez-vous que les nuages* FLOTTENT DANS L'AIR *sans tomber?* — On répond communément : Parce qu'ils sont formés de vapeur vésiculaire ou de petits ballons, et qu'on peut, par conséquent, les comparer à une vaste montgolfière ou à une collection de bulles de savon. Non, la vapeur vésiculaire n'est pas une montgolfière, puisque le gaz qu'elle renferme est l'air, et non un gaz plus léger que l'air, et qu'elle reste toujours plus lourde que l'air. Pour que son poids différât très-peu de celui d'un globule égal d'air, il faudrait donner à la couche d'eau extérieure une minceur qui la rendrait complétement invisible, ainsi que le nuage, qui, de fait, n'existerait plus. L'explication commune n'explique donc rien. Les nuages flottent dans l'atmosphère, ou descendent si lentement, qu'on peut les considérer comme immobiles, parce que l'état de division extrême des globules d'eau ou de glace mêlés à la masse d'air donne à leur ensemble une surface relativement énorme qui oppose à leur chute une résistance très-considérable. Un calcul très-simple prouve que, si on divise une goutte d'eau en mille parties, sa surface devient mille fois plus grande, tandis que son poids est resté le même ; la goutte, divisée, opposera donc mille fois plus de résistance à la chute dans l'air. Si la goutte d'eau avait été divisée en un million de gouttes, sa résistance à la chute serait devenue un million de fois plus grande. Si donc les molécules d'eau qui forment le nuage sont d'une petitesse excessive, et c'est ce qui a lieu certainement, la tendance du nuage à la chute sera elle-même excessivement petite ; il restera à peu près suspendu à l'air et semblera ne pas tomber. On trouve dans la nature une foule d'exemples de corps solides, extrêmement divisés, auxquels le milieu fluide oppose une résistance si grande, qu'ils flottent presque indéfiniment. Il faut des heures entières pour que la poussière d'un appartement fermé s'abatte complétement. Le rayon de lumière qui pénètre dans l'appartement rend visibles les atomes solides qui nagent dans l'air ; il faut des heures, de longs jours quelquefois, pour qu'un liquide troublé se clarifie, etc., etc. Rien n'empêche d'admettre que les courants d'air chaud qui s'élèvent de la terre, la chaleur solaire absorbée par les nuages et leur état électrique, etc., contribuent dans une proportion plus ou moins considérable au phénomène si remarquable de la suspension des nuages. En réalité, les nuages tombent lentement, et, à mesure qu'ils tombent, leur partie inférieure se dissipe dans les couches plus chaudes qu'elle traverse, tandis que leur partie supérieure s'accroît sans cesse par l'addition de nouvelles vapeurs condensées ; c'est ce qui explique leur immobilité apparente.

923. *Quelles sont les principales* CAUSES *qui* DONNENT NAISSANCE *aux nuages ?* — La cause immédiate de la formation d'un nuage est le refroidissement, qui condense en petites gouttes d'eau ou en petits globules de glace les molécules de vapeur de la masse d'air changée en nuage ; ce refroidissement, à son tour, peut être déterminé par diverses causes secondaires : la radiation vers les espaces célestes, les vents, le contact des flancs froids d'une montagne, etc.

924. *Indiquez quelques-unes des circonstances dans lesquelles les vents peuvent ou faire naître des nuages ou les faire disparaître.* — 1° Si un courant d'air *froid* souffle tout à coup sur un pays, il *condense* la vapeur invisible de l'air en nuages ; — 2° si un vent *chaud* chargé de vapeur d'eau *rencontre un vent froid*, il se formera aussi un nuage ; — 3° si, au contraire, un courant d'air chaud passe sur la surface des nuages, il les *disperse* en absorbant leur vapeur.

925. *Pourquoi les* NUAGES *se forment-ils très-souvent à l'entour des* MONTAGNES? — Parce que les vapeurs de l'atmosphère humide des vallons ou des vents chauds se condensent très-facilement et très-énergiquement au contact froid des flancs des montagnes.

926. *Dans quelles* CONTRÉES *le ciel est-il plus parsemé de* NUAGES? — Dans les contrées où la température et la direction des vents sont le plus variables.

927. *Dans quelles* CONTRÉES, *au contraire, les nuages sont-ils* RARES ? — Dans les contrées où la température varie peu, et où les vents soufflent presque constamment dans la même direction, comme en Égypte, par exemple.

928. *Quelle est la* DISTANCE *des nuages à la terre?* — Cette distance est excessivement variable : quelques nuages rasent la terre, tandis que d'autres sont bien au-dessus du sommet des plus hautes montagnes; en affirmant que la distance de certains nuages à la terre peut dépasser 50 000 mètres, on n'exagérerait rien, alors même qu'il s'agirait de nuages électriques d'où part la foudre.

929. *L'électricité peut-elle exercer quelque* INFLUENCE *sur la distance des nuages à la terre?* — Évidemment. s'ils sont électrisés positivement, ils sont attirés par la terre, qui est électrisée négativement, et s'en approchent alors très-près ; c'est le cas ordinaire des nuages orageux donnant naissance à des décharges électriques entre la terre et eux. Si les nuages sont électrisés négativement, ils sont repoussés par la terre et peuvent s'élever à de plus grandes hauteurs.

930. *Quelle est la* GRANDEUR *des nuages?* — Quelques nuages ont des dimensions énormes, de 30 kilomètres carrés et plus, de 1 000 mètres d'épaisseur et au delà, tandis que d'autres n'ont que quelques mètres.

931. *Comment peut-on* DÉTERMINER *l'épaisseur et les autres dimensions des nuages?* — On peut, à la rigueur, déterminer les dimensions des nuages ainsi que leurs distances par des observations simultanées et des opérations analogues aux triangulations topographiques.

932. *Qu'est-ce qui produit la grande* VARIÉTÉ *de formes dans les nuages?* — 1° La cause même si variable qui leur donne naissance ; — 2° leur condition électrique ; — 3° leur rapport avec les courants d'air.

933. *Comment l'*ÉLECTRICITÉ *peut-elle exercer de l'influence sur la forme des nuages?* — Par sa force mécanique, son pouvoir de condensation ou de vaporisation, les attractions et les répulsions qu'elle exerce, les rencontres et les fusions qu'elle détermine, etc., etc. Les nuages très-électrisés sont dans un état de mobilité très-grande, et prennent souvent des formes fantastiques.

934. *Quelles sont les* COULEURS *générales des nuages?* — Ils sont *blancs* et *gris plus ou moins noir* quand le soleil est au-dessus de l'horizon ; *rouge orangé* et *jaunes* au lever et au coucher du soleil.

935. *Pourquoi les nuages sont-ils, en général,* ROUGES *le soir ou le matin, lorsqu'ils sont vus par transparence, éclairés par les rayons directs du soleil levant ou couchant?* — Parce que les rayons autres que le rouge dont se compose la lumière solaire sont arrêtés par l'opacité du nuage. C'est une propriété particulière aux rayons rouges, en raison de leurs vibrations plus courtes et plus nombreuses, d'être moins arrêtés par les masses de vapeurs ou de nuages qu'ils traversent. Après les rayons rouges, ce sont les rayons orangés et jaunes qui s'éteignent le moins, à épaisseur et à opacité égales du milieu traversé.

936. *Pourquoi la* COULEUR *des nuages* VARIE-t-elle? — Parce que leur *épaisseur*, leur *densité* et leur *position à l'égard du soleil* varient continuellement et modifient la couleur de la lumière transmise ou réfléchie.

937. *A quoi doit-on attribuer le* MOUVEMENT *et le* DÉPLACEMENT *des nuages dans le ciel?* — Aux vents, qui les poussent ou les entraînent ; à l'électricité, qui fait qu'ils s'attirent ou se repoussent, qu'ils sont attirés ou repoussés par la terre, etc.

938. *Quelles sont les principales formes ou variétés de nuages, et à quels caractères les reconnaît-on? qu'annoncent-elles?* — Les principales formes ou variétés de nuages sont les *Cirrus*, les *Cumulus*, les *Stratus* et les *Nimbus*.

Les *Cirrus*, mot latin qui signifie touffe, frisure, sont de petits nuages blanchâtres offrant l'aspect de filaments déliés assez semblables à des touffes de laine cardée. Ce sont les plus élevés de tous, et, en raison de la température très-basse des régions qu'ils occupent, on peut croire qu'ils sont formés de particules glacées ; ils sont souvent orientés dans le ciel, c'est-à-dire rangés parallèlement, suivant une direction en rapport avec le méridien magnétique. Ils ont certains rapports avec les aurores boréales ; leur apparition précède et annonce un changement de temps, et, en général, l'approche du beau temps.

Les *Cumulus*, mot latin qui signifie *amas*, sont des nuages arrondis, souvent entassés les uns sur les autres, plus fréquents en été qu'en hiver. Ils apparaissent ordinairement le matin, et se dissipent le soir. S'ils persistent après le coucher du soleil, et deviennent plus nombreux, avec des Cirrus situés au-dessus d'eux, on doit s'attendre à de la pluie ou à un orage.

Les *Stratus*, mot latin qui signifie *couches*, sont des couches nuageuses horizontales qui se forment au coucher du soleil, sous l'influence du refroidissement de la terre et de l'atmosphère ; ils disparaissent au lever du soleil. Ils sont fréquents en automne et rares en été. Leur hauteur est beaucoup moindre que celle des Cumulus, et, à plus forte raison, des Cirrus.

Les *Nimbus*, mot latin qui signifie *pluie*, n'affectent aucune forme caractéristique ; ils sont larges, lourds, d'un gris uniforme plus ou moins foncé, passant quelquefois au noir ; leurs bords sont frangés. Ils sont quelquefois très-bas. Leur nom indique suffisamment qu'ils annoncent de la pluie ou même qu'ils donnent actuellement de la pluie.

En outre de ces quatre variétés principales, on a donné des noms particuliers à des nuages qui ont quelque chose de commun, par leur apparence et leur po-

sition, avec deux des formes que nous venons de décrire, et qui sont comme le passage de l'une à l'autre.

Les *Cirro-Cumulus* sont des nuages arrondis d'où
partent quelquefois des traînées lumineuses semblables à une chevelure épaisse; lorsqu'ils sont nombreux,
on dit que le ciel est moutonné. Leur présence alors
annonce un prochain changement de temps, suivant
ces deux proverbes : *Ciel moutonné n'est pas de longue
durée; Brebis qui paraissent ès cieux font temps venteux
et pluvieux.*

Les *Cirro-Stratus* sont formés de bandes ou filaments
plus compactes, plus épais que ceux des Cirrus, superposés en couches horizontales; ils se dissipent
promptement et pronostiquent le beau temps.

Les *Cumulo-Stratus* sont des Cumulus entassés les
uns sur les autres; ils se montrent surtout à l'horizon
ouest dans les beaux jours de l'été; ils ont de grandes
dimensions et prennent des formes fantastiques d'hommes, d'animaux, d'arbres, de montagnes, de tours, etc.
S'ils se forment par un ciel couvert, ils annoncent le
beau temps; s'ils naissent dans un ciel serein, ils annoncent la pluie.

939. *Quel est le* RÔLE *providentiel des* NUAGES *dans
la nature?* — Ils tempèrent l'ardeur du soleil; s'opposent au refroidissement par le rayonnement nocturne
du sol vers les espaces célestes; ils sont les grands réservoirs de la pluie; ils servent à découvrir la direction
des vents supérieurs, qui plus tard deviendront des
vents inférieurs. Leur étude attentive permet de prévoir le temps avec une certitude presque absolue.

940. *Pourquoi dit-on quelquefois que le vent* AMÈNE

les nuages ? — 1° Parce qu'il les amène réellement lorsqu'il les entraîne avec lui comme masses se déplaçant
dans l'espace; — 2° parce qu'il les fait naître sur place,
soit lorsqu'il est chaud et humide, en cédant sa vapeur
condensée aux masses d'air plus froides qu'il rencontre,
soit lorsqu'il est froid, en condensant les vapeurs des
masses d'air chaud qu'il traverse.

941. *Pourquoi dit-on quelquefois que le vent* CHASSE
les nuages? — 1° Parce qu'il les chasse réellement ou
les pousse devant lui; — 2° parce qu'il les dissipe ou
les dissout, en quelque sorte, lorsqu'il est chaud, en
vaporisant les gouttes aqueuses qui forment les nuages
qu'il rencontre sur sa route.

942. *Est-il certain que l'eau dans les nuages est
quelquefois à l'état de* GLOBULES SOLIDES *ou de* GLAÇONS *?* —
Oui, très-certainement; dans les ascensions en ballon,
les aéronautes ont souvent traversé des nuages uniquement formés de cristaux de glace. Il est, d'ailleurs,
un grand nombre de phénomènes naturels que l'on ne
peut expliquer qu'en mettant en jeu la réflexion, la réfraction, la dispersion de la lumière par les cristaux
de glace existants dans les nuages : on définira, l'on
décrira et l'on expliquera, autant qu'on le peut, d'une
manière élémentaire, les phénomènes connus sous les
noms de *holos,* de *parhélies,* de *cercles parhéliques,* de
couronnes de gloire, etc., lorsqu'il sera question d'optique météorologique.

943. *Comment expliquez-vous la* PRÉSENCE *de* GLAÇONS
au SEIN *des nuages* MÊME *en* ÉTÉ? — Par la plus grande
élévation de ces nuages dans l'atmosphère, par le froid

qui règne à ces grandes hauteurs, en raison de la température si basse des espaces célestes, qui est de 52 degrés au-dessous de zéro.

944. *Pourquoi se sent-on plus* ACCABLÉ *et plus* ÉTOUFFÉ *en été, pendant les nuits chaudes, lorsque le ciel est chargé de* NUAGES? — Parce que la chaleur de la terre, arrêtée par les nuages et comme refoulée vers le sol, ne peut pas se dissiper par rayonnement dans les espaces célestes.

945. *Pourquoi nous sentons-nous à notre* AISE *quand la* NUIT *est* BELLE *ou le ciel pur?* — Parce que, la chaleur pouvant s'élancer librement vers les régions supérieures de l'atmosphère, le sol se rafraichit, et l'air qu'on respire redevient frais.

946. *Pourquoi nous sentons-nous* ABATTUS *et tristes quand l'air est* HUMIDE *et le ciel couvert de* NUAGES? — Parce que : 1° l'air humide ramollit les tissus et ne suffit pas à une respiration active; 2° la lumière et l'espace, c'est-à-dire un ciel sans limites et pur, sont un stimulant nécessaire à la vie physique et morale. Le spleen, maladie comme endémique dans les climats pluvieux, où le ciel est presque tout gris et couvert de nuages, est presque inconnu dans les climats secs, où le ciel est presque toujours bleu d'azur.

SECTION II. — ROSÉE.

§ 1. — Rosée proprement dite.

947. *Qu'est-ce que la* ROSÉE? — On pourrait désigner sous le nom générique de *rosée* la vapeur aqueuse condensée en gouttelettes liquides à la surface d'un corps froid ; mais, dans son acception propre, le mot *rosée* signifie la vapeur aqueuse déposée, pendant la nuit, en plein air, à la surface des corps.

948. *Donnez un exemple de* CONDENSATION *des vapeurs en eau.* — Si l'on remplit de glace un vase quelconque, ses parois se couvriront en peu d'instants de *rosée* provenant de la *vapeur de l'air qui est condensée par le froid.*

949. *Pourquoi le* SOL *se recouvre-t-il quelquefois de* ROSÉE ? — Parce que la surface de la terre, après le coucher du soleil, *se refroidit* et condense par conséquent les vapeurs aqueuses de l'air en contact avec lui.

950. *Pourquoi le* SOL *se refroidit-il après le* COUCHER *du soleil?* — Parce que, par rayonnement, il cède à l'air et aux espaces célestes plus de chaleur qu'il n'en reçoit.

951. *Pourquoi le* SOL *se refroidit-il* DAVANTAGE *et se couvre-t-il plus de rosée par un* CIEL PUR *que par un ciel* CHARGÉ DE NUAGES ? — Parce que, lorsque le ciel est pur, rien n'arrête le rayonnement vers les espaces célestes, tandis que les nuages forment une espèce d'écran qui empêche le rayonnement et rend au sol presque autant de chaleur qu'il en reçoit. Le refroidissement est donc plus sensible par un ciel pur, et la rosée par conséquent plus abondante, toutes choses égales d'ailleurs.

952. *Pourquoi la* ROSÉE *est-elle plus abondante dans les lieux les plus* DÉCOUVERTS ? — Parce que, le rayonnement s'exerçant plus librement et avec plus

d'intensité dans les lieux découverts, le refroidissement, par conséquent, est plus considérable,

953. *Pourquoi n'y a-t-il que fort* PEU *de* ROSÉE *sous
les arbres* FEUILLUS? — Parce que les arbres sont aussi
des écrans qui arrêtent le rayonnement et rendent au
sol presque autant de chaleur qu'ils en reçoivent.

954. *Pourquoi la* ROSÉE *ne se dépose-t-elle pas au
pied d'une* HAIE *ou d'une* MURAILLE? — Parce que le
rayonnement de la haie et de la muraille rendent à la
terre ce qu'elle perd, et l'empêchent de se refroidir
assez pour condenser les vapeurs.

955. *Pourquoi la* ROSÉE *ne se forme-t-elle pas sous
un* AUVENT *dont on couvre les fleurs, quoiqu'il soit ouvert
de tous côtés?* — Toujours par la même raison.

956. *Comment une enveloppe légère de* TOILE *ou
un paillasson peuvent-ils défendre les plantes de la*
GELÉE? — Parce qu'ils les défendent du contact des
vents froids et empêche qu'elles ne se refroidissent
par rayonnement vers les espaces célestes.

957. *Pourquoi la toile et le paillasson qui couvrent
et protégent les plantes sont-ils souvent* TREMPÉS *de*
ROSÉE? — Parce qu'ils se refroidissent par rayonnement
vers le ciel et vers le sol, et que, refroidis, ils condensent promptement la vapeur de l'air en contact avec
leur surface.

958. *Pourquoi la* ROSÉE *ne se forme-t-elle jamais
pendant la nuit, lorsqu'il fait du* VENT? — Parce que:
1° le vent amène continuellement sur le sol ou sur les
corps de nouvelles couches chaudes, et empêche ainsi

le refroidissement, cause immédiate de la rosée ; 2° la
vapeur aqueuse de l'air ne reste pas alors assez longtemps en contact avec le corps refroidi pour se condenser à sa surface ; 3° le vent peut en outre réduire de
nouveau en vapeur la rosée qui s'était précipitée ;
4° le mouvement est à lui seul une source de chaleur.
Cependant une légère agitation de l'air favorise plutôt
qu'elle ne contrarie la formation de la rosée ; elle est
même quelquefois nécessaire pour amener les vapeurs
humides, sans lesquelles il n'y aurait pas de rosée. Généralement parlant, la rosée est d'autant plus abondante que la nuit est plus calme et plus sereine.

959. *La rosée peut-elle se former au* FOND *des* VAL-
LÉES *et des* EXCAVATIONS *du sol?* — Oui : parce que le
calme de l'air supplée à l'intensité un peu moins grande
du rayonnement.

960. *Pourquoi la* ROSÉE *se forme-t-elle plus* ABON-
DAMMENT *sur certains corps que sur d'autres?* — Parce
que la *température* de certains corps *s'abaisse plus
notablement*, pendant la nuit, par le rayonnement.

Appréciée au thermomètre, la température de
l'herbe est beaucoup plus basse pendant la nuit que
celle des métaux : aussi l'herbe et les feuilles des
plantes se recouvrent-elles d'une rosée abondante,
alors que les métaux restent presque secs.

961. *Quelles sont les substances qui* PERDENT *le
plus promptement leur* CHALEUR *par le rayonnement?* —
L'herbe, le bois et les feuilles des plantes. Au contraire,
le métal poli, les pierres unies, les étoffes de laine de
toutes sortes, *rayonnent lentement*.

La substance qui rayonne et se refroidit le plus, et qui aussi, de fait, se charge le plus de rosée, est le duvet de cygne.

962. *Le rayonnement de toutes les feuilles des plantes est-il égal?* — Non : le rayonnement, et par conséquent le refroidissement des feuilles les plus *laineuses*, comme celles de la passe-rose, est beaucoup plus intense que celui des feuilles polies et brillantes du laurier commun et d'autres arbres.

963. *Montrez la* BONTÉ *et la* SAGESSE *du Créateur qui a donné à l'herbe, aux feuilles des plantes et à toutes les espèces de végétaux ce* POUVOIR RAYONNANT. — Comme les végétaux exigent une grande quantité d'humidité, ils périraient souvent sans un dépôt abondant de rosée à leur surface; le Créateur leur a donné le pouvoir d'abandonner de leur chaleur par le rayonnement, afin qu'ils puissent *condenser la vapeur aqueuse* de l'air qui les touche.

964. *Pourquoi une allée de* GRAVIER *est-elle presque* SÈCHE, *lorsqu'un* GAZON *est couvert d'une nappe épaisse de rosée?* — Parce que le gravier se refroidit moins par rayonnement.

965. *Pourquoi la rosée apparaît-elle à peine à la surface des* ROCHES DURES *et des* SOLS COMPACTES? — Parce que les roches et les sols compactes rayonnent très-peu, et que leur température s'abaisse difficilement.

La rosée est inconnue dans les déserts de l'Asie et de l'Afrique.

966. *Pourquoi se forme-t-il plus de rosée sur les sols* CULTIVÉS *que sur les terres* INCULTES? — Parce que les sols cultivés, plus meubles et plus divisés, cèdent plus facilement leur chaleur. -

967. *Montrez la* BONTÉ *et la* SAGESSE *du Créateur dans cet arrangement.* — Chaque plante et chaque terrain qui *exigent l'humidité de la rosée* sont aptes à *la recueillir;* mais cette rosée n'est pas prodiguée aux substances qui *n'ont pas besoin de son humidité rafraîchissante.* •

968. *Montrez la* BONTÉ *et la* SAGESSE *du Créateur, qui a privé les métaux du pouvoir rayonnant.* — Si les métaux pouvaient recueillir la rosée comme l'herbe, il ne serait pas possible de les *conserver polis et sans rouille.*

969. *En quoi consistait le* MIRACLE *de Gédéon rapporté dans le livre des Juges,* VI, 37, 38. — Le miracle opéré par Dieu, à la demande de Gédéon, consiste : 1° en ce que, la première nuit, la toison était seule imbibée de rosée, tandis que tout le sol était resté sec; 2° en ce que, la seconde nuit, au contraire, la toison était restée sèche, tandis que tout le sol était couvert de rosée.

970. *En quoi ces phénomènes sont-ils* SURNATURELS *et constituent-ils un* MIRACLE? — Dans l'ordre naturel, et comme le prouve l'expérience de tous les jours, l'herbe et la toison auraient dû se recouvrir à la fois de rosée; le contraire, c'est-à-dire l'absence de rosée sur le sol, la première nuit, l'absence de rosée sur la toison, la seconde nuit, n'a donc pas pu avoir lieu sans une dérogation aux lois de la nature, toujours possible à Dieu. Suivant la grande et belle expression de saint Augustin, le miracle est le langage de Dieu, la seule voie par laquelle il puisse manifester ostensiblement ses volontés à ses créatures intelligentes. Nier la *possibilité* du miracle, c'est faire de Dieu une idole muette et impuissante ; nier la *réalité* du miracle, c'est nier la révélation, la mission divine de Moïse et de Jésus-Christ.

971. *Pourquoi nos* VÊTEMENTS *sont-ils souvent* HUMIDES *après une promenade par un beau soir de fin de printemps ou de commencement d'automne?* — Parce que *le serein se dépose à leur surface.*

972. *Comment la vapeur de l'air peut-elle se liquéfier* SANS *le contact d'un corps froid?* — Parce que l'air a son rayonnement et son refroidissement propres; s'il est saturé de vapeur, cette vapeur se précipitera sous forme de gouttelettes ou de pluie très-fine, distincte de la rosée, qui se dépose au contact des corps refroidis. La première précipitation se désigne sous le nom de *serein*, la seconde est la *rosée* proprement dite.

973. QUAND *la rosée se forme-t-elle le plus abondamment?* — Après un jour chaud d'été ou d'automne, surtout si le vent vient de l'*ouest*.

974. *Pourquoi la rosée se dépose-t-elle le plus abondamment après un jour* CHAUD? — Parce que l'air chaud est, en général, plus chargé de vapeurs.

975. *Pourquoi y a-t-il* MOINS *de rosée quand le vent vient de l'*EST *que lorsqu'il souffle de l'ouest?* — Parce

que l'air est plus chargé d'humidité, dans nos climats
du moins, lorsque le vent souffle de l'ouest, que lorsqu'il souffle de l'est. Dans l'Egypte, placée au sud de
la Méditerranée, on ne voit de rosée que lorsque le
vent souffle du nord. Un vent humide, mais peu intense, favorise donc la rosée et peut devenir une condition nécessaire de sa formation.

976. *Pourquoi le serein est-il* MALSAIN? — Parce
que, 1° il refroidit le corps et suspend la transpiration
cutanée; 2° dans le voisinage surtout des eaux stag-
nantes et des marais, il entraîne, en se précipitant, les
miasmes et autres exhalaisons insalubres.

977. *Le liquide* VISQUEUX *et* SUCRÉ *que l'on voit apparaître, sous forme de goutte ou de vernis uniformément
étendu à la surface des feuilles de certains arbres, a-t-il
quelque* ANALOGIE *avec la rosée?* — Non, ce liquide est le
produit de la sécrétion d'insectes ou pucerons très-
petits. On le trouve surtout sur les feuilles du tilleul.

978. *Cette sécrétion est-elle* UTILE *ou* NUISIBLE *aux
feuilles?* — Elle est nuisible, parce qu'elle empêche
leur respiration, l'absorption de l'acide carbonique
et l'émission de l'oxygène.

979. *Quelle* APPARENCE *prennent les feuilles quelques
jours après que cette manne s'y est déposée?* — Elles deviennent, en peu de temps, d'une couleur *brun jaunâtre*, faute d'air et d'alimentation.

980. *Quels insectes* AIMENT *beaucoup cette manne
sucrée?* — Les *fourmis*, qui montent au sommet des
arbres les plus élevés pour s'en nourrir, et qui, dit-on,

tiennent en captivité et élèvent les pucerons pour leur
faire produire à leur profit la manne dont elles sont si
friandes.

981 *Pourquoi les gouttes de* ROSÉE *sont-elles* RON-
DES? — Elles sont rondes lorsqu'elles ne mouillent pas
les corps sur lesquels elles se déposent, parce que la
forme sphérique est la forme naturelle d'équilibre des
gouttes liquides, lorsque les molécules qui les composent obéissent librement à leurs attractions mutuelles.

982. *Pourquoi les* GROSSES *gouttes de rosée ne sont-
elles plus* RONDES, *mais* APLATIES? — Parce que le poids
des grosses gouttes contre-balance l'attraction mutuelle des molécules; elles cessent alors de prendre la
forme sphérique d'équilibre naturel, et peuvent même
mouiller une surface qu'elles ne mouilleraient pas si
elles étaient plus petites.

983. *Pourquoi les gouttes de* ROSÉE ROULENT-*elles*
sur une feuille de CHOU, *de* PAVOT, *etc.*, *sans la* MOUILLER?
— Parce que ces feuilles sont couvertes d'une *poussière très-fine*, analogue à la *cire*, et qui n'a aucune
affinité pour l'eau.

984. *Pourquoi la* ROSÉE *ne* MOUILLE-*t-elle pas les*
FEUILLES *ou les pétales de certaines plantes?* — Parce
que ces feuilles et ces pétales sont recouverts, ou d'un
duvet très-fin, ou d'une poussière très-ténue, ou d'une
huile essentielle subtile, qui empêchent qu'ils ne
puissent être mouillés par l'eau. On voit souvent les
gouttes de pluie, mises en contact avec des poussières
excessivement fines, s'arrondir en boules sans se mouil-

ler, et parce qu'elles ne les mouillent pas. On voit les
oiseaux aquatiques plonger dans l'eau et remonter à
sa surface sans être mouillés, parce que leur plumage
est comme défendu de l'eau par une sécrétion huileuse.

On peut agiter du noir de fumée dans l'eau sans que le noir soit
mouillé et sans que l'eau devienne noire.

§ 2. — Phénomènes analogues à la rosée.

985. *Pourquoi les* VITRES *des fenêtres se couvrent-
elles quelquefois d'*EAU, *qui coule à leur surface?* —
Parce que, 1° l'air extérieur s'est refroidi et a refroidi
les vitres; 2° qu'au contact des vitres refroidies les
vapeurs humides de l'appartement se sont condensées
à leur surface en gouttelettes très-fines; ces gouttelettes, en descendant par leur propre poids, s'unissent
et arrivent à former des gouttes plus grosses ou des
filets d'eau qui coulent à la surface des vitres.

986. *D'où proviennent les* VAPEURS HUMIDES *de l'IN-
TÉRIEUR des appartements?* — De la respiration, de la
transpiration cutanée sensible ou insensible des personnes qui y ont séjourné, de tous les liquides qui s'y
sont vaporisés, etc., etc.

987. *Quelle est la cause de ces arborescences qui
apparaissent quelquefois, pendant l'hiver, à la* SURFACE
INTÉRIEURE *des* VITRES *des chambres à coucher, et qui sont
dessinées par de l'eau congelée sous forme de givre?* —
La congélation, par suite d'un refroidissement plus intense à l'extérieur, des gouttes d'eau ou de la couche
liquide résultant de la condensation des vapeurs hu-

mides de l'intérieur. Ces arborescences forment souvent des dessins très-variés et très-élégants.

988. *Que veut dire la* TRANSPIRATION CUTANÉE INSENSIBLE? — L'exhalation *insensible et invisible* des liquides intérieurs qui s'opère incessamment à la surface de la peau.

989. *Si cette transpiration est* INSENSIBLE *et* INVISIBLE, *comment peut-on savoir qu'elle existe?* — Si l'on met son bras nu dans un cylindre de verre bien essuyé, bien sec et frais, on verra les exhalations de la peau se condenser sur les parois du cylindre et les couvrir de gouttelettes de sueur.

990. *Pourquoi les* GLACES *d'une* VOITURE *se couvrent-elles quelquefois de gouttelettes d'eau?* — Parce que les *vapeurs humides et chaudes* de l'intérieur de la voiture se condensent sur les glaces et les couvrent d'une sorte de rosée.

991. *Quand les* GLACES *des voitures* CONDENSENT-*elles cette vapeur à leur surface?* — Lorsqu'elles se sont refroidies au contact de l'air extérieur, devenu plus froid.

992. *D'où provient la* VAPEUR *d'eau dans une* VOITURE? — De la respiration et de la transpiration cutanée sensible ou insensible.

993. *Pourquoi les* VITRES *sont-elles plus* FROIDES *que les* MURAILLES *d'un appartement?* — Parce que, plus immédiatement en contact avec l'air extérieur, et plus minces, elles cèdent plus facilement et plus promptement leur chaleur par rayonnement et par conductibilité.

994. *Pourquoi les* CARAFES *et les* VERRES *remplis d'eau froide se couvrent-ils bientôt d'une nappe de* ROSÉE *lorsqu'on les apporte, pendant l'hiver, dans un lieu chaud contenant plusieurs personnes?* — Parce que les vapeurs humides de l'appartement se condensent sur le verre froid et se changent en rosée visible.

995. *Pourquoi les* BOUTEILLES *qu'on remonte de la* CAVE *pendant l'été se couvrent-elles d'une couche épaisse de* ROSÉE? — Parce que les bouteilles sorties d'une cave fraiche et dont la *température est au-dessous de celle de l'air* environnant condensent les vapeurs humides sur leurs parois.

996. *Pourquoi les verres des* LUNETTES *se* VOILENT-*ils tout à coup lorsqu'on entre, pendant l'hiver, dans un endroit chaud?* — Parce que les *vapeurs de l'appartement se condensent sur les verres froids,* et les couvrent d'une couche épaisse de rosée.

997. *Pourquoi un* VERRE FROID *se* VOILE-*t-il si l'on y pose la* MAIN? — Parce que la *transpiration invisible* de la main se condense sur la surface froide du verre et le couvre d'une nappe de vapeur visible.

998. *Pourquoi les* VERRES *qui se sont voilés lorsqu'on les apporte dans un lieu chaud s'*ÉCLAIRCISSENT-*t-ils de nouveau en peu de temps?* — Parce que le verre *prend bientôt la même température* que l'air de l'appartement, et qu'alors l'eau condensée à sa surface s'évapore.

999. *Pourquoi un* VERRE *se voile-t-il lorsqu'on* SOUFFLE *dessus?* — Parce que l'haleine chaude *se condense* aussitôt qu'elle touche la surface plus froide du verre.

1000. *Pourquoi les* MURAILLES *d'une maison se couvrent-elles souvent d'*HUMIDITÉ *lorsqu'un jour chaud succède à un temps froid?* — Parce que les murailles *ne peuvent pas changer de température* aussi promptement que l'air atmosphérique; elles restent froides après le changement de temps, et la vapeur d'eau contenue dans l'air se condense sur leur surface froide, aussitôt qu'elle la touche.

1001. *Pourquoi les murailles d'un* VESTIBULE *se couvrent-elles d'une* HUMIDITÉ *qui tombe goutte à goutte sur le pavé quand le temps se met subitement au dégel?* — Parce que les murailles ne peuvent pas changer promptement de température; l'air chaud et humide, entrant dans le vestibule, se condense à la surface froide des murailles et tombe goutte à goutte sur le pavé.

1002. *Pourquoi une maison en pierre est-elle plus sujette à cet inconvénient qu'une construction légère?* — Parce que les murailles en pierres sont *épaisses*; et il se passe beaucoup plus de temps avant que leur température puisse se mettre en équilibre avec celle de l'air atmosphérique extérieur.

1003. *Pourquoi les* RAMPES *de bois sont-elles* HUMIDES *lorsqu'il dégèle?* — Pour la même raison; elles s'échauffent lentement, et les vapeurs apportées par l'air plus chaud se condensent à leur surface encore froide.

1004. *Pourquoi notre* HALEINE *est-elle* VISIBLE *en* HIVER *et non pas en été?* — Parce que le froid intense de l'hiver *condense l'haleine* humide et la rend visible, sous forme de petit nuage.

1005. *Pourquoi nos* CHEVEUX *et les bords de notre* CHAPEAU *sont-ils souvent couverts de petites gouttes d'eau, quand nous nous promenons pendant l'hiver?* — Parce que notre *haleine* s'élève et se condense, au contact des cheveux et des bords plus froids du chapeau, sous forme de gouttelettes.

1006. *Pourquoi la vapeur sortie des cheminées des locomotives forme-t-elle en l'air des* NUAGES, *ou même se* CONDENSE *en pluie fine?* — Parce qu'elle se refroidit subitement au contact de l'air plus froid ou plus frais, et que cette condensation a pour effet naturel la formation d'un nuage, ou même la précipitation sous forme de pluie, si le refroidissement est assez subit et assez intense.

§ 3. — Brouillard.

1007. *Qu'est-ce qu'un* BROUILLARD? — Le brouillard ordinaire n'est pas autre chose qu'un nuage formé à la surface de la terre ou à une très-petite hauteur au-dessus du sol par la condensation des vapeurs humides.

1008. *En quelles circonstances se forment les brouillards qu'on voit sur les* RIVIÈRES, *les* ÉTANGS, *etc.?* — La théorie et l'expérience prouvent que par un ciel serein, et lorsque le refroidissement nocturne a produit son effet, toute masse d'eau qui le jour était à la température de l'atmosphère sera sensiblement plus chaude à la surface que le sol environnant; l'air qui repose sur l'eau est donc plus chaud que l'air au contact du sol, et il se charge d'une plus grandê quantité d'humidité ou de vapeur, d'abord dissoute et invisible. Cela posé, si un léger souffle de vent amène l'air de la terre à se mêler à l'air saturé qui repose sur l'eau de l'étang ou de la rivière, celui-ci sera refroidi, une partie des vapeurs qu'il contenait se précipiteront sous forme de gouttelettes excessivement petites, qui finiront par troubler sa transparence, par le transformer en véritable nuage, et il en résultera un brouillard plus ou moins épais. Le brouillard commence à se former quand la température de la terre est de 2 à 4 degrés au-dessous de celle de l'eau. Il peut naitre aussi lorsqu'au contraire la température de l'eau est plus basse que celle du sol, et que l'air plus saturé de la terre vient à se mêler à l'air plus froid qui repose sur l'eau. La cause générale du brouillard est le mélange de deux airs saturés d'humidité et à des températures inégales.

1009. *En quelles circonstances se forment les* BROUIL-LARDS *sur le* SOL? — Lorsque le sol humide est plus chaud que l'air. On voit souvent dans les Alpes les vapeurs humides qui sortent d'un sol récemment labouré se condenser dans l'air plus froid, et donner naissance sur place à un brouillard ou nuage qui rampe le long de la montagne en grossissant à vue d'œil, et finit quelquefois par devenir un nuage chargé de foudres. Rien de plus commun que de voir des brouillards arrondis en nuages adhérer aux flancs des montagnes très-élevées. Une masse d'air humide et chaud, en se refroidissant par sa simple ascension dans l'air, peut se transformer en nuage, et l'électricité peut jouer un certain rôle dans l'action que les montagnes semblent exercer sur lui.

1010. *Quelle est la cause des brouillards qui précèdent et accompagnent le* DÉGEL? — Un *vent tiède* qui amène l'air humide dans une atmosphère froide contre un sol ou contre des édifices depuis *longtemps refroidis*.

1011. *Les brouillards peuvent-ils* DESCENDRE *comme tout* FORMÉS *des régions plus élevées de l'atmosphère?* — Oui, les nuages peuvent s'abaisser assez pour devenir de véritables brouillards qui seront très-épais, si les nuages rabattent en même temps avec eux la fumée saturée de molécules de charbon. C'est ainsi que s'expliqueraient les brouillards si intenses de la ville de Londres quand ils ne sont pas engendrés par la Tamise.

1012. *Qu'appelle-t-on* BRUINE? — La *petite pluie très-fine* qui résulte de la précipitation d'un brouillard.

1013. QUAND *le brouillard est-il* SOMBRE *et qu'*ANNONCE-*t-il?* — Le brouillard est sombre lorsque le ciel au-dessus est couvert d'épais nuages; ce qui annonce en général le mauvais temps.

1014. QUAND *le brouillard est-il transparent et que fait-il espérer?* — Il est transparent quand le ciel au-dessus est serein; ce qui permet de pronostiquer un beau temps.

1015. *Pourquoi les brouillards ne se convertissent-*

ils pas en ROSÉE? — Parce que le brouillard empêche le sol de *rayonner;* sa surface reste chaude, et le brouillard ne peut pas se condenser en rosée.

1016. *Pourquoi le nuage épais qui constitue le brouillard paraît-il s'*ÉLEVER *de plus en plus, tandis que sa partie inférieure reste en contact avec la terre?* — Parce que le refroidissement qui a déterminé la formation du nuage se propage de plus en plus, et que de nouvelles couches de vapeurs, précipitées en eau, viennent s'ajouter à chaque instant à la surface supérieure du brouillard; celui-ci semble alors s'élever, quoiqu'il ne fasse qu'augmenter d'épaisseur.

1017. QUAND *et comment se dissipent les brouillards formés au-dessus des rivières et des étangs?* — Dès que la température de l'air sur la terre surpasse celle de la rivière, ce qui a lieu plus ou moins longtemps après le lever du soleil.

1018. *Pourquoi les brouillards s'*ÉVANOUISSENT-*ils, en général, au* LEVER *du soleil?* — Parce que l'air devient alors *plus chaud*, et que les gouttelettes qui constituent le brouillard passent de nouveau à l'état de vapeur.

1019. *Pourquoi* CHAQUE NUIT *n'amène-t-elle pas un* BROUILLARD? Parce qu'il peut arriver et qu'il arrive assez souvent, même par un ciel serein, que l'eau, le sol et l'air soient à des températures assez peu dissemblables pour que le mélange des deux atmosphères ne donne pas naissance à la précipitation des vapeurs.

1020. *Quand les* BROUILLARDS *sont-ils le plus* FRÉQUENTS? — Lorsque les circonstances atmosphériques sont telles, que l'eau, le sol et l'air puissent être à des températures suffisamment dissemblables sur des points différents.

1021. *Pourquoi les brouillards sont-ils très-communs dans les pays voisins de la* MER *et dans les* MARAIS? — Parce que l'on trouve réunies toutes les conditions d'inégalités de température nécessaires pour la formation sur place d'un brouillard, sans qu'il doive venir d'ailleurs.

1022. *Pourquoi les* COLLINES *paraissent-elles plus* GRANDES, *lorsqu'on les voit par un brouillard épais?* — Peut-être parce que la masse nuageuse fait quelque peu l'effet de lentilles grossissantes; mais surtout parce que la présence du brouillard ne permet pas de comparaison entre les divers objets. Ceux qu'on voit prennent dans leur isolement des proportions plus grandes.

1023. *Pourquoi les* ARBRES *paraissent-ils plus* ÉLOIGNÉS, *quand le temps est* HUMIDE *ou obscurci par un* BROUILLARD? — Parce que le brouillard *diminue la lumière* émise par les objets, qui, devenant moins visibles, paraissent plus éloignés.

1024. *Pourquoi le* SOLEIL *paraît-il* ROUGE *pendant un* BROUILLARD? — Parce que les rayons rouges ont seuls assez de puissance pour percer le brouillard et devenir visibles à travers son épaisseur.

1025. *Si le* FROID *produit les brouillards, pourquoi ne s'en forme-t-il jamais quand il* GÈLE *le matin?* — Parce que : 1° l'évaporation est très-faible lorsqu'il fait froid; 2° le sol et la surface de l'eau se refroidissent en même temps; 3° la vapeur condensée ne peut pas se maintenir à l'état de gouttelettes, elle passe à l'état solide et se précipite sous forme de gelée blanche.

1026. *Pourquoi les brouillards sont-ils plus* FRÉQUENTS *en* AUTOMNE *qu'au printemps?* — Parce que, en automne, le sol est plus chaud qu'au printemps, tandis que dans les deux saisons la température de l'air est sensiblement la même; une des causes des brouillards, la différence de température entre le sol et l'air, est donc plus active en automne qu'au printemps.

1027. *Pourquoi les brouillards se forment-ils rarement sur les* HAUTES MONTAGNES? — Parce que l'air y est en général sec et froid. Il est cependant certaines gorges ou certains passages sur les montagnes que les courants d'air humides venus des vallées ne peuvent pas traverser sans perdre leur transparence, sans se changer en brouillard ou en nuage.

1028. *Pourquoi les brouillards se forment-ils souvent dans les* VALLÉES? — Parce que, l'air dans les vallées est souvent *voisin du point de saturation*, et il suffit alors que la température s'abaisse de quelques degrés pour que cette vapeur passe à l'état liquide.

1029. *Comment les* VENTS DISSIPENT-*ils les brouillards?* — Soit en les déplaçant, soit en les dissolvant.

1030. *Existe-t-il des brouillards* SECS *et comment les explique-t-on?* — Oui, il existe des brouillards secs, soit locaux ou occupant un espace très-limité, soit indéfinis et qui s'étendent sur de vastes régions, quelquefois sur la plus grande partie de la surface de la terre;

qui se déplacent ou se propagent avec une vitesse plus ou moins grande; qui répandent quelquefois une odeur désagréable et des lueurs phosphorescentes, etc. On les a quelquefois attribués au passage de la queue d'une comète, mais cette opinion n'est nullement probable; ce sont peut-être des émanations gazeuses sorties des entrailles de la terre par ses fissures; une fumée vomie par les volcans et qui séjourne sur la terre, ou le résultat de la combustion d'aérolithes ou de bolides. Les brouillards secs de 1783 et 1831 ont été surtout remarquables.

§ 4. — Gelée blanche.

1031. *Qu'est-ce que la* GELÉE BLANCHE? — Il y a trois espèces de gelée blanche : — 1° la *rosée gelée*, qui forme la véritable gélée blanche; — 2° le *brouillard gelé*, connu sous le nom de givre; — 3° le *verglas*, ou les petites gouttes de pluie gelées en touchant le sol.

1032. *Quelle est la cause qui fait* GELER *la* ROSÉE? — Le sol dont la température *s'abaisse* au-dessous de zéro congèle la rosée qui se dépose à sa surface et y forme une nappe blanche.

1033. *Pourquoi la gelée blanche ne se forme-t-elle que pendant une* NUIT *très-claire?* — Parce qu'il faut que la température de la terre descende *au-dessous de zéro* pour que la rosée se forme d'abord, se congèle ensuite.

1034. *Pourquoi la* GELÉE BLANCHE *couvre-t-elle très-souvent le* SOL *et les* ARBRES, *tandis que l'eau des rivières* *n'est pas gelée?* — Parce que l'eau des rivières se refroidit moins que le sol et les plantes; celles-ci peuvent être descendues au-dessous de zéro, s'être couvertes de rosée et de gelée blanche, quand la surface de l'eau est encore à un ou deux degrés au-dessus de zéro.

1035. *Pourquoi la gelée blanche forme-t-elle une couche beaucoup plus épaisse sur l'*HERBE *et sur les plantes* PEU ÉLEVÉES *que sur les grands arbres?* — Par la même raison qui fait que la rosée se dépose plus sur les plantes et sur les arbustes que sur les grands arbres.

1036. *Pourquoi la gelée blanche se forme-t-elle à peine au-dessous des* ARBUSTES *et des arbres* TOUFFUS? — Parce que la rosée ne s'y forme pas et que la gelée blanche qui n'est que de la rosée gelée, suppose d'abord la formation de la rosée.

1037. *Pourquoi la gelée blanche reste-t-elle plus longtemps au* PIED *d'une* HAIE, *à l'ombre, qu'en rase campagne?* — Parce qu'à l'abri des rayons directs du soleil et du souffle du vent elle est moins exposée à fondre ou à être dissipée.

1038. *Qu'est-ce qui cause le* GIVRE *ou brouillard gelé?* — Le passage de l'état liquide à l'état solide des gouttelettes d'eau en suspension dans le brouillard. Le brouillard épais qui s'est formé pendant la nuit *est condensé par le froid du matin* et se convertit en petits cristaux de glace qui hérissent tous les corps froids.

1039. *Comment peut-on* PRÉSERVER *les* VÉGÉTAUX *des effets funestes du* GIVRE *et des gelées blanches?* — En les

couvrant d'une toile, de paille, de jonc, etc. Un abri
quelconque, suffisant à arrêter le rayonnement, empê-
chera les plantes de geler.

1040. *Pourquoi le givre annonce-t-il souvent un*
DÉGEL *et l'approche de la* PLUIE? — Parce qu'il suppose
en général une atmosphère très-chargée d'humidité,
amenée par un vent relativement chaud, ce qui est
une condition favorable à la pluie.

SECTION III. — PLUIE.

1041. *Qu'est-ce que la* PLUIE? — La pluie n'est que
la *liquéfaction des nuages*, c'est-à-dire la précipitation
ou l'abandon par les nuages de l'eau qu'ils tenaient en
suspension; l'agglomération en gouttes plus grosses
et plus pesantes, qui tombent par leur propre poids,
des goutelettes infiniment petites qui nageaient dans
l'air.

1042. *Quelle est la* CAUSE GÉNÉRALE *de la pluie?* —
Le refroidissement de la masse nuageuse ayant pour
effet d'augmenter considérablement le nombre des
gouttelettes. et de faire qu'elles soient assez voisines
pour se réunir en gouttes plus grosses qui ne peuvent
plus rester suspendues dans l'air.

1043. *Mentionnez les* CAUSES *principales qui favori-*
sent la formation de la pluie? — 1° L'accumulation des
vapeurs condensées ; 2° l'agitation produite par des
courants d'air de directions différentes ; 3° l'arrivée
d'un vent humide et chaud ; 4° un changement dans la
température de l'air ; 5° la condition électrique de l'air;
6° le rayonnement des nuages ; 7° l'augmentation de

la pression atmosphérique ; 8° l'ascension des masses
de vapeur humide ou des nuages le long des flancs
des montagnes; ou dans l'atmosphère par une sorte de
chévauchement, lorsque les masses d'air inférieures
sont arrêtées ou retardées dans leur progression par
le contact du sol.

1044. *Pourquoi tombe-t-il quelquefois une plus
grande quantité de pluie sur les* MONTAGNES *que dans
les plaines?* — Parce qu'il peut arriver que dans la
dernière portion de leur chute un certain nombre de
gouttes de pluie se vaporisent et n'arrivent pas à la
plaine, tandis que toutes tombent sous forme de pluie
sur la montagne.

1045. *Pourquoi la pluie tombe-t-elle quelquefois en*
MOINS *grande abondance sur les* MONTAGNES *que dans les
vallées?* — Parce qu'il peut arriver qu'au contraire,
dans la seconde portion de leur chute, les gouttes de
pluie rencontrent de nouvelles vapeurs dont elles déterminent la condensation, en ajoutant ainsi à leur
volume ou à la quantité de pluie.

1046. *Pourquoi les gouttes de pluie sont-elles beaucoup plus* GROSSES *dans certains temps que dans certains
autres?* — Parce que : 1° l'air est plus ou moins chargé
de vapeur dans des conditions propices à leur condensation par les gouttes venues de plus haut; 2° ce sont,
en général, les pluies chaudes qui présentent les plus
grosses gouttes, parce qu'un air chaud saturé contient
beaucoup plus de vapeurs.

1047. *Pourquoi la pluie tombe-t-elle sous forme
de* GOUTTES *sphériques?* — Parce que la forme sphé-

rique est la forme naturelle d'équilibre des liquides.

1048. *Pourquoi le froid de la* NUIT *ne condense-t-il pas toujours en* PLUIE *l'eau des nuages?* — Parce qu'il n'est pas toujours assez intense pour condenser assez de vapeur, pour multiplier assez les gouttelettes, et n'amène pas, par conséquent, leur agglomération en gouttes qui tombent nécessairement par leur propre poids.

1049. *Pourquoi un nuage donne-t-il quelquefois un* PEU *de pluie, qui* CESSE *bientôt après?* — Parce que le nuage s'est refroidi sous l'influence d'une cause qui a cessée, d'un courant d'air froid, par exemple, qui l'a traversé.

1050. *La pluie ne tombe-t-elle pas* PÉRIODIQUEMENT *dans certains pays?* — Oui; la saison des pluies coïncide, pour les pays *tropicaux*, avec la présence du *soleil au zénith*. A mesure qu'on s'éloigne de l'équateur, l'alternative régulière de la saison sèche et de la saison pluvieuse disparaît.

En Afrique, près de l'équateur, la pluie commence en avril.

Sur les bords du Sénégal, elle commence en juin, et elle dure jusqu'en septembre.

En Amérique, les pluies surviennent à Panama au commencement de mars; à Saint-Vélas de Californie, au milieu de juin.

Dans la presqu'île de l'Inde, la saison des pluies est, pendant la mousson de sud-ouest, sur la côte *occidentale*, pendant celle du nord-est, sur la côte *orientale*.

1051. *Dans quelles parties du globe la quantité de pluie qui tombe annuellement est-elle la plus grande?* — Dans les pays tropicaux et dans les pays voisins des tropiques. La quantité d'eau qui y tombe, pendant la *courte saison des pluies*, est très-supérieure à celle qui tombe chez nous pendant *toute l'année*.

1052. *Quelle quantité de pluie tombe-t-il en* France *pendant toute l'année?* — La quantité moyenne d'eau qui tombe annuellement sur la *côte* de France est de 67 centimètres cubes ; à Paris, de 50 ; à Lyon, de 89.

La quantité d'eau qui tombe à Milan est de 96 centimètres cubes, à Venise de 81, à Londres de 53, à Marseille de 47, à Pétersbourg de 46.

Le lieu le plus pluvieux de l'Angleterre est Kendal, dans le Westmoreland, où la quantité moyenne d'eau qui tombe annuellement s'élève à 156 centimètres.

Bergen, en Norvége, est la ville de l'Europe où la quantité d'eau qui tombe annuellement est la plus grande ; cette quantité s'élève à 224 centimètres.

1053. *Quel* vent *amène le plus souvent la pluie en* France ? — Le vent de *sud-ouest*, puis le vent d'*ouest* ; le vent de nord-est est le *moins* pluvieux.

Si 52 représente la quantité de pluie amenée par le vent de sud-ouest, 24 représentera celle amenée par le vent d'ouest, et 4 celle amenée par le vent de nord-est.

1054. *Les* jours *de* pluie, *à Paris, sont-ils plus fréquents ou moins fréquents que les* beaux jours? — Les jours de pluie, en France, sont *moins* fréquents que les beaux jours. Le nombre moyen des jours de *pluie* est de 147, et celui des *beaux* jours de 218.

Le nombre moyen des jours de pluie, en Angleterre et dans la partie voisine du bord occidental de la France, est de 152.

1055. *Comment peut-on* mesurer *la quantité de pluie qui tombe dans le cours d'une année?* — En la recevant dans un vase qu'on appelle *pluviomètre*, *udomètre* ou *ombromètre*; c'est un cylindre à double fond, dont la partie supérieure fait la fonction d'*entonnoir*, et la partie inférieure fonction de *réservoir*; un tube latéral donne la hauteur de l'eau.

1056. *Dans quelle saison de l'*année *tombe-t-il, en*

France, *le plus de pluie?* — Dans l'*automne*, puis en *été;* le printemps est la saison la *moins* pluvieuse.

Si nous exprimons par 100 la quantité totale de pluie qui tombe dans le cours d'une année, nous aurons pour chaque saison les proportions suivantes :

Pour l'automne.	35	
— l'été.	30	
— l'hiver	25	100
— le printemps.	14	

1057. *Dans quelle période du* jour *pleut-il le plus en France?* — Entre le coucher et le lever du soleil , parce que la température de l'air *s'abaisse* après le coucher du soleil, et s'élève après le lever de cet astre.

1058. *En quoi les pluies d'*automne *sont-elles avantageuses?* — En ce qu'elles préparent la terre à recevoir les semences dans toutes les conditions d'un prompt développement.

1059. *Pourquoi le proverbe dit-il : Avril pleut aux hommes, mai pleut aux bêtes?* — Parce que la pluie d'avril est propice aux *grains* qui servent à la nourriture des *hommes*, et celle de mai propice aux *fourrages*, qui servent à l'alimentation des *bestiaux*.

1060. *A part l'humidité, quelles sont les* autres *propriétés fertilisantes de l'eau de pluie?* — Elle renferme un peu d'*acide carbonique;* elle contient aussi de l'*ammoniaque*, et quelquefois des traces d'*acide nitrique* en dissolution. Ce sont ces substances qui rendent l'eau de pluie plus fertilisante que l'eau de pompe.

1061. *Pourquoi une ondée de pluie sert-elle à* purifier *l'atmosphère?* — Parce que : 1° l'eau *dissout les exhalaisons* délétères qui s'élèvent dans l'air ; 2° l'ondée *mélange* l'air des régions supérieures et celui des couches inférieures ; 3° elle *lave la surface de la terre* et entraîne les contenus stagnants des égouts, des conduits, des fossés, etc.

1062. *Pourquoi les* NUAGES TOMBENT-*ils par un temps pluvieux ?* — Parce que la plus grande quantité d'eau à l'état de gouttelettes qu'ils contiennent les rend plus pesants et devient un obstacle à leur suspension.

1063. *Pourquoi une* ÉPONGE GROSSIT-*elle lorsqu'elle est saturée d'eau ?* — Parce que les molécules d'eau pénètrent dans les pores de l'éponge par *l'attraction capillaire,* et en écartent les parties les unes des autres, ce qui en fait augmenter considérablement le volume.

1064. *Pourquoi les* CORDES *de* VIOLON *se* BRISENT-*elles dans un temps humide ?* — Parce que l'*humidité* de l'air pénètre entre les *fibrilles des cordes,* elles se gonflent, leur tension augmente, et elles se brisent.

1065. *Pourquoi le* PAPIER *humide se* RIDE-*t-il ?* — Parce qu'il absorbe inégalement l'humidité. Les parties qui sont les *plus humides se gonflent,* et, comme elles ne peuvent pas s'étendre librement, elles se *soulèvent* et forment de petites bouffissures.

1066. *Pourquoi est-il difficile de mettre des* BAS HUMIDES ? — Parce que : 1° l'humidité pénètre dans les filaments, ils se gonflent, les bas se retirent et deviennent *moins larges ;* 2° l'humidité fait que les bas *adhèrent à la peau* des pieds et des jambes, et détermine un frottement considérable qu'il faut vaincre pour parvenir à les mettre.

1067. *Pourquoi les* CHANDELLES *et les lampes* CRACHENT-*elles quelquefois quand la pluie est proche ?* — Parce que la chaleur de la flamme convertit brusquement *en va-peur l'humidité de l'air* qui a pénétré entre les filaments de la mèche, et produit de petites crépitations.

1068. *Pourquoi les* PORTES *se* GONFLENT-*elles pendant un temps pluvieux ?* — Parce que l'humidité de l'air, pénétrant *dans les pores du bois,* en écarte les fibres les unes des autres, et augmente ainsi les dimensions des portes au point que quelquefois elles ne peuvent plus se fermer.

1069. *Pourquoi les* PORTES *se* RETIRENT-*elles dans un temps sec ?* — Parce que l'humidité du bois s'évapore ; les pores se resserrent, et alors le volume de la porte diminue. .

1070. *Pourquoi l'*AIR *est-il odorant et nauséabond à l'approche de la pluie ?* — Parce que : 1° en temps d'orage l'atmosphère contient de l'ozone ; 2° la pluie dissout et ramène sur la terre les émanations des fumiers, des égouts, des fosses, etc. : ces émanations ne peuvent donc plus se perdre dans l'atmosphère.

1071. *Pourquoi les fleurs ont-elles une odeur plus* FORTE *et plus* DOUCE *à l'approche de la pluie ?* —Parce que : 1° l'humidité de l'air dissout et retient les parties volatiles et odorantes des fleurs, qui se répandent dans les couches inférieures ; 2° certaines huiles essentielles, qui produisent l'odeur des plantes, demandent la présence d'une *grande quantité d'humidité* pour se développer parfaitement.

1072. *Pourquoi les* CHEVAUX *et certains autres ani-*

maux allongent-ils le cou et aspirent-ils l'air par leurs naseaux à l'approche de la pluie? — Parce qu'ils prennent plaisir à respirer le parfum *des plantes et du foin*.

1073. *Pourquoi les* hirondelles *volent-elles fort* bas *quand la pluie approche?* — Parce que les insectes qu'elles recherchent pour leur nourriture sont descendus des *régions froides de l'air supérieur* pour respirer l'air plus chaud *de la terre*, et peut-être aussi pour chercher un abri sous les haies ou les arbustes.

1074. *Le proverbe dit : Une pie au printemps amène mauvais temps. — Expliquez-en la raison.* — Quand le temps est froid et pluvieux, des deux pies *une seule* quitte le nid pour aller *chercher la pâture*, tandis que l'autre reste avec les œufs ou la couvée ; au contraire, par un beau temps, quand les œufs ou la couvée ne peuvent pas *souffrir du froid*, les deux pies sortent ensemble.

1075. *Pourquoi les* mouettes *volent-elles sur la mer pendant un* beau *temps?* — Parce qu'elles vivent de poissons, qu'elles trouvent à la *surface de la mer* quand le temps est beau.

1076. *Pourquoi peut-on compter sur la* pluie *si les* mouettes *s'assemblent sur la côte?* — Parce que les poissons, à l'approche du mauvais temps, *quittent* la surface de la mer, et vont hors de la portée des mouettes, qui alors sont réduites à se nourrir des *vers* et des *larves* des insectes du rivage.

1077. *Pourquoi les* pétrels *volent-ils* vers *la mer dans un temps orageux?* — Parce qu'ils se nourrissent de petits animaux qui abondent dans l'*écume des vagues* agitées.

Les pétrels sont des oiseaux palmipèdes qui ressemblent aux canards; ils vivent en pleine mer, et nagent sur la surface des vagues : on les appelle pétrels, de *petrello*, mot qui veut dire petit Pierre (*Petrus*), par allusion à saint Pierre, qui a marché sur la mer pour rejoindre Notre-Seigneur.

1078. *Pourquoi la* FUMÉE TOMBE-*t-elle à l'approche de la pluie?* — Parce que : 1° l'*air est moins dense*, et, par conséquent, la force d'ascension de la fumée devient moindre ; 2° l'*humidité* de l'air se mêle avec la fumée et la rend plus *pesante*.

1079. *Quelle est la cause des pluies de* CENDRES? — Des poussières volcaniques ou autres apportées par les vents qui ont déterminé la formation de la pluie, ou que la pluie a rencontrées flottantes dans l'atmosphère.

1080. *Quelle est la cause des pluies de* SANG? — La présence dans l'air que la pluie a traversé de poussières minérales, de substances végétales ou d'animalcules colorés en rouge.

1081. *Quelle est la cause des pluies de* SOUFRE? — La présence dans l'air de poussières, par exemple, de *pollen* ou poussière fécondante *jaune* des arbres en fleurs que la pluie entraîne dans sa chute. Lorsqu'une pluie se manifeste pendant la floraison des *pins* et autres arbres résineux, on remarque sur l'eau, dans le voisinage des forêts, *une poudre jaune* ressemblant à du soufre, et qui n'est que le pollen des pins.

1082. *Quelle est la cause des pluies de manne, de* PIERRES, *de graines*, etc.? — Les vents violents et les trombes qui balayent la surface de la terre emportent quelquefois à de grandes hauteurs des substances diverses qu'ils abandonnent plus tard, et qui retombent ensuite avec la pluie; quelquefois les *volcans* lancent de leur cratère, à une grande hauteur, des pierres, de la poussière, des cendres, etc., qui retombent sur la terre.

La pluie de manne qui est tombée en Perse, non loin du mont Ararat, en avril 1827, n'était qu'une chute de petits lichens.

1083. *Quelle est la cause des pluies de* GRENOUILLES, *de poissons, de vers*, etc. ? — Les vents et les trombes ont pu emporter à de grandes hauteurs, ou à de grandes distances, ces animaux ou leurs germes près d'éclore, les abandonner ensuite et les laisser retomber avec la pluie.

SECTION IV. — NEIGE.

1084. *Quelle est la cause de la neige?* — La neige est formée par la cristallisation *tranquille* des gouttelettes d'eau des nuages, quand le temps est *calme*, l'air *pur*, et la température au-dessous de *zéro*.

Il y a quelques années, des pêcheurs passèrent l'hiver à la Nouvelle-Zemble; après avoir été longtemps renfermés dans leur cabane, ils en ouvrirent la fenêtre; l'air froid qui y entra condensa tout à coup les vapeurs chaudes contenues dans la cabane, et ces vapeurs tombèrent *en neige* sur le plancher. Un peu de vapeur ou d'air humide, qui d'abord comprimé se dilate tout à coup, laisse tomber ou dépose à l'état de neige, à la surface des corps mauvais conducteurs qu'on lui oppose, l'eau qu'il entraînait avec lui.

1085. *Pourquoi la neige tombe-t-elle en* FLOCONS ? — Parce que le calme de l'atmosphère permet aux molécules de glace des hautes régions de se grouper en flocons, qui retiennent ainsi de l'air emprisonné entre leurs gouttelettes gelées.

1086. *Pourquoi la neige tombe-t-elle en* HIVER *et non pas en* ÉTÉ? — Parce que par sa nature même la neige suppose un refroidissement, une congélation que l'hiver seul peut en général déterminer; la persistance de la neige suppose en outre que le sol soit froid ou gelé.

1087. *Quels sont les* BONS EFFETS *de la* NEIGE? — 1° Elle sert à tenir la *terre chaude* en hiver et à la fertiliser; 2° elle tempère la chaleur ardente de l'été, en refroidissant les vents qui passent sur le sommet des montagnes; 3° lorsqu'elle s'amasse dans les lieux élevés, elle sert, en fondant, à *alimenter les rivières*, qui se convertiraient en torrents dévastateurs ou en vastes lacs, si la même quantité d'eau leur arrivait sous forme de pluie, dans un temps trop court.

1088. *Comment la* NEIGE *peut-elle tenir la terre* CHAUDE? — Comme la conductibilité de la neige est très-faible, lorsqu'elle couvre d'une couche épaisse la surface du sol, la température de ce dernier ne s'abaisse pas au-dessous du point de congélation, tandis que celle de l'air est beaucoup plus basse.

1089. *Pourquoi la neige est-elle un* MAUVAIS *conducteur de la chaleur?* — Parce que : 1° elle renferme entre ses particules une *grande quantité d'air*, mauvais conducteur; 2° parce qu'elle se compose de particules très-divisées, placées à distance, et offre ainsi une grande résistance à la propagation de la chaleur.

1090. *Pourquoi la neige favorise-t-elle la* VÉGÉTATION? — Parce qu'elle contient de l'acide carbonique, et même le plus souvent des nitrates et de l'ammoniaque, substances azotées fertilisantes qui, lorsqu'elle fond, pénètrent lentement dans le sol, et s'insinuent dans les sillons et les mottes de terre.

1091. *Pourquoi dans les pays couverts de neige les* NUITS *sont-elles si claires ?* — Parce que la neige est phosphorescente, et qu'elle rend pendant la nuit la lumière qu'elle a absorbée pendant le jour. Si, dès le matin, on couvre une certaine étendue de neige d'un corps opaque qui lui ferme l'accès de la lumière, et qu'on la découvre le soir, cette portion, pendant la nuit, se détachera en noir sur la neige environnante ; elle ne luira plus.

1092. *Qu'entend-on par : ligne des neiges éternelles?* — Jusqu'à une certaine hauteur, la neige qui tombe sur les montagnes est *fondue par les chaleurs de l'été;* mais, passé cette hauteur, la neige *ne fond plus.* Le nom de ligne des neiges éternelles est donné à la *limite inférieure* des flancs ou sommets de montagnes toujours couverts de frimas.

1093. *Qu'est-ce qui* DÉTERMINE *cette limite?* — L'attitude du lieu; la chaleur et la durée des étés ; la quantité de neige tombée en hiver; la configuration des chaînes de montagnes et la direction des vents élevés.

La limite des neiges éternelles au Chili est à 5 500 mètres; — dans l'Hymalaïa, sur le versant méridional, à 5 900 mètres; — dans les Alpes, à 2 650 mètres; en Norvége elle varie de 1 600 à 715 mètres; — au Spitzberg, la limite des neiges éternelles est la surface même du pays.

1094. *Quelles* FORMES *les flocons de neige prennent-ils?* — Leurs formes varient suivant leur *densité;* mais la forme la plus commune est celle des cristaux *stelliformes* et *hexagonaux.*

La forme d'un flocon de neige est fréquemment celle d'une étoile à rayons formés de prismes qui s'unissent sous des angles de 60 degrés, et du sommet desquels rayonnent d'autres prismes des mêmes angles.

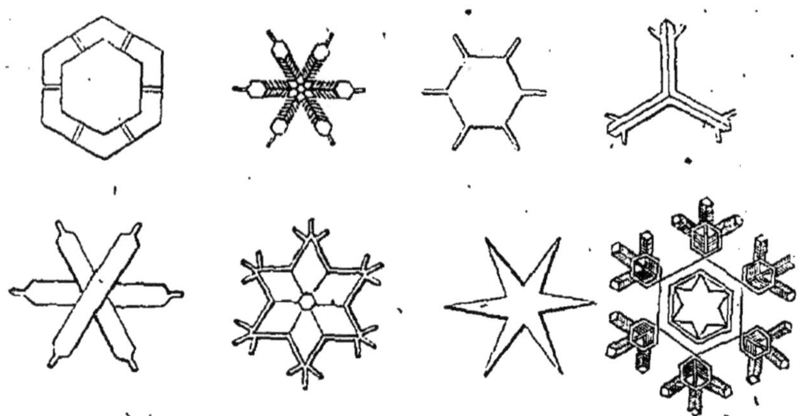

Quelquefois la neige tombe sous la forme d'une fine *poussière*, surtout lorsqu'elle prend naissance près de la surface de la terre.

1095. *Qu'est-ce qui produit la* NEIGE ROUGE? — 1° La neige rouge, qu'on trouve dans certaines localités, particulièrement sur le mont Saint-Bernard, doit sa couleur à une *plante cryptogame* excessivement petite, à laquelle on a donné le nom de *Uredo nivalis :* 2° quelquefois cette teinte rouge est due à la présence de petits *œufs de certains infusoires* nommés PHILODINA ROSEOLA; 3° quelquefois à de petites *algues*, l'*Hematococcus nivalis*, etc.

SECTION V. — GRÉSIL, GRÊLE.

1096. *Qu'est-ce que le* GRÉSIL? — Le grésil est formé de petits grains de glace, de forme en général conique ou en aiguilles, ou de petite grêle.

1097. *D'où naît le grésil?* — Des gouttes de pluie très-fines tombées d'un premier nuage, et congelées subitement dans leur passage à travers un second nuage, dont la température est beaucoup plus basse. En général, les masses d'air ou les nuages sont superposés dans l'atmosphère, suivant l'ordre de la température, les plus chauds en dessous, les plus froids au-dessus; mais il peut arriver, par suite d'un vent local, d'une dilatation subite produite par la chaleur, d'un entrainement électrique, que cet ordre soit renversé, et qu'un nuage très-froid se trouve momentanément au-dessous d'un nuage dont la température est supérieure à zéro; et que, par conséquent, la pluie formée dans le nuage plus élevé, plus chaud, venant à traverser le nuage moins élevé très-froid, se congèle et se change subitement en grésil.

1098. *Quand le grésil apparaît-il?* — En hiver, en général, et pendant les coups de vents ou les rafales.

1099. *Qu'est-ce que la grêle?* — Du grésil qui, en traversant une masse d'air, un nuage très-saturé de vapeur d'eau ou très-chargé d'eau, congèle cette eau par son contact, et s'entoure ainsi d'une ou de plusieurs couches successives de grêle ou de verglas, de grêle si le grésil était excessivement froid, de verglas s'il était moins froid. Un grain de grêle est donc formé d'un grain de grésil servant de noyau à des couches concentriques plus ou moins nombreuses, plus ou moins épaisses, de givre ou de verglas.

1100. *A quelles époques de l'année et à quelle période du jour tombe le plus souvent la grêle?* — La grêle tombe surtout en automne et en été, pendant le jour, et par les temps orageux, ou quand l'atmosphère est chargée d'électricité.

1101. *Pourquoi la grêle tombe-t-elle surtout en été?* — Parce que : 1° c'est en été surtout que l'action d'une chaleur intense et la dilatation qui en est la suite peuvent entrainer à une très-grande hauteur, et au-dessus de nuages plus froids les nuages plus chauds qui donneront la pluie transformée en grésil; 2° c'est pendant l'été, surtout, que l'air est sursaturé de vapeur, que le grésil peut rencontrer dans sa chute de grandes masses d'air chargées d'eau, au sein desquelles il s'entourera de givre ou de glace, et se changera en grêle.

1102. *Pourquoi la grêle tombe-t-elle souvent pendant le jour et aux moments les plus chauds de la journée?* — Parce que la présence du soleil et l'action calorifique de ses rayons directs, en l'absence des autres causes, peuvent devenir nécessaires pour élever à une plus grande hauteur des masses d'air plus chaudes, et troubler l'ordre naturel de succession des couches d'air; les plus froides en haut, les plus chaudes en bas.

1103. *Pourquoi l'électricité semble-t elle exercer une influence sur la formation de la grêle?* — Parce qu'elle contribue à troubler l'ordre de succession des couches, à entrainer des nuages plus chauds à une plus grande hauteur, et aussi à condenser la vapeur en eau au sein des nuages.

1104. *Est-il vrai que l'apparition de la grêle exige la superposition de deux nuages électrisés en sens contraire, et qu'on ne puisse expliquer la grosseur quelque-*

fois considérable des grains de grêle qu'en admettant qu'ils ont été longtemps ballottés entre les deux nuages, allant et revenant plusieurs fois de l'un à l'autre? — Non ; le recours à deux nuages électrisés en sens contraire et aux ballottements des grêlons, n'est ni nécessaire, ni admissible ; si les grêlons étaient attirés successivement par les nuages, les deux nuages seraient plus attirés encore l'un par l'autre, et ils se confondraient.

1105. *Comment expliquez-vous la grosseur quelquefois énorme des grains de grêle?* — S'il s'agit de grains simples : 1° par l'énorme quantité d'eau que les courants atmosphériques peuvent amasser dans un espace limité ; on a vu, à Gênes, en 1822, une seule averse donner jusqu'à 82 centimètres d'eau ; 2° par l'immense épaisseur des masses d'air saturé de vapeur et d'eau que le grésil a pu traverser ; 3° par le long séjour que le grésil, transporté horizontalement par un vent violent, a pu faire au sein de ces masses d'air saturé.

S'il s'agit des grêlons composés, on sait que deux morceaux de glace mis en contact se soudent ; en se rencontrant donc au sein de l'atmosphère, sous l'influence du vent ou de l'électricité, un grand nombre de grêlons ont pu s'agglomérer et arriver à former des masses relativement énormes. On a vu tomber, en Hongrie, le 8 mai 1802, une masse de grêle d'un mètre carré de surface et de 7 décimètres de haut.

1106. *Quels rapports le vent a-t-il avec la grêle?* — La grêle est précédée d'un vent chaud se dirigeant vers la nue qui la fournit ; elle est accompagnée ou suivie d'un vent froid et violent soufflant de la nuée qui la donne.

1107. *Comment expliquez-vous le bruit qui précède souvent la grêle?* — Par le choc mutuel des grêlons, par leur frottement contre l'air qu'ils traversent avec vitesse, par la lutte peut-être de vents contraires.

1108. *A quels caractères peut-on reconnaître le plus souvent les nuages qui donneront de la grêle, ceux surtout qui donneront une grêle très-abondante?* — Les nuages qui donneront une forte grêle sont toujours couronnés d'une de ces nues légères, blanchâtres, à formes indécises, appelées *cirrus*, et qui ne prennent naissance qu'à de grandes hauteurs ; elles semblent s'être affaissées ou avoir été amenées par des attractions électriques dans les profondeurs des nuages orageux, et deviennent la source des courants d'air très-froids qui vont glacer la pluie en glissant sous elle, et déterminer la formation du grésil d'abord, de la grêle ensuite. On a vu un même nuage orageux donner ici de la grêle, parce qu'il était accompagné de bandes de cirrus, et ne pas en donner ailleurs, parce que les cirrus manquaient.

Les idées développées dans cette section ont été émises premièrement par M. l'abbé Raillard.

CHAPITRE III

GLACE

1109. *Qu'est-ce que la* GLACE? — L'eau congelée, ou rendue *solide par le froid*. Quand l'eau est exposée, sous la pression atmosphérique ordinaire, à la température de *zéro*, elle passe de l'état liquide à l'état *solide*.

1110. *Quel* EFFET *produit le froid sur l'eau?*— L'eau exposée à l'action du froid se contracte et devient de plus en plus dense *jusqu'à 4 degrés;* alors elle se *dilate* jusque dans l'acte de sa congélation.

L'eau à zéro augmente environ d'un dixième de son volume en se congélant. Elle présente ainsi une singulière exception à la loi générale suivant laquelle les corps acquièrent leur plus grande densité en passant à l'état solide.

1111. *L'eau ne se* DILATE-*t-elle pas lorsqu'on l'expose à l'action de la* CHALEUR? — Oui; l'eau se dilate à partir de 4 *degrés jusqu'à l'ébullition,* qui arrive à 100 degrés, sous une pression atmosphérique de 76 centimètres.

Si CD, en dimensions linéaires, mesure le volume de l'eau à 4 degrés, AB le mesure au point de congélation, et EF au point d'ébullition.

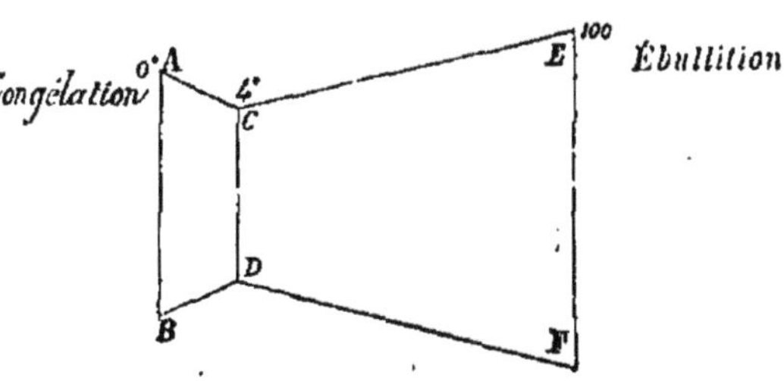

Quand l'eau arrivée au point d'ébullition se convertit en vapeur, son volume est mille sept cents fois plus grand qu'à l'état liquide à 4 degrés.

L'augmentation de densité entre la congélation et l'ébullition de l'eau est de 0,0433 à 1,25.

1112. *Pourquoi la* GLACE *est-elle plus* LÉGÈRE *que l'eau?* — Parce qu'à poids égal elle occupe un plus grand volume; le maximum de densité de l'eau, ou son plus petit volume sous un poids égal, correspond à 4 degrés au-dessus de zéro; de 4 degrés à zéro comme de 4 degrés à 100 degrés, le volume de l'eau augmente; la glace, par conséquent, comme l'eau bouillante, est plus légère que l'eau froide et peut flotter à sa surface.

Un décimètre cube (un litre) de glace ne pèse que 914 grammes, tandis que la même quantité d'eau pèse 1 000 grammes.

1113. *Pourquoi l'eau se* DILATE-*t-elle en se congelant?* — Parce que ses molécules un peu avant la congélation, s'orientent et prennent un arrangement symétrique, elles se disposent en lignes droites, et sont dans ce nouvel état plus *écartées* les unes des autres qu'à l'état liquide.

1114. *Pourquoi les* CRUCHES *se* BRISENT-*elles quelquefois pendant une nuit de gelée?*—Parce que l'eau, en se solidifiant, augmente de volume, et acquiert une force *expansive* assez considérable pour briser les parois qui l'enferment.

1115. *Pourquoi l'eau, en se congelant, ne s'*ÉPANCHE-*t-elle pas tout entière à la surface supérieure comme l'eau bouillante?* — Parce que, 1° la surface supérieure se gèle la première et devient un obstacle à l'épanchement; 2° la congélation se fait presque subitement, et la force expansive qui en résulte s'exerce au même instant dans tous les sens; il y a effort et épanchement sans doute dans le sens de la surface supérieure libre, mais il y a effort aussi contre les parois latérales de la cruche; celle-ci se brisera, à moins qu'elle ne soit très-évasée ou que son ouverture soit très-large.

1116. *Pourquoi les* PIERRES, *les* TUILES *des bâtiments, les* ROCHES *les plus dures, etc.,* ÉCLATENT-*elles quelquefois pendant les gelées d'hiver ?* — Parce que l'*eau* qui est filtrée dans les fissures des pierres, des roches, etc., ou interposée entre leurs molécules solides, se *congèle* et acquiert une force expansive assez considérable pour les fendre en plusieurs éclats.

1117. *La* FORCE *que l'eau acquiert en se congelant est-elle très-*GRANDE*?* — Oui; l'effet de cette force a été évalué à une pression de plus de 1000 atmosphères. Des *canons de fer* très-épais, remplis d'eau et exposés à la gelée, ont souvent éclaté.

A Florence, des membres de l'Académie *del Cimento*, dans le dix-septième siècle, ont brisé une sphère de cuivre si épaisse, que Musschenbroeck évalua à 13,860 kilogrammes la force nécessaire pour la rompre.

1118. *Pourquoi les pierres des* TROTTOIRS *de nos rues se* DÉTACHENT-ELLES *ou se descellent-elles à la suite de la gelée?* — Parce que l'*humidité* qui se trouve au-dessous de ces pierres *se congèle*, et, en se dilatant, les soulève. Plus tard la glace fond, et les pierres restent disjointes et tremblantes sous les pieds des passants.

1119. *Pourquoi les* TUYAUX *de* CONDUITE *des eaux se* BRISENT-*ils souvent par la gelée?* — Parce que l'eau qu'ils contiennent *augmente de volume* en se gelant et fait éclater les tuyaux, devenus alors trop étroits.

1120. *Pourquoi entoure-t-on de paille, de sable ou de charbon, les* TUYAUX *de conduite d'eau à l'approche des* *froids rigoureux ?* — Afin que ces corps, qui sont peu conducteurs de la chaleur, empêchent l'*eau* de se *geler* et de briser les conduits.

1121. *Pourquoi à la fin de la saison les maçons couvrent-ils de* PAILLE *leurs* MURS INACHEVÉS? — Pour défendre de la gelée, et de la désagrégation que la gelée amène, les pierres et les mortiers encore humides.

1122. *Pourquoi les maçons, les plâtriers, etc., ne peuvent-ils pas travailler pendant qu'il gèle ?* — Parce que la gelée ferait prendre ou rendrait solides trop rapidement les mortiers et les plâtres gâchés, et désagrégerait ou disloquerait les matériaux à mesure de leur mise en place.

1123. *Pourquoi le* MORTIER *et le* PLATRE *récemment appliqués* TOMBENT-*ils quelquefois en poussière après la gelée?* —Parce que l'eau qu'ils renferment encore se congèle, se dilate et écarte les unes des autres leurs particules constituantes. Lorsque la gelée cesse, l'eau redevient liquide et laisse le mortier plein de fentes et de fissures, ou dans un état de division et d'incohérence extrême.

1124. *Pourquoi le* SOL *se* GERCE-*t-il pendant une gelée?* — Parce que l'eau qu'il contient *se dilate* en se congelant, écarte les particules de la terre les unes des autres, et laisse entre elles des fissures et des crevasses.

1125. *Montrez en ceci la* BONTÉ *et la* SAGESSE *du Créateur.* — Ces crevasses et ces fissures donnent entrée dans le sol à l'air, à la rosée, à la pluie et aux gaz favorables à la végétation.

1126. *Pourquoi les* MOTTES *de terre se* BRISENT-*elles*

au printemps ? — Parce que les particules de terre que
la gelée maintenait en bloc après les avoir dissociées,
se séparent les unes des autres au dégel, et tombent en
poussière.

1127. *Pourquoi une* RIVIÈRE *ne se prend-elle pas tout
entière et ne devient-elle pas une* MASSE UNIQUE *de glace ?*
— Parce que : 1° la glace forme à la surface de la rivière une *couche* plus ou moins épaisse qui empêche le
froid de pénétrer et de geler l'eau jusqu'au fond ; 2°
l'eau ayant à 4 degrés son maximum de densité, les
glaçons ne peuvent pas tomber au fond pour la refroidir de plus en plus ; ce n'est que par conductibilité que
la température de la masse entière pourrait s'abaisser ;
or cette conductibilité est très-faible, et dans nos climats
le froid n'est pas d'assez longue durée pour que le fond
des rivières un peu profondes puisse arriver à zéro.

1128. *Montrez la* BONTÉ *et la* SAGESSE *du Créateur,
qui a voulu que l'*EAU *fasse une singulière* EXCEPTION *à la
loi générale suivant laquelle les corps sont plus denses à
l'état solide qu'à l'état liquide.* — Si la glace était plus
pesante que l'eau, les rivières deviendraient, pendant
l'hiver, des masses énormes de glace solide que la chaleur du printemps et de l'été ne suffirait pas toujours
à fondre.

1129. *Pourquoi l'*EAU *se gèle-t-elle premièrement à
la* SURFACE *?* — Parce que la surface de l'eau est en *contact avec l'air*, qui lui enlève sa chaleur.

1130. *Où et* COMMENT *se forme cette immense quantité
de glaçons flottants que les rivières charrient ?* — Il est
presque certain que ces glaçons se forment sur le lit

peu profond et refroidi de la rivière; et qu'ils montent ensuite à la surface par leur plus grande légèreté.

1131. *Comment le* FOND *de la rivière peut-il se* REFROIDIR *assez pour qu'il s'y forme des glaçons?* — Dans une eau calme et profonde, ce refroidissement serait inexplicable; mais, dans une eau courante ou agitée et peu profonde, on conçoit que, par un déplacement et un mélange sans cesse renouvelés, la surface, le milieu et le fond peuvent être simultanément à zéro; or, dans ce cas, la congélation doit commencer par le fond, plus calme, plus garni d'aspérités qui aident à la formation des cristaux. Pour expliquer le refroidissement du fond, on pourrait peut-être aussi mettre en jeu le rayonnement et la conductibilité du sol.

1132. *Pourquoi une couche de glace devient-elle de plus en plus* ÉPAISSE *quand la gelée continue?* — Parce que l'eau qui est immédiatement sous la surface gelée se refroidit à travers la glace, qui reste un peu conductrice de la chaleur.

1133. *Pourquoi l'eau* COURANTE *ne se congèle-t-elle pas aussi promptement que l'eau tranquille?* — Parce que, 1° le *mouvement rapide* du courant empêche les cristaux de se former en une surface continue; — 2° la chaleur des couches inférieures de l'eau se *communique* sans cesse aux couches supérieures par le mouvement du courant; 3° le mouvement par lui-même engendre toujours un peu de chaleur, qui s'oppose au refroidissement de l'eau courante.

1134. *Pourquoi la* GLACE *formée sur les eaux* COURANTES *est-elle en général* RUGUEUSE? — Parce qu'il se forme d'abord de petites lames de glace, qui sont emportées par le courant jusqu'à ce qu'elles rencontrent *quelque obstacle qui les arrête*; puis il en vient d'autres qui *heurtent* contre les premières et s'y attachent irrégulièrement.

1135. *Pourquoi certaines parties d'une rivière se congèlent-elles plus* DIFFICILEMENT *que certaines autres?* — Parce que le bouillonnement des *sources* qui sortent de certaines parties du fond de la rivière, par l'agitation et la chaleur qu'il apporte, empêche la glace de se former.

1136. *Lorsqu'on* TOMBE *dans une* RIVIÈRE *en hiver, pourquoi l'eau paraît-elle chaude comparativement?* — Parce que l'*air*, pendant la gelée, est au moins de 4 ou 5 degrés *plus froid* que l'eau.

La température de l'eau, à l'état liquide, ne peut pas généralement descendre plus bas que zéro, tandis que celle de l'air peut s'abaisser bien davantage.

1137. *Pourquoi une rivière* BASSE *prend-elle plus* PROMPTEMENT *qu'une rivière profonde?* — Parce que les eaux de la rivière peu profonde se refroidissent plus vite et arrivent plus tôt au maximum de densité, condition nécessaire pour que les glaçons restent à la surface et que la rivière se prenne.

1138. *Pourquoi l'eau de* MER *ne se congèle-t-elle que* RAREMENT *dans les régions tempérées?* — Parce que, 1° la masse d'eau est si grande, qu'elle exige beaucoup de temps pour que sa température puisse se refroidir suffisamment ; 2° le *flux* et le *reflux*, les mouvements des vagues, sont un obstacle à la formation de la glace ;

3° l'eau salée ne se gèle que si la température de la surface s'abaisse de 2 ou 3 degrés au-dessous de zéro.

1139. *Pourquoi certains* LACS *ne gèlent-ils jamais?* — Parce que, 1° ils sont *très-profonds* ; 2° leur eau provient de *sources* qui bouillonnent au fond de leur lit, et qui sont relativement chaudes, parce qu'elles vien-nent de l'intérieur de la terre.

1140. *Pourquoi les empreintes des pas et les traces des roues se couvrent-elles quelquefois d'un* RÉSEAU *ou d'une* COUCHE *de glace?* — Parce que le sol foulé est compacte, et n'a pas le temps d'absorber l'eau qui s'y loge avant qu'elle soit gelée.

1141. *Pourquoi le froid est-il plus* SENSIBLE *au* DÉGEL *que pendant la* GELÉE ? — Parce que, 1° la *glace* en fondant *absorbe beaucoup de chaleur* de l'air ; 2° l'air humide, au dégel, est meilleur conducteur que l'air sec des temps froids, et enlève plus au corps de sa chaleur naturelle.

1142. *Comment explique-t-on que l'air se* RÉCHAUFFE *au contact de l'*EAU *qui* GÈLE, *de sorte qu'on peut défendre des plantes de la* GELÉE *en faisant* CONGELER *de l'eau dans leur voisinage?* — L'eau en se congelant, ou passant de l'état liquide à l'état solide, dégage beau-coup de chaleur qui passe de l'état latent à l'état libre : la congélation est donc une sorte de calorifère.

1143. *Pourquoi un* MÉLANGE *de sel et de* GLACE *ou de* NEIGE FOND-*il?* — Parce que le sel a une grande affinité pour l'eau, et que cette affinité l'emporte sur la cohé-sion qui lie, d'une part, les molécules d'eau congelées, de l'autre les molécules de sel; ces deux cohésions sont donc détruites, le sel et l'eau se liquifient.

1144. *Le sel est-il la seule substance qui fasse fondre la glace en se mêlant à elle?* — Non ; toutes les substances qui ont une affinité puissante pour l'eau, comme l'*acide sulfurique*, l'acide *nitrique*, le *vinaigre*, etc., etc., la font fondre en se mêlant à elle.

1145. *Pourquoi la température des mélanges dont il vient d'être question est-elle plus* BASSE *que celle de la glace ou de la neige seule?* — Parce que le sel et la glace, ou la neige, en passant de l'état solide à l'état liquide, absorbent de la chaleur, ou changent de la chaleur sensible en chaleur latente : le mélange sera donc plus froid que la neige ou la glace, et d'autant plus froid que la liquéfaction sera plus prompte.

1146. *L'eau* PURE *se gèle-t-elle plus promptement que l'eau impure?* — Non : plus l'eau est pure, plus elle résite à la congélation. L'eau aérée, l'eau limoneuse, etc., se gèle plus facilement.

Certains corps, cependant, qui ont beaucoup d'affinité pour l'eau, retardent indéfiniment, lorsqu'ils y sont dissous, sa conversion en glace. (*Voyez* n° 1143.)

1147. *L'eau* TRANQUILLE *se gèle-t-elle plus vite que l'eau agitée?* — Non : on peut faire baisser la tempéture de l'eau, sans qu'il y ait congélation, jusqu'à 12 degrés centigrade, pourvu qu'on la tienne dans un *repos complet.*

Si l'on prend, par exemple, un *matras* à moitié plein d'eau pure, si l'on couvre cette eau d'une couche d'huile, et si l'on place ensuite le vase dans un lieu tranquille, où le froid descende peu à peu jusqu'à 6 ou 8 degrés, l'eau ne changera point d'état. Au contraire, si l'on excite des vibrations entre ses molécules, l'eau se solidifiera tout à coup.

1148. *Peut-on faire geler de l'eau par des moyens* ARTIFICIELS ? — Oui : l'eau se congèlera si on entoure de coton imbibé d'éther, en quantité suffisante, le matras en verre mince qui la contient, ou si l'on plonge le matras dans un des mélanges suivants :

1° Mélange propre à rafraîchir le vin et à glacer les crèmes.

     Eau. . . . . 10 parties.
     Nitrate (*azotate*) de potasse. . . . 6
     Chlorhydrate d'ammoniaque. . . . 6
     Sulfate de soude cristallisé. . . . $4\frac{1}{2}$

2° Mélange économique pour faire de la glace en été.

     Sulfate de soude cristallisé. . . . 4 parties.
     Acide sulfurique à 41 degrés. . . 3

3° Mélange très-froid.

     Neige. . . . . 3 parties.
     Acide sulfurique faible. 2

4° Mélange de 15 degrés centigrade au-dessous de zéro.

     Neige. . . . . 2 parties.
     Sel marin. 1

TROISIÈME PARTIE

ACOUSTIQUE

CHAPITRE UNIQUE

SON

1149. *Qu'est-ce que le* SON?—En lui-même ou *objectivement*, le son est un *mouvement vibratoire rapide* et *sensible* excité au sein des corps ; dans celui qui l'entend, ou *subjectivement*, le son est cette sensation spéciale perçue par l'oreille sous l'influence du mouvement vibratoire moléculaire transmis jusqu'à elle.

1150. *Quel est l'*AGENT PRINCIPAL *de la* TRANSMISSION *du* SON? L'air atmosphérique, qui entre lui-même en vibration au contact du corps dont les molécules, en vibrant, ont engendré le son, et fait sentir ses vibrations à notre oreille.

1151. *Avec quelle* VITESSE *le son se propage-t-il dans l'air?*— Le son parcourt 340 mètres environ par se-

25

conde dans l'air, à la température de 16 degrés, et sous la pression de 76 centimètres.

1152. *Si aucun obstacle ne l'arrête, comment se propage le son et suivant quelle loi?* — Si aucun obstacle n'arrête le son, il se propage en tous sens et sphériquement, c'est-à-dire que pour tous les points à égale distance de l'ébranlement du corps sonore, l'intensité du son est la même. Cette intensité, en outre, varie en raison inverse du carré des distances, c'est-à-dire qu'à une distance double, triple, etc., l'intensité du son est quatre fois, neuf fois, etc., plus faible.

1153. *Quelles sont les circonstances qui influent sur la vitesse de propagation du son dans l'air?* — Elle augmente, si l'air devient plus dense; elle diminue, si l'air devient moins dense; elle est plus grande à densité égale de l'air, si la température est plus élevée; le vent l'augmente ou la diminue aussi dans une certaine proportion, suivant qu'il souffle dans le sens de la propagation, ou en sens contraire.

1154. *Le vent a-t-il aussi une influence sur l'*INTENSITÉ *du son?* — Oui : par certains vents, ou lorsqu'ils sont aidés par le vent, des sons qu'on n'entend pas ordinairement, comme le son d'une cloche lointaine, ou du sifflet d'un chemin de fer, s'entendent très-distinctement; c'est même à ce signe qu'on reconnaît que la direction du vent n'est plus la même, et qu'on peut, jusqu'à un certain point, prévoir les changements de temps.

1155. *Pourquoi, lorsque le vent souffle, entend-on des sons, les sons d'une cloche lointaine, par exemple, ou du sifflet d'un chemin de fer, qu'on n'entend pas ordinairement quand le temps est calme, ou quand le vent* *souffle dans d'autres directions ?* — Parce que le vent, qui modifie peu la vitesse de propagation du son, modifie considérablement, au contraire, la forme de ce qu'on appelle l'*onde sonore*, ou de la surface formée de tous les points où l'intensité du son propagé est la même à un instant donné. Si l'atmosphère est calme, le son se propage sphériquement, c'est-à-dire que l'onde sonore est une sphère ; si, au contraire, le vent souffle, l'onde sonore prendra une forme irrégulière, très-allongée dans la direction suivant laquelle le vent souffle. Cette explication est, au reste, très-incomplète. Le phénomène dont il est ici question reste entouré de mystère.

1156. *Pourquoi les* sons *sont-ils très-*faibles *sur le sommet d'une haute* montagne? — Parce que : 1° l'*air* y *est très-raréfié*, et que le son perd rapidement son intensité à mesure qu'il se propage dans un milieu plus raréfié; 2° il y a absence de corps solides dont la *résonnance* puisse augmenter le son.

1157. *Pourquoi les sons les plus* faibles *sont-ils* intenses *et quelquefois même pénibles sous une* cloche *de* plongeur? — Parce que : 1° l'*air* y *est très-condensé*, à cause de la pression qu'exerce la colonne d'eau sur l'air de la cloche ; 2° la *résonnance* des parois de la cloche augmente à un haut degré l'intensité du son.

1158. *Comment peut-on* savoir *que l'air* raréfié *est un* mauvais *transmetteur du son?* — Si, sous le récipient de la machine pneumatique, on dépose sur un coussinet de laine un mouvement d'horlogerie à détente, muni d'un timbre, et que l'on fasse le vide, on *n'entend* *plus rien*, quoique le marteau frappe le timbre ; au contraire, le son devient de plus en plus intense à mesure qu'on laisse rentrer l'air.

L'expérience se fait plus simplement avec un ballon, au goulot duquel on attache, au moyen d'une ficelle, une clochette qui pend dans l'intérieur ; si le ballon est plein d'air et qu'on l'agite, la clochette fait entendre des sons. Si, au contraire, le ballon est vide d'air, on a beau l'agiter, la cloche ne rend plus aucun son.

1159. *Pourquoi entend-on plus distinctement en* HIVER *qu'en été les horloges et les cloches éloignées?* — Parce que l'*air en hiver est plus dense*, et que le son est d'autant plus *intense* que l'air est plus *condensé.*

1160. *Pourquoi entend-on plus distinctement les sons quand il* GÈLE *que pendant le dégel?* Parce que l'*air est plus dense quand il gèle.*

1161. *Pourquoi entend-on dans les régions* POLAIRES *la voix humaine à une distance d'un ou deux kilomètres?* — Parce que : 1° l'air y est très-*condensé* par le froid ; 2° il est très-*tranquille;* et, par conséquent, les ondes sonores ne rencontrent que très-peu d'obstacles ; 3° la surface du sol, *durci par la gelée*, éteint moins le son et contribue à le propager.

Le capitaine Ross a entendu dans les régions polaires la voix de quelques hommes à la distance d'environ 2 kilomètres. Le lieutenant Forster eut des entretiens avec un homme à travers le havre de Port-Bowen, dans la mer glacée du Nord, à une distance de 1 kilomètre et demi.

1162. *Pourquoi entend-on les sons plus distinctement pendant la* NUIT *que pendant le jour?* — Parce que, pendant la nuit, l'*air est* : 1° *plus dense*, parce qu'il se refroidit après le coucher du soleil; 2° moins agité par des *courants accidentels*, ou plus *calme*.

1163. *Comment un* CORNET ACOUSTIQUE *fait-il entendre un* SOURD? — Parce que le cornet, par son large pavillon, *recueille* ou *rassemble* un plus grand nombre de vibrations sonores, et les conduit de plus en plus *condensées*, dans leur passage à travers son *tube conique*, jusqu'au tympan de l'oreille; lorsqu'il est ainsi renfermé dans un tube, l'air perd beaucoup moins de son mouvement vibratoire. Le cornet acoustique est, par rapport au son, ce qu'une lentille est par rapport à la lumière.

1164. *Qu'est-ce qu'un* PORTE-VOIX? — Un tuyau conique, largement évasé, dans lequel on parle en plaçant la petite extrémité contre la bouche.

1165. *Pourquoi la voix se fait-elle entendre au* LOIN *lorsqu'on se sert d'un* PORTE-VOIX? — Parce que, 1° l'air contenu dans un tuyau est plus facilement et plus fortement ébranlé ; 2° les parois du porte-voix empêchent les rayons sonores de diverger, et les réfléchissent de telle manière, qu'ils sortent réunis en un faisceau unique parallèle à l'axe de l'instrument.

Souvent on substitue au tube évasé du porte-voix un tube simplement cylindrique, dans lequel le son se propage sans perte sensible; on l'arme de deux pavillons à ses extrémités; celui qui parle applique la bouche à l'un des pavillons, celui qui écoute applique son oreille à l'autre; on communique ainsi, sans peine, d'un appartement à l'autre; en le rendant flexible ou élastique, le tube peut suivre tous les détours de l'édi-fice.

1166. *La* VITESSE DE PROPAGATION *est-elle sensiblement la même pour* TOUS *les sons?* — Oui : les sons *forts* ne se propagent pas sensiblement plus vite que les sons *faibles*, ni les sons *aigus* plus vite que les sons *graves*.

1167. *Comment s'assuré-t-on que les sons forts ne se propagent pas plus* VITE *que les sons faibles, ni les sons aigus plus vite que les sons graves?* — En remarquant que l'ordre des différentes notes d'un concert est parfaitement conservé, à quelque distance qu'on soit de la musique; un air de flûte restait exactement le même quand on l'entendait à l'autre extrémité d'un tube de plusieurs kilomètres ; les sons faibles et forts, aigus ou graves, se produisaient dans le même ordre, aux mêmes intervalles et avec des intensités proportionnelles.

1168. *Comment peut-on se servir de la vitesse du son pour* MESURER *approximativement les distances?* — Comme le son ne parcourt que 340 mètres par seconde, tandis que la lumière ne demande pas de temps appréciable pour traverser un espace égal, on peut mesurer approximativement la distance d'un objet éloigné, si l'on observe la différence de temps qui s'écoule entre l'apparition de la lumière et la perception du bruit d'un pistolet tiré près de cet objet.

1169. *Donnez un exemple.* — Si un vaisseau en mer tire un coup de canon, et qu'il s'écoule 10 secondes entre la *lumière et le bruit*, l'observateur *placé sur le rivage* peut conclure que le vaisseau est à une distance de 3 400 mètres. C'est en comparant le nombre de secondes qui s'écoulent entre.l'apparition de l'éclair et le retentissement du tonnerre qu'on estime la distance des nuages orageux.

La lumière du canon arrive instantanément; elle ferait 80 fois le tour du globe, qui a environ 36 000 kil. de circonférence, dans l'espace de temps que le son met à franchir cette distance de 3 400 mètres.

1170. *Lorsqu'on est entièrement* PLONGÉ *dans l'eau, pourquoi entend-on les bruits qui se produisent sur le* RIVAGE? — Parce que le son se transmet de l'air à l'eau, et se propage à travers l'eau comme à travers l'air ; la propagation dans l'eau est même plus rapide que la propagation dans l'air, de sorte que l'observateur plongé dans l'eau percevrait un bruit produit à distance plutôt que l'observateur placé sur le rivage.

La vitesse moyenne du son dans l'air est de 340 mètres par seconde; dans l'eau, elle est de 1 455 mètres environ.

1171. *Si l'on frappe, sous l'eau, deux* PIERRES *l'une contre l'autre, pourquoi une personne placée sur le* RIVAGE *peut-elle entendre le choc?* — Parce que le son se transmet facilement de l'eau dans l'air, de même que de l'air dans l'eau.

1172. *Prouvez que les corps* SOLIDES *transmettent le son.* — 1° Un son un peu fort pénètre dans un appartement, *quelque bien fermé qu'il soit*; 2° une *cloison* transmet le faible son de la voix ; 3° un coup donné sur le mur le plus épais s'entend de l'*autre côté*; 4° une poutre très-longue transmet, d'un bout à l'autre, le bruit léger produit par le frottement d'une *épingle*.

1173. *Pourquoi la* LAINE, *le* COTON, *une couche de* TAN *ou de* SCIURE DE BOIS, *etc.*, AMORTISSENT-*ils le son?* — Parce que ces substances sont composées de particules très-divisées et séparées les unes des autres ; le son, pour la transmission de ses vibrations, exige avant tout un milieu continu ; les vibrations sonores sont vite éteintes lorsqu'elles rencontrent des corps mous et excessivement divisés. Un verre, très-sonore lorsqu'il est plein d'air ou d'eau, ne rend presque plus de son quand il est rempli avec du champagne mousseux ; le son s'éteint en se transmettant à travers le mélange de liquide et de gaz acide carbonique.

1174. *Comment doit-on faire les* CLOISONS *pour empêcher le son de se propager d'un appartement dans un autre?* — On doit mettre dans l'épaisseur des cloisons une *couche de tan ou de sciure de bois, ou mieux d'algues marines incombustibles*, etc.; aucun son ordinaire ne peut alors se transmettre d'un appartement dans un autre.

1175. *Pourquoi entend-on très-bien une* MONTRE, *même lorsqu'on se* BOUCHE *les* OREILLES, *pourvu qu'on l'applique sur une partie quelconque de la tête ou contre les dents?* — Parce que les solides du corps humain sont *bons conducteurs du son*.

1176. *Pourquoi le* BATTEMENT *d'une montre se fait-il entendre plus* FORT *lorsqu'on la place sur une* TABLE *que lorsqu'on la met dans la poche ou lorsqu'on la suspend isolée?* — Parce que le bruit des battements de la montre, réfléchi et renforcé par la résonnance de la table qui vibre à l'unisson, prend une intensité plus grande.

1177. *Les solides transmettent-ils les sons plus* RAPIDEMENT *que l'air?* — Oui; un coup de pistolet tiré à l'extrémité d'un long tuyau de métal est presque immé-

diatement perçu par l'oreille en contact avec le métal à l'autre extrémité du tube, tandis que le son transmis par l'*air* n'arrive que peu après.

SECTION II. — SON MUSICAL.

1178. *Qu'est-ce que le son* MUSICAL? — Une *série de vibrations identiques régulières ou isochrones*, se suc-cédant assez rapidement pour que la sensation perçue par l'oreille soit continue.

1179. *Que faut-il* DISTINGUER *dans un* SON? — Son *ton*, son *intensité* et son *timbre;* le ton, ce qui fait que le son est grave ou aigu, dépend du nombre plus ou moins grand de vibrations dans un temps donné, par seconde, par exemple : le son est d'autant plus grave que le nombre de ses vibrations est plus petit ; d'autant plus aigu que le nombre de ses vibrations est plus grand. L'*intensité*, qui fait que le son est fort ou faible, dépend de la vigueur des vibrations, ou de l'amplitude plus ou moins grande des excursions des molécules vibrantes. Le *timbre* est une qualité particulière communiquée au son par l'instrument ou l'appareil qui le rend, et par laquelle on distingue l'un de l'autre deux sons de même ton et de même intensité.

1180. *Comment les sons musicaux se distinguent-ils les uns des autres, et quel nom donne-t-on à la série de ces sons?* —Les sons musicaux se distinguent par leurs nombres relatifs de vibrations, et leur série forme plusieurs gammes successives.

1181. *De combien de sons principaux se compose chaque gamme?* — De sept : *ut* ou *do, ré, mi, fa, sol, la, ut.*

Les nombres relatifs de vibrations dans la gamme d'*ut*₁ sont :

UT	RÉ	MI	FA	SOL	LA	SI	UT *octave.*
1	$\frac{9}{8}$	$\frac{5}{4}$	$\frac{4}{3}$	$\frac{3}{2}$	$\frac{5}{3}$	$\frac{15}{8}$	2

ou :   24   27   30   32   36   40   45   48 en nombres entiers.

Les nombres absolus de vibrations dans la gamme d'*ut* pour l'octave qui contient le *la* du diapason de l'Opéra de Paris, et qui s'appelle *ut*₃, sont :

UT	RÉ	MI	FA	SOL	LA	SI	UT
528	594	660	704	792	880	990	1056
fondamental		tierce	quarte	quinte			octave

La moitié de ces nombres donne l'octave au-dessous, *ut*₂ :

UT	RÉ	MI	FA	SOL	LA	SI	UT *octave:*
264	297	330	352	396	440	495	528

L'*ut* le plus grave du violoncelle, qui est en même temps celui d'un piano à six octaves, fait soixante-six vibrations par seconde; par conséquent, il est *ut*₀. Voici les nombres de cette gamme :

UT	RÉ	MI	FA	SOL	LA	SI	UT *octave.*
66	74	82	88	99	110	124	132

La moitié d'une octave quelconque donne les nombres de vibrations de l'octave *au-dessous*, tandis que le double donne les nombres de vibrations par seconde de l'octave *au-dessus*. L'*ut* le plus aigu d'un piano à six octaves fait 2 112 vibrations par seconde : par conséquent il est *ut*₅.

L'oreille humaine peut percevoir des sons dont les nombres de vibrations varient de 15 à 48 000 par seconde.

Il suffit de multiplier le nombre de vibrations d'une note naturelle par $\frac{25}{24}$ pour diéser un son, et par $\frac{24}{25}$ pour le bémoliser. Ainsi, si une note naturelle fait 24 vibrations par seconde, le dièse en fait 25; au contraire, si une note naturelle fait 25 vibrations par seconde, le bémol n'en fait que 24.

1182. *Pourquoi un* VIOLON *est-il trop* BAS *quand les cordes ne sont pas tendues suffisamment?* — En général, le son rendu par une corde vibrante est d'autant plus grave qu'elle est plus grosse, plus longue et moins tendue; d'autant plus aigu qu'elle est plus mince, plus courte et plus tendue. Voilà pourquoi les sons du violon sont trop bas quand les cordes sont lâches.

1183. *Pourquoi les sons du violon deviennent-ils trop* HAUTS *dans une salle* REMPLIE *de monde?* — Parce que les vapeurs humides et chaudes de la salle, s'insinuant entre les fibrilles des cordes, les grossissent et augmentent leur tension; le son rendu est alors plus élevé.

1184. *Pourquoi rend-on une note plus* AIGUE *en* TENDANT *plus fortement la corde?* — Parce qu'on rend ainsi plus *rapides* les vibrations de la corde, et que plus le nombre de vibrations est rapide, plus le son de la corde est aigu.

Les nombres de vibrations d'une corde sont proportionnels aux racines carrées des poids qui la tendent, c'est-à-dire que, si l'on représente par 1 le nombre de vibrations d'une corde qui est tendue par un poids, ce nombre de vibrations, dans le même temps, deviendra 2, 3, 4, etc., quand on tendra la même corde par des poids 4, 9, 16.

1185. *Pourquoi certaines cordes d'une harpe ou d'un piano sont-elles plus* COURTES *que certaines autres?* — Parce qu'il s'agit d'obtenir à la fois des sons graves et des sons aigus. Les cordes les plus longues donnent les sons graves, les cordes les plus courtes donnent les sons plus aigus.

Le nombre des vibrations d'une corde est en raison inverse de sa longueur, c'est-à-dire que, si une corde de 1 mètre de long fait un nombre de vibrations représenté par 1, lorsqu'on fera vibrer seulement la moitié de sa longueur, elle fera des vibrations dont le nombre sera représenté par 2; lorsqu'on fera vibrer un tiers de sa longueur, elle fera, dans le même temps, des vibrations dont le nombre sera représenté par 3, etc.

1186. *Pourquoi un violoniste* DÉMANCHE-*t-il continuellement?* — Le violoniste démanche, pour faire rendre à son instrument, en raccourcissant les cordes, des sons plus aigus que ceux qu'il obtient quand ses doigts pressent les cordes sur le manche; il augmente ainsi la portée ou la gamme naturelle de son violon.

1187. *Pourquoi certaines cordes d'une harpe, d'un*

piano, d'un violon, etc., sont-elles plus GROSSES que certaines autres? — Parce qu'il est plus facile d'obtenir
des sons graves avec une corde d'un diamètre plus
gros que de les obtenir en donnant à la corde plus
mince une longueur démesurée.

Si l'on prend deux cordes, dont l'une ait une épaisseur double de l'autre,
qu'on les tende par un *même poids* et qu'on leur donne une *longueur égale*,
la plus mince fera dans le même temps *deux fois* plus de vibrations que la
plus grosse.

1188. *Pourquoi les cordes de harpe et de violon se
ROMPENT-elles souvent lorsqu'il fait* MAUVAIS *temps?* —
Parce que l'humidité de l'air, en augmentant le diamètre des cordes et les raccourcissant, augmente aussi
leur tension; elles se rompent alors comme si on les
tendait trop en agissant sur les chevilles ou sur les clefs.

1189. *Pourquoi la résonnance simultanée de certains
sons* PLAÎT-elle *à l'oreille, tandis que la résonnance
simultanée de certains autres sons produit une sensation
désagréable?* — La consonnance qui plait à l'oreille se
compose de sons dont les vibrations coïncident à *de
très-courts intervalles,* ou dont les nombres de vibrations sont entre eux dans un rapport simple. Au contraire, on éprouve une sensation désagréable lorsqu'on
entend deux sons simultanés dont les vibrations ne
coïncident *jamais* ou coïncident rarement, parce que
leurs nombres de vibrations sont dans un rapport
compliqué.

On peut comparer la consonnance à la marche régulière d'une armée,
où le bruit des pas est simultané. Au contraire, une dissonance ressemble
au bruit confus d'une foule désordonnée.

1190. *Quelles sont les* CONSONNANCES *les plus* PAR-
FAITES? — Celle de l'*unisson,* puis celle de l'*octave.*
Dans le premier cas, les vibrations vont toujours en-

semble; dans l'accord d'octave, les nombres de vibrations sont entre eux comme 1 est à 2; les vibrations s'accordent de deux en deux, l'oreille les unit sans peine.

1191. *Quelles sont les consonnances les plus agréables après celle de l'octave?* — 1° La *quinte à l'octave*, *ut*₁ et *sol*₂, dont les nombres de vibrations sont entre eux comme 1 est à 3; et s'accordent de trois en trois; 2° la *quinte ut, sol,* dont les nombres de vibrations sont comme 2 est à 3; 3° la *quarte ut, fa,* dont les nombres de vibrations sont comme 3 est à 4; 4° enfin la *tierce ut, mi,* dont les nombres de vibrations sont comme 4 est à 5. Au delà de ces rapports simples il n'y a plus consonnance, il y a plus ou moins dissonance, et les dissonances ne peuvent être acceptées que comme transition pour préparer l'oreille.

1192. *Qu'appelle-t-on* ACCORD PARFAIT? — La résonnance simultanée du son fondamental, la tierce, la quinte et l'octave, *ut, mi, sol, ut ; fa, la, ut, fa,* dont les nombres de vibrations sont entre eux comme les nombres simples 4, 5, 6, 8.

1193. *Pourquoi certaines substances sont-elles* SONORES *tandis que d'autres ne rendent aucun son?* — Parce qu'il est des corps dont les molécules entrent plus ou moins facilement en vibrations. En général, les substances sonores sont *dures et élastiques,* comme le cuivre et le fer; les substances *molles et non élastiques,* comme le plomb, ne sont que très-peu sonores.

1194. *De quoi se compose le métal des cloches?* — De *cuivre et d'étain;* dans les proportions suivantes :

4 parties de cuivre contre 1 partie d'étain. Ce mélange est beaucoup plus sonore que les métaux purs.

Certaines cloches contiennent un peu de zinc, et certaines autres une quantité plus ou moins grande d'argent, etc.

1195. *De quoi* DÉPEND *le* SON *d'une cloche ou quelle est la* RAISON *de sa grande* SONORITÉ? — Le son de la cloche dépend à la fois : 1° de la nature de l'alliage qui a servi à la fondre et qui est sonore par lui-même; 2° de sa forme. La clocle vibre moléculairement ou dans ses molécules, et dans son ensemble. Dans le choc du battant, elle perd sa forme sphérique; le diamètre s'allonge dans le sens de la percussion et se raccourcira dans le sens perpendiculaire; puis, en vertu de l'élasticité du métal, elle revient à sa position d'équilibre et la dépasse, le diamètre allongé devient le diamètre raccourci; les oscillations de masse se continuent tant qu'on met la cloche en branle, en même temps que les vibrations moléculaires; et il en résulte pour l'air un mouvement vibratoire intense et un grand retentissement.

1196. *Pourquoi* EMPÊCHE-*t-on le son d'une sonnette en la touchant avec le* DOIGT? — Parce que la pression du doigt devient un obstacle à la continuation du mouvement vibratoire.

1197. *Pourquoi une* CLOCHE FÊLÉE *rend-elle un son désagréable?* — Parce que le mouvement oscillatoire de masse est contrarié et interrompu par les fentes ou fêlures; il n'a donc plus la régularité, condition essentielle de la consonnance.

1198. *Comment les* CORDES *d'un piano, d'un violon,*

d'une harpe, etc., produisent-elles des sons lorsqu'on les TOUCHE, *ou qu'on les frotte avec l'archet ?* — Pincées par les doigts, frappées par les touches ou frottées par l'archet, les cordes se déplacent et s'allongent; elles reviennent ensuite à leur position d'équilibre, se raccourcissent et se déplacent en sens contraire; il y a pour elles, comme pour la cloche, double mouvement, vibrations des molécules, oscillation de la masse, qui se communique à l'air et produit le son. Les sons des cordes seraient par eux-mêmes assez faibles, mais ils sont renforcés par les tables d'harmonie ou les caisses de l'instrument, piano, violon, harpe, guitare, etc., qui vibrent à leur tour; les sons prennent alors un grand développement.

1199. *D'où vient le* FRÉMISSEMENT *que font entendre les vitres des fenêtres au-dessous desquelles passent des voitures ?* — Ce frémissement est dû aux *vibrations* que l'air et les murs du bâtiment communiquent aux vitres, sonores par elles-mêmes.

1200. *A quoi sont dus les sons des instruments* A VENT, *tels que la flûte, le flageolet, etc. ?* — Les sons des instruments à vent sont dus aux *vibrations de la colonne d'air que les tuyaux renferment*, et non aux tuyaux eux-mêmes ; ces instruments, par conséquent, donnent toujours la même note si leurs dimensions restent les mêmes, qu'ils soient en buis, en ébène ou en cristal, etc.; le timbre seul est plus ou moins modifié.

1201. *Lorsqu'on touche une* SONNETTE *avec le doigt, on en arrête sur-le-champ les vibrations; pourquoi, en touchant une* FLUTE, *n'empêche-t-on pas les sons qu'elle* *rend?* — Parce que les sons de la flûte ne sont pas dus aux vibrations de *l'instrument même,* comme ceux d'une cloche ou d'une sonnette, mais aux vibrations de la *colonne d'air* que la flûte renferme.

1202. *Comment établit-on des* VIBRATIONS *dans la colonne d'*AIR *contenue dans un instrument à vent?* — L'air insufflé dans l'anche ou l'embouchure, et introduit dans l'instrument à un certain état de compression, condense, fait vibrer et déplace la colonne d'air; cette colonne, en vertu de son élasticité, se dilate ensuite et revient à sa position première, une nouvelle insufflation reproduit ce double mouvement oscillatoire et vibratoire; ces oscillations et ces vibrations, ces condensations et ces dilatations répétées et successives, produisent le son.

1203. *Pourquoi débouche-t-on successivement les* TROUS *d'une* FLUTE *pour obtenir les notes successives?* — Pour faire que la colonne d'air se partage en un plus ou moins grand nombre de colonnes partielles vibrant d'ensemble, et produisant un son plus grave si le nombre des colonnes a diminué, un son plus aigu, si le nombre des colonnes a augmenté; le son rendu par une colonne d'air est d'autant plus grave qu'elle est plus longue, d'autant plus aigu que la colonne est plus courte.

1204. *Pourquoi place-t-on sa* MAIN *dans le pavillon d'un* COR *?* — Pour *modifier les sons.* La main gêne un peu le mouvement vibratoire de la colonne d'air et rend plus grave la note produite.

1205. *Pourquoi les* POÊLES *font-ils entendre quelque-*

fois un son ? — Parce que l'air appelé par le tirage du poêle est forcé de pénétrer à travers les jointures étroites des portes, qui font l'effet d'une anche ou d'une embouchure, tandis que le poêle lui-même fait l'office de tuyau et rend ainsi un son en général assez grave.

1206. *Pourquoi le* VENT *produit-il un son aigu lorsqu'il siffle entre les* FENTES *d'une* PORTE *ou d'une* FENÊTRE ? — Par la même raison : les fentes à leur tour font fonctions d'embouchure ou d'anche, l'air que le vent chasse par elles sort comprimé et met en vibration la masse d'air située de l'autre côté, lorsqu'elle remplit certaines conditions. Les sons ainsi produits naturellement par le vent s'appellent *éoliens*. En déposant convenablement sur le passage du vent des fentes, ou des fils tendus, on obtient ce qu'on appelle des *harpes éoliennes*. Les fils du télégraphe électrique rendent souvent des sons mystérieux qui s'expliquent facilement par ce qui précède.

1207. *Expliquez comment se produit le* SIFFLEMENT *avec la bouche ou par les doigts.* — Les lèvres serrées ou les fentes des doigts sont de véritables embouchures.

1208. *Expliquez comment les tuyaux* D'ORGUE *produisent des sons.* — Ces tuyaux présentent une *languette* qui ne laisse à l'air qu'un passage fort étroit. Quand le vent du soufflet entre dans le tuyau, cette lame flexible, comprimée en dehors, vient fermer l'ouverture, et le courant d'air est ainsi suspendu un instant. La languette, par son élasticité, revient à sa position première et laisse encore le passage libre. Ces mouvements, qui se succèdent avec grande rapidité, impriment à la *colonne d'air* des vibrations so-

nores. Dans les tuyaux dits tuyaux de flûte, l'anche
est remplacée par un tranchant en talus. La longueur
plus ou moins grande des tuyaux fait le reste, c'est-à-
dire qu'elle détermine la gravité et l'acuité des sons :
les longs tuyaux donnent les sons graves, les tuyaux
courts donnent les sons aigus.

1209. *Qu'est-ce que la voix humaine ou le chant des
oiseaux?* — Un son produit par un véritable instrument à vent, dans lequel le *larynx* remplit la fonction
de tuyau, la *glotte* les fonctions d'anche, le *pharinx*,
la *bouche*, etc., la fonction de caisse d'harmonie ou de
tuyau renforçant. L'élasticité merveilleuse des membranes qui forment les parois des tubes producteurs
du son supplée à la longueur, et ils peuvent rendre
des sons beaucoup plus graves que les sons théoriques.
Cette élasticité, en outre, varie avec le sexe et avec
l'âge, et l'on comprend ainsi comment la voix des enfants et des femmes peut être plus aigue que celle des
hommes.

1210. *Pourquoi les* ENFANTS *et les* FEMMES *ont-ils la
voix plus* AIGUE *que les* HOMMES? — Parce que le *larynx*
des enfants et des femmes est en général *plus petit* que
celui des hommes.

L'étendue de la voix d'homme est en général de deux octaves, de *sol*$_2$
à *sol*$_4$. Les nombres de vibrations correspondants sont 396 (*sol*$_2$) et
1 584 (*sol*$_4$).

La voix de femme monte du *ré*$_3$ à l'*ut*$_5$, notes auxquelles correspondent 594 (*ré*$_3$) et 2 142 (*ut*$_5$) vibrations.

SECTION III. — ÉCHO.

1211. *Qu'est-ce que l'*ÉCHO? — L'écho n'est que le

résultat de la *réflexion du son*, lorsqu'il rencontre un obstacle fixe assez éloigné. .

1212. *La* vitesse *du son répété est-elle la même que celle du son direct?* — Oui, la vitesse du son reste la même, parce que le milieu dans lequel il se propage ne change pas.

1213. *A quelle* distance *doit se trouver l'*obstacle *pour qu'il fasse* écho? — Au moins à dix-sept mètres; afin qu'entre le son envoyé et le son revenu il y ait un dixième de seconde, durée minimum de l'intervalle qui sépare deux syllabes.

1214. *Quel* temps *s'écoule entre la* production *du son et sa* répétition? — Ce temps dépend de la distance de l'obstacle : il sera de 2 secondes, si l'obstacle est à 340 mètres : une seconde pour l'aller, une seconde pour le retour.

1215. *Quels sont les obstacles les plus* propices *à la production d'un écho?* — Les parois des cavernes et des grottes, des passages longs et tortueux, les nefs et les voûtes de cathédrales, les murs, les rochers, les montagnes et les bancs de glace.

La réflexion du son peut se faire contre un massif de feuillage, contre les voiles des navires, et même contre les nuages et contre les courants de l'air. Il est très-probable que le roulement qui suit un coup de canon, comme celui du tonnerre, provient en partie de la réflexion du son sur les nuées, car on a remarqué que le roulement ne s'entendait que lorsqu'il y avait quelques nuages.

1216. *Pourquoi les* cloisons *d'un appartement ne produisent-elles pas un écho?* — Parce que leur distance est trop petite, le son réfléchi *se confond sensiblement avec le son émis*, et le prolonge sans le répéter.

1217. *Pourquoi les parois des nefs et des voûtes des cathédrales produisent-elles des échos?* — Parce que, dans ces vastes édifices, les parois sont à des distances assez grandes pour répéter distinctement les sons. Ces échos sont souvent un inconvénient assez grave, car ils empêchent que les orateurs puissent se faire bien entendre, ou s'entendent distinctement eux-mêmes.

1218. *Pourquoi certains* ÉCHOS *rendent-ils une* SEULE *syllabe, tandis que d'autres en renvoient deux ou* PLU-SIEURS? — Si la surface qui fait écho est *près de celui qui parle*, elle renverra *seulement une syllabe*; si, au contraire, la surface réfléchissante est *très-éloignée*, on en entendra *deux ou plusieurs*. A la distance de 340 mètres, un écho pourra répéter sept ou huit syllabes.

Il y a près de Nancy un écho qui redit un vers alexandrin tout entier.

1219. *Pourquoi entend-on quelquefois des échos* MUL-TIPLES? — Parce que *deux ou plusieurs obstacles* sont placés de telle sorte, que le son se réfléchisse de l'un à l'autre.

Les échos multiples sont quelquefois très-remarquables :

1° A 12 kilomètres de Verdun, il y avait deux grosses tours éloignées l'une de l'autre de 60 mètres : lorsqu'on poussait un cri un peu fort dans la ligne qui les joignait, il se répétait douze ou treize fois, toujours en s'affaiblissant. Il est évident que les deux tours se renvoyaient le son alterna--tivement.

2° A la distance de 24 kilomètres de Glascow, en Écosse, prés d'un château nommé Rosneath, était un écho très-remarquable, qui maintenant est perdu. Si une trompette sonnait un air simple, l'écho le répétait parfaitement. Lorsque le premier écho avait fini, un second le redisait, puis un autre; le second écho était seulement plus faible que le premier, et le dernier que le second.

3° Au lac de Killarney, en Irlande, il y a un écho qui fait la seconde partie d'un air simple que l'on sonne sur un cornet à piston.

1220. *Pourquoi l'*ÉCHO *répète-t-il mieux les sons la*

nuit que le JOUR? — Parce que : 1° la chaleur du soleil produit une inégalité de température qui détermine, pendant le jour, une foule de *courants ascendants* et *descendants* qui rompent les ondes sonores; — 2° l'air atmosphérique est moins *dense* pendant le jour que pendant la nuit.

L'écho de Woodstock, en Angleterre, répète jusqu'à dix-sept syllabes pendant le jour et vingt pendant la nuit.

1221. *Pourquoi certains* ÉCHOS *font-ils en* MÊME TEMPS *l'effet de* PORTE-VOIX? — Parce qu'en raison de sa forme particulière l'obstacle conduit le son dans une direction *déterminée*, sans lui *laisser perdre* de son intensité ou même en le renforçant. Il arrive alors que deux personnes, placées sur des points déterminés, se parlent et s'entendent sans que les personnes situées dans le voisinage puissent prendre part à la conversation. C'est ce qui arrive, par exemple, dans une des salles carrées du Conservatoire, où le son est conduit d'un angle à l'angle opposé par l'arête creuse des voûtes, sans aucune déperdition. Les sons produits dans deux renfoncements des caveaux de Sainte-Geneviève sont tellement renforcés, que des coups de baguette sur des pans de redingote produisent un bruit formidable; deux personnes placées aux extrémités des renfoncements s'entendent très-bien, même en parlant à voix basse.

QUATRIÈME PARTIE

OPTIQUE

CHAPITRE PREMIER

NATURE ET PROPAGATION DE LA LUMIÈRE.

1222. *Qu'est-ce que la lumière? Objectivement,* ou en elle-même, la lumière est, suivant les uns, un fluide très-subtil émis ou lancé par certains corps appelés lumineux; suivant les autres, un mouvement ondulatoire excité au sein des corps lumineux, et transmis par un milieu appelé éther. *Subjectivement,* ou dans celui qu'elle éclaire, la lumière est cette sensation particulière ou *sui generis* perçue par l'œil et que l'on désigne sous le nom de vision.

1223. *Quelles sont les principales sources de lumière?* — Les corps célestes ou lumineux, la combustion, la chaleur, l'électricité, l'affinité chimique, etc.

1224. *La lumière peut-elle exister sans chaleur?* — Non, partout où il y a lumière il y a aussi chaleur; mais l'intensité calorifique est loin d'être toujours proportionnelle à l'intensité lumineuse; certains corps sont très-lumineux, et n'émettent que très-peu de chaleur; tels sont la lune, les substances phosphorescentes, les vers luisants.

1225. *La* CHALEUR *peut-elle exister* SANS *lumière?* — Oui, des corps peuvent être très-chauds sans être lumineux; on peut dépouiller les rayons solaires de presque toute leur lumière sans leur enlever leur chaleur.

1226. *Comment se* PROPAGE *la lumière?* — La lumière se propage en ligne droite; si l'on fait entrer un rayon de lumière solaire dans une chambre par un petit trou, on le voit dessiner sa route dans l'air en ligne droite, en éclairant les poussières qui flottent dans l'air; les poussières situées en dehors de cette ligne droite restent sombres et invisibles. On ne voit pas la lumière que l'on regarde à travers un tube recourbé une ou plusieurs fois à angle droit.

1227. *Si aucun obstacle ne l'arrête, comment se propage la lumière?* — En tous sens et sphériquement, c'est-à-dire que tous les points à égale distance de la source lumineuse sont également éclairés, et d'autant plus qu'ils sont plus voisins de la source.

1228. *Suivant quelle* LOI *l'intensité de la lumière* DIMINUE *-t-elle avec la distance?* — En raison inverse du carré des distances, c'est-à-dire qu'à une distance double, triple, etc.; l'intensité de l'éclairement est quatre fois, neuf fois, etc., plus faible.

1229. *Comment les divers corps se* COMPORTENT-*ils par rapport à la lumière qui tend à les traverser?* — Les premiers, appelés transparents, comme l'eau et le verre, la laissent passer sans presque l'affaiblir ou l'éteindre; on voit très-bien à travers leur substance. Les seconds, appelés *translucides*, comme le papier mince ou huilé et le verre dépoli, laissent passer la lumière, mais on ne voit plus, du moins à distance, à travers leur substance. Les troisièmes enfin, appelés *opaques*, ne laissent point passer la lumière; ils l'arrêtent au contraire ou l'éteignent.

1230. *Pourquoi peut-on regarder impunément le soleil* COUCHANT *et le soleil* LEVANT, *tandis que l'éclat de cet astre à midi éblouit les yeux?* — Parce que les rayons du soleil, quand cet astre est près de l'horizon, ont à traverser une couche d'air *beaucoup plus épaisse* et moins pure, ou chargée de vapeurs à l'état de brouillard, qui l'affaiblissent ou l'éteignent en partie.

La ligne CB, qui représente l'épaisseur d'atmosphère traversée par les rayons du soleil à l'horizon, est plus longue que la ligne AC, qui représente l'épaisseur traversée par les rayons venus du zénith.

1231. *En arrêtant la lumière, à quels phénomènes les corps opaques donnent-ils naissance?* *Au phénomène des ombres.* Si du point lumineux on mène des lignes droites à tous les points du contour des corps opaques, l'espace compris dans l'intérieur du cône formé par ces lignes, derrière le corps opaque, ne sera pas éclairé, parce que la lumière, qui se propage en ligne droite, ne pourra pas y pénétrer : on dit alors qu'il est dans l'ombre. Ces mêmes lignes, en rencontrant un plan quelconque, le sol ou un mur, dessinent en noir sur le plan une image obscure du corps, qu'on appelle son *ombre*.

1232. *Pourquoi le* SOLEIL *et la* LUNE *paraissent-ils beaucoup plus-*GRANDS *à leur coucher et à leur lever qu'au zénith?* — Parce qu'à l'horizon nous jugeons le soleil et la lune plus éloignés de nous qu'au zénith; parce que c'est une tendance invincible de notre esprit de faire plus gros les corps que nous jugeons être plus distants, et réciproquement de faire plus distants les corps que nous savons être plus gros.

1233. *Pourquoi jugeons-nous le soleil et la lune plus* DISTANTS *lorsqu'ils sont à l'horizon que lorsqu'ils sont au zénith?* — Lorsque nous regardons les astres à l'horizon, nous les comparons instinctivement aux objets terrestres les plus voisins que nous voyons en même temps, et leur distance nous frappe. Au zénith, au contraire, nous les voyons seuls, les termes de comparaison nous manquent, et nous n'avons aucune raison de les juger très-distants. A l'horizon aussi, ces astres perdent de leur clarté, et nous avons une propension invincible à accroître dans nos jugements les dimensions des objets que nous voyons dans un demi-jour.

1234. *Pourquoi le soleil et la lune, qui sont des* SPHÈRES, *paraissent-ils avoir une surface* PLANE? — Parce qu'au delà d'une certaine distance nous n'avons plus la sensation du relief; les différences entre les distances à l'œil des divers points de l'objet sont trop petites pour qu'on puisse les apprécier.

1235. *Avec quelle* VITESSE *la lumière se propage-t-elle?* — Avec une vitesse d'environ 300 000 kilomètres par seconde ; c'est-à-dire que la lumière, en une seconde, ferait huit fois le tour de notre globe.

Un boulet, qui conserverait sa première vitesse de 390 mètres par seconde, emploierait dix-sept ans à venir du soleil, tandis que la lumière de cet astre arrive à notre globe en 8 minutes 13 secondes.

1236. *Pourquoi* plusieurs *personnes peuvent-elles voir simultanément le même objet ?* — Parce que, comme on l'a dit, la lumière se propage en tous sens.

1237. *Pourquoi l'observateur installé sur le sommet d'une montagne voit-il beaucoup plus d'étoiles ?* — Parce qu'il n'y a plus entre lui et les étoiles qu'une atmosphère très-pure et très-transparente ; la lumière n'est plus affaiblie ou éteinte, comme elle l'était, dans la plaine, par les couches inférieures de l'atmosphère.

1238. *Pourquoi la* distance *rend-elle un objet* invisible *?* — Parce que, lorsque l'objet est très-distant, son image est trop petite, la lumière qu'il émet trop affaiblie pour que nous ayons la sensation de sa présence. Un objet disparaît, en général, lorsque l'angle qu'il soustend, ou l'angle formé par les deux lignes menées du centre de l'œil aux extrémités de sa plus grande largeur, n'est plus que d'une minute.

1239. *Pourquoi les* télescopes *et les lunettes rendent-ils visibles des objets qu'on ne peut voir à l'œil nu ?* — Parce que le miroir ou l'objectif de ces instruments, en réunissant et faisant converger vers leur foyer une plus grande portion de la lumière émise par l'objet, donnent à ce foyer une image très-éclairée que l'oculaire grossit ensuite et place dans des conditions excellentes de vision : le télescope et la lunette, comme aussi le microscope, rapprochent considérablement l'objet et font que nous le voyons sous un angle beaucoup plus grand.

1240. *Pourquoi les* VERS LUISANTS *et les mouches à feu ne brillent-ils que pendant la* NUIT? — Parce que la faible lueur qu'ils émettent est éclipsée ou rendue insensible par la lumière beaucoup plus intense du jour. En général, lorsque l'intensité d'une lumière n'est que la soixantième partie de l'intensité d'une autre lumière qui frappe l'œil en même temps , la première lumière n'est pas perçue. En fait de lumière, un soixantième est la limite de la perception. Par un beau clair de pleine lune, on voit très-peu d'étoiles.

1241. *Pourquoi ne peut-on pas voir les* ÉTOILES *en* PLEIN JOUR? — Parce que la lumière du soleil éclipse leur lueur plus faible et les rend invisibles.

1242. *Pourquoi peut-on voir les étoiles, même à midi, si l'on se place au fond d'un* PUITS *profond?* — Parce que, pour l'observateur placé au fond du puits, la lumière de l'étoile a conservé tout son éclat, tandis que la lumière du jour qui y pénètre à peine est devenue beaucoup plus faible; la première lumière ne sera donc plus éclipsée, et on verra l'étoile qui l'émet. Une lunette suffisamment grossissante produit, et beaucoup mieux, l'effet du puits; elle affaiblit la lumière de l'atmosphère d'autant plus qu'elle grossit davantage, et laisse constante la lumière de l'étoile, qui apparaît ainsi en plein jour.

1243. *Pourquoi le papier et la toile deviennent-ils plus transparents lorsqu'on les* HUILE? — Parce que l'huile dilate les pores du papier et s'y loge; un liquide transparent a donc pris la place des molécules translucides du papier.

1244. *Pourquoi le verre, lorsqu'on le* DÉPOLIT, DEVIENT-*il* TRANSLUCIDE, *de diaphane qu'il était?* — Parce que, le poli du verre étant une condition essentielle de sa transparence, s'il n'existe plus, le verre de transparent devient translucide.

CHAPITRE II

DE LA RÉFLEXION ET DE LA RÉFRACTION DE LA LUMIÈRE

SECTION I. — DE LA RÉFLEXION DE LA LUMIÈRE.

1245. *Qu'est-ce que la* RÉFLEXION *de la lumière?* — Le rebondissement de la lumière à la surface des corps qu'elle a frappés, ou son retour sur elle-même. Le rayon de lumière propagé dans un premier milieu et qui rencontre la surface d'un second milieu se réfléchit totalement ou partiellement, et revient ainsi en tout ou en partie dans le premier milieu.

1246. *La lumière se réfléchit-elle* ÉGALEMENT *à la surface de tous les corps?* — Non; certains corps, comme les corps transparents, se laissent pénétrer par plus de lumière qu'ils n'en réfléchissent; d'autres corps appelés *miroirs* la réfléchissent presque entièrement.

1247. COMMENT *se* FAIT *la réflexion de la lumière?* —

Comme tous les corps élastiques, la lumière se réfléchit sous un angle de réflexion égal à l'angle d'incidence. Si dans une chambre on fait entrer, par un petit trou percé dans le volet fermé, un rayon de soleil oblique, puis qu'on le reçoive sur un miroir, on le verra rebondir de l'autre côté sous l'angle qu'il faisait en tombant. En agitant au-dessus du miroir un linge plein de poussière, on rendra sensible la marche du rayon avant et après la réflexion, et on constatera l'égalité des deux angles.

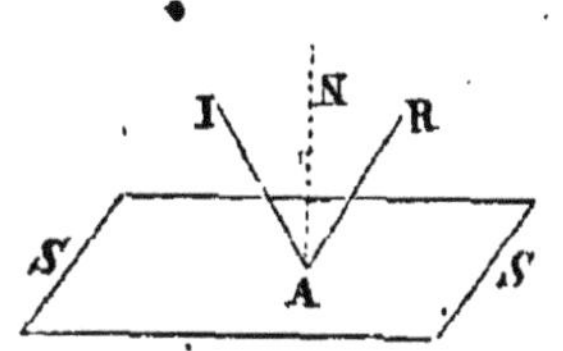

Soit SS le miroir, AN la normale ou la perpendiculaire à sa surface au point A; si RA est le rayon lumineux qui arrive ou *incident*, AI faisant avec AN un angle IAN égal à NAR, sera le rayon *réfléchi*, NAR est l'angle d'incidence, IAN est l'angle de réflexion, et ces deux angles sont toujours égaux.

1248. *Où voit-on dans le miroir l'*image* réfléchie d'un point lumineux?* — Derrière le miroir et à la même distance sur la perpendiculaire, menée par ce point au miroir; si l'on considère en effet deux des

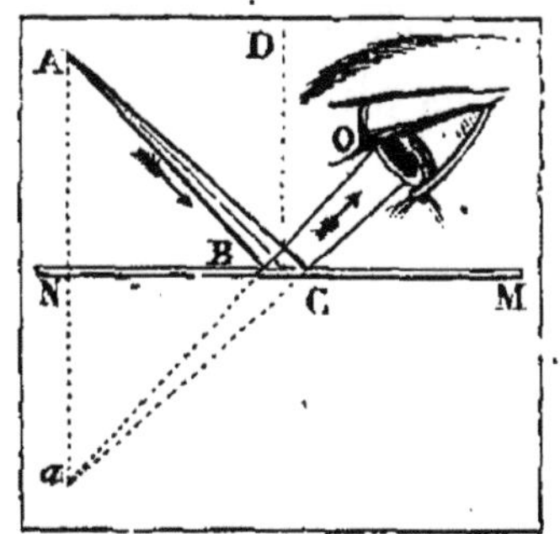

rayons réfléchis AB, AC, qui viennent de ce point à l'œil et qui donnent la sensation de l'image de ce point; par cela seul que l'angle d'incidence est toujours égal à l'angle de réflexion, ces deux rayons réfléchis prolongés se rencontreront en *a*, à la même distance du miroir que A, et l'œil qui voit l'image sur le prolongement de ces rayons la verra en *a*.

1249. *Quels* RAPPORTS *y a-t-il entre un objet et son image* RÉFLÉCHIE *par un miroir?* — L'image réfléchie par le miroir a la même forme que l'objet, et se trouve placée symétriquement derrière le miroir, à une distance égale. En effet, l'image de l'objet se compose de l'ensemble des images de tous les points ; pour obtenir chacune de ces images, il faut mener par chacun des points une ligne perpendiculaire à la surface plane du miroir et la prolonger d'une quantité égale; or, évidemment, les extrémités de toutes ces perpendiculaires, derrière le miroir, dessinent la même forme que les extrémités en avant du miroir; l'image est donc tout à fait semblable à l'objet: la droite seulement devient la gauche si le miroir est vertical; le haut devient le bas si le miroir est horizontal.

1250. *Quand nous posons devant un miroir, pourquoi notre image s'*APPROCHE*-t-elle de nous quand nous nous* APPROCHONS, *et s'*ÉLOIGNE*-t-elle quand nous nous* ÉLOIGNONS? — Par la raison toute simple que notre image est toujours à la même distance que nous du miroir, plus près par conséquent si nous sommes plus près, plus loin si nous sommes plus loin.

1251. *Quelle* GRANDEUR *doit avoir un miroir pour que nous y voyions notre visage* TOUT ENTIER? — Une construction fort simple prouve qu'il suffit que les dimensions du miroir soient la moitié de celles du visage.

1252. *Pourquoi l'image d'un objet vu par réflexion*

DANS *l'eau est-elle toujours* RENVERSÉE? — Par cette même

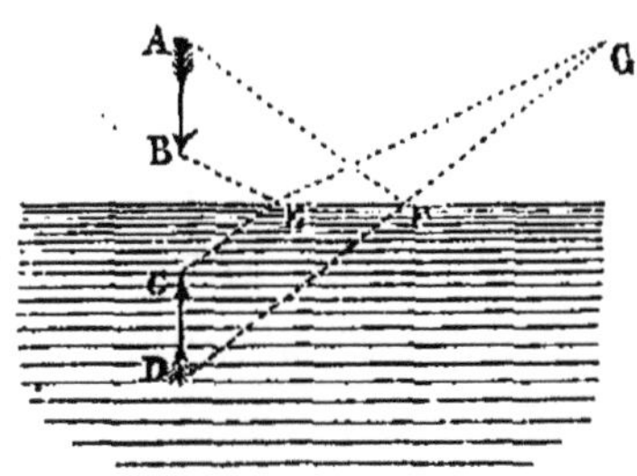

raison que l'image est à la même distance du miroir. L'image de la pointe de la flèche, comme l'image de nos pieds, sera plus près de la surface de l'eau que l'image des barbes de la flèche ou de notre tête; la flèche aura donc la pointe en haut et nous aurons la tête en bas.

1253. *Pourquoi les vitres des fenêtres paraissent-elles en* FEU *au coucher et au lever du soleil?* — Parce qu'elles réfléchissent et renvoient en très-grande abondance à notre œil les rayons qu'elles reçoivent du soleil.

1254. *Pourquoi le même effet ne se* PRODUIT-*il pas à* MIDI? — Parce que les rayons réfléchis du soleil de midi ne peuvent pas atteindre notre œil, comme l'atteignent les rayons réfléchis du soleil levant ou couchant, à moins que nous ne soyons dans une position exceptionnelle.

1255. *Comment dans un waggon de chemin de fer voyons-nous au dehors l'image de la lanterne allumée au sommet du waggon, et celles des personnes assises?* — Par réflexion sur les glaces des fenêtres, lesquelles, quoique non étamées, font fonction de miroir.

1256. *Pourquoi ces images n'apparaissent-elles très-visibles que le soir ou pendant la nuit?* — Parce qu'elles sont très-faibles, précisément parce que la glace est un miroir imparfait, et qu'elles sont éclipsées pendant le jour par la lumière plus vive du dehors.

1257. *Pourquoi le soleil* RÉFLÉCHI *dans l'eau n'est-il* ÉBLOUISSANT *que dans une direction déterminée, tandis que sur tout le reste de sa surface l'eau est sombre et sans éclat ?* — Parce que nous ne voyons le soleil réfléchi que dans une seule direction, sous un angle égal à l'angle d'incidence; dans les autres directions le soleil, pour nous, n'est pas réfléchi et nous ne voyons l'eau éclairée que par la lumière diffuse.

1258. *Pourquoi les déserts éblouissent-ils quand le soleil les* ÉCLAIRE ? — Parce que chaque grain de sable réfléchit le soleil comme un miroir. Cette réverbération du sol fortement éclairé est aussi très-pénible sur les pavés et sur le sol sec et blanc des rues ou des campagnes.

1259. *Pourquoi* CERTAINES SUBSTANCES, *comme le verre et l'émail, ont-elles beaucoup d'éclat, tandis que certaines autres restent ternes ?* — Les substances qui ont de l'éclat sont celles qui réfléchissent ou diffusent la lumière dans une grande proportion, les substances ternes sont celles qui absorbent la lumière ou ne la diffusent pas.

Il importe de remarquer que lorsqu'un rayon lumineux tombe sur une surface ou sur un corps quelconque et l'éclaire, cette surface ou ce corps, devenus lumineux à leur tour, donnent naissance à deux sortes de rayons, les uns régulièrement réfléchis et qui ne sont visibles que sous l'angle de réflexion égal à l'angle d'incidence; les autres dispersés ou diffusés dans tous les plans et sous tous les angles autour du point d'incidence. Les rayons réfléchis régulièrement ne montrent pas le corps réfléchissant, mais le corps qui a émis ces rayons, et dont ils portent l'image dans l'œil ou sur l'écran; ce sont les rayons diffusés qui montrent le corps réfléchissant. Un corps très-réfléchissant, un véritable miroir peut apparaître sombre, lorsque l'œil n'est pas dans la direction des rayons réfléchis à sa surface. Dans les images daguerriennes, c'est l'argent métallique qui représente les noirs ou les ombres pour l'œil qui n'est pas dans la direction des rayons régulièrement réfléchis.

1260. *Pourquoi les images des becs de gaz réfléchis par la rivière ne se montrent-ils pas sous forme d'un bec lumineux, mais sous forme de colonne de lumière?* — Parce que l'eau de la rivière est en mouvement : si elle était en repos, elle ferait tout simplement l'effet d'un miroir et donnerait une image de la même forme que le bec; mais parce qu'elle court, et que sa vitesse varie de la surface au fond, elle se partage en nappes superposées et distinctes, qui donnent chacune une image du bec de gaz: l'ensemble de toutes ces images situées sur une même verticale, produit l'effet d'une colonne de lumière.

SECTION II. — RÉFRACTION DE LA LUMIÈRE.

1261. *Qu'est-ce que la* RÉFRACTION *de la lumière?* — La direction ou le changement de direction que subit un rayon de lumière lorsqu'il passe d'un milieu dans un autre, de l'air, par exemple, dans l'eau ou dans le verre. Si un rayon dans l'air a suivi la direction A B, et qu'il pénètre ensuite dans l'eau ou dans le verre, il ne continuera pas à se mouvoir dans la direction AB, mais il s'infléchira et suivra une direction nouvelle BC, qui fait un angle avec la première. Récipro-quement, si le rayon, après avoir suivi dans l'eau la direction CB, repasse dans l'air, il ne continuera pas à suivre la ligne CB, mais il s'infléchira et prendra la direction BA.

1262. *De quoi dépend essentiellement la réfraction ou le changement de direction du rayon, et dans quel sens s'effectue-t-il ?*— Du rapport des vitesses de la lumière dans le premier et dans le second milieu. Le changement de direction se fait de telle sorte, que la lumière aille dans le plus court temps possible du point A dans le premier milieu au point C dans le second. Si la vitesse est plus grande dans le premier milieu que dans le second, le rayon réfracté BC se rap-prochera, de la *normale* ou de la perpendiculaire DBE à la surface de séparation des deux milieux. L'*angle de réfraction* EBC sera plus petit que l'*angle d'incidence* ABD. Si, au contraire, la vitesse dans le premier milieu est plus petite que la vitesse dans le second, le rayon réfracté AB s'éloignera de la normale BD, l'angle de réfraction ABD sera plus grand que l'angle d'incidence EBC. Comme, en général, la lumière va plus vite dans un milieu moins dense, moins vite dans un milieu plus dense, on voit aussi qu'en général la lumière en passant d'un milieu moins dense dans un milieu plus dense se rapproche de la normale à la surface de séparation, et s'en éloigne en passant d'un milieu plus dense dans un milieu moins dense.

1263. *Pourquoi une cuiller placée dans un verre rempli d'eau paraît-elle rompue?* — Les rayons partis de la portion de la cuiller qui plonge dans l'eau se réfracteront en passant dans l'air, s'écarteront de la nor-

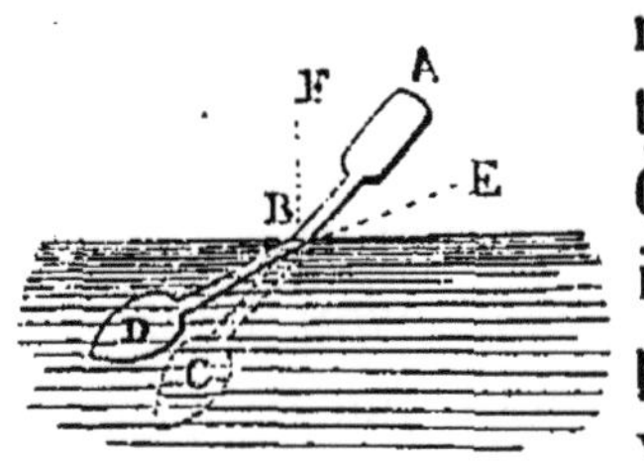

male BF et prendront la direction BE au lieu de la direction CB. Comme nous rapportons invinciblement les objets sur le prolongement des rayons parvenus à notre œil, nous verrons la portion plongée, non pas en BC, mais en BD, sur le prolongement de BE, ou relevée : les deux portions de la cuiller, telles que notre œil les voit, AB, BD, feront donc entre elles un angle ABD, et la cuiller semblera brisée en B.

1264. *Pourquoi un bâton ou une rame plongés en partie dans l'eau paraissent-ils* ROMPUS? — Par la même raison que la cuiller, parce que la portion plongée paraît relevée ou soulevée.

1265. *Pourquoi une* RIVIÈRE *paraît-elle toujours* MOINS PROFONDE *qu'elle ne l'est réellement?* — Par la raison qui fait que la cuiller paraît brisée. Les rayons qui montrent le fond se réfractent, s'éloignent de la normale, et, comme on place le fond sur leur prolongement, on le verra à fond soulevé.

* Mettez une pièce de monnaie au fond d'un vase ; au moment où, en abaissant votre regard, et lui faisant raser les bords du vase, vous commencez à ne plus voir la monnaie à cause de l'opacité des parois, il suffira de remplir d'eau le vase pour la rendre visible; la pièce de monnaie et le fond paraîtront donc s'être *relevés*.

1266. *Lorsqu'on descend dans un* BAIN, *pourquoi est-on souvent surpris de le trouver plus* PROFOND *qu'on ne* *s'y attendait?* — Parce que le fond, vu par. réfraction, paraissant soulevé, la profondeur apparente est plus petite que la profondeur réelle; et que le passage de l'illusion à la réalité cause naturellement une surprise plus ou moins grande.

1267. *De combien sont* PLUS PROFONDS *qu'ils ne le paraissent un bain et une rivière?* — D'à peu près un tiers; par conséquent, si une rivière paraît avoir trois mètres de profondeur, elle en a réellement quatre.

N'oubliez pas qu'une rivière est presque *un tiers plus profonde* qu'elle ne le paraît. Cette illusion est pour les baigneurs la cause de nombreux accidents.

1268. *Pourquoi les* POISSONS *paraissent-ils toujours plus* PRÈS *de la surface de l'eau qu'ils ne le sont réellement?* — Par la raison déjà donnée.

On doit avoir égard à cet exhaussement apparent des poissons nageant sous l'eau, lorsqu'on veut les atteindre d'un coup de fusil.

1269. *Pourquoi les objets paraissent-ils* GROSSIS *lorsqu'ils sont dans un bocal contenant de l'*EAU? — Parce que l'angle visuel ou l'angle soustendu par l'objet vu dans l'eau est plus grand que l'angle soustendu par le même objet dans l'air.

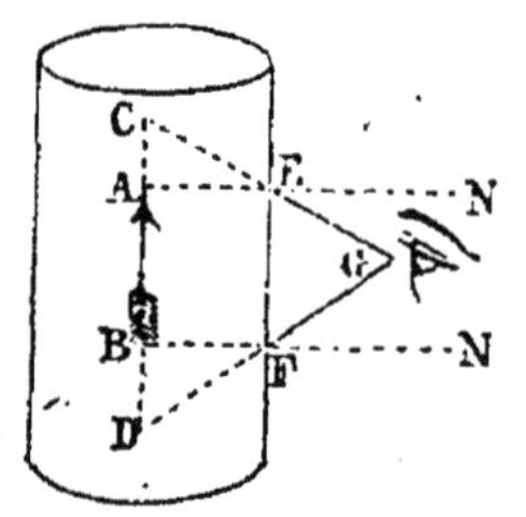

Les rayons AE, BF, partis des extrémités de la flèche AB, s'écartent des normales EN, FN, et prennent les-directions EG, FG; le point A sera donc vu en C, et le point B en D; la flèche soustendra l'angle CGD plus grand que l'angle AGB qu'elle aurait soustendu si elle avait été vue dans l'air; elle paraîtra donc agrandie.

Les poissons, dans l'eau, paraissent toujours plus grands que lorsqu'on les en a tirés.

1270. *Pourquoi les* ASTRES *paraissent-ils plus* ÉLEVÉS *qu'ils ne le sont réellement?* — En passant du vide des espaces célestes dans l'atmosphère, les rayons émis par l'étoile et qui la montrent à nos regards se réfrac-

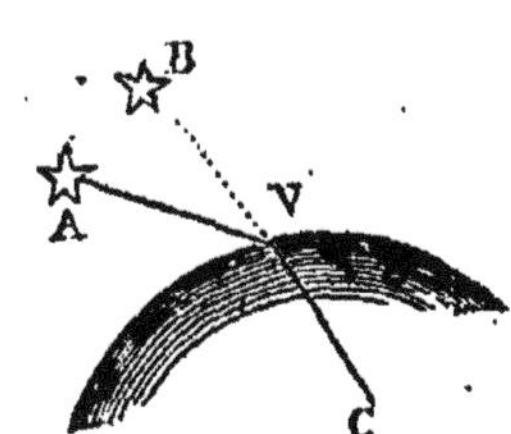

tent en se rapprochant du zénith; cette réfraction et ce rapproche- ment augmentent à mesure que les rayons pénètrent dans les couches inférieures de plus en plus denses; l'astre donc en défi- nitive paraîtra plus près du zénith ou relevé : tandis qu'il est en réalité en A, on le verra relevé en B.

1271. *Quels sont les appareils que l'on fixe ordinai- rement sur le chemin des rayons lumineux pour les ré- fléchir?* — Des LENTILLES.

1272. *Qu'est-ce qu'une lentille?* — Un verre trans- parent, taillé de manière à rassembler ou à écarter, à faire converger ou diverger les rayons lumineux qui le traversent. Sa forme est presque toujours celle d'un *disque circulaire,* dont une au moins des faces est une surface courbe, concave ou convexe; l'autre face peut être une surface plane ou une surface courbe. Les sur- faces courbes qui terminent la lentille sont, en général, des sphères dont les rayons sont convenablement choisis pour produire l'effet désiré de parallélisme, de conver- gence ou de divergence des rayons, ou pour donner un faisceau convergent, parallèle ou divergent.

1273. *Comment les lentilles sphériques se divisent- elles?* — En deux classes : 1° lentilles convergentes, ou

qui font converger les rayons; 2° lentilles divergentes,
ou qui font diverger les rayons.

1274. *Comment les lentilles* CONVERGENTES *se subdivi-
sent-elles?* — En trois genres, d'après la combinaison
des courbures :

1° Lentille bi-convexe, dont les deux faces
sont convexes ;

2° Lentille plan-convexe, dont l'une des faces
est plane, l'autre convexe ;

3° Ménisque convergent, dont l'une des faces
est convexe, l'autre concave : le rayon de
la surface concave étant plus grand que celui de la surface convexe.

Convexe veut dire courbé et arrondi à l'extérieur.
Concave, arrondi intérieurement; il est opposé à convexe.
Ménisque, du grec μηνίσκος (*un croissant*).

1275. *Comment les lentilles* DIVERGENTES *se subdivi-
sent-elles?* — En trois genres, d'après la combinaison
des courbures :

1° Lentille bi-concave, dont les deux faces
sont concaves ;

2° Lentille plan-concave, dont l'une des faces
est plane, l'autre concave ;

3° Ménisque divergent, dont l'une des faces
est convexe, l'autre concave : le rayon
de la surface concave étant plus petit que celui de la
surface convexe.

1276. *A quel caractère reconnaît-on les lentilles*
CONVERGENTES? — 1° Elles *grossissent* les objets qu'on
regarde à travers elles; 2° elles sont plus épaisses au
milieu que vers les bords.

1277. *A quels caractères reconnaît-on les lentilles* DIVERGENTES ? — 1° Elles font paraître *plus petits* les objets qu'on regarde à travers elles ; 2° elles sont plus épaisses au *bord* qu'au milieu.

SECTION III. — DE LÁ DISPERSION, DE LA DOUBLE RÉFRACTION, DE LA PORALISATION, DES INTERFÉRENCES ET DE LA DIFFRACTION DE LA LUMIÈRE.

1278. *Qu'est-ce que la* DISPERSION ? — C'est la séparation ou l'étalement, au moyen de la réfraction convenablement opérée, des rayons nombreux 'et diversement colorés dont tout rayon de lumière blanche, solaire au autre, est composé.

1279. *Comment prouvez-vous cette composition et opérez-vous la dispersion ?* — A l'aide d'un *prisme ou d'un morceau de verre à faces planes non parallèles.*

Si l'on fait tomber sur la première face d'un prisme un faisceau lumineux composé de rayons parallèles et blancs, on le verra sortir par la seconde surface sous forme de faisceau divergent, épanoui comme un éventail ; les rayons divers qui

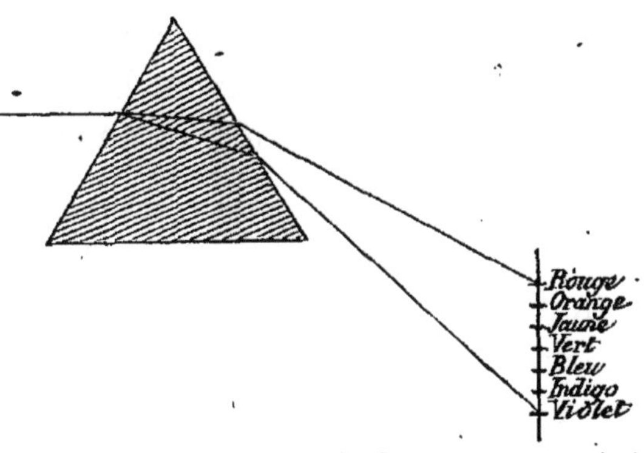

composaient le faisceau incident parallèle ont tous été déviés vers la base du prisme, mais déviés de quantités inégales ; et dans sa déviation chacun s'est revêtu d'une couleur propre ; le plus dévié est violet, le moins dévié est rouge : l'ensemble de ces rayons colorés et épanouis s'appelle *spectre solaire.*

1280. *De* COMBIEN *de rayons colorés se compose le faisceau dispersé ou le spectre solaire?* — D'un nombre indéfini; mais dans ce nombre indéfini on distingue sept rayons principaux, ou sept couleurs principales, qui se succèdent dans l'ordre indiqué par le vers suivant :

VIOLET, INDIGO, BLEU, VERT, JAUNE, ORANGÉ, ROUGE.

Trois de ces rayons ou mieux trois de ces couleurs ont reçu le nom de couleurs *élémentaires, fondamentales,* ou *cardinales;* ce sont le rouge, le jaune et le bleu, qui par leur mélange deux à deux peuvent jusqu'à un certain point reproduire toutes les autres. L'orangé peut être considéré comme un mélange de rouge et de jaune, le vert comme un mélange de jaune et de bleu, l'indigo comme un mélange de vert et du bleu, le violet comme un mélange de rouge et de bleu.

1281. *Pourquoi ces diverses couleurs se séparent-elles dans leur passage à travers le prisme?* — Parce que leurs réfrangibilités ou leurs vitesses de propagation dans les deux milieux sont inégales, et que, comme on l'a vu, la déviation produite par la réfraction dépend du rapport des vitesses dans les deux milieux.

1282. *Pourquoi les* CRISTAUX *des lustres jettent-ils des feux très-diversement colorés?* — Parce que chaque morceau de verre ou cristal est taillé de manière à agir comme un *prisme;* il décompose les faisceaux de lumière, et disperse dans différentes directions les rayons colorés dont ces faisceaux étaient formés.

1283. *Qu'entend-on par la* DOUBLE RÉFRACTION *de la lumière?* — Le partage en deux rayons distincts, dans l'acte de la réfraction, d'un rayon incident simple.

Certaines substances, comme le quartz, où cristal de roche, et surtout le spath d'Islande, dédoublent en le réfractant le rayon lumineux qui les traverse. Si on place un morceau de spath d'Islande sur une ligne noire tracée sur une feuille de papier, et qu'on regarde à travers le spath, on verra deux lignes noires.

1284. *Qu'entend-on par* POLARISATION *de la lumière?* — Un certain état du rayon lumineux qui fait qu'il s'éteint lorsqu'il est réfléchi ou réfracté dans des conditions où le rayon de lumière ordinaire, ou non polarisé, n'est pas éteint. Si on regarde à travers une plaque de tourmaline taillée suivant la longueur du cristal la lumière bleue du ciel, on voit cette lumière changer d'intensité quand on fait tourner la plaque sur elle-même, et s'éteindre presque tout à fait dans deux positions de la plaque : la lumière bleue du ciel est donc en partie polarisée; la lumière blanche des nuées, au contraire, ne s'éteint pas même partiellement, quelle que soit la position que prenne la plaque de tourmaline dans sa rotation. Un ciel très-bleu, de lumière très-polarisée, est un indice de pluie prochaine.

1285. *Qu'entend-on par* INTERFÉRENCE *de la lumière?* — Le phénomène de l'extinction plus ou moins complète de deux rayons de lumière, par le fait même de leur concours en un même point. Lorsque deux rayons lumineux, issus d'une même source, se rencontrent sous un angle très-aigu, il arrive ou qu'ils ajoutent leurs lumières, ou, au contraire, qu'ils s'éteignent par leur action mutuelle, de telle sorte qu'alors, réellement, de la lumière superposée à de la lumière produit de l'obscurité. Les bandes alternativement brillantes et obscures qui résultent de cette rencontre s'appellent *bandes d'interférence*. Lorsque les rayons qui se rencontrent sont des rayons blancs, il peut arriver que les rayons d'une seule couleur, les rayons rouges, par exemple, interfèrent seuls et s'éteignent, tandis que les autres rayons s'ajoutent ; il restera ainsi, après l'interférence, du blanc moins le rouge, ou du vert ; les interférences donnent donc naissance à une véritable dispersion, à une apparition de couleur semblable à celle produite par la réfraction, et à des spectres lumineux.

Si l'on regarde la flamme d'une bougie à travers un réseau formé d'une série de raies tour à tour opaques et transparentes, suffisamment rapprochées, à travers un verre, par exemple, sur lequel, avec une pointe de diamant, on a gravé des traits séparés par une distance égale à un centième de millimètre, on apercevra une suite de petits spectres ayant le rouge en dehors et le bleu en dedans. Le même effet se produira, si on remplace le réseau par un de ces boutons métalliques, appelés *boutons de Barton*, sur lequel on a tracé en creux, dans une ou plusieurs directions, des séries de stries parallèles et très-rapprochées, et qu'on regarde par réflexion.

Les interférences jouent un très-grand rôle dans la nature ; les couleurs de la nacre, celles des bulles de savon à pellicule très-mince, les couleurs des plumes de plusieurs oiseaux, et celles mêmes de l'arc-en-ciel, en grande partie du moins, sont des effets d'interférence.

1286. *Qu'est-ce que la* DIFFRACTION ? — L'inflexion, le plus souvent avec dispersion ou décomposition, que subit la lumière en rasant les bords des corps placés sur son passage. Si on regarde avec soin l'ombre géométrique d'un écran dont un rayon lumineux a rasé les bords, on voit que la lumière a pénétré dans cette ombre jusqu'à une certaine profondeur. De plus, en dehors de l'ombre géométrique, dans la portion qui devrait être complétement éclairée, comme en dedans, dans la portion qui devrait être complétement obscure, tout près des limites de cette ombre, on apercevra des franges alternativement claires et obscures, parallèles à ces limites. La largeur des franges varie avec la couleur de la lumière, et, si le rayon éclairant est un rayon composé, la superposition des franges fait naître des couleurs, comme dans le cas des interférences.

CHAPITRE III

ŒIL, VISION.

1287. *En quoi notre* ŒIL DIFFÈRE-*t-il des* LENTILLES *des physiciens?* — Par l'admirable propriété qu'il possède de s'accommoder aux distances, ou de donner des images nettes d'objets placés à des distances très-différentes, quoique la rétine ou le tableau sur lequel se dessine l'image de l'objet reste toujours à la même place.

1288. *Comment se fait cette* ACCOMMODATION *de l'œil?* — On ne le sait pas encore d'une manière certaine ;

il suffit de dire, en général, que l'œil est armé d'un appareil musculaire qui, sous l'action de la volonté ou de l'instinct, fait avancer ou reculer le cristallin, resserre ou dilate la pupille, de manière à assurer la netteté de l'image pour les diverses distances de l'objet.

1289. *Qu'est-ce qui remplit dans l'œil les mêmes fonctions que la lentille dans un instrument d'optique?* — Le *cristallin*, qui est une des trois humeurs de l'œil, et est situé précisément derrière la pupille.

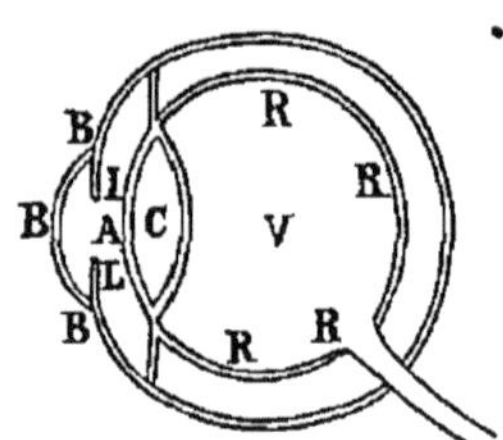

Les trois humeurs de l'œil sont :

1° L'humeur aqueuse A, liquide très-peu différent de l'eau, et qui remplit l'espace entre la cornée BBB et l'iris IAL ;

2°. Le corps vitré V, ressemblant à du verre fondu, et qui remplit la cavité postérieure de l'œil ;

3° Le cristallin C, dont l'opacité constitue la maladie connue sous le nom de *cataracte*.

1290. *Sur quelle partie de l'œil se peint l'image des objets que nous voyons?* — Sur la *rétine* R R R R, membrane formée par l'expansion du nerf optique, qui s'étend sur tout le corps vitré, et tapisse le fond de l'œil.

1291. *Qu'est-ce que la* PUPILLE *de l'œil?* — La pupille est une petite ouverture A, ou *trou* percé au centre de l'iris.

1292. *Qu'est-ce que la* CORNÉE *de l'œil?* — La partie *convexe en avant*, formée par une membrane épaisse d'une transparence parfaite.

BBB est la cornée ; RRRR la rétine ; la partie entre I A L est l'iris, où se trouve le point noir appelé pupille ou prunelle.

1293. *Pourquoi les* VIEILLARDS *ne peuvent-ils plus voir nettement les objets* RAPPROCHÉS? — Parce que l'œil *perd de sa plénitude* à mesure qu'on avance en âge ; par conséquent, la *convexité* de la cornée et du cristallin diminue, et l'image n'est pas parfaite quand elle atteint la rétine.

Si la cornée et le cristallin sont trop plats, l'image parfaite se forme en BC, et non sur la rétine AAA. Cette vision se nomme *presbytisme* (du grec πρέσβυς, *vieillard*). On l'observe quelquefois dans la jeunesse par défaut de conformation.

1294. *Pourquoi les vieillards, pour pouvoir lire, sont-ils obligés d'*ÉLOIGNER *beaucoup leur livre?* — Pour obtenir que l'image nette des lettres tombe sur la rétine, et non au delà. Des rayons partis de plus loin divergent moins, et un appareil convergent de puissance moindre, comme celui des vieillards, peut alors les faire converger plutôt, ou sur la rétine.

1295. *Quelles* LUNETTES *les* VIEILLARDS *doivent-ils porter pour remédier au défaut de l'œil qui se nomme presbytisme?* —Des lunettes *convergentes*, qui, suppléant au défaut de convergence de leurs yeux, permettent de placer l'objet à la *distance ordinaire de la vision distincte*, et le font voir de la *grandeur* qu'il a réellement.

1296. *Pourquoi certaines personnes sont-elles obligées de tenir les objets tout* PRÈS *de l'œil pour les voir distinctement?* — Parce que la cornée de leurs yeux est si *convexe*, que les rayons provenant des objets un peu éloignés sont rassemblés ou convergent *avant de rencontrer la rétine*; par conséquent, pour eux, les objets éloignés ne donnent que des images confuses.

L'image se forme en BB, avant de rencontrer la rétine AAA.

On appelle ce défaut de la vision *myopisme* (du grec μύειν ὤψ, *fermer l'œil*), parce que les myopes rétrécissent leurs yeux pour voir les objets plus nettement. Ce défaut, très-commun chez les jeunes gens, diminue en général avec l'âge.

1297. *Quelles* lunettes *les* myopes *doivent-ils porter?* — Des lunettes *concaves* ou divergentes, qui compensent l'excès de convergence de leurs yeux.

1298. *Pourquoi un objet devient-il de moins en moins visible à mesure qu'il s'éloigne de l'œil?* — Parce que son image sur la rétine devient de plus en plus petite et de plus en plus faible; l'étendue de cette image est proportionnelle à l'angle que font entre elles les deux lignes menées du centre de l'œil aux points extrêmes de l'objet, ou aux points les plus éloignés du centre; un objet disparaît lorsque l'angle qu'il sous-tend n'est plus que d'une minute. Les objets de forme très-allongée font exception, ils disparaissent plus tard, ils sont encore visibles lorsque l'angle qu'ils soustendent n'est plus que de six secondes ou un dixième de minute.

1299. *Expliquez pourquoi, lorsqu'on regarde une bougie en* clignant *les yeux, on voit des traits de lumière s'élancer à de grandes distances, et toujours perpendiculairement aux* bords *des paupières?* — Ce phénomène est dû à ce que le liquide qui lubrifie la cornée forme dans le sillon des paupières une espèce de milieu dispersif et divergent qui disperse les rayons perpendiculairement en haut et en bas. La réflexion sur les cils des paupières contribue aussi à la production de ce phénomène.

Ce phénomène est plus marqué lorsque les yeux sont humectés de larmes.

1300. *Comment voyons-nous les objets?* — Hors de nous, quoique leur image soit sur la rétine. Les aveugles nés auxquels on rend la vue à l'âge adulte disent d'abord que les objets leur *touchent les yeux;*

puis, peu à peu, ils acquièrent le sentiment de la distance.

1301. *Pourquoi voyons-nous les objets dans leur* position réelle, *quoique leur image sur la rétine soit renversée ?* — Parce que nous voyons, non pas l'*image sur la rétine*, mais les objets *hors de nous*; par conséquent, quoique l'image sur la rétine soit renversée, nous voyons l'objet comme il est. Nous voyons chaque point sur le prolongement du rayon, qui nous donne la sensation de sa présence; si le rayon a monté, son prolongement descendra; un point élevé de l'image nous fera donc voir un point abaissé dans l'objet, et réciproquement; le renversement de l'image est ainsi corrigé, et nous voyons tous les points de l'objet à leur véritable place.

1302. *Comment peut-on apprécier le relief et les* distances *à l'inspection seule des objets?* — Ce qui nous fait surtout apprécier le relief, comme aussi les distances, c'est la vision simultanée des deux yeux. Avec nos deux yeux nous sommes comme un géomètre qui, en traçant avec son compas, dont l'une des pointes est placée tour à tour aux extrémités d'une base, décrit des cercles qui par leur intersection déterminent les positions des différents points du plan. La base est la ligne qui unit les centres de nos deux yeux; les branches du compas sont nos deux axes optiques, ou les lignes qui vont des centres des yeux à un même point de l'objet; ces deux axes ou ces deux lignes font entre elles un certain angle, angle au sommet du triangle dont la base est la distance des deux yeux. Cet angle au sommet est plus grand si le point de l'objet est plus près; plus petit si le point de l'objet est plus éloigné; et c'est la perception de cet angle, plus ou moins grand, plus ou moins petit, qui nous fait juger que le point correspondant est plus rapproché ou plus éloigné, qui nous donne en un mot la sensation du relief et de la distance. Un borgne joue très-mal aux boules, parce qu'il apprécie mal les distances ; il est presque impossible d'enfiler une aiguille en ne regardant que d'un œil, la main ne rencontre plus le trou, parce que l'œil ne juge plus exactement de la distance. Chez les borgnes cependant, comme chez les personnes qui ont deux yeux, l'habitude et l'exercice suppléent, jusqu'à un certain point, à l'action combinée des deux yeux, de sorte qu'avec un œil on apprécie, à un certain degré, le relief et les distances. La clarté inégale, les clairs, les clairs-obscurs, les ombres des diverses portions des objets rapprochés ou lointains, comme aussi la présence des objets intermédiaires, contribuent à rendre plus précise l'appréciation du relief et des distances. La vision avec un seul œil s'appelle *vision monoculaire;* la vision avec les deux yeux, *vision binoculaire.*

1303. *Chacune de ces deux visions a-t-elle ses* inconvénients *et ses* avantages? — Oui, s'il s'agit d'apprécier la distance et le relief des objets, la vision binoculaire est absolument nécessaire, ou du moins grandement utile. Mais, s'il s'agit de regarder un tableau, un dessin, une photographie, la vision binoculaire a des inconvénients graves, et la vision monoculaire est beaucoup plus avantageuse. En effet, si l'on regarde avec les deux yeux une reproduction plate et bien fidèle d'un objet; comme tous les points du plan

sont sensiblement à la même distance des yeux, les
angles aux sommets des triangles dont la distance des
deux yeux est la base, ou les angles des deux axes
optiques sont sensiblement les mêmes pour tous les
points de l'objet ; nous prononçons donc que tous ces
points sont à la même distance de l'œil, nous voulons
comme forcément qu'ils le soient, nous détruisons ainsi
l'effet de perspective et de relief que le peintre ou le
dessinateur avaient cherché à imiter, ou que la nature a reproduit dans toute sa vérité, en imprimant
elle-même photographiquement l'image de l'objet ou
de la scène de la nature ; alors l'illusion disparait
presque totalement. Si, au contraire, on regarde cette
même reproduction plate avec un seul œil, il n'y a
plus deux axes optiques fixant, par leur rencontre, la
position du point dans l'espace ; il n'y a plus qu'une
ligne indéfinie sur laquelle ce point peut se trouver,
plus près ou plus loin ; l'effet de perspective naturelle
ou artistique peut s'exercer librement, et mettre chaque
point à sa véritable place ; l'illusion alors peut naître ;
la reproduction cesse d'être plate, elle donne la sensation d'un objet distant ou en relief. On s'assurera de
la vérité de ces principes en regardant tour à tour
avec un seul œil ou avec les deux yeux un bon et
beau portrait photographique ; avec un seul œil et en
regardant à travers la main arrondie en tube, on verra
les lèvres et le nez saillir comme par enchantement,
les yeux s'enfoncer et briller d'un éclat merveilleux,
la cornée apparaitre transparente comme dans la
nature.

1304. *En entrant dans un musée de tableaux on*

DEVRAIT *donc se couvrir un œil?* — Oui, et regarder à travers un tube de carton, ou à travers un tuyau de lorgnette muni d'un verre grossissant faiblement, ou grossissant de une fois et demie à trois fois; on verrait alors les tableaux incomparablement plus en relief, et l'on jugerait beaucoup mieux du mérite relatif des artistes.

1305. *Qu'est-ce que le stéréoscope?* — Un instrument charmant inventé par M. Whentstone, et qui nous donne la sensation du relief des objets par la vision simultanée de deux représentations plates de cés objets. On dessine l'objet tour à tour tel qu'il est vu de l'œil droit ou de l'œil gauche; ou mieux, car ce serait impossible, on prend à la chambre obscure, installée tour à tour à droite et à gauche, deux images photographiques de l'objet ou du paysage. On place ces deux images à côté l'une de l'autre, et on les regarde à travers deux prismes, de telle sorte que, le prisme de droite reportant à gauche l'image de droite, et le prisme de gauche reportant à droite l'image de gauche, l'ensemble des deux prismes fasse coïncider les images ou les superpose: on a alors la sensation du relief et des distances, comme si on regardait l'objet ou le paysage avec les deux yeux.

1306. *Comment peut-on comprendre que le stéréoscope donne la sensation du relief des objets?* —Si, sur les deux dessins juxta-posés, on mesure avec un compas les distances des deux images des divers points, on constatera que cette distance varie d'un point à l'autre, qu'elle est plus grande pour les objets plus voisins; plus petite pour les objets plus éloignés; les différences de distance dans l'espace et le relief sont donc repré-sentées et accusées sur l'ensemble des deux dessins. Si maintenant on considère les deux lignes qui, du point de rencontre des deux axes optiques, lorsque la super-position a eu lieu, vont aux deux images d'un même point, ces deux lignes feront entre elles un angle plus grand si le point est plus rapproché, un angle plus petit si le point est plus éloigné, et la perception de ces angles plus grands ou plus petits donnera la sensation du relief et des distances, comme, dans la vision avec les deux yeux, cette sensation était donnée par la perception des angles au sommet du triangle dont la distance des deux yeux était la base.

1307. *Pourquoi jugeons-nous bien mieux les distances dans une* VILLE *ou dans la campagne que sur la* MER *ou dans le ciel?* — Parce que dans une ville ou dans la campagne les objets *intermédiaires* font pour nous l'office de jalons, tandis qu'aucun objet ne s'interpose, en général, quand nous regardons un objet *sur la mer ou dans le ciel.*

1308. *Pourquoi la* VOUTE *céleste* NOUS PARAÎT-ELLE SURBAISSÉE? — Parce qu'à l'horizon la présence des objets intermédiaires nous la fait juger plus distante, tandis que, au zénith, l'absence d'objets intermé-diaires nous la fait juger plus proche; elle paraîtra donc moins haute que large, ou surbaissée.

1309. *Pourquoi un charbon* ROUGE *agité rapidement produit-il à nos yeux l'apparence d'un* RUBAN *de feu ou d'un* CERCLE *lumineux entier?* — Parce que la *sensation de la lumière persiste* un certain temps après que la cause en a cessé. Nous voyons ainsi le charbon à la fois dans ses diverses positions successives, il semble aller pour nous de l'une à l'autre d'un mouvement continu, et non par sauts. Quand le charbon nous fait voir un *cercle* lumineux entier, c'est que son mouvement est si rapide, que la durée de la sensation d'un point quelconque est *égale au temps de sa révolution.*

La durée des impressions sur la rétine est d'un tiers de seconde, terme moyen.

1310. *Lorsqu'on fait tourner vite un* CERCLE *divisé en secteurs alternativement noirs et blancs, pourquoi ne voit-on plus qu'une teinte* GRISE *uniforme?* — Parce que les impressions dues aux secteurs blancs *n'ont pas le temps de devenir complètes*, quand la sensation du *noir* commence, et *vice versa*; on voit donc à la fois du noir et du blanc, c'est à dire du gris.

1311. *Si un* CARTON *porte des figures, dont* UNE *moitié soit à la partie* SUPÉRIEURE *et l'*AUTRE *moitié à la partie* INFÉRIEURE, *pourquoi verra-t-on les deux moitiés* ENSEMBLE, *lorsqu'on fera tourner rapidement le carton entre les doigts, à l'aide d'un axe dressé sur son bord?* — Parce que la sensation d'*une moitié dure* encore au moment où celle de l'*autre commence*, les deux moitiés ainsi se juxta-posent comme si elles n'étaient pas séparées.

Le *thaumatrope*, appareil inventé par le docteur Paris, est fondé sur la persistance ou la durée de la sensation lumineuse.

Thaumatrope, du grec θαῦμα, *merveille*; τρέπειν, *tourner*.

Le phénakisticope, inventé par M. Plateau, est un instrument du même genre. On fixe sur le contour d'un carton des images, en nombre suffisant, des diverses phases d'un mouvement; par exemple d'un cheval qui va sauter à travers un cerceau; en faisant tourner rapidement le carton, et regardant les images qu'il porte sur son bord à travers une fente, on voit le mouvement s'exécuter d'une manière continue.

1312. *Pourquoi ne peut-on pas* COMPTER *les* BARREAUX *d'une grille, les* PIEUX *d'une haie, etc., devant lesquels on passe rapidement en voiture?* — Parce que l'image d'un barreau ou d'un pieu dure encore sur l'œil au moment où celle du suivant commence. Si l'on connaît la distance du grillage à l'œil, et la distance des barreaux entre eux, on peut calculer *à priori* la vitesse que doit avoir la voiture ou le waggon pour que l'on ne distingue plus les barreaux. Lorsque l'on fait tourner assez rapidement devant l'œil une roue avec des jantes ou des rayons, on ne voit plus les jantes ou les rayons si la roue tourne assez vite; on aura seulement la sensation d'un rideau transparent à travers lequel on distingue les objets.

1313. *Pourquoi une lumière* SOUDAINE *fait-elle mal aux* YEUX? — Parce que le nerf de l'œil est frappé par trop de rayons avant que la pupille ait eu le *temps de se contracter*, et qu'il est ainsi péniblement impressionné.

1314. *Pourquoi une* BOUGIE *allumée apportée subitement dans notre chambre à coucher pendant la* NUIT *nous fait-elle mal aux yeux?* — La pupille se *dilate beaucoup dans les ténèbres;* si donc on dresse subitement une bougie devant nos yeux les pupilles dilatées reçoivent *trop de lumière*, et nous sommes douloureusement affectés.

1315. *Pourquoi pouvons-nous* SUPPORTER *la lumière de la bougie après quelques instants?* — Parce que les pupilles se contractent presque instantanément, et s'accommodent à la quantité de lumière qui tombe sur l'œil.

1316. *Pourquoi une* FORTE *lumière fait-elle* CONTRAC-TER *la pupille des yeux?* — La pupille de l'œil est une petite ouverture dans le milieu d'une membrane mobile, qui se nomme l'*iris;* quand trop de lumière tombe au fond de l'œil sur la rétine, elle l'*irrite,* et cette irritation se communique à l'*iris,* qui se contracte alors.

1317. *Pourquoi ne peut-on pas voir dans la* RUE *quand les* BOUGIES *sont* ALLUMÉES *dans l'appartement où l'on se trouve?* — Parce que la pupille, contractée sous l'influence de la lumière, est *trop petite* pour réunir assez des rayons diffus provenant des objets qui se trouvent dans la rue; ces objets, par là même, restent presque invisibles; au contraire, on voit très-bien de la rue dans l'appartement.

1318. *Pourquoi ne pouvons-nous* RIEN *voir quand nous quittons un salon bien éclairé pendant la nuit.* — Parce que la pupille, qui s'est contractée dans le salon éclairé, ne se dilate pas *sur-le-champ,* et qu'ainsi elle est *trop petite* pour réunir dans l'obscurité assez de rayons pour nous permettre de voir les objets qui nous entourent.

1319. *Pourquoi voyons-nous* MIEUX *peu d'instants après?* — Parce que la pupille se *dilate* peu à peu, et permet alors à un plus grand nombre de rayons épars de passer à travers son ouverture.

1320. *Si nous regardons le* SOLEIL *brillant ou un feu intense pendant quelques instants, pourquoi tous les objets nous paraissent-ils* SOMBRES *et* FONCÉS? — Parce que la prunelle de l'œil se *contracte* tant à la lumière brillante du soleil, qu'elle ne laisse plus passer assez de rayons pour nous permettre de distinguer la couleur des objets *moins éclairés.*

1321. *Pourquoi les tigres, les* CHATS, *les hiboux, etc., peuvent-ils voir dans les* TÉNÈBRES? — Parce que leurs yeux ont reçu une organisation spéciale en rapport avec leur destination. Tous les animaux noctiluques ont la faculté d'*élargir* assez la pupille de leurs yeux pour qu'elle puisse rassembler en grande abondance les rayons épars de lumière. Aussi une vive lumière les fatigue, les éblouit et leur fait cligner sans cesse les yeux; ils dorment une grande partie du jour, et cherchent leur proie pendant la nuit, qui n'a pas pour eux de ténèbres; ils distinguent nettement des objets que nous n'apercevons pas.

1322. *A quoi servent* DEUX *yeux, puisqu'ils ne nous montrent qu'un seul objet, et que nous voyons très-bien avec un seul œil?* — 1° A augmenter le champ de la vision : nous voyons plus des objets donnés avec les deux yeux qu'avec un seul œil; 2° à augmenter la clarté des objets ou à rendre la vision plus nette, plus distincte : en regardant tour à tour un papier blanc d'abord avec un seul œil, puis avec les deux yeux, on constate que dans le second cas la vision est beauconp plus claire ou lumineuse; 3° et surtout à nous donner la sensation du relief et des distances, sensation que nous n'aurions qu'imparfaitement avec un seul œil; 4° enfin à diminuer les chances de cécité : si nous perdons un œil, l'autre au moins nous reste.

1323. *Pourquoi avec* DEUX *yeux ne voyons-nous qu'un* SEUL *objet?* — Parce que, suivant les uns, les

points homologues ou les points symétriquement placés sur les deux rétines correspondent à un même
filet nerveux cérébral, bifurqué à l'entre-croisement des
nerfs optiques; 2° parce que, suivant les autres, l'habitude que nous acquérons de rapporter à un même objet
les impressions simultanées produites sur les deux
rétines détermine l'unité de sensation; 3° et, fondamentalement, parce que nous n'avons à chaque instant la vision distincte que d'un seul point de l'objet,
du point sur lequel nous dirigeons actuellement nos
deux axes optiques, et à la distance duquel notre œil
s'accommode : dirigés ensemble sur un même point,
les deux axes optiques ne peuvent nous donner que la
sensation de ce même point, et non pas de deux points;
la vision est donc simple, et non pas double. C'est
parce que les axes de nos deux yeux, doués d'une mobilité excessive, passent dans un temps infiniment
court et sans que nous en ayons la conscience, d'un
point à l'autre de l'objet, que nous croyons voir à la
fois nettement tout l'objet. « Si nous croyons voir un objet tout entier, disait Euclide, cité par François Arago,
cela provient de la rapidité extrême avec laquelle notre
vue en parcourt d'un mouvement continu les diverses
parties sans en oublier aucunes. » Quelques louches
voient double, parce que leurs axes optiques ne peuvent pas converger à la fois sur un même point de
l'objet; il suffit, par le déplacement du globe de l'un
de nos yeux, d'empêcher que les axes optiques convergent sur un même point des objets, pour que l'on voie
les objets doubles.

1324. *Pourquoi une* AVENUE *d'arbres ou une rue*

longue et droite paraît-elle se RÉTRÉCIR *de plus en plus
dans le lointain, jusqu'à ce que les deux côtés semblent*

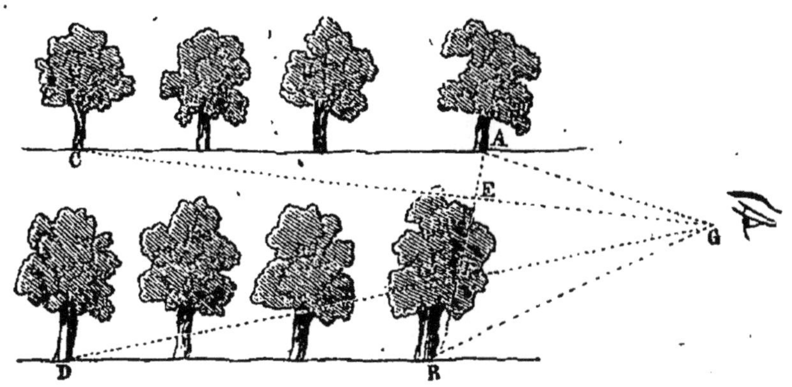

se rencontrer? — Parce que l'angle que forment les
deux lignes menées de l'œil à deux arbres ou à deux
points situés en face l'un de l'autre, angle par lequel
nous apprécions ou nous mesurons la distance de ces
arbres ou de ces points, va sans cesse en diminuant
à mesure que nous considérons deux arbres ou deux
points de plus en plus éloignés; la distance des deux
arbres ou des deux points paraît donc aller sans cesse
en diminuant, c'est-à-dire qu'ils semblent se rapprocher de plus en plus.

La distance entre les deux arbres A et B paraît au spectateur G être
égale à la ligne AB, tandis que la distance entre les arbres C et D ne paraît qu'égale à la ligne EF.

1325. *Pourquoi les bâtiments d'une rue droite, ou
les arbres plantés le long d'une avenue semblent-ils* DIMI-
NUER *de hauteur à mesure qu'ils s'éloignent?* — Parce
que l'angle soustendu par l'arbre , ou l'angle des
deux lignes menées du centre de l'œil au pied et au
sommet de l'arbre ou de la maison, diminue de plus

en plus à mesure que l'arbre ou la maison sont plus éloignés.

L'arbre AB paraît au spectateur G égal à la ligne AB, tandis que l'arbre CD n'excède pas la petite ligne EF.

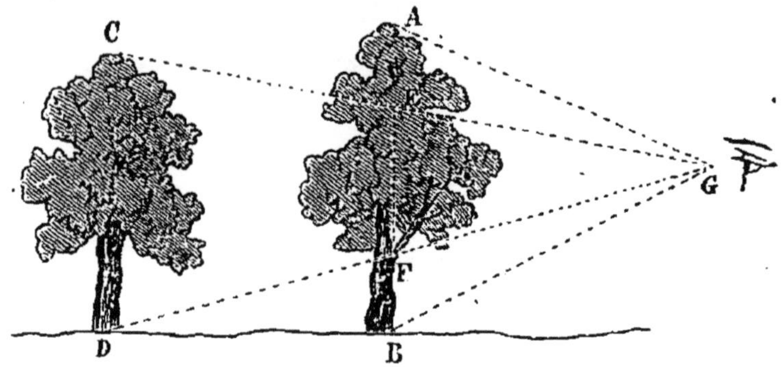

1326. *Pourquoi un* HOMME *vu du sommet d'une* MONTA- GNE *ou d'un clocher élevé ne paraît-il pas plus gros qu'un* CORBEAU *vu de près?* — Parce que l'angle soustendu par l'homme vu d'une très-grande hauteur ou d'une très-grande distance n'est pas plus grand que l'angle soustendu par un corbeau vu de près. C'est sur ce principe qu'est fondée la construction des instruments ou lunettes appelés télémètres, à l'aide desquels on déduit la distance inconnue des objets de leur grandeur connue, ou la grandeur inconnue de la distance connue.

Soit AB un homme éloigné et CD un corbeau tout près du spectateur G.

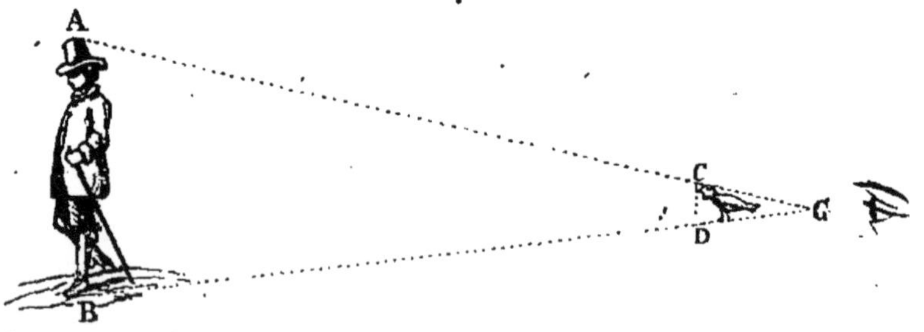

L'homme paraît n'avoir que la hauteur CD, qui est aussi la hauteur apparente du corbeau.

1327. *Pourquoi la* LUNE *paraît-elle beaucoup plus* GRANDE *que les étoiles, tandis qu'en réalité elle est beaucoup plus petite?* — Parce que, en raison de sa grande proximité, l'angle soustendu par la lune est très-grand naturellement, tandis que pour les étoiles, situées à une distance incommensurable, l'angle soustendu est infiniment petit, ce qui fait qu'elles apparaissent comme des points. Le soleil et la lune paraissent à peu près de même grandeur, quoique le soleil soit incomparablement plus gros, parce que le soleil est en même temps beaucoup plus éloigné.

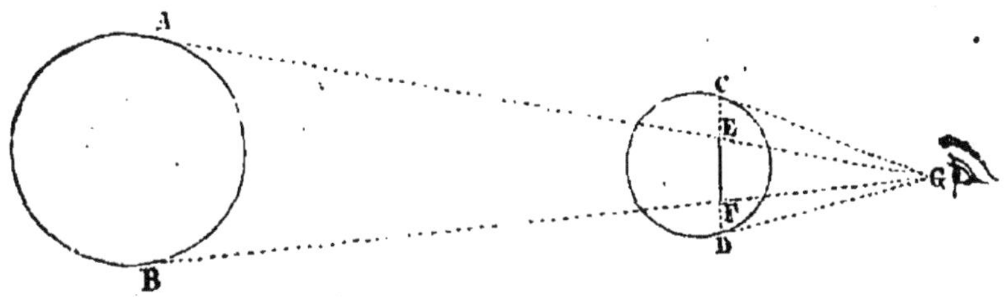

Soit AB une étoile, et CD la lune : quoique AB soit beaucoup plus grand, il ne paraît néanmoins que de la hauteur de la petite ligne EF, tandis que la lune paraît aussi grande que la ligne CD.

1328. *Pourquoi un* MICROSCOPE *grossit-il à la vue les objets?* — Parce qu'il rapproche les objets d'autant plus qu'il est plus puissant; qu'en rapprochant les objets il fait que l'angle qu'ils soustendent est plus grand, et que, par conséquent, ils nous paraissent agrandis ou grossis, dans le rapport direct du rapprochement ou de la puissance du microscope.

1329. *Si l'ombre d'un objet est projetée sur une muraille, pourquoi la grandeur de cette ombre* AUGMENTE-*t-elle de plus en plus à mesure qu'on* RAPPROCHE *l'objet de la bougie allumée?* — Parce que plus le corps opaque est voisin de la source de lumière, plus l'angle au sommet du cône formé par les lignes droites qui vont du centre lumineux au contour de l'objet est grand, plus l'aire de la surface d'intersection de ce cône avec la muraille est large : or cette aire est précisément l'ombre de l'objet.

La flèche A, dressée près de la bougie, donnera, sur une muraille, la grande ombre CD, tandis que la même flèche, dressée en B, ne ferait que la petite ombre EF.

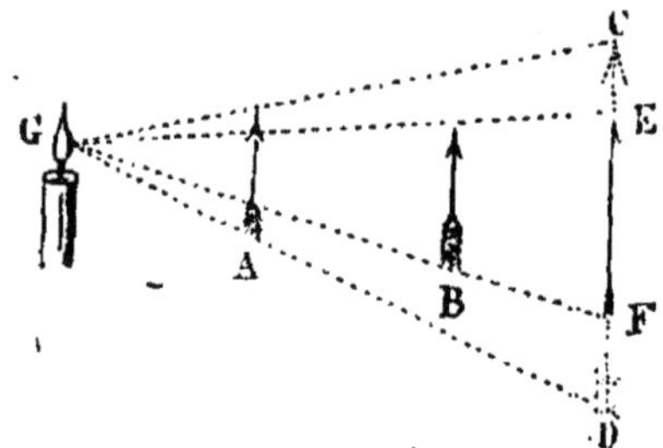

1330. *Quand un navire approche de la côte, pourquoi peut-on voir d'abord les parties les plus* PETITES, *comme les flammes ou le sommet des mâts, etc., avant de voir le corps du navire?* — Parce que le *globe terrestre est sphérique,* et que la courbure de la mer cache à la vue le corps du navire, quand les parties les plus élevées sont devenues visibles.

Les parties du navire au-dessus de la ligne AB seront visibles au spectateur A, tandis que la courbure de la mer dérobe à sa vue les parties qui sont au-dessous de cette ligne.

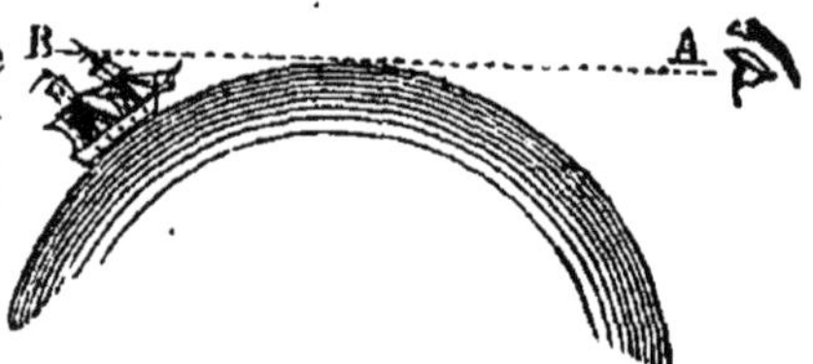

CHAPITRE IV

PHÉNOMÈNES D'OPTIQUE NATURELLE, OU OPTIQUE MÉTÉOROLOGIQUE

§ 1. — Arc-en-ciel.

1331. *Qu'est-ce que l'*ARC-EN-CIEL? — Une bande à peu près semi-circulaire, plus ou moins étendue, formée de sept arcs concentriques présentant successivement les couleurs du spectre solaire, depuis le violet en bas, ou à l'intérieur, jusqu'au rouge en haut, ou à l'extérieur, qu'on aperçoit ordinairement dans les nuées, quand le *soleil luit* en même temps qu'il pleut.

1332. *Quelle est la* CAUSE *de l'arc-en-ciel?* — La décomposition de la lumière du soleil par les gouttes de pluie.

1333. *Quelles sont les* CONDITIONS *nécessaires pour que l'on voie l'arc-en-ciel?* — Il faut : 1° que l'on regarde du côté *opposé au soleil;* 2° qu'une nuée obscure se trouve derrière les gouttes de pluie qui décomposent et dispersent les rayons; 3° que le soleil ne soit pas trop élevé au-dessus de l'horizon.

1334. *Comment a-t-on été conduit à admettre que l'arc-en-ciel résulte de la décomposition de la lumière par des gouttes de pluie?* — Par ce double fait : 1° que les cascades, les jets d'eau, les gouttes de pluie dispersées sur l'herbe ou sur des toiles d'araignée produisent le même phénomène ; 2° qu'en partant de cette supposition, et mettant en outre en jeu les interférences de la lumière, on est arrivé à rendre compte de toutes les particularités du phénomène de l'arc-en-ciel.

1335. *Montrez comment peut s'opérer cette décomposition.* — On conçoit sans peine : 1° qu'un rayon solaire SA, qui rencontre une goutte d'eau en A, se réfracte, arrive en B, se réfléchisse presque totalement en B sur la surface limite de la goutte d'eau,

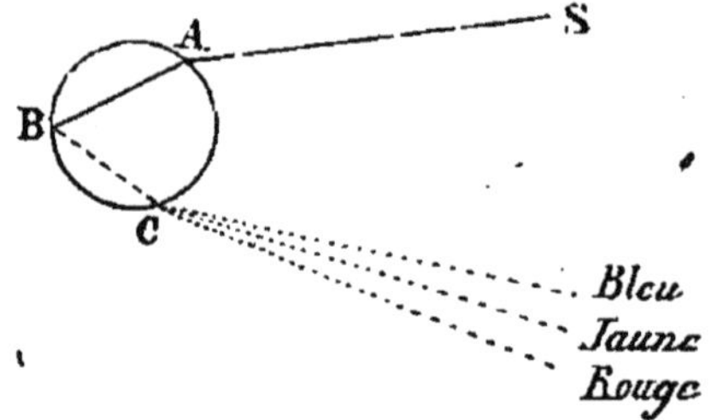

vienne en C, et sorte en se réfractant de nouveau en C ; 2° que cette double réfraction disperse les rayons composants ou les sépare dans l'ordre de leur réfrangibilité, rouge, jaune, bleu.

1336. *Les mêmes gouttes produisent-elles la même couleur pour chaque personne?* — Non, et chaque spectateur voit son arc-en-ciel particulier.

1337. *L'arc-en-ciel est-il toujours* SIMPLE ? — Non ; très-souvent on voit à la fois deux arcs, l'un intérieur, dont les couleurs sont plus vives ; l'autre extérieur, plus pâle, et dans lequel l'ordre des couleurs est renversé. Dans l'arc intérieur ou principal, le rouge est en bas, le violet en haut ; dans l'arc secondaire extérieur, le violet est en bas, le rouge en haut.

1338. *Comment expliquez-vous la formation du second arc-en-ciel?* — Toujours par la décomposition de

la lumière par les gouttes de pluie. On conçoit : 1° qu'un
rayon blanc SA, pé-
nétrant dans la gout-
te d'eau, non plus
par le haut, mais par
le bas, se réfracte en
A, se réfléchisse d'a-
bord en D, puis en
C, se réfracte de nouveau et sorte en B ; 2° que cette
double réflexion et cette double réfraction disperse les
rayons composants dans l'ordre de leur réfrangibilité,
bleu, jaune, rouge

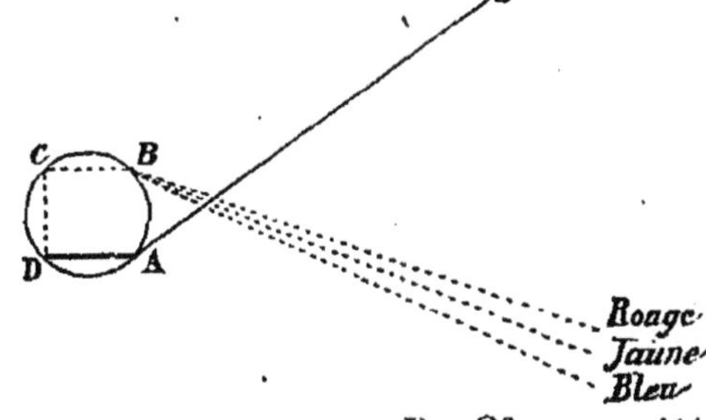

1339. *Pourquoi les couleurs de l'arc-en-ciel inférieur
sont-elles plus* VIVES, *celles de l'arc-en-ciel supérieur
moins* VIVES ? — Parce que les rayons qui donnent le
premier arc n'ont subi qu'une réflexion, tandis que les
rayons qui donnent le second arc en ont subi deux, et
que la réflexion affaiblit toujours un peu la lumière.

1340. *Le nombre des arcs est-il borné toujours à*
DEUX ? — Non ; on en a vu quelquefois jusqu'à trois ; la
théorie indique qu'il peut y en avoir un plus grand
nombre ; mais leur lumière est si faible, qu'on ne les
aperçoit presque jamais. On voit plus souvent près du
violet de l'arc inférieur ou principal des arcs appelés
surnuméraires, formés chacun d'une bande pourpre et
d'une bande verdâtre, et qui proviennent des interférences des rayons voisins de ceux qui produisent l'arc-
en-ciel principal.

1341. *Qu'est-ce que l'arc-en-ciel blanc et à quoi faut-il
l'attribuer ?* — C'est l'arc-en-ciel qui se forme sur un

brouillard au lieu de se former sur un nuage pluvieux. L'absence de couleurs tient uniquement à la petitesse excessive des gouttes. En tenant compte de la grosseur des gouttes ou de leur diamètre, on voit par la théorie comment, à mesure que ce diamètre diminue, l'apparence lumineuse formée par la réfraction, la dispersion et les interférences, passe de l'arc-en-ciel ordinaire aux arcs surnuméraires, aux couronnes, et arrive enfin à l'arc-en-ciel blanc.

§ 2. — Lumière diffuse, aurore et crépuscule.

1342. *Qu'est-ce que la lumière* DIFFUSE *ou la lumière* DU JOUR? — La lumière du soleil réfléchie, répercutée, transmise par les innombrables molécules de l'atmosphère aérienne. Si l'atmosphère n'existait pas, la surface terrestre ne recevrait de lumière que celle qui lui arriverait directement du soleil; si on cessait de regarder cet astre ou les objets directement frappés par ses rayons, on se trouverait aussitôt dans les ténèbres. Grâce à l'atmosphère, au contraire, il n'est pas de lieu si retiré, pourvu que l'air puisse s'y introduire, qui ne soit éclairé alors même que les rayons du soleil n'y arrivent pas directement.

1343. *Qu'est-ce que l'*AURORE? — La clarté qui précède le lever du soleil, la lumière qui nous arrive du soleil par la réflexion et la diffusion dans l'atmosphère de ses rayons, alors qu'il est encore à 17 ou 18 degrés au-dessous de l'horizon.

1344. *Qu'est-ce que le* CRÉPUSCULE? — La clarté qui suit le coucher du soleil, la lumière qui nous arrive du soleil par la réfraction et la diffusion dans l'atmosphère, alors qu'il est à moins de 18 degrés au-dessous de l'horizon. Le crépuscule est l'aurore du soir, ou mieux l'aurore est le crépuscule du matin. Si l'atmosphère n'existait pas, le jour succéderait à la nuit et la nuit au jour instantanément. Grâce à l'atmosphère, au contraire, nous ne passons que peu à peu, et par une gradation insensible, du jour à l'obscurité, de l'obscurité au jour.

1345. *Qu'appelle-t-on* COURBE ANTICRÉPUSCULAIRE? — La courbe limite de la projection dans l'atmosphère de l'ombre de la terre éclairée par les rayons du crépuscule du matin ou du soir.

Lorsque le soleil est sous l'horizon, le cône lumineux formé par les rayons qui rasent tangentiellement la terre, prolongé à travers toute l'atmosphère supposée sphérique, et modifié par les réfractions qu'il subit, trace en sortant des dernières couches un cercle qui sépare les régions aériennes directement illuminées de celles qui ne le sont qu'indirectement; cette courbe limite est la courbe anticrépusculaire. Elle se montre vers l'horizon oriental quand le soleil se couche, et vers l'horizon occidental quand il se lève.

1346. *Qu'appelle-t-on les* TEINTES *de l'aurore ou du crépuscule?* — Les teintes de la courbe crépusculaire. Cette courbe n'est pas une ligne tranchée, mais un secteur ou une surface circulaire d'une certaine étendue, nuancée de diverses teintes se succédant de bas en haut dans l'ordre suivant : rouge, orangé, jaune, vert, pourpre rosâtre, bleu grisâtre, rougeâtre.

1347. *Qu'appelle-t-on* RAYONS CRÉPUSCULAIRES? — Les faisceaux lumineux blancs ou colorés qui pénètrent dans l'atmosphère à travers les échancrures des nuages, le plus souvent des *cumulo-stratus*, interposés entre le soleil couchant et l'œil de l'observateur. Quelquefois ces arcs lumineux semblent rayonner du soleil et former une sorte de gloire de saints à larges rayons divergents. Quelquefois, au contraire, ils se dessinent sur le ciel comme de grands cercles convergents qui vont se couper au point du ciel diamétralement opposé au soleil. Cette divergence et cette convergence ne sont qu'apparentes, en réalité les rayons sont parallèles; cette illusion a la même cause que celle qui nous montre convergentes les deux rangées parallèles d'arbres qui bornent une avenue.

1348. *Qu'appelle-t-on* BANDES POLAIRES? — Une distribution particulière de lumière qui dessine sur une couche de nuages un arc en apparence circulaire, quelque peu semblable, par sa forme et son orientation, aux arcs des aurores boréales.

§ 3. — Réfraction extraordinaire et mirage.

1349. *Qu'appelle-t-on* RÉFRACTION ASTRONOMIQUE? — La déviation que la lumière venue des astres subit dans son passage à travers les couches successives de l'atmosphère terrestre, et qui nous fait voir ces astres plus élevés au-dessus de l'horizon qu'ils ne le sont réellement. Elle est rigoureusement nulle quand l'astre est au zénith; elle croît à mesure que l'astre descend vers l'horizon.

Par suite de la réfraction, le soleil et la lune, dont le diamètre apparent n'est que de 32 minutes, angle moindre que la déviation produite par la réfraction, peuvent apparaître en entier au-dessus de l'horizon, alors qu'ils sont en entier au-dessous; la lune a pu se montrer éclipsée avant son coucher, pendant que le soleil brillait vers l'orient. Le bord inférieur du disque solaire ou lunaire est plus relevé que le bord supérieur, et les deux astres paraissent aplatis dans le sens vertical.

1350. *Qu'appelle-t-on* RÉFRACTION TERRESTRE ? — La déviation que la lumière venue des objets terrestres subit dans son passage à travers les couches qui séparent ces objets de l'œil, et qui a aussi pour effet de les montrer à une plus grande hauteur.

1351. *Qu'appelle-t-on* RÉFRACTION ANOMALE *ou* EXTRAORDINAIRE ? — L'exagération ou le renversement de la réfraction atmosphérique.

Par suite des réfractions exagérées causées par des températures très-basses ou une densité excessive de l'air, on a vu le soleil, dans les régions polaires, se lever jusqu'à dix-sept jours plus tôt que ne l'annonçait le calcul. Cette même exagération fait que, dans certaines circonstances, on aperçoit à des distances énormes, trente ou quarante lieues, des montagnes ou autres objets ordinairement invisibles.

Lorsque le sol est très-échauffé par les rayons du soleil, les couches plus basses sont les moins denses, la déviation des rayons, causée par la réfraction, se fait en sens contraire, les objets paraissent abaissés au lieu de paraître élevés. Ainsi, 1° lorsque la mer est plus chaude que l'air, l'horizon paraît beaucoup plus abaissé qu'il ne devrait l'être relativement à la hauteur d'où l'on observe. 2° Si, au contraire, la mer est beaucoup plus froide que l'air, l'horizon apparent s'élève à une grande hauteur, comme si l'observateur était dans un bas-fond. 3° Des arbres hauts de vingt mètres et plus deviennent quelquefois invisibles et semblent être descendus au-dessous de l'horizon. 4° Par des journées très-chaudes, des clochers très-élevés disparaissent aussi sous l'horizon, tandis que lorsque le soir l'atmosphère s'est rafraîchie, on voit non-seulement le clocher, mais l'église et le sol environnant en apparence soulevés.

1352. *Qu'appelle-t-on* mirage? — Des effets de réfraction extraordinaire qui font apparaître au-dessus du sol ou dans l'atmosphère l'image renversée des objets éloignés. Le mirage peut se produire soit verticalement soit latéralement.

1353. *Quelle est la cause et quels sont les effets du* mirage vertical? — Dans les cas de réfraction extraordinaire, par exemple, lorsque les couches inférieures de l'air sont très-chaudes et très-raréfiées, les rayons lumineux venant d'un objet, du palmier A, par exemple, et passant sans cesse d'une couche plus dense dans une couche moins dense, se courbent de plus en plus, arrivent aux diverses couches sous des incidences de plus en plus petites, et il peut arriver qu'ils atteignent une couche limite B sous une inclinaison telle, qu'au lieu d'y pénétrer ils se réfléchissent totalement et reviennent dans le milieu plus dense en suivant une seconde courbe convexe BC. L'œil alors placé en C

pourra voir et l'objet A directement à travers les couches de densité sensiblement uniformes, et l'image

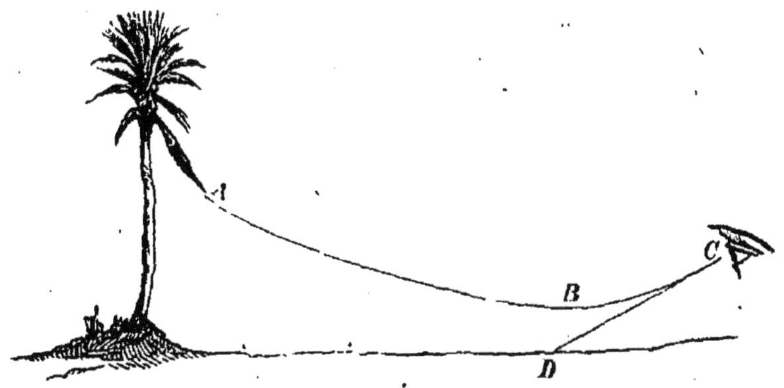

renversée de cet objet dans le prolongement C D de la
tangente à la courbe B C.

De même, lorsque, aux couches les plus basses, beaucoup plus denses que dans l'état normal, par leur contact, par exemple, avec l'eau plus froide de la surface
des mers, sont superposées des couches moins denses,
les rayons lumineux émis par le navire A A' s'éloignent
de plus en plus de la verticale, arrivent aux couches
plus élevées sous des in-

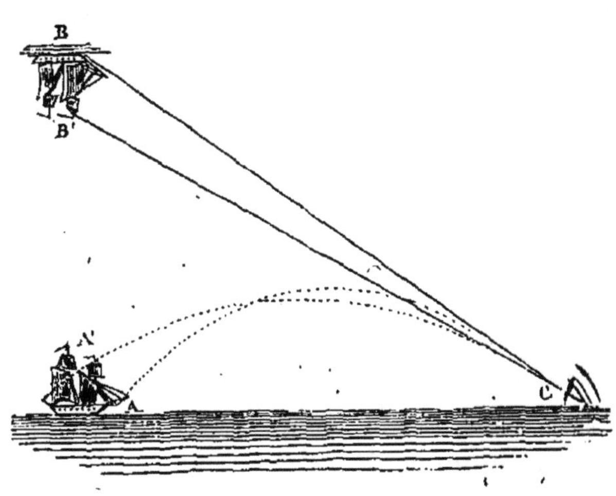

cidences de plus en plus petites, atteignent sous l'angle de réflexion totale une certaine couche limite, se

réfléchissent, rentrent dans le milieu plus dense, et arrivent à l'œil en C ; on peut, dans ce cas, voir et le navire AA' directement, et son image renversée BB', située non plus au-dessous, mais au-dessus. Cette première image, faisant à son tour fonction d'objet, peut donner naissance à une seconde image située au-dessus d'elle, renversée par rapport à elle, mais droite relativement au navire.

Le premier cas de mirage horizontal est très-fréquent dans les plaines de la basse Égypte, échauffée par les ardeurs d'un soleil de feu. Le second cas est très-souvent observé dans les mers du Groënland.

1354. *Quelle est l'*ORIGINE *et quels sont les* EFFETS *du mirage latéral?* — Il a lieu lorsque, par une cause quelconque, des couches d'air très-chaudes, très-dilatées, par leur contact, par exemple, avec une paroi verticale, que les rayons du soleil frappent, sont en contact avec des couches d'air plus froides et plus denses. Pour se rendre compte de ces effets, il suffit de faire tourner de 90 degrés les deux figures qui précèdent, de manière à rendre verticales les surfaces de séparation des couches ; les images sont produites de la même manière, droites ou renversées, par suite de la réflexion totale sur une couche limite, latéralement au lieu de verticalement.

1355. *Les phénomènes du mirage sont-ils si* RARES *qu'il faille les classer parmi les phénomènes extraordinaires?* — Non, les phénomènes de mirage horizontal ou latéral sont au contraire très-fréquents et très-communs. Si un œil patient et perçant s'exerçait à les retrouver dans l'atmosphère, il les verrait partout où

il y a des surfaces horizontales ou verticales longtemps
exposées à un soleil d'été. En se couchant à plat ventre
sur le sol revêtu de bitume de la place de la Concorde,
par un jour très-chaud, on peut voir le mirage horizontal
dans des conditions d'éclat et d'illusion tout à fait remarquables. On constatera la réalité du mirage latéral
en faisant raser à son œil une longue muraille située
au midi, et que le soleil a échauffée pendant quelques
heures. L'histoire a conservé le souvenir d'un pilote
de Bourbon ou de Cayenne qui annonçait à coup sûr
l'arrivée des vaisseaux, alors qu'ils étaient encore au-

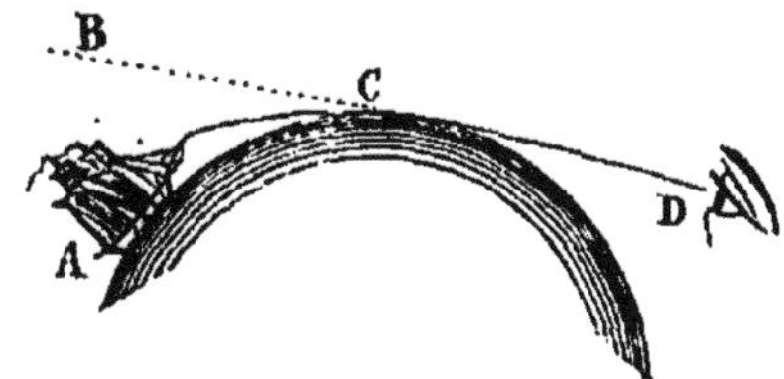

dessous de l'horizon de
l'île; son secret était très-
probablement l'observa-
tion assidue du mirage;
et les vaisseaux A ne lui
apparaissaient sans doute pas autrement que dans leurs
images B, projetées sur le ciel par l'effet des réfractions extraordinaires, comme le montre la figure ci-
jointe.

1356. *En outre des mirages réguliers dont il vient
d'être question, existe-t-il un* MIRAGE IRRÉGULIER? — Oui.
Les couches très-basses de l'atmosphère, dans les journées de l'été, par suite de la réverbération intense de
la surface des mers et du sol, sont animées de mouvements très-irréguliers; si on braque alors une lunette
vers l'horizon, la vision n'aura plus rien de distinct;
réfractés et déviés tantôt dans un sens, tantôt dans un
autre, les rayons lumineux ne forment plus d'images
constantes et continues, certains points de l'objet sont
invisibles; d'autres apparaissent et disparaissent tour

à tour; les contours de l'image sont d'une mobilité excessive, les objets sont considérablement déformés. Les apparences magiques des *Fata-Morgana* du détroit de Messine sont dues en partie au mirage, en partie aux réverbérations du sol et de la mer.

§ 4. — Couronnes, halos, parhélie.

1357. *Qu'appelle-t-on* couronnes? — Des cercles colorés concentriques au soleil et à la lune, plus ou moins nombreux, dont les diamètres varient comme les nombres 1, 2, 3, 4, et qui sont nuancés de rouge à l'extérieur, de violet à l'intérieur.

1358. Comment *sont produites les couronnes?* — Par la diffraction des rayons lumineux dans leur passage à travers une masse de globules ou petites sphères d'eau liquéfiées, d'une grosseur sensiblement uniforme. Si l'on regarde le soleil, la lune ou la flamme d'une bougie au travers d'un verre couvert de poussière de lycopode, on aperçoit de superbes couronnes concentriques qui rappellent tout à fait celles de la nature.

1359. *Qu'est-ce que l'*anthélie? — Une sorte d'auréole ou de gloire, d'une lumière plus ou moins vive, qui apparaît quelquefois autour de la tête d'un observateur placé en face d'un nuage ou d'un amas de poussière fine, et qui est due à la réflexion ou à une illumination rétrograde de la lumière.

1360. *Quels sont les* halos proprement dits? — Des cercles colorés de grand diamètre, qui ont le soleil ou la lune pour centre, nuancés de rouge à l'intérieur, de violet à l'extérieur, et qui sont dus à la réfraction des rayons lumineux par des prismes de glace d'un angle de 60 degrés, flottant dans l'atmosphère, avec leur arête horizontale. Le rayon du premier halo ordinaire est d'environ **22** degrés, le rayon du deuxième halo extraordinaire est d'environ 46 degrés; on en voit quelquefois un troisième distant du soleil de 90 degrés, dans lequel le violet est à l'intérieur et le rouge à l'extérieur.

1361. *Qu'est-ce que le* CERCLE PARHÉLIQUE? — Un grand cercle blanc parallèle à l'horizon, dont la circonférence passe par le soleil ou par la lune, et dont la largeur est la même que celle de l'astre illuminant. Il est aussi dû à la réfraction de la lumière par des prismes de glace flottant dans l'atmosphère, mais par des prismes orientés autrement que ceux qui donnent le halo. Le cercle parhélique est quelquefois accompagné de deux autres cercles blancs passant par le soleil, et se coupant sous un angle de 60 degrés.

1362. *Que sont les* PARHÉLIES? — Des images colorées du soleil qui apparaissent à l'intersection des cercles parhéliques avec d'autres cercles analogues appelés cercles circumzénithaux, ou tangents, parce qu'ils ont le zénith pour centre, et qu'ils sont tangents aux halos proprement dits. Les parhélies ont les couleurs du halo, et souvent une sorte de queue ou prolongement dans la direction du cercle parhélique; ils sont dus aussi à la réfraction par des prismes de glace.

1363. *Qu'appelle-t-on communément* HALO? — Un phénomène lumineux très-compliqué résultant de l'apparition simultanée des halos proprement dits, du cer-

cle parhélique, de cercles tangents, de cercles verti-
caux, d'un plus ou moins grand nombre de parhélies,
d'autres cercles encore passant par les parhélies, etc.,
et qui a toujours la réflexion des cristaux de glace
orientés plus ou moins régulièrement.

1364. *Que sont les traînées lumineuses verticale et
horizontale qui, dans les régions polaires, accompagnent
quelquefois le soleil à son lever?* — Très-probablement
des phénomènes de diffraction ou de réseaux, car on
les imite ou on les reproduit en regardant le soleil à
travers une toile métallique ou une surface de verre
rayée. Les deux traînées réunies forment quelquefois
une croix.

§ 5. — Scintillation.

1365. *Qu'est-ce que la scintillation des étoiles?* —
L'agitation, le mouvement de trépidation dont les
étoiles semblent animées, avec changement d'éclat et
de couleurs, avec altération du diamètre apparent des
rayons divergents qui jaillissent du centre de l'étoile.

1366. *Quelle est la* CAUSE *de la scintillation?* —
Suivant François Arago, la scintillation a pour cause
unique les interférences des rayons stellaires par suite
de leur passage à travers des portions de l'atmosphère
plus ou moins denses, plus ou moins humides, inégalement réfringentes et qui, par conséquent, augmentent ou diminuent inégalement leurs vitesses. Ces interférences, en supprimant certains rayons, tantôt les
uns, tantôt les autres, en éteignant même quelquefois
totalement ou presque totalement la lumière émise,

donneraient une explication assez naturelle de l'agitation de l'image de l'étoile, de ses changements d'éclat et de couleur.

Mais il semble qu'on peut se rendre très-bien compte de ce singulier phénomène sans recourir aux interférences par la seule dispersion de la lumière des étoiles; ou par ce double fait : 1° que la lumière des étoiles est dispersée par l'atmosphère, que les étoiles par conséquent étalent en quelque sorte, devant le regard, un rideau de lumière dispersée ou de couleurs actuellement séparées; 2° que cette dispersion, en quelque sorte élémentaire et très-faible, peut devenir sensible par l'agitation de l'air, par des réflexions totales de certains rayons à la surface des ondes atmosphériques, par l'hétérogénéité et les inégalités du milieu traversé, etc., etc.

Le refroidissement du sol par le rayonnement vers les espaces célestes dans les nuits sereines produit des courants ascendants et descendants qui sont intenses, qui agitent et troublent l'atmosphère surtout vers l'horizon, mais qui se font sentir à une assez grande hauteur, qui suffisent à rendre mobiles à l'excès les images des étoiles, et à faire ressortir tantôt l'une, tantôt l'autre des couleurs séparées par la dispersion.

1367. *Pourquoi la scintillation est-elle* BEAUCOUP PLUS FORTE *à l'horizon?* — Parce que c'est surtout à l'horizon que sont actives et puissantes les causes de la scintillation, la dispersion, l'agitation de l'air, la présence d'ondes atmosphériques, les irrégularités de transparence, etc., etc.

1368. *Pourquoi les planètes ne scintillent-elles pas?* —

Elles scintillent quelquefois, mais elles scintillent moins que les étoiles, parce qu'elles ont un diamètre apparent, parce que ce n'est plus un rayon très-délié, mais un large faisceau de lumière qu'elles envoient à l'œil, et que, dans ces conditions, il y a évidemment moins de chance pour que l'extinction ou l'élimination complète d'une des couleurs puisse se produire.

CHAPITRE V

COULEURS

§ 1. — Couleurs en elles-mêmes et dans les corps.

1369. *Qu'est-ce que la* COULEUR? — Une certaine qualité du rayon lumineux qui le rend apte à produire la sensation particulière que l'on désigne sous le nom de couleurs. Les rayons lumineux, comme les rayons sonores, diffèrent entre eux par le *ton* ou la *nuance* qui dépend du nombre des vibrations des molécules lumineuses, et l'*intensité* ou l'*éclat* qui dépend de l'énergie du mouvement vibratoire.

1370. *Qu'appelle-t-on couleurs* SIMPLES? — Les couleurs qui résultent d'un seul et même mouvement lumineux; que l'on ne peut plus séparer en d'autres rayons colorés de nuances différentes. Les couleurs élémentaires du spectre solaire sont simples.

1371. *Qu'appelle-t-on couleurs* COMPOSÉES? — Celles qui résultent de la superposition de plusieurs mouvements lumineux et que l'on peut séparer en rayons de nuances différentes.

1372. *Qu'entend-on par couleurs* COMPLÉMENTAIRES? — Deux couleurs qui, par leur fusion, donnent du blanc.

1373. *Existe-t-il des couleurs* COMPLÉMENTAIRES? — Oui; si, sur le trajet du faisceau lumineux qui va projeter sur un écran le spectre solaire, on interpose un corps opaque, un crayon qui arrête une des couleurs, le rouge, par exemple, l'ensemble des couleurs restantes sera la couleur complémentaire de celle qu'on a supprimée ou du rouge, puisque c'est du blanc sans le rouge, ou qu'ajouté au rouge il donnerait du blanc.

1374. *Quelles couleurs sont* COMPLÉMENTAIRES? — Le rouge est complémentaire du vert, l'orangé du bleu, le jaune du violet, et réciproquement.

1375. *Pourquoi appelle-t-on les couleurs complémentaires* COULEURS AMIES? — Parce qu'elles s'accordent très-bien, que leur juxtaposition est très-harmonieuse à l'œil. Si certaines fleurs sont si agréables à la vue, la rose, par exemple, c'est que le vert des feuilles est à très-peu près complémentaire du rose des fleurs.

1376. *Comment expliquer la* COULEUR PROPRE *des corps?* — Suivant Newton les couleurs des corps sont, celles des lames minces, des bulles de savon; elles sont le résultat d'une véritable décomposition et d'interférences en rapport avec l'épaisseur de leurs molécules, et les distances mutuelles de ces molécules, comme les couleurs d'une bulle de savon, dépendent de l'épaisseur de la couche·liquide de sa surface.

Suivant d'autres physiciens, tous les corps sur lesquels tombe un rayon de lumière blanche absorbent une partie des rayons de cette lumière et réfléchissent l'autre; vus par transmission, ils auraient la couleur qui correspond à l'ensemble des rayons absorbés; vus par réflexion, ils auraient la couleur correspondante à l'ensemble des rayons réfléchis; une objection insoluble contre cette explication très-simple, en apparence, c'est qu'il y a des corps qui manifestent la même couleur, qu'ils soient vus par transmission ou par réflexion.

Suivant Euler enfin, les particules éthérées contenues dans les corps, frappées par la lumière, sont mises à leur tour en mouvement; la nature de ce mouvement dépend naturellement de leur distribution dans le corps ou de sa nature, et varie, par conséquent, d'un corps à l'autre; la sensation de ce mouvement, transmis à l'éther en dehors du corps, et perçu par notre œil, est la couleur propre du corps vu, soit par réflexion ou diffusion, soit par réfraction ou transmission.

Quelle que soit celle de ces hypothèses que l'on adopte, il n'y a pas lieu de demander pourquoi tel corps présente telle couleur; pourquoi la mer est verte ou bleue, le lis blanc, la rose rouge, la primevère jaune, le charbon noir, la violette bleue, etc. La question de la couleur des corps est une des plus mystérieuses de la physique moderne.

1377. *A quoi doit-on attribuer cette* DIFFÉRENCE *de*

coloration des différents corps ou la propriété qu'ils possèdent d'affecter différemment la lumière qui les frappe? — Quelquefois à leur composition chimique, quelquefois à leur structure fibreuse ou en réseau, qui fait intervenir des phénomènes d'interférence ou de diffraction; quelquefois enfin, à la présence dans leurs tissus d'un pigment ou matière colorante toute formée.

1378. *A quoi faut-il attribuer la couleur des* PLUMES DES OISEAUX? — En partie, très-probablement, à des phénomènes de réseaux, mais en partie aussi à la présence d'un pigment que l'on a réussi récemment à mettre en évidence et à isoler.

1379. *A quoi faut-il attribuer la* COULEUR VERTE *des plantes?* — A la présence d'une matière colorante d'un beau vert appelé chlorophylle.

1380. *Pourquoi le* VERT *des feuilles sortant du bourgeon ou des feuilles au printemps est-il* PALE? — Parce que la chlorophylle n'est pas encore toute formée.

1381. *Pourquoi les feuilles jaunissent-elles ou rougissent-elles à l'automne?* — Parce que la chlorophylle, formée au printemps ou dans l'été, s'est décomposée sous l'action de la lumière et de la chaleur, et n'est pas remplacée par de la chlorophylle nouvelle.

1382. *Pourquoi les plantes qui croissent dans l'obscurité sont-elles* INCOLORES OU BLANCHES? — Parce que la présence de la lumière est nécessaire, aussi bien que celle de l'oxygène, au développement de la chlorophylle. La chicorée cultivée dans une cave ou dans un lieu obscur donne des jets longs, grêles et blancs;

connus sous le nom de barbe de capucin. Les feuilles intérieures des salades, que l'on cache à la lumière en les liant, blanchissent, parce que la chlorophylle est décomposée et ne se reforme plus.

1383. *Pourquoi les pommes de terre qui sont en partie hors de terre deviennent-elles* VERTES *à leur surface extérieure, tandis que celles qui sont en terre gardent leur couleur naturelle?* — La portion exposée à la lumière et à l'air devient verte, parce qu'il se forme de la chlorophylle. Au sein du sol, à l'abri de la lumière et de l'air, il ne s'en forme pas, la couleur naturelle propre persiste.

1384. *Pourquoi les couleurs artificielles, celles surtout des papiers de tenture ou des étoffes, se fanent-elles ou pâlissent-elles avec le temps?* — Parce que, sous l'influence de l'oxygène de l'air, de l'humidité, de la lumière, les principes colorants de ces étoffes et de ces papiers s'oxydent ou se décomposent.

§ 2. — Couleurs subjectives ou accidentelles.

1385. *Pourquoi, à la lumière d'une bougie ou d'une lampe, les étoffes* BLEUES *paraissent-elles vertes?* — Parce que la lumière jaunâtre de la bougie ou de la lampe, venant à s'ajouter à la lumière bleue de l'étoffe, l'influence, la modifie, et donne la sensation du vert, qui, comme on l'a vu, peut être reproduit par un mélange de jaune et de bleu.

1386. *Il y a donc des couleurs qui ne sont pas* RÉELLES *ou qui sont une* ILLUSION? — Oui, il est une

classe entière de couleurs qu'on a appelées *accidentelles* ou *subjectives*, parce qu'elles ne sont pas dans
l'objet, mais bien plutôt dans le sujet, ou qu'elles n'ont
de réalité que dans celui qui les perçoit, qu'elles sont
comme produites par l'œil ou par une réaction de l'œil.

1387. *Citez quelques exemples de couleurs subjectives.* — 1° Si, après avoir fixé attentivement la couverture jaune très-éclairée d'une brochure, vous l'ouvrez
rapidement, les pages blanches paraîtront inondées de
lumière bleue ; si la couverture avait été d'un vert brillant, les pages blanches seraient apparues roses ; les
couleurs subjectives qui naissent ainsi de la contempla-
tion de couleurs objectives sont complémentaires de
ces couleurs ; 2° si on regarde fixement un objet coloré
posé sur un fond blanc, un pain à cacheter rouge éclatant, par exemple, sur une feuille de papier blanc, on
verra se manifester extérieurement, et tout autour du
pain à cacheter rouge, une auréole de lumière verte
complémentaire du rouge ; 3° si on éclaire un papier
avec une lumière colorée, que, sur ce papier, on dresse
un corps quelconque éclairé par la lumière blanche,
l'ombre projetée par ce corps sera fortement colorée
de la couleur complémentaire de celle qui éclaire le
papier : l'expérience réussit très-bien avec la lumière
d'une bougie, qui est jaunâtre, et la lumière diffuse du
jour, l'ombre apparaît très-bleue : c'est le phénomène
bien connu des ombres colorées qu'on observe souvent
dans la nature ; 4° enfin, deux couleurs très-voisines
s'influencent et se modifient mutuellement d'une manière très-sensible, en produisant ce qu'on appelle un
effet de contraste.

1388. *Rappelez une expérience célèbre qui mette complétement en évidence la réaction de l'œil.* — Boyle, après avoir regardé un instant le soleil, rentra dans l'obscurité, et constata, non sans quelque surprise, que sa vue était comme animée d'un mouvement oscillatoire intense, qui lui faisait apercevoir tour à tour et successivement une image brillante du soleil, puis une image sombre; cette succession d'images brillantes et sombres dura plusieurs jours. Il semble donc : 1° que la rétine écartée de son état normal par la présence d'un objet coloré, puis abandonnée à elle-même, revient d'abord à la position de repos, la dépasse ensuite en sens contraire, et oscille ainsi pendant un certain temps; 2° que ces oscillations en sens contraire donnent l'impression des teintes complémentaires, les ténèbres succédant à la lumière, le vert au rouge, le bleu au jaune, etc.

1389. *Résumez l'ensemble des faits relatifs aux* COULEURS SUBJECTIVES. — Ces couleurs, qui jouent un rôle important dans la nature, semblent être de trois ordres différents : le premier a sa cause dans les vibrations successives de la rétine; le second s'explique par l'irradiation ou le partage de la rétine en plusieurs portions vibrant simultanément sous l'impression d'une première excitation; le troisième a sa raison d'être dans le contraste ou l'élimination des couleurs communes aux deux rayons qui agissent à la fois sur l'organe de la vision.

1390. *Y a-t-il des personnes dont les yeux sont* INCAPABLES *de* DISTINGUER *les* COULEURS? — Oui, et cette infirmité, assez commune, au moins dans un faible degré, a reçu le nom de *daltonisme*, parce que le célèbre physicien *Dalton* en était affecté.

1391. *Comment s'explique cette* IMPUISSANCE? — Par une insensibilité anomale de la rétine qui lui enlève la faculté de vibrer à l'unisson de tel ou tel rayon lumineux. Tous les yeux distinguent le jaune, aucune rétine n'est donc insensible pour la lumière jaune, et ce fait s'explique par la coloration normale de la rétine en jaune. L'œil qui est insensible à une couleur est aussi insensible à la couleur complémentaire, ce qui est tout à fait d'accord avec le fait observé de la succession des impressions dans les couleurs subjectives.

1392. *Faites ressortir les analogies et les différences entre la lumière et le son.* — La lumière et le son sont tous deux le résultat de mouvements vibratoires. Le milieu vibrant et transmettant pour le son est l'air ; le milieu vibrant et transmettant pour la lumière est l'éther. Les vibrations des molécules aériennes ou les vibrations sonores ont lieu dans le sens même de la propagation du mouvement, ou en sens contraire, mais suivant la même ligne; les vibrations des molécules éthérées ou les vibrations lumineuses ont lieu perpendiculairement à la direction de propagation du mouvement. Les vibrations sonores se comptent par centaines ou par milliers; les vibrations lumineuses, incomparablement plus nombreuses, se comptent par millions. Le mouvement sonore, comme le mouvement lumineux, se réfléchit, se réfracte, se polarise, se disperse, se diffracte, interfère, etc.; les corps vibrent dans un certain unisson avec l'air en mouvement qui les frappe et rendent un son propre ; les corps aussi vibrent dans un certain unisson avec le mouvement lumineux qui les frappe et brillent de leurs couleurs propres. Le mouvement vibratoire persiste un certain temps dans les corps frappés par l'air en mouvement, l'impression produite sur l'œil par le mouvement lumineux persiste aussi pendant un temps plus ou moins long, etc., etc.

CINQUIÈME PARTIE.

___

CHIMIE MINÉRALE OU INORGANIQUE

MÉTALLOIDES ET MÉTAUX

___

NOTIONS PRÉLIMINAIRES.

___

1393. *Comment les chimistes divisent-ils les corps divers de la nature?* — En corps *simples* et en corps *composés.*

1394. *Qu'est-ce qu'un corps composé?* — Les corps composés sont ceux qui sont formés de *plusieurs substances,* différentes *entre elles* par leurs propriétés, et qui ont, en géneral, des propriétés différentes de celles des corps composants.

1395. *Donnez des* EXEMPLES *de corps composés?* — 1° Notre *sel* de cuisine se compose de deux substances, du *chlore* et du *sodium;* — 2° le *nitre* ou salpêtre se compose de *potasse* et d'*acide nitrique.*

La *potasse* est aussi elle-même composée de potassium et d'oxygène. L'*acide nitrique* ou azotique se compose d'azote et d'oxygène.

1396. *Qu'est-ce qu'un corps* SIMPLE? — Un corps qui

ne peut pas être décomposé en d'autres principes, comme le chlore, le sodium, le potassium, l'oxygène et l'azote, etc.

1397. *Combien connaît-on aujourd'hui de corps simples ?* — Les corps simples connus aujourd'hui sont au nombre de soixante-deux, que les chimistes divisent en deux classes, les *métalloïdes* et les *métaux.*

Il est très-possible que les progrès à venir de la science permettent aux chimistes d'opérer la décomposition de certains corps que nous regardons aujourd'hui comme simples, et qui alors seront rangés parmi les corps composés.

1398. *Quel est actuellement le nombre des corps simples ?* — Le nombre des métalloïdes est de quinze; celui des métaux de quarante-sept.

Les métalloïdes sont : 1° l'oxygène, 2° l'hydrogène, 3° le nitrogène ou l'azote, 4° le soufre, 5° le sélénium, 6° le tellure, 7° le chlore, 8° le brome, 9° l'iode, 10° le fluor, 11° le phosphore, 12° l'arsenic, 13° le bore, 14° le silicium, et 15° le carbone.

CHAPITRE PREMIER

OXYGÈNE.

1399. *Qu'est-ce que l'*OXYGÈNE*?* — L'oxygène est un gaz *incolore*, sans *odeur* ni *saveur*, qui rallume les corps en ignition et les fait brûler avec flamme, qui active grandement la combustion des corps qu'on y plonge, ou sur lesquels on le fait tomber sous forme de jet. Ce corps est très-répandu dans la nature, puisqu'il est un des éléments de l'air, de l'eau, et de toutes les matières végétales ou animales.

1º Le moyen le *moins coûteux* de se procurer le gaz oxygène est de mettre du *peroxyde noir de manganèse* dans une cornue en grès ou dans une bouteille en fer au col de laquelle on adapte, au moyen d'un bouchon, le tube adducteur, dont l'extrémité recourbée plonge dans une cuve à eau. On met la cornue sur le feu jusqu'à ce qu'elle devienne *rouge*, et en quelques minutes des bulles s'élèvent de l'eau. Ces *bulles* sont le gaz oxygène.

1400. *A qui doit-on la* DÉCOUVERTE *de l'*OXYGÈNE? — Au docteur Priestley, chimiste anglais, qui l'annonça en 1774. A peu près vers la même époque, Scheele, en Suède, et Lavoisier, en France, sans connaître les expériences de Priestley, obtinrent le même gaz par des procédés différents.

Priestley appela ce gaz *air déphlogistiqué;* Scheele, *air du feu;* Lavoisier lui donna le nom d'*oxygène.*

1401. *L'*OXYGÈNE *se trouve-t-il quelquefois à l'état liquide ou à l'état solide?* — L'oxygène pur n'est connu qu'à l'état *gazeux,* et n'a jamais pu, par aucun moyen, être liquéfié ou solidifié.

1402. *Quelle est l'influence du gaz oxygène sur le* SANG? — L'oxygène, qui est absorbé par la respiration, change la couleur du sang en le faisant passer d'un rouge foncé à un rouge *vermeil.*

1403. *Quelle quantité de gaz* OXYGÈNE *un* HOMME CONSOMME-*t-il en un jour?* — Le docteur Menziès estime à 850 litres ou décimètres cubes l'oxygène qu'un homme consomme en un jour; Lavoisier le porte seulement à 754.

Comme l'air devient méphitique ou irrespirable lorsqu'il contient environ dix pour cent d'acide carbonique, on peut porter à 25 mètres cubes la quantité d'air qu'*un* homme rend insalubre dans *un jour.*

1404. *Quelle est l'influence du gaz oxygène sur les*

PLANTES? — Les feuilles absorbent le gaz oxygène qui passe à l'état d'acide carbonique. Pendant le jour, l'acide carbonique est décomposé, le carbone est fixé par plantes et converti en leur substance, l'oxygène est les exhalé; pendant la nuit, l'acide carbonique est exhalé sans décomposition.

1405. *Pourquoi les* PLANTES CROISSENT-*elles mieux si l'on* REMUE *le sol autour d'elles?* — Parce que : 1° les *racines* peuvent alors pénétrer plus facilement dans le sol à la recherche de leur nourriture; 2° l'oxygène et la pluie leur arrivent en *plus grande* abondance; 3° les substances organiques contenues dans le sol sont plus facilement transformées en *acide carbonique* par l'oxygène de l'air.

1406. *Pourquoi les* PLANTES *croissent-elles mieux quand leurs* RACINES *plongent dans une terre-meuble?* — Parce que les racines, dans la terre-meuble, trouvent plus d'*oxygène* et d'acide carbonique, sans lesquels les plantes périraient.

1407. *Pourquoi les* RACINES PIVOTANTES *croissent-elles mieux dans une terre* SÈCHE *que dans une terre humide, et mieux encore dans une terre* LÉGÈRE *que dans une terre compacte?* — Parce qu'elles s'enfoncent à une *grande profondeur* dans la terre, sans cesser de rencontrer l'oxygène de l'air, qui pénètre plus facilement dans un sol *sec et léger* que dans un sol humide et compacte.

1408. *A quoi sert principalement l'oxygène de l'*AIR *atmosphérique?* — A *entretenir la respiration*, c'est-à-dire à former la partie respirable de l'air.

1409. *Si l'oxygène entretient la respiration, pour-quoi l'air n'est-il pas composé exclusivement de gaz oxy-gène ?* — Parce que la *respiration* au sein du gaz oxy-gène serait *trop active*, la circulation *trop prompte;* l'excitation occasionnée dans les poumons pourrait produire une *inflammation* violente et mortelle.   .

Ce n'est donc pas sans une haute prévoyance que l'Auteur de la nature a modéré la trop grande action de ce gaz qui nous entoure, en le mêlant avec quatre fois son volume de gaz azote complétement inerte.

1410. *Pourquoi une* MATINÉE CLAIRE *de printemps ou une belle* GELÉE *donnent-elles du* TON *et rendent-elles le* CŒUR GAI ? — Parce que : 1° l'*oxygène* de l'air, qui active la vie, est *plus abondant* par une journée claire et une belle gelée que par un temps pluvieux ; 2° un air frais et piquant communique au *système nerveux* une excitation salutaire.

1411. *Pourquoi voyons-nous à l'approche d'un temps pluvieux les* CHIENS *et les* CHATS *perdre leur vivacité, les* BREBIS *se coucher nonchalamment et abandonner leur* PATURE ? — Parce que : 1° la proportion de l'*oxygène* aspiré est diminuée ; 2° l'humidité relâche le *système nerveux* de ces animaux et les rend indolents.

1412. *Pourquoi entendons-nous les* CHEVAUX *hennir, les* BŒUFS *mugir, les* MOUTONS *bêler, les* ANES *braire, lors-que le temps est à la* PLUIE ? — Parce que la *diminution* de l'oxygène et l'*humidité* de l'air leur causent de l'in-quiétude et du *malaise*.

L'oxygène ne diminue pas réellement, mais l'air, étant raréfié par un temps humide, contient, dans un volume donné, moins d'oxygène que par un temps froid.

1413. *Citez quelques* AUTRES *animaux qui indiquent*

l'approche de la PLUIE *par leurs cris.* — Les CORBEAUX par leurs croassements, les GRENOUILLES par leurs coassements, les HIBOUX par leur cri aigre, les PIVERTS par leurs plaintes, les PAONS par leur glapissement, les PERROQUETS par leur babil, les OIES et les CANARDS par leurs allures inquiètes et plus bruyantes qu'à l'ordinaire, présagent sûrement la pluie.

1414. *Pourquoi a-t-on appelé l'oxygène* SOUTIEN DE LA COMBUSTION? — Parce que ce gaz manifeste une très-grande affinité pour tous les autres éléments; et, lorsqu'il se combine avec eux, on remarque toujours que, pendant la combinaison, il s'opère un *dégagement de chaleur.*

L'oxygène se nomme CORPS COMBURANT OU SOUTIEN DE LA COMBUSTION.

Tous les éléments autres que l'oxygène se nomment CORPS COMBUSTIBLES OU OXYGÉNABLES.

Lorsque l'oxygène se combine avec les corps combustibles, on appelle les composés CORPS BRULÉS OU OXYGÉNÉS.

L'acte de la fixation de cet élément sur les autres a reçu le nom général de COMBUSTION.

1415. *Comment* PARTAGE-*t-on les corps* OXYGÉNÉS? — On les partage en deux grandes classes, en raison de leurs propriétés tout à fait opposées : l'une a reçu le nom générique d'ACIDES, l'autre celui d'OXYDES.

1416. *Quels sont les caractères les plus saillants des* ACIDES? — 1° Ils ont une saveur *aigre* plus ou moins prononcée; — 2° ils font passer au *rouge* la couleur bleue du *tournesol.*

Le *tournesol* est une couleur bleue végétale qu'on retire de plusieurs plantes.

1417. *Quels sont les caractères des* OXYDES? — Ils ramènent souvent au bleu le tournesol rougi par les acides, et verdissent quelquefois la teinte bleue des fleurs de violette; leur saveur est en général âpre et caustique.

1418. *Le même corps simple peut-il donner lieu à plus d'*un *seul* ACIDE *ou d'un seul* OXYDE? — Oui; le même corps peut former *plusieurs* acides et *plusieurs* oxydes.

1419. *Comment* DÉSIGNE-*t-on les acides divers, suivant leur degré d'oxygénation?* — On désigne les acides en donnant la terminaison *eux* au moins oxygéné, et la terminaison *ique* à celui qui contient le plus d'oxy-gène.

1420. *Donnez un* EXEMPLE. — On appelle l'acide formé par la combinaison du soufre avec l'oxygène *acide sulfureux*, si le composé contient une petite quantité d'oxygène; et *acide sulfurique*, si le composé en contient une plus grande proportion.

La particule *hypo*, mise avant le nom d'un acide, est un diminutif. Ainsi on désigne les quatre acides formés par la combinaison du soufre avec l'oxygène de la manière suivante :

1. Hyposulfureux. . . . . S^2O^2.
2. Sulfureux. . . . . SO^2.
3. Hyposulfurique. . . . . . . S^2O^5.
4. Sulfurique. . . . . SO^5.

Hypo (du grec ὑπὸ, *dessous*), indique un degré *inférieur*.

1421. *Comment distingue-t-on les* OXYDES, *suivant leur degré d'oxydation?* — 1° Quand le corps combustible ne produit qu'UN SEUL oxyde, on ajoute le nom de la substance oxygénée de la manière suivante : *oxyde d'argent*; — 2° s'il y a DEUX OU PLUSIEURS OXYDES du même corps, on les distingue par les épithètes suivantes : — *proto* (un atome d'oxygène) ; — *sesqui* (un atome et demi); — *deuto* ou *bi* (deux atomes). — La particule *per* marque le plus haut degré d'oxygénation dont un oxyde est susceptible.

Ainsi on dit :

    1. Le *protoxyde* de manganèse. . . . . MnO.
    2. Le *sesquioxyde* de manganèse . . . . Mn^2O^3.
    3. Le *bioxyde* ou *deutoxyde* de manganèse. . . MnO^2.

Ce dernier, étant l'oxyde le plus oxygéné, est ordinairement appelé *peroxyde de manganèse*.

Protoxyde (MnO), c'est-à-dire *un* atome d'oxygène avec un atome de manganèse.

Sesquioxyde (Mn^2O^3), c'est-à-dire *un* atome *et demi* d'oxygène avec un atome de manganèse, ou trois atomes contre deux.

Bi — ou deutoxyde (MnO^2), c'est-à-dire *deux* atomes d'oxygène avec un atome de manganèse.

Peroxyde, *la plus riche en oxygène* de toutes les combinaisons.

1422. *Qu'est-ce qu'un* sel? — C'est un composé formé *d'un acide et d'un oxyde* qui se combinent de manière à *se neutraliser* plus ou moins.

1423. *Comment désigne-t-on les* sels? — Par l'acide et l'oxyde qui les forment, en ajoutant au nom de *l'acide* la désinence *ite*, s'il était terminé en *eux*, et en ajoutant la désinence *ate*, s'il était en *ique*.

1424. *Donnez un* exemple. — L'acide sulfureux, combiné avec d'oxyde de potassium, forme le *sulfite d'oxyde de potassium;* tandis que l'acide sulfurique, avec le protoxyde de plomb, produit le *sulfate de protoxyde de plomb.*

— *ite* indique le sel le *moins riche* en oxygène,
— *ate* le sel le *plus riche* en oxygène.

Dans ce cas, l'oxyde de potassium et le protoxyde de plomb jouent le rôle de *bases.*

TABLE DES ÉPITHÈTES ET DES DÉSINENCES.

—ate,   *sel* le plus oxygéné, ou quand l'acide se termine en *ique*.
bi — ou deuto, *oxyde* qui contient deux atomes d'oxygène.
—é,   combinaison *gazeuse* de deux corps combustibles.
— eux,   *acide* peu oxygéné.

HYPO —	diminutif mis devant les *acides*.
— IQUE,	*acide* très-oxygéné.
— ITE,	*sel* peu riche en oxygène.
PER —,	*oxyde* le plus riche en oxygène.
PROTO —,	*oxyde* qui contient 1 atome d'oxygène.
SESQUI —,	*oxyde* qui contient $1\frac{1}{2}$ atome d'oxygène.
TRITO —,	*oxyde* qui contient 3 atomes d'oxygène.
— URE,	combinaison de deux corps combustibles lorsqu'elle *n'est pas gazeuse*.

SECTION I. — OXYDES.

§ 1. — Oxydes de calcium ou chaux.

1425. *Qu'est-ce que la* CHAUX? — La chaux, principe essentiel des mortiers employés dans les constructions, est le *protoxyde de calcium*, c'est-à-dire une combinaison à parties égales du métal calcium et de l'oxygène (CaO).

Il y a diverses espèces de chaux : la *chaux grasse*, qui provient de la calcination des calcaires les plus purs. La *chaux maigre* provenant des pierres calcaires impures, ou contenant des proportions assez fortes de carbonate de fer et de magnésie; la *chaux hydraulique*, qui, en raison de l'argile qu'elle contient, durcit beaucoup sous l'eau.

Le GYPSE, ou le plâtre qu'on emploie pour couvrir les murs, les cloisons intérieures, les plafonds, etc., est le *sulfate de chaux hydraté*.

Le STUC est une composition de plâtre choisi gâché avec une dissolution de gélatine ou de colle forte.

§ 2. — Oxydes de fer.

1426. *Qu'est-ce que la* ROUILLE *qui s'engendre sur le fer?* — Cette rouille est un *oxyde de fer*.

La rouille est, pour parler strictement, l'*hydrate de sesquioxyde de fer*.

1427. *De quelle manière se* ROUILLE *le* FER *abandonné à l'air humide?* — La surface du fer se combine avec l'oxygène de l'air humide et se transforme en une nouvelle substance nommée le *sesquioxyde de fer*. Cette nouvelle substance se combine, à son tour, avec l'eau répandue à l'état de vapeur dans l'atmosphère, et forme une troisième substance nommée *hydrate* de sesquioxyde de fer.

Hydrate (du grec ὕδωρ, *eau*), veut dire *contenant une portion d'eau dans sa composition*.

Sesquioxyde, *voyez* n° 1421.

1428. *Le* FER *poli se rouille-t-il exposé à l'air* SEC? — Non; le fer *poli* ne subit aucun changement à l'air sec, à la *température ordinaire*.

1429. *Pourquoi l'air* SEC *ne rouille-t-il pas le fer et l'acier?* — Parce que l'*humidité* est essentielle pour mettre en action, à une température ordinaire, l'affinité de l'oxygène pour le fer.

L'air sec à une *très-haute température* oxyde le fer. Ainsi une barre de fer rougie au feu s'oxyde en se refroidissant.

1430. *Lorsqu'on laisse refroidir lentement au contact de l'air une barre de fer rougie au feu, pourquoi des* PELLICULES *se* DÉTACHENT-*elles sous le choc du* MARTEAU? — Parce que l'oxygène de l'air se combine très-promptement avec la surface du fer échauffé, et la convertit en plusieurs couches ou écailles superposées, formant ce qu'on appelle *batitures de fer*.

1431. *De quoi sont formées les* BATITURES *de* FER? — La partie *extérieure* d'une écaille de batitures est l'*oxyde magnétique* de fer; la partie *intérieure*, ou celle qui était immédiatement en contact avec le métal, est le *protoxyde* de fer.

L'*oxyde magnétique* (Fe^3O^4) est un oxyde intermédiaire entre le protoxyde et le sesquioxyde de fer. On a donné à cette combinaison le nom d'*oxyde magnétique*, parce qu'elle possède la propriété *magnétique* à un très-haut degré.

1432. *Pourquoi.une* AIGUILLE, *un* TISONNIER *d'acier et* une'BARRE *de fer* PERDENT-*ils leur* POLI, *et deviennent-ils* ROUGE-BRUN *lorsqu'on les met au feu?* — Parce que l'oxygène de l'air se combine très-promptement avec la surface échauffée du métal, et y forme un oxyde nommé le *peroxyde de fer*, qui a une couleur *rouge foncé*.

1433. *Pourquoi les poëles, les fourneaux, les étuves, etc., se* ROUILLENT-*ils dans une chambre qui n'est pas* HÁBITÉE? — Parce que l'*air* de la chambre, étant *humide, oxyde* la surface du fer.

1434. *Pourquoi* EMPÊCHE-*t-on le fer de se* ROUILLER *en le couvrant d'une couche de* GRAISSE *ou de* PEINTURE? — Parce que la graisse et la peinture empêchent le contact de l'*humidité de l'air* avec·la surface du fer.

1435. *A quelle condition la fonte de fer pourra-t-elle être employée utilement dans les monuments publics, statues, fontaines, etc.?* — A la condition qu'après l'avoir revêtue d'un enduit très-solide on la recouvrira de cuivre galvanoplastique, suivant les procédés de M. Oudry. Elle deviendra ·alors comparable aux meilleurs bronzes.

1436. *Pourquoi l'acier* BLEUI *se* ROUILLE-*t-il plus promptement que l'acier blanc poli?* — Parce que la teinte bleue est produite par une *oxydation* partielle de l'acier; par conséquent, l'action qui forme la rouille a déjà *commencé.*

1437. *Qu'est-ce qui donne la couleur* VERT *foncé aux* BOUTEILLES? — Le verre à bouteilles doit sa couleur à la présence du *protoxyde de fer*, qui colore le verre fondu en vert foncé.

1438. *A quoi est due la couleur particulière de l'hé-*
MATITE *ou sanguine?* — Elle est due à l'oxyde rouge de
fer, ou *peroxyde de fer anhydre*, qui est d'un rouge intense.

Le peroxyde est aussi le *sesquioxyde* de fer (Fe^2O^3).

Anydre, du grec ἀ-ὕδωρ, *sans eau;* c'est-à-dire sans eau dans sa composition.

1439. *Qu'est-ce que l'*AIMANT *naturel?* — Un oxyde
de fer, qu'on appelle l'oxyde magnétique : c'est une
combinaison intermédiaire entre le protoxyde et le
peroxyde de fer (Fe^3O^4).

Cet oxyde se trouve dans les *terrains anciens.*

1440. *A quoi les* OCRES *et les* TERRES *bolaires qu'on
emploie pour la peinture doivent-elles leur couleur* BRUNE
et ROUGE? — 1° Le *rouge de Prusse*, le *rouge d'Angleterre* et le *rouge indien*, qu'on emploie pour mettre en
couleur les carreaux des appartements, les portes, les
fenêtres, etc., sont dus à l'*oxyde de fer* anhydre renfermé dans les ocres et les terres bolaires; — 2° quand
les argiles renferment un mélange d'*hydrates d'oxydes*
de fer et de manganèse, elles constituent la *terre d'ombre*, la *terre de Sienne*, et d'autres couleurs brunes.

Le *protoxyde* de fer, en se dissolvant dans les acides, produit des sels
colorés en vert *émeraude pâle;* le *peroxyde* donne avec ces mêmes acides
des sels colorés en *rouge* et en *brun.*

De tous les sels de fer, le plus important est le sulfate de fer, qui porte
les noms de *vitriol, vitriol vert, vitriol martial* ou *romain, couperose
verte*, etc. Ce sel noircit la décoction de noix de galle et produit ainsi
l'encre; c'est le principal ingrédient de la teinture en noir, en gris, en
olive et en violet; c'est avec lui qu'on monte les cuves d'indigo à froid,
qu'on prépare le bleu de Prusse, qu'on obtient l'or en poudre, nécessaire
à la dorure de la porcelaine.

1441. *Lorsqu'on* BÊCHE *ou* LABOURE *un sol noir, pourquoi, quelques jours après, la surface devient-elle souvent*

d'un ROUGE BRUN? — Parce que le sol contient un certain composé nommé *oxyde noir de fer,* qui est un oxyde intermédiaire. Cet oxyde, en absorbant dans l'air-humide plus d'oxygène, se convertit en *peroxyde* de fer *hydraté*, qui est rouge-brun.

1442. *Pourquoi un* CHAPEAU NOIR *devient-il* ROUGE *lorsqu'il est exposé à l'air humide de la* MER? — Parce que le *fer* contenu dans la *teinture* du chapeau et le *chlore* de l'air humide de la mer se combinent et forment un *chlorure de fer*, lequel, peu de temps après, se décompose et forme l'*oxyde* de fer *hydraté*, qui est *rouge-brun*.

Chlore. — Le *sel marin* est aussi appelé *chlorure de sodium ;* il existe en quantité considérable dans les eaux de la mer, et c'est de celles-ci qu'on extrait la plus grande partie du sel ordinaire que l'on consomme dans la vie domestique.

Notre sel de cuisine est une combinaison de *sodium* et de *chlore.*

§ 3. — Oxydes de zinc.

1443. *Qu'est-ce que la* CROUTE BLANCHE *qui se dépose sur les parois d'un* SEAU *en* ZINC *qui contient de l'eau?* — Cette croûte est l'*oxyde de zinc;* il se forme au contact de l'eau sur les parois humides du seau.

1444. *Pourquoi le* ZINC *luisant se* TERNIT-*il à l'air humide?* — Parce que l'air humide oxyde la surface du zinc.

1445. *L'*EAU *contenue dans un seau en zinc est-elle malsaine?* — Non, parce qu'une fois que la surface est oxydée, l'oxyde formé préserve le seau de toute altération ultérieure : l'eau ne contient que des traces insignifiantes d'*hydrate* et de *carbonate* de zinc; par consé-

quent on peut employer sans crainte aux usages domestiques l'eau conservée dans un seau de zinc.

On ne doit jamais conserver des fruits, des viandes grasses, du sel commun, des acides même faibles (tels que le vinaigre, le jus de citron, etc.),
dans des vases *de zinc* ou *doublés de zinc*, parce que le zinc est un des
métaux les plus attaquables par les acides; il se dissout dans presque tous,
formant des sels doués de propriétés vomitives et purgatives.

1446. *Citez quelques applications utiles de l'oxyde
de zinc.* — Il entre dans la composition des chandelles
romaines, et communique à leur flamme cet éclat
éblouissant qu'elles répandent. L'oxyde ou blanc de
zinc est très-avantageusement substitué au blanc de
plomb ou céruse dans la peinture à l'huile; il n'offre
pas de dangers dans sa préparation, et ne se noircit
pas aussi promptement que le blanc de plomb, au contact d'un grand nombre d'agents qui peuvent infecter
l'atmosphère.

§ 4. — Oxydes d'étain.

1447. *Pourquoi l'ÉTAIN perd-il son éclat très-promptement à l'air humide?* — Parce que la surface de
l'étain s'oxyde en très-peu de temps; mais cette oxydation n'est que superficielle.

L'addition du plomb rend l'oxydation de l'étain beaucoup plus prompte,
probablement à cause de l'action galvanique qui s'établit entre les deux
métaux et qui rend l'étain plus oxydable.

1448. *Comment peut-on faire disparaître, en quelques minutes, les* TACHES *de* ROUILLE *qui se forment sur le*
LINGE? — Ces composés ferrugineux disparaissent sur-
le-champ et sans altérer aucunement le tissu par un
moyen bien simple, qui consiste à imbiber l'endroit
taché d'une faible dissolution acidulée de *sel d'étain.*

1449. *Pourquoi une faible dissolution acidulée de* SEL D'ÉTAIN *fait-elle disparaître les taches de rouille qui se forment sur le linge?* — Parce que le sel d'étain est très-avide d'oxygène; par conséquent, sa dissolution désoxyde une certaine quantité du peroxyde de fer et le réduit à l'état de protoxyde, qui se dissout dans le sel d'étain et s'en va.

Ce sel enlève les taches formées par le peroxyde de manganèse, aussi bien que celles qui sont dues aux oxydes de fer.

1450. *Pourquoi* ÉTAME-t-on *les vases de cuisine en* FER? — Parce que l'étain sert à garantir le fer de l'oxydation.

Les vases en fer sont mieux protégés encore par le *zincage* ou la *galvanisation* du fer. Le procédé consiste à enduire de zinc le vase en le plongeant dans un bain de ce métal en fusion.

1451. *Pourquoi les* COUVERCLES *de cuisine en* ÉTAIN *deviennent-ils* JAUNE-BRUN *à l'action du feu?* — Parce que l'étain chaud se combine avec l'oxygène de l'air, et forme un *oxyde* auquel est due cette couleur.

§ 5. — Oxydes de plomb.

1452. *Pourquoi la surface du* PLOMB *perd-elle son éclat et devient-elle d'une couleur plus foncée à l'air humide?* — Parce que l'oxygène de l'air humide se combine avec la surface du plomb, et forme un *sous-oxyde de plomb* qui se manifeste par une couleur gris mat. Si l'air peut se renouveller fréquemment, ce sous-oxyde finit par passer à l'état de *carbonate de plomb*.

1453. *De quelle manière ce* CARBONATE *se forme-t-il?* — L'air oxyde la surface du plomb d'abord; cet oxyde se combine avec l'acide carbonique de l'air, et forme un *carbonate* qui recouvre le vieux plomb d'une couche blanchâtre.

1454. *Pourquoi les* VIANDES *gardées dans des poteries grossières sont-elles toujours* MALSAINES? — Parce que les potiers se servent de *sulfure de plomb* pour vernir ces poteries grossières; ce vernis est facilement attaqué par les *graisses et les acides*, les viandes alors se chargent de sels de plomb vénéneux et deviennent malsaines.

1455. *Qu'est-ce que la* CROUTE BLANCHE *qui apparaît sur les parois des bassins et des réservoirs en* PLOMB *qui contiennent de l'eau?* — C'est du *carbonate de plomb* hydraté qui se forme sur ces parois, précisément au contact de l'eau. Comme ce carbonate est *vénéneux*, on doit éviter d'employer aux usages domestiques l'eau qui a séjourné dans des vases en plomb.

1456. *Qu'est-ce que la* CÉRUSE *ou le blanc de plomb?* — C'est du *carbonate de plomb*. Ce carbonate est vénéneux, et toutes les personnes qui font un fréquent usage de la céruse sont exposées à la maladie cruelle appelée *colique des peintres*.

La céruse a l'avantage de se mêler parfaitement à l'huile, d'y conserver sa couleur, de s'étendre aisément sous le pinceau, de bien recouvrir les surfaces qu'on veut en enduire, et de moins jaunir que les autres couleurs blanches.

1457. *Quelle substance, dans la peinture à l'huile, a été, depuis quelques années, substituée à la céruse pour remédier aux graves inconvénients de cette dernière?* — Le carbonate de zinc ou BLANC DE ZINC, plus économique, et qui, sans être vénéneux et aussi altérable, couvre presque aussi bien que le blanc de plomb.

Le *blanc de zinc*, proposé par M. Courtois à l'Académie de Dijon, en 1780, et employé dans la peinture par M. Leclaire depuis 1845, a été prescrit pour tous les travaux publics par un arrêté ministériel du 24 août 1849.

1458. *Pourquoi le* VIN *et le* VINAIGRE *conservés dans des vases en* PLOMB *donnent-ils des coliques?* — Parce qu'il se forme de l'acétate de plomb qui se dissout dans le liquide, et que les sels de plomb possèdent des propriétés vénéneuses très-prononcées.

Tous les aliments gras préparés dans des vases en plomb ou dans des poteries communes, dont le vernis est dû à l'oxyde de plomb, sont malsains. De même, le lait conservé dans un vase de plomb donne souvent des coliques sourdes.

1459. *Lorsqu'on se trouve exposé aux émanations de la* CÉRUSE, *comment peut-on en* ÉVITER *jusqu'à un certain point ses effets malsains?* — En prenant de temps en temps une dissolution faible de *sel d'Epsom*. L'huile de castor et toute espèce de corps gras sont de bons antidotes contre la *colique des peintres*.

Le sel d'Epsom, ou *sulfate de magnésie*, tire son nom de la ville d'Angleterre connue par ses eaux minérales.

§ 6. — Oxydes de cuivre.

1460. *Pourquoi le* CUIVRE *se ternit-il?* — Parce que l'humidité de l'air l'*oxyde* assez promptement.

1461. *Qu'est-ce que la couche* VERTE *qui couvre la surface du* CUIVRE *exposé au contact de l'air?* — Cette couche verte est du *carbonate de cuivre*.

Il ne faut pas confondre cette couche verte qui se forme à la surface des ustensiles de cuivre, des statues de bronze, etc., par la seule action de l'air humide, avec le vert-de-gris qu'on prépare en dissolvant dans du vinaigre le sous-acétate de cuivre, ou le protoxyde de cuivre dans de l'acide acétique.

1462. *Pourquoi les* STATUES *de bronze, qui décorent les jardins publics, se ternissent-elles bientôt à l'air et se couvrent-elles d'une couche verte?* — Parce que l'humidité de l'air attaque le bronze et y forme cette couche verte qui est l'*hydrate* de deutoxyde de cuivre, ou le *carbonate* du même deutoxyde.

1463. *Si l'on cuit des viandes dans une casserole ou dans une marmite en* CUIVRE, *et si on les laisse s'y refroidir, pourquoi les viandes sont-elles* VÉNÉNEUSES? — Parce que sous l'influence des acides ou des matières grasses contenues dans les aliments, il se forme des sels de cuivre vénéneux qui se mêlent aux viandes.

Si l'on tombe malade après avoir mangé des viandes imprégnées d'acétate ou de carbonate de cuivre, on doit prendre une quantité abondante d'eau tiède bien sucrée pour produire des vomissements, après cela six blancs d'œuf dans un quart de litre d'eau ou un mélange d'eau et de farine.

1464. *Si les vases de cuivre communiquent une qualité nuisible aux viandes, pourquoi fait-on* CUIRE *les aliments dans des casseroles ou des marmites de cuivre?* — Parce que ces vases ne communiquent aucune qualité nuisible aux aliments tant qu'on les conserve très-propres, et qu'on n'y laisse pas refroidir ces derniers.

1465. *Pourquoi* ÉTAME-t-on *presque toujours les vases en* CUIVRE? — Pour diminuer les dangers de l'emploi de ces vases dans les ménages.

On doit renouveler cette couche d'étain toutes les fois que le cuivre se trouve à nu.

1466. *Pourquoi voit-on quelquefois, sur les four-*

neaux, là où les charbons touchent les casseroles, une
FLAMME *de couleur verte?* — Parce que le cuivre, en
contact avec la flamme, se brûle et lui communique
une teinte verte.

1467. *Qu'est-ce qui produit les* ÉTOILES VERTES *des
feux d'artifice?* — Cette belle couleur est due à l'*oxyde
cuivreux.* On la produit en ajoutant à la poudre un peu
de cuivre pulvérisé très-fin.

1468. *Qu'est-ce qui donne aux* VERRES *leur belle couleur* VERTE? — Le *deutoxyde de cuivre,* qu'on fond avec
les matériaux du verre.

1469. *Qu'est-ce qui donne aux* VITRAUX *employés à
la décoration des églises leur beau* ROUGE? — Cette couleur est due au *protoxyde de cuivre,* qu'on fond avec
les matériaux du verre.

1470. *Qu'est-ce que le* VITRIOL BLEU, *ou couperose
bleue?*—Le vitriol bleu est le *sulfate de cuivre,* sel formé
par l'union de l'acide sulfurique avec le deutoxyde.

1471. *Qu'est-ce que la* MALACHITE? — Cette substance, si recherchée dans la bijouterie, est une stalagmite cuivreuse composée de *carbonate bleu de cuivre.*

§ 7. — Oxydes d'argent.

1472. *Pourquoi le* SEL *humide* NOIRCIT-*il une cuiller
d'argent?* — Parce que le *chlore* du sel humide se combine avec l'argent et forme le *chlorure d'argent,* qui se
noircit très-promptement sous l'influence des rayons
solaires.

Pour faire redevenir blanches les cuillers noircies, il faut les frotter avec une toile fine imbibée d'*ammoniaque liquide* pure et concentrée.

1473. *Pourquoi les taches occasionnées sur l'argent par le sel de cuisine sont-elles immédiatement* ENLEVÉES *par l'*AMMONIAQUE *liquide?* — Parce que le chlorure d'argent est très-soluble dans l'ammoniaque.

Le sel de cuisine se compose de chlore et de sodium.

1474. *Pourquoi les* ŒUFS *et le* POISSON *colorent-ils les fourchettes et les cuillers d'argent en jaune doré ou en bleu foncé?* — Parce qu'ils contiennent une petite quantité de soufre qui se combine avec l'argent, et qui noircit la surface du métal.

Le blanc et le jaune d'œuf contiennent tous deux du soufre; il s'en trouve plus dans le jaune. L'odeur désagréable des œufs qui ne sont pas frais est due à la présence de l'hydrogène sulfuré.

1475. *Comment peut-on* ENLEVER *facilement les taches que le soufre fait sur l'argent?* — En frottant la surface de l'argenterie avec un peu d'*huile* ou de *blanc d'Espagne*, ou de *craie*, ou de *cendres de bois*, ou de *savon*, ou *avec* une toile imbibée d'*ammoniaque liquide*.

1476. *Pourquoi un peu d'huile, de blanc d'Espagne, de* CRAIE, *de* CENDRES *de* BOIS, *etc., rendent-ils brillante l'argenterie ternie?* — Parce que ces substances font disparaître le sulfure noir en le détruisant complétement.

Si la teinte noire persiste, plongez les fourchettes, les cuillers, etc., dans l'acide chlorhydrique, ou dans de l'eau bouillante contenant un peu de cendres de bois.

1477. *Pourquoi les ustensiles fabriqués en* ARGENTON, *en argent allemand, ou en métal britannia, deviennent-ils très-promptement d'un* JAUNE *doré?* — Parce que ces alliages sont composés de *cuivre*, de *zinc* et de *nickel*, qui tous s'oxydent plus promptement que l'argent.

Les ustensiles de cuisine en argenton exigent de très-grands soins, car ils peuvent communiquer des propriétés vénéneuses aux liquides acides et aux substances grasses qu'on y laisserait séjourner. On doit les nettoyer souvent avec un peu de blanc d'Espagne ou de cendres de bois, et on ne doit pas les laisser dans les jus de viandes ou de fruits, ou dans les substances salines, acides ou grasses.

1478. *Qu'est-ce que la* PIERRE INFERNALE *qu'on emploie en chirurgie pour cautériser les chairs?* — Le nitrate (ou azotate) *d'argent*, c'est-à-dire l'oxyde d'argent en combinaison avec l'acide nitrique (*azotique*).

1479. *Pourquoi la* PIERRE INFERNALE *produit-elle sur la peau une tache brune, qui devient complétement* NOIRE *au bout de quelques heures?* — Parce que le nitrate d'argent se *décompose* très-promptement en présence des matières organiques exposées à l'influence de la *lumière solaire;* dans l'acte de cette décomposition, une partie de l'oxyde se réduit à l'état métallique, et le métal prend une couleur brun foncé, à cause de son *extrême division*.

1480. *De quelle manière* MARQUE-t-on *le* LINGE *avec le nitrate d'argent?* — On trempe dans un peu d'empois rendu alcalin par du *carbonate de soude* la partie du linge où l'on veut mettre la marque, puis on écrit avec une dissolution de *nitrate d'argent* épaissie par un peu de gomme; bientôt, sous l'influence des rayons du soleil ou celle d'un bon feu, les caractères paraissent, et deviendront d'autant plus *noirs* que le linge sera plus souvent lavé.

Il faut dissoudre deux parties de nitrate (azotate) d'argent dans sept parties d'eau distillée, et y ajouter une partie de gomme arabique.

1481. *Pourquoi trempe-t-on la partie du linge où l'on veut poser la marque dans du* CARBONATE DE SOUDE *ou dans un peu de savon?* — Pour rendre la partie *plus ferme* et pour neutraliser l'acide nitrique, qui sans cette précaution détruirait le linge.

1482. *Pourquoi rend-on les caractères plus* NOIRS *en exposant le linge au* SOLEIL *ou au feu?* — Parce que la lumière et la chaleur augmentent la réduction de l'argent ou sa précipitation à l'état de poudre métallique noire, très-divisée, et que c'est cette poudre noire qui dessine les caractères.

1483. *Comment peut-on* ENLEVER *les caractères formés avec le nitrate d'argent?* — Au moyen d'une dissolution de *cyanure de potassium.*

Le moyen le plus durable pour marquer le linge est le suivant : procurez-vous un cachet en fer portant en relief votre nom, et chauffez-le fortement. Couvrez avec un peu de sucre blanc bien pulvérisé la partie du linge où vous voulez mettre la marque; appuyez fortement le cachet, et la marque ne pourra jamais s'enlever.

§ 8. — Oxydes de mercure, or, platine.

1484. *Le* MERCURE *s'oxyde-t-il?* — Oui, mais à une température élevée, et non pas à la température ordinaire; s'il se ternit à l'air, c'est parce qu'il contient le plus souvent d'autres métaux qui s'oxydent au contact de l'air.

1485. *Si le mercure se ternit, pourquoi conserve-t-il son éclat dans les tubes* BAROMÉTRIQUES *et* THERMOMÉTRIQUES? — Parce que *l'air en est exclu*, et que le verre empêche le contact de l'humidité avec le mercure.

1486. *L'humidité de l'air ternit-elle l'or?* — Non; l'humidité de l'air n'oxyde pas l'or, quoique les chimistes puissent former deux combinaisons de l'or avec l'oxygène.

1487. *Quel est le métal qui ne s'oxyde à l'air à* AU-CUNE *température?* — Le *platine.* Cette propriété rend ce métal très-précieux pour la confection des *creusets* et des arcs gradués des instruments mathématiques.

Le *platine*, dont le nom est emprunté de l'espagnol PLATINA (*petit argent*), a été importé du Brésil en Europe, par M. Wood, en 1749. Avant la découverte du platine et de ses propriétés, on faisait usage de l'or pour les instruments de précision.

1488. *Pourquoi fait-on de* PLATINE *certaines plaques des piles* GALVANIQUES *et les creusets dans lesquels on emploie les* ACIDES? — On l'emploie dans les piles parce qu'il est très-électro-négatif; on l'emploie en creusets parce qu'il n'est attaqué que par l'eau régale.

1489. *Pourquoi les* CREUSETS *de platine se* CASSENT-*ils lorsqu'on les chauffe sur un feu de* CHARBON? — Parce que le carbone attaque le platine rouge, le rend rugueux et *cassant.* C'est pour ces raisons qu'on doit toujours éviter de chauffer les creusets de platine au *contact du charbon.*

§ 9. — Oxydes divers.

1490. *Quels sont les métaux qui manifestent la plus grande* AFFINITÉ *pour l'*OXYGÈNE? — Le *potassium* et le *sodium.*

La potasse est un oxyde de potassium.
La soude est un oxyde de sodium.

1491. *Comment le* POTASSIUM *et le* SODIUM *manifestent-ils leur affinité pour l'oxygène?* — Ils *décomposent l'eau* aussitôt qu'ils se trouvent en contact avec elle?

1492. *Quel* EFFET *produit le* POTASSIUM *sur l'*EAU? — Il s'empare de l'oxygène de l'eau et dégage l'hydrogène, gaz qui s'enflamme par la chaleur que produit:le potassium pendant qu'il se *combine avec l'oxygène.*

L'eau se compose d'*oxygène* et d'*hydrogène* combinés ensemble.

1493. *Quel effet produit le* SODIUM *sur l'*EAU? — Il la *décompose* et subit une rapide oxygénation; néanmoins il ne produit pas toujours de *flamme* lorsqu'on le jette dans l'eau.

1494. *Citez quelques* PIERRES PRÉCIEUSES *qui sont des oxydes?* — 1° Le *rubis*, la *topaze orientale*, l'*améthyste orientale* et le *saphir* sont de l'oxyde d'aluminium coloré. — L'*émeri* est l'oxyde d'aluminium mêlé à beaucoup d'oxyde de fer; — 2° la *topaze du Brésil*, le *rubis de Bohême*, la *calcédoine*, le *jaspe oriental*, l'*agate* et la *cornaline* sont formés de cristal de roche ou oxyde de silicium ou silice, coloré par des oxydes métalliques;. l'*opale* est de l'acide silicique hydraté.

Le *diamant* est du carbone cristallisé.

L'*hyacinthe* ou *jacinthe* est un silicate de zircone.

L'*émeraude* ou *aigue marine* est un silicate double d'alumine et de glucyne.

L'ALUMINE, ou oxyde d'aluminium, est quelquefois appelée *argile pure.*

La ZIRCONE est un oxyde du métal zirconium.

La GLUCYNE est un oxyde du glucynium, c'est une terre molle et blanche, qu'on obtient du *béryl* et de l'émeraude.

Le SILEX est l'acide du silicium impur. Le silex *pur* constitue le quartz et le cristal de roche.

1495. *Citez quelques* PIERRES *très-utiles qui se composent d'acide* SILICIQUE *mêlé de quelques autres substances,*

notamment d'alumine et d'oxyde de fer. — 1° Les pierres *meulières* des environs de Paris, qu'on emploie ordinairement dans les constructions ; — 2° les *silex*, les
tripolis, les *sables*, et aussi les *grès* qui servent pour le
pavage des routes.

1496. *Qu'est-ce que le* verre ? — Le verre s'obtient
par une simple fusion de *sable* avec des *oxydes alcalins*.

1497. *De quelle manière les* verres *sont-ils* colorés ?
— Les verres sont colorés par des *oxydes métalliques*
fondus dans la pâte des verres blancs.

On obtient le *bleu* avec l'oxyde de cobalt ;
Le *pourpre*, le *violet*, le *rouge* et le *carmin* avec le pourpre de Cassius,
le protoxyde de cuivre et le silicate de manganèse;
Le *vert* avec le silicate de cuivre, l'oxyde de chrome, un mélange
d'oxyde de cobalt avec l'oxyde d'urane, l'oxyde de plomb, etc., etc.
Le *noir* et le *gris* avec les oxydes de manganèse, de cobalt et de fer.

CHAPITRE II

HYDROGÈNE ET SES COMPOSÉS.

SECTION I. — HYDROGÈNE.

1498. *Qu'est-ce que l'*hydrogène? — L'hydrogène est
un gaz beaucoup plus léger que l'air, incolore, *inflammable*, qui, comme son nom le rappelle, entre dans la
constitution de l'eau.

Le mot *hydrogène* est dérivé de deux mots grecs (ὕδωρ γεννειν, *engendrer
l'eau*).
On peut obtenir très-facilement le gaz hydrogène en faisant dissoudre
du *zinc* ou du *fer* dans un peu d'*acide sulfurique étendu d'eau,* de la manière suivante : mettez des morceaux de zinc ou de la limaille de fer dans
un vase, versez dessus un peu d'acide sulfurique étendu dans deux fois

autant d'eau; couvrez ensuite le vase, et une infinité de petites bulles formées de gaz hydrogène se dégageront.

1499. *A quelle époque l'*HYDROGÈNE *a-t-il été* DÉCOUVERT? — Le gaz hydrogène avait été obtenu dès la fin du dix-septième siècle; mais c'est seulement en 1766 que *Cavendish*, célèbre physicien anglais, fit connaître ses principales propriétés.

Cavendish l'appela d'abord *air inflammable.*

1500. *Quelles sont les* PROPRIÉTÉS *physiques de l'*HYDROGÈNE? — 1° Il est toujours *gazeux*, *invisible* comme l'air, sans *odeur* ni *saveur*; — 2° sa pesanteur spécifique est beaucoup *moindre* que celle de l'air et de tous les autres fluides élastiques;— 3° il jouit de la propriété de *s'enflammer* au contact de l'air, par l'approche d'une bougie allumée; — 4° il *éteint* sur-le-champ une allumette en ignition mais sans flamme qu'on y plonge.

1501. *Pourquoi les* AÉROSTATS *s'élèvent-ils quand ils sont remplis de gaz* HYDROGÈNE? — Parce que ce gaz est environ 14½ fois *plus léger* que l'air atmosphérique.

1502. *Pourquoi des bulles de* SAVON, *gonflées avec du gaz hydrogène, s'*ÉLÈVENT-*elles dans l'air*? — Parce que le gaz hydrogène est *beaucoup plus léger* que l'air atmosphérique.

1503. *Pourquoi ces bulles prennent-elles* FEU *à l'approche d'une bougie allumée?* — Parce que le gaz hydrogène qui les gonfle est *très-inflammable* au contact de l'air.

1504. *La* FLAMME *du gaz hydrogène est-elle brillante?* — Non; la flamme du gaz hydrogène pur est *très-peu*

brillante; mais, de tous les corps combustibles, l'hydrogène est celui qui produit *la plus grande chaleur;* cette
chaleur augmente considérablement lorsqu'on alimente
la combustion avec du gaz oxygène.

La flamme du gaz hydrogène alimentée par de l'oxygène produit la plus
haute température que l'on ait encore obtenue par la combustion.

1505. *Pour quel* usage *emploie-t-on une flamme qui
produit une chaleur si intense?* — Elle est employée en
chimie par ceux qui se servent des *chalumeaux.*

1506. *Qu'est-ce que la lumière de* Drummond? —
Le jet enflammé d'un mélange de deux volumes de gaz
hydrogène et d'un volume de gaz oxygène, *projeté sur
un bâton de craie.* La chaux devenue ainsi incandescente produit une lumière *excessivement vive.*

On emploie cette lumière pour le *microscope à gaz.* La découverte de
cette lumière est due à Drummond, chimiste anglais.

1507. *Expliquez la construction d'un* briquet *à gaz
hydrogène.* — On fait arriver un jet de gaz hydrogène
sur un morceau *d'éponge de platine* au *contact de l'air;*
— l'éponge de platine devient incandescente, et le gaz
prend feu.

1508. *Qu'est-ce que le gaz qui sert pour l'*éclairage?
— Le gaz qui sert pour l'éclairage s'appelle *hydrogène-
bicarboné;* il est produit par la décomposition des charbons de terre, au moyen de la distillation.

SECTION II. — EAU OU PROTOXYDE D'HYDROGÈNE (HO).

1509. *Qu'est-ce que l'*eau? — L'eau est un *oxyde*
d'hydrogène; elle est composée des deux gaz *oxygène* et
hydrogène.

L'eau se forme, *en volume*, de 1 partie d'oxygène et de 2 parties d'hydrogène; mais, *en poids*, elle se forme de 1 d'oxygène et de 8 d'hydrogène.

Le nom scientifique de l'eau est OXYDE HYDRIQUE OU PROTOXYDE D'HYDROGÈNE.

1510. *Quel est l'état ordinaire de l'eau?* — L'eau à l'état ordinaire, ou aux températures moyennes de nos contrées, est liquide; elle passe à l'état solide quand la température descend, et à l'état gazeux quand la température augmente au delà de certaines limites. On a appelé zéro la température de la congélation de l'eau, et 100 degrés la température de sa vaporisation à la pression de 76 centimètres au niveau de la mer.

1511. *Qu'est-ce que l'*EAU DISTILLÉE*?* — L'eau qui a été *convertie en vapeur* et qui a repris l'état liquide en se refroidissant.

1512. *Pourquoi l'eau* DISTILLÉE *est-elle la plus* PURE *de toutes les eaux?* — Parce que la distillation en sépare tous les *principes salins* qu'elle tenait en dissolution : ceux-ci, n'étant pas volatils, restent au *fond de l'alambic;* tandis que la vapeur aqueuse s'élève pure, et reproduit ensuite un liquide complétement dépouillé de toute *matière étrangère.*

1513. *Quelles matières* ÉTRANGÈRES *contient l'*EAU*?* — L'eau contient presque toujours des matières *salines*, souvent des *sels calcaires*, quelquefois des *sels ferrugineux* et du *sulfate de magnésie*, quelquefois aussi de l'*acide carbonique* et de l'hydrogène sulfuré libre ou combiné, etc.

Les carbonates sont ordinairement tenus en dissolution dans l'eau par l'acide carbonique en excès.

1514. *Pourquoi l'*EAU DISTILLÉE *n'est-elle pas bonne*

comme boisson? — Parce qu'elle a une saveur *fade*, et qu'elle fait éprouver un sentiment de pesanteur à l'estomac.

1515. *Pourquoi l'*eau distillée *et l'eau qui a bouilli ont-elles une saveur* fade *et* insipide? — Parce qu'elles ne renferment plus d'*air* en dissolution.

Il suffit d'agiter fortement au contact de l'air l'eau distillée ou bouillie pour lui faire reprendre ses qualités agréables.

1516. *A quoi les eaux doivent-elles leur qualité petillante? —* A l'air qu'elles renferment.

1517. *Quelle est l'*eau *la plus pure après l'eau distillée? —* L'eau *de pluie;* mais, comme elle tombe ordinairement sur les toits avant d'être recueillie, elle dissout une petite quantité de substances étrangères.

1518. *Pourquoi dit-on que l'eau de pluie est* douce? — Parce que : 1° elle ne contient pas ou contient très-peu de sels calcaires ; 2° elle *dissout le savon* sans produire de grumeaux, et elle cuit bien les légumes ; 3° enfin, évaporée jusqu'à siccité, elle ne laisse qu'un *faible résidu.*

1519. *Pourquoi l'eau de* pluie *n'a-t-elle pas de* saveur *sensible? —* Parce qu'elle ne contient que très-peu de *sels* et d'air.

Ce sont les sels et l'air qui rendent l'eau sapide et capable d'agir sur l'économie animale.

1520. *Pourquoi l'eau de* pluie *a-t-elle la propriété de bien cuire les* légumes *et de dissoudre le* savon *sans donner lieu à des grumeaux? —* Parce qu'elle ne contient que très-peu de sels calcaires, qui privent l'eau d'une partie de son pouvoir dissolvant.

1521. *Pourquoi les eaux de* PLUIE, *des* PUITS, *des* CI-TERNES, *etc., deviennent-elles presque toujours, au bout d'un certain temps,* FADES *et même fétides?* — Parce que : 1° les quantités d'*air* et d'*oxygène* qu'elles contenaient diminuent ; 2° les matières organiques qu'elles renfermaient entrent en putréfaction.

1522. *Pourquoi les eaux de pluie, de citerne, etc., perdent-elles leur* OXYGÈNE? — Parce qu'elles tiennent ordinairement en dissolution des *matières organiques*. La désoxygénation de l'eau est produite par ces matières végétales et animales, qui, en s'unissant à l'oxygène, se décomposent et pourrissent.

1523. *Pourquoi l'eau* PLUVIALE *qu'on recueille sur les toits, et que l'on conserve dans des tonneaux, a-t-elle presque toujours un goût de* CROUPI? — Parce que : 1° l'eau qu'on laisse séjourner dans un vase de bois perd très-promptement la totalité de *son oxygène* et devient fade ; 2° la profondeur des tonneaux empêche l'eau de reprendre à l'atmosphère, qui ne peut y circuler, l'air que le bois lui enlève; 3° l'eau est imprégnée de diverses *matières organiques*, qu'elle tire des toits, des arbres ou des réservoirs mêmes, et qui s'y décomposent.

1524. *Pourquoi l'eau des* MARES, *pendant les grandes chaleurs de l'été, a-t-elle presque toujours une* ODEUR *désagréable?* — Parce qu'elle tient alors en dissolution une plus grande quantité de *matières organiques* qui, par leur décomposition incessante, donnent naissance à des gaz infects et à des émanations délétères.

Ces gaz sont notamment l'hydrogène sulfuré, l'hydrogène phosphoré, et certains produits ammoniacaux.

1525. *Pourquoi les* QUAIS, *et les ports ont-ils, surtout
pendant l'été, une mauvaise* ODEUR *lorsque la mer est*
BASSE ? — Parce que la boue contient une forte quantité
de *matières organiques,* dont la putréfaction engendre
des gaz infects et délétères.

1526. *Pourquoi l'eau* STAGNANTE *se* PUTRÉFIE-*t-elle ?*
— Parce que les feuilles des arbres, les plantes, les
insectes, etc., qui se trouvent dans l'eau, s'y *décomposent* sous l'influence de l'oxygène humide.

1527. *Pourquoi l'eau* STAGNANTE *se trouve-t-elle
pleine de* VERS, *d'insectes, etc.* ? — Parce qu'un grand
nombre d'insectes pondent leurs *œufs* sur les feuilles
et sur les plantes qui flottent à la surface de l'eau ; ces
œufs éclosent promptement et produisent des essaims
de vers et d'insectes.

1528. *Pourquoi l'eau* VIVE *ne contient-elle pas ces
impuretés ?* — Parce que le courant emporte à la *mer*
toutes les substances impures aussitôt qu'elles se développent ; ces substances sont noyées dans une masse
d'eau si grande, qu'elles ne sont plus appréciables.

1529. *Pourquoi l'eau de* MER *est-elle saumâtre ?* —
Parce qu'elle tient en dissolution une certaine quantité
de *matières salines,* dont le sel commun est la prin-
cipale.

1530. - *Quelles matières salines contient l'*EAU DE
MER ? — Des sulfures et des chlorures, des sulfates et
des chlorhydrates de chaux, de soude, de magnésie, de
cuivre, etc.

1 000 grammes d'eau de mer contiennent environ :

    27 grammes de sel commun (*chlorure de sodium*),
    7 grammes de sulfate de soude,
    1 gramme d'autres matières solides, consistant principale-
        ment en chlorure de calcium, chlorure de magnésium,
        iodure et bromure de magnésium,
  965 grammes d'eau.
   ——————
   1000

1531. *Puisque les nuages sont dus à l'évaporation de la mer, pourquoi l'eau de* PLUIE *n'est-elle pas* SALÉE? — Parce que les matières salines *ne se volatilisent pas ;* par conséquent, toutes les fois que l'eau de mer se convertit en vapeur, elle abandonne ses matières salines.

MM. Wells et Davies, en 1836, et Rocher (de Nantes), ont perfectionné un appareil distillatoire pour la marine, en sorte qu'aujourd'hui les navigateurs sont à l'abri des souffrances qu'entraînait autrefois le manque d'eau douce à bord des bâtiments.

1532. *Pourquoi dit-on de l'eau de* POMPE *qu'elle est* DURE? — Parce que : 1° elle est de *digestion difficile ;* 2° elle ne peut *cuire* les légumes ni *dissoudre* le savon; 3° elle forme une *croûte* épaisse sur les parois des vases dans lesquels on la laisse évaporer.

Le savon et les matières organiques des légumes forment des *sels insolubles* avec la chaux de l'eau de pompe.

1533. *Quelle est la cause qui rend* DURE *l'eau de* POMPE? — Lorsqu'elle filtre à travers le sol, elle s'imprègne de *sulfate et de carbonate de chaux*, aussi bien que de certaines autres matières empruntées aux terrains et aux minéraux qu'elle rencontre sur son passage.

1534. *Pourquoi est-il plus facile de* LAVER *avec l'eau* DOUCE *qu'avec l'eau* DURE? — Parce que l'eau douce s'unit librement avec-le savon, et *le dissout*, au lieu de le décomposer, comme l'eau dure.

1535. *Pourquoi est-il* DIFFICILE *de laver avec l'eau* DURE? — Parce que : 1° la *soude du savon* se combine avec l'*acide sulfurique* des sels de l'eau dure ; 2° l'*huile* du savon soluble se combine avec la *chaux* de l'eau pour former un savon insoluble à l'état de grumeaux qui flottent à la surface.

L'eau dure contient du *sulfate de chaux*, formé d'acide sulfurique et de chaux.

1536. *Pourquoi est-il difficile de* LAVER *avec l'eau de* MER? — Parce qu'elle contient des matières salines qui privent l'eau d'une portion de son *pouvoir dissolvant*.

1537. *Pourquoi les* LÉGUMES *cuisent-ils moins bien dans de l'eau* DURE? — Parce que l'eau dure cède aux légumes qu'on y cuit sa *chaux*, qui durcit considérablement le tissu végétal en se combinant avec lui.

1538. *Pourquoi l'eau* DURE BOUT-*elle plus lentement que l'eau douce?* — Parce que la présence de substances étrangères, et surtout du *sel marin*, retarde l'ébullition.

1539. *Quelles eaux sont les plus agréables comme* BOISSON? — L'eau de source, l'eau des puits artésiens, et, dans certaines localités, l'eau de pompe.

1540. *Pourquoi l'eau de* SOURCE, *etc., est-elle plus agréable comme* BOISSON *que l'eau de pluie et l'eau de rivière?* — Parce que : 1° l'eau de source contient plus d'*air* et d'*acide carbonique* que l'eau douce ; 2° sa *température* étant moins affectée par les variations atmosphériques, elle est plus fraîche en été, moins froide en hiver ;

3° elle contient une moindre quantité de *matières organiques* que l'eau de rivière ou l'eau de citerne.

1541. *Quelles eaux sont les meilleures pour la* CUISINE, *la* TOILETTE *et le* BLANCHISSAGE ? — Les eaux de *pluie* et de *rivière ;* parce qu'elles ne renferment que très-peu de *sels terreux.*

1542. *Pourquoi les eaux qui ne renferment que très-peu de sels terreux sont-elles les meilleures pour la* CUISINE, *la* TOILETTE *et le* BLANCHISSAGE ? — Parce qu'elles *cuisent bien les légumes* et *dissolvent le savon* sans former de grumeaux.

1543. *Comment peut-on rendre l'eau* DURE *propre à la* CUISINE, *à la* TOILETTE *et au* BLANCHISSAGE ? — En y ajoutant, quelque temps avant d'en faire usage, un peu de *carbonate de soude* ou de *cendres de bois.*

1544. *Pourquoi un peu de* CARBONATE *de* SOUDE *ou de* POTASSE *rend-il l'eau dure propre aux besoins domestiques?* — Parce que le *carbonate de soude* ou de *potassium,* se combinant avec l'acide sulfurique du *sulfate de chaux* que l'eau dure contient, forme : 1° du carbonate de chaux qui se dépose ; 2° du sulfate de soude ou de potasse qui reste en dissolution dans l'eau, à laquelle il ne communique aucune fâcheuse propriété.

1545. *Pourquoi un peu de* CENDRES DE BOIS *adoucissent-elles et épurent-elles les eaux?* — Parce qu'elles agissent comme le carbonate de soude ou de potasse qui entre dans leur composition.

1546. *Pourquoi doit-on exposer au* GRAND AIR L'EAU *dont on se sert pour le* BLANCHISSAGE ? — Pour laisser *s'échapper l'acide carbonique* que l'eau contient quelquefois; l'eau devient alors plus douce.

L'eau dure retient souvent en dissolution un peu de bicarbonate de chaux. Exposé à l'air, l'acide carbonique de ce bicarbonate s'échappe, la chaux n'étant plus dissoute se précipite et l'eau devient moins calcaire.

Le bicarbonate contient deux fois plus d'acide carbonique que le carbonate.

1547. *Pourquoi* l'EAU DURE *devient-elle plus* DOUCE *lorsqu'on la fait bouillir?* — Parce que *l'acide carbonique* en excès qu'elle contient en est chassé, et que les *carbonates de chaux et de magnésie*, qui y étaient en dissolution sont précipités.

1548. *Quelle est la cause des* CROUTES CALCAIRES *qui s'attachent aux parois des chaudières, des machines à vapeur, des bouilloires, etc.?* — Ces croûtes calcaires sont un dépot de *carbonate* et de *sulfate de chaux*.

Ces incrustations contiennent pour 100 parties :

Sulfate de chaux.	46,20
Carbonate de chaux.	52,56
Substances diverses.	1,24
	100.

1549. *Quels* INCONVÉNIENTS *présentent ces incrustations?* — 1° Elles *retardent la transmission de la chaleur*, et obligent ainsi à *consommer plus de combustible* pour porter l'eau à l'ébullition;.— 2° elles exposent aux *explosions;* — 3° elles communiquent à l'eau une *saveur désagréable*.

1550. *Comment les croûtes calcaires* RETARDENT-*elles* l'ÉBULLITION *de l'eau?* — Elles retardent l'ébullition en empêchant le *contact immédiat du liquide* avec le *métal*.

Le docteur Faraday a enregistré le cas d'un paquebot chargé pour Trieste (Italie) dont la machine à vapeur était tellement encroûtée, que les ingénieurs ne pouvaient pas y faire bouillir l'eau. Il fut nécessaire d'employer pour combustible, non-seulement tout le charbon, mais aussi les vergues, les agrès, les cloisons, les câbles, une partie de la cargaison, etc., avant de pouvoir faire entrer le paquebot dans le port.

1551. *Comment ces croûtes calcaires formées sur les parois d'une chaudière ou d'une machine à vapeur peuvent-elles* CAUSER *une* EXPLOSION? — Lorsque les croûtes épaisses formées au fond des chaudières se rompent, l'eau est tout à coup mise en *contact avec le métal chauffé*, et forme subitement une *masse de vapeur* telle, qu'elle agit sur la chaudière comme le ferait un *violent coup de marteau*, et peut en déterminer l'explosion.

1552. *Pourquoi ces incrustations se* ROMPENT-*elles?* — Parce qu'elles ne sont pas élastiques, et que, le métal *se dilatant* plus qu'elles par la chaleur du feu, cette dilatation *déchire* la croûte épaisse adhérente aux *parois de la chaudière*.

1553. *Comment peut-on* ATTAQUER *et* ÔTER *ces croûtes calcaires?* — Au moyen de l'*hydrochlorate d'ammoniaque*, qui dissout tout le carbonate et détache la croûte adhérente aux parois des chaudières.

L'hydrochlorate d'ammoniaque, c'est le *sel ammoniac.*

1554. *Pourquoi l'hydrochlorate* D'AMMONIAQUE *détache-t-il les croûtes calcaires adhérentes aux parois des chaudières et des bouilloires?* — Parce que : 1° l'acide chlorhydrique se combine avec le carbonate des croûtes calcaires et les convertit en *chlorure de calcium* qui se dissout dans l'eau; — 2° l'acide carbonique de ces croûtes se combine avec l'ammoniaque, et forme du *carbonate d'ammoniaque*, qu'on peut enlever facilement des chaudières.

1555. *Comment peut-on* EMPÊCHER *ces incrustations de se former sur les parois des bouilloires?* — En ajoutant à l'eau un peu de *carbonate de soude*. Si une bouilloire se trouve encroûtée, il faut y faire bouillir un peu de *sel ammoniac* dans de l'eau.

1556. *Quelle est la cause des* PÉTRIFICATIONS? — Certains sels de l'eau, comme le *carbonate de chaux*, etc., sont tenus en dissolution à la faveur d'un excès d'acide carbonique, tant que l'eau coule *sous le sol;* mais, aussitôt que la source arrive en plein air, *l'acide carbonique s'échappe*, et alors ces sels se précipitent sur les substances diverses qui se trouvent dans le courant.

1557. *Qu'est-ce qu'une* PÉTRIFICATION? — Une infiltration de *matières siliceuses*, ou de *chaux*, en combinaison avec du *fer* ou avec des *pyrites ferrugineuses*, dans les pores d'un corps organisé, de manière qu'en très-peu de temps ce dernier présente tout à fait l'apparence de la pierre.

1558. *Quelle est la cause des* STALACTITES *et des* STALAGMITES? — Lorsque les eaux saturées de *carbonate de chaux* s'infiltrent dans les fissures des pierres situées à la voûte d'une cavité souterraine, elles laissent, par leur évaporation, des *molécules de sel calcaire* à sec. Celles-ci se recouvrent incessamment de nouvelles molécules, et bientôt cette agglomération forme des tubes, etc., qu'on appelle stalactites et stalagmites.

1559. *En quoi une* STALACTITE *diffère-t-elle d'une*

STALAGMITE? — On appelle *stalactites* les concrétions qui se forment à la *voûte* des cavernes; et *stalagmites* celles dont la formation est due à la chute du liquide sur le *sol*.

Stalactite, du grec σταλάζειν (*dégoutter*).
Stalagmite, du grec σταλαγμός (*une goutte*).

1560. *Quelle est la cause des propriétés particulières des* EAUX MINÉRALES? — Quand l'eau s'infiltre à travers les diverses *couches minérales du sol*, elle se charge de substances salines, etc., et acquiert ainsi des propriétés médicinales et des saveurs variables, suivant la diversité des terrains qu'elle parcourt.

Les matières principales qui se trouvent dans les eaux minérales sont les sulfates, les carbonates et les hydrochlorates de soude, de chaux et de magnésie; quelquefois aussi des traces de carbonate et de peroxyde de fer, et quelquefois des traces de silice, etc.

1561. *Pourquoi certaines* EAUX MINÉRALES *sont-elles* THERMALES, *c'est-à-dire chaudes et quelquefois bouillantes?* — La *chaleur* des eaux minérales dépend de la *profondeur* et de la *nature* des terrains qu'elles parcourent. Comme la chaleur souterraine augmente progressivement avec la profondeur, les eaux qui jaillissent d'une *plus grande profondeur* sont les *plus chaudes*.

1562. *Pourquoi l'*EAU NETTOIE-*t-elle le* LINGE *sale?* — Parce qu'elle pénètre les substances qui forment les taches du linge sale, en désagrége les différentes parties et les *dissout* comme elle dissout le sel, etc.

1563. *Pourquoi le* SAVON *augmente-t-il le pouvoir détersif de l'eau?* — Parce qu'un grand nombre des taches du linge sont de nature *grasse*, et que l'alcali, en excès dans le savon, s'unissant avec ces matières, les rend solubles dans l'eau.

1564. *Pourquoi un peu de* CENDRES DE BOIS *ou de* CARBONATE DE SOUDE *aident-ils le pouvoir détersif de l'eau?* —Parce que la potasse des cendres ou la soude du carbonate dissoutes par l'eau sont aptes à former avec les corps gras des savons solubles que le lavage emporte ; le nettoyage est alors plus parfait.

1565. *Pourquoi l'*EAU DISSOUT-*elle le* SUCRE *et le sel?* — Parce que les molécules de l'eau s'insinuent dans les pores du sucre et du sel par la *capillarité*, et se mêlent avec les atomes de ces corps.

1566. *Pourquoi le* SUCRE *et le sel donnent-ils un* GOUT *à l'eau?* — Parce qu'ils se divisent en *particules très-ténues*, qui flottent dans l'eau et se mêlent avec elle.

1567. *Pourquoi l'eau* CHAUDE *dissout-elle le sucre et le sel plus promptement que l'eau froide?* —Parce que l'affinité de l'eau pour le sucre et le sel est plus grande à chaud qu'à froid; dans d'autres cas, au contraire, la dissolution est plus active à froid qu'à chaud.

CHAPITRE III

NITROGÈNE OU AZOTE ET SES COMPOSÉS

SECTION I. — AZOTE.

1568. *Qu'est-ce que le* NITROGÈNE *ou l'azote?* — Un gaz incolore, sans odeur ni saveur, qui est très-répandu dans l'air atmosphérique, et qui entre dans la composition de plusieurs *matières végétales* et de la plupart des *matières animales*.

1569. *Quels sont les* CARACTÈRES *distinctifs du gaz* NITROGÈNE *ou azote?* — 1° Il ne brûle point; — 2° il ne peut entretenir seul ni la *respiration* ni la *combustion;* — 3° il éteint les corps en combustion; — 4° il forme à peu près les quatre cinquièmes de l'air atmosphérique.

1570. *Pourquoi a-t-on appelé ce gaz* NITROGÈNE? — Parce qu'il forme, avec l'oxygène, l'*acide nitrique*, acide qui, en se combinant avec la potasse, produit le *nitrate de potasse*, appelé communément nitre ou *salpêtre.*

L'acide nitrique s'appelle aussi *acide azotique.* Le nitrate de potasse s'appelle aussi *azotate de potasse.*

1571. *Pourquoi l'a-t-on appelé aussi* AZOTE? — Parce qu'il prive de la vie ou qu'il n'entretient pas la vie. Un oiseau, par exemple, plongé dans une cloche pleine de ce gaz, tombe *asphyxié* en moins d'une minute.

1572. *Le gaz* AZOTE *est-il véritablement* DÉLÉTÈRE? — Non; il donne la mort seulement parce qu'il prive le sang veineux du *contact de l'oxygène*, et s'oppose, par conséquent, à la transformation du sang *veineux* en sang *artériel.*

Si on retire l'oiseau de la cloche presque aussitôt après que l'asphyxie a eu lieu, et qu'on l'expose à l'air, il reprend bientôt ses forces premières.

Plusieurs chimistes ont osé respirer une assez grande quantité d'azote pour prouver qu'il n'est pas véritablement délétère ou *a-zotique*, comme le gaz hydrogène sulfuré, etc., etc.

1573. *A qui doit-on la* DÉCOUVERTE *du gaz* AZOTE? — Au docteur Rutherford, physicien d'Édimbourg, qui l'annonça en 1772.

On peut facilement obtenir le gaz azote de la manière suivante :
on place sur la surface de l'eau d'une cuve un large bouchon de liége sur
lequel on dispose une petite capsule de porcelaine. On introduit dans cette
capsule un morceau de *phosphore* auquel on met le feu, et l'on recouvre
immédiatement la capsule d'une grande cloche, dont on enfonce le bord
dans l'eau. En peu de temps, l'*oxygène* de l'air contenu sous la cloche
disparaîtra *par suite de sa combinaison avec le phosphore*, et l'azote y
restera sèul.

La fumée blanche qui monte dans la cloche pendant cette expérience
est l'*acide phosphorique*, c'est à-dire le phosphore en combinaison avec
l'oxygène de l'air. Ce gaz se dissout bientôt dans l'eau.

SECTION II. — COMPOSITION DE L'AIR ATMOSPHÉRIQUE.

1574. *Quels sont les éléments de l'*AIR ATMOSPHÉRIQUE?
— L'air atmosphérique consiste essentiellement en un
mélange d'*oxygène* et d'*azote*, dans des proportions
que l'on trouve sensiblement les mêmes sur tous les
points du globe, c'est-à-dire d'un cinquième de son volume d'oxygène et de quatre cinquièmes d'azote.

Il renferme de plus une très-petite quantité d'acide carbonique et une
quantité variable de vapeur d'eau. Il contient, en outre, mais en quantités
à peine appréciables, quelques autres gaz ou vapeurs qui proviennent de
la décomposition des matières végétales et animales.

1575. *Pourquoi y a-t-il* TANT *de gaz* AZOTE *dans l'air
atmosphérique?* — Pour *diluer* l'oxygène. Si l'oxygène
de l'air n'était pas fort mélangé, les *feux brûleraient
trop vite*, et la *vie* même s'*épuiserait trop rapidement.*

1576. *Pourquoi ne peut-on pas* VOIR *l'*AIR *ambiant?*
— Parce qu'il est parfaitement *transparent*, c'est-à-
dire qu'il se laisse traverser par les rayons de lumière
blanche sans la décomposer sensiblement.

1577. *L'air est-il* INCOLORE? — L'air est transparent, mais non absolument incolore. Il a une teinte
bleue lorsqu'il est vu en *grande masse.*

1578. *Comment sait-on que l'*AIR *n'est pas* INCOLORE?
— Si l'air était complétement incolore, le ciel serait
comme une *voûte noire*, sans éclat ni couleur.

1579. *Si l'*AIR *a une teinte* BLEUE, *pourquoi celui qui
nous entoure paraît-il parfaitement* INCOLORE? —Parce
que les couleurs plus fortes des objets terrestres ou des
nuages *éclipsent* la teinte faible de l'air qui les entoure.

1580. *Pourquoi le* CIEL *est-il quelquefois d'une couleur* BLEUE FONCÉE? — Parce que : 1° il n'y a pas alors
dans l'atmosphère de *nuages* qui puissent *éclipser* sa
couleur; — 2° quand le ciel est sans nuages, on voit
'air en *grande masse.*

1581. *Pourquoi l'air n'est-il pas bleu quand le ciel
est* COUVERT? — Parce que : 1° nous ne voyons qu'une
petite portion de l'atmosphère; — 2° la couleur plus
forte des nuages *éclipse* la teinte plus faible de l'air.

1582. *Pourquoi le* CIEL *est-il toujours d'un* BLEU *très-
foncé au sommet d'une haute* MONTAGNE? —Parce que les
nuages sont au-*dessous* de l'observateur, qui ne voit
que l'*atmosphère pure,* dont la teinte est azurée.

1583. *Pourquoi le* BLEU *du ciel est-il plus* FONCÉ *pendant l'*ÉTÉ, *surtout dans les climats chauds?* — Parce
que : 1° les vapeurs ne forment pas de nuages; par
conséquent on voit alors une très-grande masse d'air
atmosphérique; — 2° une grande quantité de *vapeur
aqueuse* est répandue dans l'air par l'évaporation, et
cette vapeur augmente beaucoup l'intensité de sa couleur bleue.

. De même, la mer aux endroits profonds paraît d'un bleu foncé, tandis
qu'une petite quantité d'eau est parfaitement incolore.

1584. *Pourquoi le* CIEL *est-il* BLEU SOMBRE *pendant un beau clair de* LUNE ? — Parce que : 1° nous voyons une *grande masse* d'air atmosphérique; — 2° l'*ombre* de la nuit fait paraître la teinte bleue plus foncée.

1585. *Quel est l'effet de l'*AIR *atmosphérique sur la* LUMIÈRE ? — Il transmet la lumière en la rendant diffuse; il la réfléchit, il la réfracte, etc.

CHAPITRE IV

CARBONE

1586. *Qu'est-ce que le* CARBONE ? — Un corps simple et solide, sans odeur ni saveur, le plus souvent d'une couleur noire; il brûle au feu, et constitue presque en totalité le *charbon* dont on se sert dans l'économie domestique.

1587. *Trouve-t-on dans la nature le* CARBONE *parfaitement* PUR ? — Oui; il existe pur et cristallisé à l'état de *diamant*.

1588. *Où se rencontre le* DIAMANT ? — Dans les terrains d'alluvion provenant de la destruction de roches anciennes, dont les débris ont été transportés par les eaux et se sont amoncelés dans des vallées et des plaines.

Les diamants sont fort rares au milieu de ces débris, et, pour les trouver, il faut laver et trier minutieusement de grandes masses de sable.

1589. *Citez certaines autres sortes de* CARBONE CRIS-
TALLIN.. — Le graphite et la plombagine.

1590. *Qu'est-ce que le* GRAPHITE? — Une variété de
carbone cristallin, qu'on désigne quelquefois sous le
nom de *carbure de fer*; il s'engendre pendant la fabrication de la fonte.

1591. *Comment la* FONTE *peut-elle produire le* GRA-
PHITE? — Lorsque la fonte est *liquide*, à une très-haute
température, elle peut dissoudre une *proportion de carbone plus grande* que celle qu'elle peut retenir à une température plus basse; par conséquent, elle en abandonne,
pendant le refroidissement, une portion qui prend une
forme quasi-cristalline et qu'on appelle *graphite*.

1592. *Qu'est-ce que la* PLOMBAGINE *ou mine de plomb?*
— Une variété de *carbone cristallin* qu'on trouve à
Borowdale, dans le Cumberland (en Angleterre), et
dans quelques autres terrains d'ancienne formation.

La plombagine, appelée improprement *mine de plomb*, est la substance
avec laquelle on fait les crayons.

1593. *En quoi la* PLOMBAGINE *diffère-t-elle du* DIAMANT?
— Ces corps sont tous deux formés de *carbone cristallisé*; mais, tandis que la plombagine se présente
sous la forme de lamelles brillantes, d'un *gris noirâtre*,
faciles à *rayer* et à *couper*, le diamant offre une *transparence*, un *éclat* et une *dureté* incomparables.

1594. *Qu'est-ce que la* HOUILLE *ou charbon de terre?*
— Une substance qu'on trouve en quantité considérable dans le sein de la terre, et qui est composée essentiellement de *carbone* et de *bitume*.

La houille est la substance qui produit le gaz de l'éclairage.

1595. *Pourquoi la* HOUILLE *est-elle un* COMBUSTIBLE *si excellent pour le chauffage domestique?* — Parce que : 1° elle contient une grande quantité de *carbone* et de gaz *hydrogène*, sous une forme *très-compacte* et *commode;* — 2° elle répand en brûlant une *flamme agréable;* — 3° elle n'est pas d'une *combustion difficile* comme le coke; — 4° son *pouvoir rayonnant* étant bien supérieur, elle renvoie dans les appartements une *plus grande quantité de chaleur* que les autres combustibles.

1596. *Qu'est-ce que le* COKE? —La houille dépouillée par la calcination en vase clos de son bitume.

1597. *Qu'est-ce que le* MACHEFER? — Les scories vitreuses et ferrugineuses qui restent avec les cendres pour *résidu* de la combustion du coke ou du charbon de terre dans les industries du verre ou du fer.

1598. *Pourquoi le* MACHEFER NE BRULE-*t-il pas?* — Parce que la plus grande partie du *carbone* et de l'*hydrogène* en a été *consumée*, et que le résidu qui forme le mâchefer n'est pas *combustible.*

1599. *Pourquoi les* PIERRES *ne sont-elles pas* COMBUSTIBLES *aussi bien que le charbon de terre?* — Parce que : 1° elles ne contiennent ni *carbone* ni *hydrogène* comme le charbon de terre; — 2° les éléments des pierres sont déjà en *combinaison avec l'oxygène*, et ne peuvent se combiner de nouveau avec ce gaz pour produire la combustion.

Les pierres sont, pour la plupart, des combinaisons naturelles de divers oxydes. Presque toutes sont formées :
De silex (*silicium et oxygène*) ;
D'aluminé (*aluminium et oxygène*),

De chaux (*calcium et oxygène*);
De magnésie (*magnesium et oxygène*);
D'oxyde de fer et d'oxyde de manganèse unis 2 à 2, 3 à 3, 4 à 4, etc.
De potasse (*potassium et oxygène*);
De soude (*sodium et oxygène*).

Elles contiennent plus rarement :

De la zircone (*zyrconium et oxygène*);
De la glucyne (*glucynium et oxygène*);
La silice *est* un acide. *On doit regarder la plupart des pierres comme des silicates simples, doubles ou triples.*

La silice *et* l'alumine *sont les substances qui entrent le plus souvent et le plus abondamment dans leur composition.*

Certaines roches qui contiennent du soufre *et un peu de* carbone *brûlent facilement.*

1600. *Qu'est-ce que le* noir de fumée ? — C'est la fumée des résines ou du goudron, lorsqu'on les brûle dans une chambre fermée.

On obtient un dépôt de cette espèce lorsqu'on place une plaque de verre sur la partie supérieure de la flamme d'une chandelle. Le noir de fumée est un *carbone* mêlé de *matières huileuses.*

1601. *Qu'est-ce que le* charbon de bois ? — Le bois qu'on a soumis en vase clos ou à l'abri de l'air à une haute température, jusqu'à ce qu'on en ait expulsé *tous les gaz* et les *matières volatiles.*

1602 *Si l'on met des* charbons *poreux réduits en poudre dans un vase qui contient du* vin rouge, *et qu'on agite le vase, pourquoi le vin perd-il sa* couleur ? — Parce que le carbone s'empare des *matières colorantes* du vin et le rend clair et incolore.

Tous les sucs des plantes, les vinaigres, les bières, les sirops bruns, etc., agités pendant quelques instants avec de la poudre de charbon, perdent aussi leur couleur.

1603. *Pourquoi* carbonise-t-on *les parois* intérieures *d'une* pompe *en bois et des* tonneaux *dans lesquels on conserve l'eau ?* — Parce que : 1° le *charbon absorbe* *les matières putrides* qui pourraient donner à l'eau de l'odeur et, du goût, et la conserve fraîche et salubre; — 2° il empêche l'eau de pourrir le bois.

1604. *Comment peut-on* ÔTER *l'*ODEUR *et la* SAVEUR *désagréable du poisson, du gibier et des viandes qui commencent à se* PUTRÉFIER? — Il faut les *entourer* de *charbon en poudre* ou de braise, les faire bouillir pendant quelques minutes, et les laver ensuite dans de l'eau fraîche; on s'apercevra bientôt que les viandes auront *perdu toute odeur* et pourront être employées comme *aliments*.

Si l'on fait bouillir de la viande trop avancée dans de l'eau à laquelle on ajoute du charbon, elle perdra sa mauvaise odeur.

1605. *Pourquoi le* CHARBON DÉSINFECTE-*t-il les* VIANDES *qui ont commencé à se putréfier?* — Parce qu'il *absorbe les gaz odorants*, et arrête les progrès de la décomposition.

1606. *Pourquoi le* CHARBON *absorbe-t-il les gaz* ODORANTS *des* VIANDES *avancées et de l'*EAU *stagnante?* — Parce qu'il est très-poreux; et tous les corps *poreux* absorbent les gaz en plus ou moins grande quantité.

M. Fontaine rapporte que, pendant le mois d'août 1829, le poisson qui se trouvait dans une pièce d'eau perdit toute sa force et toute son activité. Il en mourait tous les jours par centaines; ceux qui avaient résisté aux effets de la maladie étaient couverts d'une sorte de mucus blanchâtre. Le propriétaire eut l'heureuse idée de jeter, à plusieurs reprises, du charbon de bois dans ce bourbier, et il fut agréablement surpris de la rapidité avec laquelle le poisson malade recouvra la fraîcheur et la santé.

1607. *Comment peut-on* CONSERVER *fort longtemps les viandes sans qu'elles se* PUTRÉFIENT, *même pendant les fortes chaleurs et les temps orageux?* — En les *couvrant de charbon de bois* pulvérisé; on peut alors les transporter au loin, ou les conserver longtemps sans qu'elles se corrompent. Lorsqu'on les fait cuire, on les débarrasse aisément de cette poussière en les arrosant d'eau fraîche.

1608. *Pourquoi la poudre de* charbon *empêche-t-elle les viandes de se* putréfier ? — Parce que : 1° elle *empêche le contact de l'air*; — 2° elle *absorbe l'humidité*; — 3° elle absorbe aussi les *produits de la putréfaction* qui peut avoir commencé.

Le charbon de bois absorbe très-rapidement et très-abondamment l'humidité de l'air.

1609. *Pourquoi* carbonise-*t-on les bois de* pilotage *qui sont exposés à l'humidité?* — Parce que l'air et l'eau n'ont pas sur le *charbon* l'action qu'ils ont sur le bois; aussi les pieux carbonisés durent-ils plus longtemps.

1610. *Pourquoi doit-on* carboniser *un pieu plus* haut *que la partie qu'on plonge sous* terre ? — De peur que la partie du pieu qui s'élève au-dessus de la terre ne *pourrisse* par l'action de la *pluie* et de l'humidité qui règne à la surface du sol.

On doit carboniser un pieu jusqu'à 30 centimètres environ au-dessus de la partie qu'on plonge sous terre.

1611. *Pourquoi certaines personnes se servent-elles de poudre de* charbon *de bois pour se nettoyer les* dents ? — Parce que ce corps est tout à la fois *désinfectant* et *antiputride ;* par conséquent, il *retarde la carie* des dents, il fait disparaître la *fétidité de l'haleine*, et entretient les dents propres et belles.

1612. *Pourquoi l'*eau *la plus corrompue et la plus sale devient-elle potable lorsqu'on la filtre à travers du*

CHARBON *de bois?* — Parce que le carbone se *combine avec les matières sapides et odorantes* de l'eau, et la rend fraîche et potable.

1613. *Comment peut-on* PURIFIER *par le* CHARBON *calciné les* MINES, *les puits et autres excavations souterraines?* — Il faut descendre, à deux ou trois reprises, un *chaudron rempli de charbon allumé*, et le laisser à chaque fois pendant une heure ou deux au fond du puits.

1614. *Pourquoi ces* CHARBONS *allumés* PURIFIENT-*ils les* PUITS *des gaz irrespirables?* — Parce qu'après s'être éteint, ce qui arrive bientôt, le charbon *absorbe* rapidement et abondamment les *gaz* méphytiques, acides carboniques ou autres; les mines et les puits redeviennent alors praticables aux ouvriers.

1615. *Pourquoi l'addition à l'eau d'un morceau de* PAIN RÔTI *la rend-elle plus* SALUBRE *pour les malades?* — Parce que la surface carbonisée du pain absorbe les *impuretés de l'eau* et la rend plus saine; le pain enlève à l'eau sa crudité, et lui communique un faible pouvoir alimentaire.

SECTION I. — ACIDE CARBONIQUE.

1616. *Qu'est-ce que l'*ACIDE CARBONIQUE? — Un gaz formé d'*oxygène et de carbone.* Le docteur Black, chimiste anglais, désigna ce gaz, en 1755, sous le nom d'*air fixe.*

Bewdly appela ce gaz *air méphytique*, parce qu'il ne peut servir à la respiration. Ce fut Lavoisier qui lui donna le nom d'*acide carbonique.*

Le carbone forme avec l'oxygène plusieurs combinaisons. Les trois plus importantes sont :

L'acide carbonique. . . . . . . CO^2
L'oxyde de carbone. . . . . . CO
L'acide oxalique. . . . . . . $C^2O^3,HO.$

Le procédé le plus simple pour obtenir le gaz acide carbonique consiste à attaquer avec un acide fort le carbonate de chaux, comme les pierres calcaires, la craie, le marbre, etc.

1617. *Quelles sont les* SOURCES *principales du gaz acide* CARBONIQUE ? — 1° L'acide carbonique existe dans l'air en très-petite quantité, il est vrai, mais en proportion constante ; 2° il est un des résultats constànts de la *combustion* des substances qu'on emploie à la production de la chaleur et de la lumière ; 3° il s'en développe de grandes quantités par la *respiration* des animaux ; 4° c'est l'un des principaux produits de la *décomposition* des matières organiques ; 5° les *volcans* en activité lancent dans l'atmosphère des torrents de ce gaz ; 6° il existe à l'état de combinaison solide dans toutes les variétés de *pierres calcaires*, aussi bien que dans les marbres, les craies, les marnes, etc.

1618. *Quel gaz est engendré par la* FLAMME *d'une bougie ou celle du feu ?* — L'acide carbonique, qui se forme par la combinaison du *carbone de la cire* ou des combustibles avec l'*oxygène de l'air*.

1619. *En quelles circonstances le carbone se combine-t-il plus* PROMPTEMENT *avec l'oxygène ?* — 1° Quand la *température* en est *très-haute ;* ainsi, lorsque le carbone se trouve *rougi au feu*, l'oxygène se combine avec lui très-promptement ; 2° lorsqu'il est comme dissous dans le *sang fluide.* — Dans la respiration des animaux, l'oxygène de l'air se combine avec le carbone du sang veineux pour former de l'*acide carbonique* et du *sang artériel.*

1620. *Quel* EFFET *produit l'acide carbonique sur les* ORGANES *des animaux ?* — 1° Il agit d'une *manière néga-*

tive, en suspendant la respiration par défaut d'oxygène. En peu d'instants l'animal qui le respire est *asphyxié*; 2° il a une action *directe* sur les nerfs et le cerveau, en y produisant tous les symptômes de l'apoplexie; 3° l'acide carbonique est un véritable agent anesthésique qui endort les animaux auxquels on le fait respirer et les rend insensibles.

Asphyxie, privation subite du pouls, de la respiration et du mouvement (du grec ἀ-σφύξια, *sans pouls*).

1621. *Pourquoi éprouve-t-on parfois un* MAL DE TÊTE *pendant les* SOIRÉES *d'hiver?* — Parce que le feu, les bougies et les personnes assemblées consument peu à peu l'*oxygène du salon*, remplacé par de l'*acide carbonique*, gaz qui a une action pernicieuse sur les nerfs et le cerveau, et produit un commencement d'asphyxie.

1622. *Pourquoi s'*ASSOUPIT-*t-on et sent-on du* MALAISE *dans les lieux de réunion, les églises, les amphithéâtres, les spectacles et dans les salles d'*ASSEMBLÉES *nombreuses?* — Parce que l'air ne peut se renouveler que très-imparfaitement, et qu'on ne respire qu'une *atmosphère viciée*.

1623. *Pourquoi l'air des lieux de* RÉUNION *est-il vicié?* — 1° Par la présence d'une plus grande quantité d'*acide carbonique*, produit de la respiration : 2° par les *émanations impures* de la transpiration cutanée; 3° par la température plus élevée de l'air et son état hygrométrique.

1624. *Pourquoi sentons-nous parfois des* PICOTEMENTS *dans les* PIEDS *ou dans les* MAINS, *si notre appartement est trop hermétiquement fermé et trop chauffé?* — Parce que l'air de l'appartement ne se renouvelle pas ; — l'*acide carbonique* qui remplace l'oxygène a une action directe *sur les nerfs* et nous cause un fourmillement incommode.

1625. *Pourquoi s'*ÉVANOUIT-*on quelquefois si un salon est très-chaud et trop plein de monde ?* — Parce que l'acide carbonique du salon exerce une action pernicieuse sur le *système nerveux ;* il cause tantôt des *spasmes* violents, tantôt une *suffocation*, et tantôt il plonge les facultés cérébrales dans une *atonie complète.*

1626. *Mentionnez les faits historiques bien connus qui se sont passés dans le* CACHOT *de* CALCUTTA, *en* 1757. — Le rajah, ou roi du Bengale, voulant chasser des Indes les Anglais, marcha tout à coup sur Calcutta. Cette attaque si imprévue réduisit ceux-ci à se soumettre ; le rajah alors incarcéra cent quarante-six d'entre eux dans un petit souterrain appelé en anglais THE BLACK HOLE OF CALCUTTA (*la caverne noire de Calcutta*).

Ce cachot avait environ 6 mètres carrés d'étendue et 5 de hauteur. Il n'avait que deux petites fenêtres grillées près de la voûte.

1627. *Qu'arriva-t-il à ces prisonniers ?* — Cent vingt-trois *moururent* de suffocation pendant une seule nuit, et tous les autres *tombèrent malades* de fièvres putrides après leur délivrance.

1628. *Pourquoi ces cent vingt-trois prisonniers* MOURURENT-*ils de suffocation ?* — Parce que, l'oxygène du cachot étant presque entièrement consommé, l'atmosphère n'était plus formée que d'*azote et d'acide carbonique*, dans lesquels les hommes ne peuvent vivre.

1629. *Quel* EFFET *produisait cette atmosphère sur les* *captifs?* — Toutes les fois qu'ils. essayaient de respirer, une *suffocation* violente les en empêchait; leur visage devenait ensuite d'un *bleu pourpre*, leurs membres étaient *affaiblis*, et, en peu d'instants, les victimes mouraient *asphyxiées*.

1630. *Mentionnez certaines* GROTTES *célèbres qui renferment habituellement du gaz acide* CARBONIQUE. — La grotta del Cane (*grotte du Chien*), dans les environs de Naples, est la plus célèbre; mais on trouve sur le territoire de Naples, en France et dans d'autres pays, plusieurs autres grottes qui contiennent ce gaz.

1631. *Pourquoi cette grotte sur le bord du lac d'Agnano s'appelle-t-elle la* GROTTE DU CHIEN? — Parce que les habitants, pour faire voir l'influence mortelle du gaz acide carbonique, qui y forme une couche de 20 ou 30 centimètres d'épaisseur, y font entrer un *chien*, qui perd bientôt l'usage de ses sens, et meurt si l'on ne le remet promptement à l'air libre.

1632. *Pourquoi un* CHIEN *qui entre dans la* GROTTA DEL CANE MEURT-*il, tandis qu'un* HOMME *peut s'y promener* SANS DANGER? — Parce que le gaz acide carbonique a une densité deux fois plus grande que celle de l'air atmosphérique; par conséquent, il n'occupe jamais que la *partie inférieure* de cette caverne, où il forme une couche délétère dans laquelle un *chien* se trouve plongé tout entier, mais au-dessus de laquelle s'élève la tête d'un *homme*.

Le lac Averne, que Virgile regarde comme l'entrée des régions infernales, a la forme d'un puits profond d'où il sortait autrefois une énorme quantité de gaz acide carbonique funeste aux oiseaux qui venaient chercher leur nourriture sur ses bords. Le lac se nommait à cause de cela

A -verno (du grec ἀ-ὄρνις, c'est-à-dire *fatal aux oiseaux*). Il n'exhale maintenant que très-peu de vapeurs méphitiques.

Il paraît probable que c'est au moyen du gaz acide carbonique que les prêtres de l'antiquité déterminaient les convulsions des Pythonisses, chargées de faire connaître la volonté d'Apollon.

1633. *Pourquoi les fourrés épais de* JAVA *et de l'*HINDOUSTAN *sont-ils* FUNESTES *à ceux qui y entrent ?* —- Parce qu'une énorme quantité d'*acide carbonique* s'y dégage continuellement des *végétaux pourris;* et, comme le vent ne peut pas pénétrer les bois fourrés pour renouveler l'air, le gaz carbonique forme une couche épaisse dans laquelle périssent les hommes et les animaux qui s'y aventurent.

La *Vallée de mort*, à Java, est couverte de squelettes d'animaux et d'êtres humains qui y sont tombés asphyxiés.

1634. *Pourquoi est-il* DANGEREUX *de pénétrer sans précaution dans les* MINES, *les* CARRIÈRES, *les* MARNIÈRES, *ou dans les* PUITS *profonds?* — Parce que le gaz *acide carbonique* existe très-souvent àu *fond* des puits, dans l'*intérieur* des mines et des carrières, dans toutes les *cavités* des terrains calcaires et les excavations d'où l'on tire la *marne.*

Les mineurs nomment ce gaz *mofette asphyxiante;* en anglais *choke-damp.*

1635. *Pourquoi les* MATELOTS *périssent-ils quelquefois lorsqu'ils pénètrent dans l'*ARCHIPOMPE *ou dans la* CALE *d'un vaisseau pour les examiner?* — Parce que ces lieux contiennent une quantité notable d'*acide carbonique*, qui sort probablement de certaines parties de la *cargaison en fermentation*, et occupe le fond du vaisseau.

Les cargaisons de riz et de café deviennent quelquefois *humides;* ces substances fermentent, et exhalent alors une grande quantité d'acide carbonique.

En 1817, quatre hommes moururent asphyxiés dans le *Crab-Hawoody*, vaisseau faisant voile vers Calcutta. On les avait envoyés pour examiner l'archipompe, et cet endroit était rempli d'acide carbonique, qui s'était dégagé d'une grande quantité de *riz humide.*

1636. *Pourquoi les personnes qui se* PENCHENT *imprudemment sur une* CUVE *de* BRASSEUR *sont-elles quelquefois asphyxiées?* — Parce que les cuves à bières contiennent une grande quantité d'*acide carbonique*, dégagé par la fermentation; par conséquent, lorsqu'on se penche sur la cuve, on respire ce gaz et l'on peut être asphyxié.

1637. *Pourquoi les personnes qui entrent dans les* CUVES *de* BRASSEUR *pour les* NETTOYER *sont-elles encore plus exposées à la mort?* — Parce que l'acide carbonique, qui est *plus pesant que l'air atmosphérique*, occupe *toute* la partie inférieure de ces cuves; lors donc qu'on y entre et qu'on *se baisse* pour en nettoyer le fond, on se trouve plongé au milieu de ce gaz délétère.

1638. *Pourquoi les* VIGNERONS *sont-ils quelquefois asphyxiés, lorsqu'ils descendent dans les cuves pour presser le marc du raisin et ranimer la fermentation?* —Parce que la fermentation vineuse des raisins dégage une grande quantité d'*acide carbonique*, que les vignerons sont exposés à *respirer* lorsqu'ils foulent le raisin avec leurs pieds.

1639. *Pourquoi, lorsqu'on découvre ce danger, ne se* RETIRE-*t-on pas sur-le-champ avant d'être asphyxié?* — Parce que l'effort à produire, pour escalader la cuve d'où l'on veut sortir, amène à *respirer plus fortement*, et, comme le gaz qu'on respire est de l'acide carbonique, la suffocation ou l'asphyxie augmentent, et l'on se trouve dans une impuissance absolue de remonter.

1640. *Pourquoi les* ÉGOUTS *fermés ont-ils une odeur très-désagréable?* — Parce que la grande quantité de *matières organiques en putréfaction* qui y sont accumulées dégagent beaucoup d'*acide carbonique*, de *sels ammoniacaux* et d'*hydrogène sulfuré*, gaz très-délétères.

1641. *Pourquoi un* FEU *de* BRAISE *dans une chambre à coucher peut-il donner la* MORT? — Parce que le carbone de la braise ardente, se combinant avec l'oxygène de l'air de la chambre, le convertit en *acide carbonique*, en *oxyde de carbone* et en *azote*.

Les asphyxies de ce genre sont très-fréquentes.

Pour sauver une personne asphyxiée par le charbon, il faut se hâter de la retirer de l'endroit où l'accident a eu lieu, et lui faire respirer le grand air.

1642. *Si le gaz acide carbonique est plus* PESANT *que l'air atmosphérique, et occupe la partie inférieure de la chambre, comment peut-il asphyxier une personne couchée sur un lit, qui s'élève de plusieurs centimètres au-dessus du plancher?* — Parce que tous les gaz *se mélangent ensemble*, comme une goutte d'encre avec l'eau dans laquelle elle est versée; par conséquent, dans l'espace de six ou huit heures, le gaz fatal sera assez répandu pour asphyxier le dormeur.

La chaleur du feu aide aussi à la diffusion du gaz.

1643. *Comment peut-on* SAVOIR *si une mine, un puits, une cuve, etc., contiennent du gaz acide carbonique?* — En s'y faisant précéder par une *chandelle allumée*. Si la *flamme brûle tranquillement*, il n'y a aucun *danger*; mais, si elle se *rétrécit* ou s'*éteint*, l'endroit contient plus ou moins d'acide carbonique.

1644. *Pourquoi un ouvrier fait-il descendre une*

CHANDELLE ALLUMÉE *dans un puits avant d'y descendre lui-même?* — Parce qu'un *homme peut vivre* là où une *chandelle brûle tranquillement;* au contraire, le gaz qui éteint la flamme d'une chandelle est mortel pour l'homme.

1645. *Pourquoi les ouvriers versent-il quelquefois une certaine quantité de* CHAUX *dans un puits avant d'y descendre?* — Parce que la chaux *absorbe le gaz acide carbonique,* et le convertit en carbonate de chaux.

1646. *Si l'on a besoin de pénétrer dans une cuve ou un puits pour en retirer une personne asphyxiée, qu'est-ce qu'on a de mieux à faire?* — Il faut y verser, dissoute dans l'eau, une certaine quantité de *sel ammoniac,* ou de *potasse,* ou de *soude caustique,* ou de la *chaux* vive, ou bien plusieurs seaux d'*eau.*

1647. *Quelle action l'*AMMONIAQUE, *la* POTASSE *et la* SOUDE *caustique ont-elles sur l'acide carbonique?* — Ces substances se *combinent* avec l'acide carbonique et forment un *carbonate* d'ammoniaque, de potasse ou de soude.

1648. *Pourquoi la* CHAUX *vive* ABSORBE-*t-elle l'acide carbonique?* — Parce que les pierres calcaires privées de tout leur acide carbonique par la *calcination* et amenées à l'état de chaux vive peuvent se combiner de nouveau avec ce même gaz.

1649. *Quelle est l'action de l'*EAU *sur l'acide carbonique?* — Elle l'absorbe et le *dissout.*

1650. *Pourquoi projette-t-on souvent de la* CHAUX *dans les réceptacles d'ordures, et sur les ordures mêmes?*

— Parce que la chaux se *combine avec les gaz* des ordures et neutralise leur odeur désagréable et malsaine.

1651. *Pourquoi l'*AIR *des grandes* VILLES *est-il beaucoup moins salubre que celui de la campagne?* — Parce que : 1° il y a, dans les grandes villes, un nombre bien plus considérable d'*habitants;* — 2° les égoûts fermés, les ordures, les cloaques, aussi bien que les foyers, les lumières, et les émanations fréquentes de vapeurs pestilentielles d'une grande ville, vicient beaucoup l'*atmosphère;* — 3° les rues *étroites* et *tortueuses*, ainsi que les bâtiments *élevés* et *agglomérés*, empêchent le renouvellement de l'air; — 4° les arbres et les plantes d'une ville sont en trop petit nombre pour décomposer l'acide carbonique et pour rendre à l'air la quantité équivalente d'oxygène absorbée par les êtres vivants.

1652. *Cette diffusion continuelle d'acide carbonique ne détruit-elle pas la* CONSTITUTION NORMALE *de l'air?* — Non; parce que : 1° les *végétaux*, absorbant une partie de ce gaz, qui est pour eux un véritable aliment, gardent le carbone et dégagent l'oxygène qu'il contient; —2° les *vents* en dispersent une autre partie dans l'atmosphère.

1653. *Pourquoi les ouvriers employés dans les* FABRIQUES *ont-ils très-souvent l'air* PALE *et* MALADIF? — Parce qu'ils respirent une atmosphère imprégnée d'*acide carbonique* et *manquant d'oxygène.*

1654. *Pourquoi l'air de la* CAMPAGNE *est-il plus* PUR *que celui des grandes villes?* — Parce que : 1° dans les campagnes, l'*agglomération* des habitants est moindre; — 2° il y a une plus grande quantité d'*arbres* et de *plantes;* —3° la *circulation de l'air* est plus libre.

1655. *Pourquoi l'air est-il plus pur là où il n'y a qu'un* PETIT *nombre d'*HABITANTS? — Parce que : 1° la consommation de *l'oxygène de l'air* est moindre; — 2° l'oxygène absorbé n'y est pas remplacé par *l'acide carbonique* et les *miasmes putrides*, comme lorsque l'air est renfermé dans les rues étroites d'une grande ville.

1656. *Pourquoi les plantes et les* ARBRES PURIFIENT-*ils l'air*? — Parce que : 1° ils décomposent *l'acide carbonique* et l'enlèvent à l'air; 2° ils *exhalent*, sous l'influence de la lumière solaire, une quantité d'*oxygène* qui contre-balance celle qui est absorbée par les êtres vivants.

1657. *Comment les plantes et les* ARBRES *peuvent-ils décomposer l'acide* CARBONIQUE *de l'air?* — Les parties *vertes* des végétaux ont la propriété d'absorber et de décomposer l'acide carbonique sous l'influence *de la lumière solaire*. Elles s'emparent du carbone de ce gaz, et rejettent de nouveau dans l'atmosphère la plus grande partie de l'oxygène qui en provient.

1658. *Montrez en ceci la* BONTÉ *et la* SAGESSE *du Créateur*. — Les *végétaux* reproduisent constamment les matières nécessaires à l'alimentation des animaux; et les *animaux* exhalent dans l'atmosphère le gaz même qui est nécessaire à l'existence des végétaux.

1659. *Pourquoi l'*EAU *de* POMPE *fraîche* ÉTINCELLE-*t-elle plus que l'eau que l'on a exposée longtemps à l'air?* — Parce qu'elle contient de l'*acide carbonique* qui, en s'échappant et se répandant dans l'air, forme des petits globules brillants.

1660. *Pourquoi l'*EAU *de* POMPE, *l'*ALE, *la* BIÈRE, *etc.,*

PETILLENT-*elles lorsqu'on les transvase vivement ?* — Parce que : 1° ces liquïdes contiennent de *l'acide carbonique* qui leur donne cette saveur piquante; — 2° lorsqu'on transvase vivement un liquide, il s'y mêle une certaine quantité d'*air* qui augmente la mousse du liquide.

1661. *Pourquoi l'*ALE *et la* BIÈRE *deviennent-elles fades, si on les expose longtemps à l'*AIR*?* — Parce qu'il s'échappe dans l'air beaucoup de leur *acide carbonique*, gaz produit par la fermentation et auquel elles doivent leur saveur.

1662. *Pourquoi se sert-on* de CARBONATE *de* PO-TASSE *dissous dans du* LAIT AIGRE, *pour faire des gâteaux légers?* — Parce que l'*acide lactique* du lait aigre dégage l'*acide carbonique* du sel de soude; ce gaz, par son dégagement, produit beaucoup de vides dans la pâte et lui donne ainsi une grande légèreté.

1663. *Pourquoi le* BOIS *se* POURRIT-*il surtout dans une atmosphère humide?* — Parce que : 1° l'oxygène humide s'empare d'une partie du carbone et de l'hydrogène du bois, et le convertit peu à peu en acide carbonique, en eau et en humus; 2° cette destruction est accélérée par les alternatives d'air sec et d'air humide, en ce sens que l'air sec ouvre les pores du bois à de nouvel oxygène dont l'humidité subséquente fait un agent destructeur; 3° les *piqûres des insectes* y font un grand nombre d'ouvertures, par où entrent l'air et la pluie; — 4° certaines plantes de la famille des *cryptogames* croissent à la surface, et pénètrent quelquefois dans l'intérieur du bois. La putréfaction ou la fermentation putride n'est au fond qu'une combustion lente dont l'agent est l'oxygène humide.

La matière azotée contenue dans le tissu ligneux sert à la fois de *nourriture* aux insectes et d'*engrais* aux champignons qui croissent sur le bois.

Les cryptogames sont des plantes dont les organes sexuels sont cachés, comme les champignons, les fougères, les algues, les mousses, etc.; ce nom se compose de deux mots grecs (κρυπτός γάμος, *mariage caché*).

1664. *Comment la* CHALEUR *intense d'un four à chaux peut-elle convertir les pierres calcaires en* CHAUX VIVE? — Parce que la chaleur du four fait dégager l'*acide carbonique* et l'*eau;* la chaux alors n'est plus neutralisée, elle devient apte à s'emparer de nouvelle eau et à se combiner avec de nouvel acide carbonique, ce qui la constitue à l'état de chaux vive. Elle happe fortement à la langue, elle dégage beaucoup de chaleur et de vapeur lorsqu'on la met subitement en contact avec une quantité d'eau qui n'est pas trop grande.

1665. *Qu'est-ce que le* MORTIER? — Un mélange de sable, d'eau et d'hydrate de chaux.

Les proportions varient : on mêle quelquefois une *partie et demie* de sable avec une partie de chaux, et quelquefois *quatre ou cinq* parties de sable avec une partie de chaux. Quand les pierres à chaux contiennent beaucoup de silice et d'alumine, elles forment la *chaux hydraulique* : on fait un usage considérable de cette chaux, unie au *ciment romain*, pour le maçonnage des fondations, des caves, des citernes, des aqueducs, des môles, etc.

1666. *Pourquoi le* MORTIER *se* DURCIT-*il lorsqu'il se sèche?* — Le durcissement du mortier est un effet complexe de l'*évaporation* de l'*eau*, de l'absorption de l'*acide carbonique*, et de la combinaison chimique de la *silice avec la chaux*, d'une cristallisation lente. Le mortier, à la longue, se transforme en une masse pierreuse et compacte.

1667. *Expliquez de quelle manière le* MORTIER *est* ADHÉSIF. — Lorsque l'acide carbonique se dégage de la chaux, les pierres calcaires se convertissent en une poudre qui, mêlée avec l'eau et le sable, forme une substance adhésive et molle. Plus tard, cette substance *absorbe* de nouveau à l'air *beaucoup d'acide carbonique*, se durcit et reforme une pierre calcaire qui soude entre eux les matériaux de la construction.

1668. *Qu'est-ce que l'*EFFLORESCENCE *qu'on voit parfois sur la surface des* MURAILLES *récemment bâties?* — Une exsudation de carbonate et de nitrate de potasse de soude et de chaux, quelquefois mêlés à d'autres sels provenant du mortier, qui n'est jamais pur.

1669. *Pourquoi les* FEUILLES POURRIES *sont-elles toujours* CHAUDES? — Parce, que le carbone des feuilles pourries, se combinant avec l'oxygène de l'air, forme de l'*acide carbonique;* et que ces changements chimiques dégagent de la chaleur.

1670. *Pourquoi les* FEUILLES *pourries sont-elles toujours* HUMIDES? — Parce que l'une des phases de la combustion lente, qui constitue la putréfaction, est la combinaison de l'oxygène de l'air avec l'hydrogène des feuilles, et que cette combinaison engendre de l'eau.

1671. *D'où viennent la* CHALEUR *et l'*HUMIDITÉ *d'un tas de* FUMIER? — Le fumier, produit d'une fermentation putride, est par là même le produit d'une combustion lente du carbone et de l'hydrogène des pailles par l'oxygène humide; or il est de la nature des combustions et des fermentations d'engendrer de la chaleur.

Effervescence.

1672. *Quelle* saveur *a le gaz acide* carbonique ? — Il a une saveur *aigrelette*, qu'il communique à l'eau dans laquelle on le dissout.

1673. *Pourquoi les eaux gazeuses de* Seltz, *de* Spa, *etc., ont-elles une saveur* aigrelette, *et la propriété de* mousser *fortement ?* — Parce qu'elles tiennent en dissolution une grande quantité de gaz *acide carbonique*.

1674. *Comment peut-on faire* absorber *par l'eau une grande quantité d'acide* carbonique ? — Au moyen de la *compression*. L'eau ne se charge, dans les circonstances ordinaires, que d'un volume de ce gaz *égal au sien;* mais on peut lui faire absorber jusqu'à huit ou dix fois son propre volume de gaz au moyen de la *compression*.

C'est ainsi qu'on parvient à imiter les eaux naturellement gazeuses acidulées, comme celles de Seltz, de Spa, etc.

1675. *Qu'est-ce qui fait* petiller *et* mousser *le vin de* Champagne, *le* cidre, *l'eau de* Seltz (soda-water), *et l'eau gazeuse, lorsqu'on débouche la bouteille ?* — C'est l'*excès* de gaz *acide carbonique*, dont ces liquides sont saturés, qui *s'échappe* avec promptitude, dès que cesse la pression qui le maintenait dans leur sein.

Si l'eau a été saturée sous la pression de dix atmosphères, elle renferme une quantité d'acide carbonique dix fois plus grande que dans les circonstances ordinaires.

1676. *Pourquoi les* bouchons *qui ferment les bouteilles d'eau gazeuse, etc.,* sautent-*ils avec* bruit *lorsqu'on* *coupe les ficelles qui les retenaient ?* — Parce que l'excès d'acide carbonique, introduit artificiellement dans le liquide, tend à s'échapper, presse le *bouchon* et le fait sauter avec violence lorsque les ficelles ne le retiennent plus.

1677. *Si on laisse l'eau gazeuse, etc.,* SÉJOURNER à *l'*AIR, *pourquoi* PERD-*elle sa mousse et repasse-t-elle à l'état d'eau ordinaire?* — Parce que la plus grande partie du gaz acide carbonique se *dégage* et se *répand dans l'air.*

1678. *Pourquoi l'*EFFERVESCENCE *du vin de Champagne, etc.,* RECOMMENCE-*t-elle lorsqu'on laisse tomber dans le liquide une croûte de* PAIN? — Parce que : 1° le vin, *même lorsque la mousse a disparu,* conserve encore environ 2 volumes d'acide carbonique de plus qu'il n'en doit retenir sous la *pression atmosphérique;* 2° l'attraction capillaire exercée sur le liquide par la croûte de pain contre-balance l'affinité de dissolution exercée par ce même liquide sur le gaz acide carbonique; celui-ci est donc moins retenu qu'il ne l'était avant l'introduction de la croûte de pain, et il peut se dégager de nouveau.

1679. *Pourquoi les* BULLES *de gaz partent-elles toujours des* PAROIS *du verre ou du corps étranger qu'on introduit dans le liquide?* — Parce que l'attraction capillaire exercée sur ce liquide par les parois ou le corps étranger doit intervenir pour contre-balancer le pouvoir dissolvant du liquide et rendre le gaz à la liberté. Dans les verres à champagne de forme conique très-allongée, c'est vers la pointe ou fond qu'il se dégage le plus de gaz, parce que c'est là que l'action des parois est la plus intense.

1680. *Pourquoi les molécules de gaz sont-elles dans* l'INTÉRIEUR *du liquide moins* LIBRES *que celles contiguës au morceau de* PAIN *ou aux parois du verre?* — Parce que, dans l'intérieur du liquide, rien ne contre-balance ou n'affaiblit le pouvoir dissolvant et coercitif du liquide.

1681. *A quoi reconnaît-on les* BONS *vins de Champagne, ou les distingue-t-on des vins blancs qu'on a chargés simplement de gaz par la compression?* — A la finesse des bulles et à la continuité du dégagement. Si les bulles sont très-grosses et le dégagement subit, on dit que le vin est fou; c'est une imitation de champagne, et non un champagne fabriqué suivant les règles de l'art; le gaz alors n'est pas le résultat de réactions chimiques lentes, mais d'une compression brusque.

1682. *Qu'est-ce que le* GINGER-BEER? — Une boisson anglaise très-recherchée en été, mélange d'eau *sucrée* aromatisée avec de la *crème de tartre* et du *gingembre*, auquel on ajoute un peu de levûre pour le faire *fermenter*.

La levûre est l'écume de la bière nouvelle.

1683. *Pourquoi l'*ALE *en* BOUTEILLE *mousse-t-elle plus que l'ale en tonneau?* — 1° Parce qu'en bouteille la fermentation arrive plus vite à son dernier terme, et que le dégagement d'acide carbonique est plus abondant; 2° parce que, dans la bouteille, mieux bouchée, la pression du gaz est plus grande.

1684. *Qu'est-ce qui produit l'*ACIDITÉ *agréable de l'eau gazeuse, du ginger-beer, du champagne, du cidre, etc.?* — L'acide carbonique engendré par la fermentation vineuse de ces liquides. Ce gaz a une saveur aigrelette qu'il communique au liquide dans lequel on le dissout. Plusieurs de nos boissons contiennent en outre de petites quantités d'acide malique, citrique, acétique, formique, tartrique, tannique, etc., qui contribuent à les rendre agréables par la légère acidité qu'ils y développent.

1685. *Si l'on verse sur de la* CRAIE, *du* MARBRE, *de l'*ALBATRE, *etc., quelques gouttes de* VINAIGRE, *ou de tout autre liquide acide, pourquoi se produit-il une effervescence ?* — Parce que : 1° l'acide liquide, en raison de sa plus grande énergie, enlève l'acide carbonique à la chaux et prend sa place; 2° les bulles d'acide carbonique, devenues libres, s'entourent d'un pellicule liquide; et moussent ou font effervescence.

1686. *Lorsqu'on laisse tomber par mégarde de l'*ACIDE *sur le* MARBRE *d'une cheminée, pourquoi s'y fait-il aussitôt une* TACHE *?* — Parce que l'acide, en se combinant avec le marbre, détruit la partie qu'il a touchée; le poli de la surface disparait donc.

On ne peut enlever cette tache qu'en faisant repolir le marbre.

1687. *Pourquoi un peu de carbonate d'*AMMONIAQUE, *ou d'alcali volatil, dissous dans l'eau,* REND-il *aux étoffes leur couleur mangée par un acide?* — Parce que l'alcali du carbonate, se combinant avec l'acide répandu sur l'étoffe, le neutralise et fait disparaître la couleur rouge de la tache.

Le carbonate d'ammoniaque dissous dans l'eau enlève aussi les taches grasses des vêtements, parce que l'ammoniaque se combine avec les acides du corps gras et forme avec eux un savon soluble.

L'acide carbonique du sel est mis en liberté pendant cette combinaison.

SECTION II. — HYDROGÈNE CARBONÉ.

1688. *Qu'est-ce que le gaz* HYDROGÈNE PROTOCARBONÉ? — Une combinaison de 200 parties d'*hydrogène* avec 50 parties de *carbone* (C^2H^4). Il brûle avec une lumière bleuâtre.

1689. *Qu'est-ce que le gaz hydrogène* BICARBONÉ? — Un gaz très-combustible, formé de 200 parties d'hydrogène et de 100 parties de carbone (C^4H^3). Il brûle avec une flamme *très-lumineuse*, et forme la partie brillante du *gaz de l'éclairage*, qu'on extrait de la houille.

1690. *Quel est le* GAZ *qui remplit les galeries des* MINES *de* HOUILLE? — C'est le gaz *hydrogène proto-carboné*, presque toujours mêlé à un peu d'*azote* et d'*acide carbonique*.

Ce gaz est connu des mineurs sous les noms de *grisou* ou *mofette*.

1691. *Quel est le gaz qu'on rencontre dans la* VASE *des* MARAIS? — Le gaz *hydrogène protocarboné*, mêlé d'azote, d'acide carbonique et d'acide sulfhydrique.

Les Français le nomment gaz des marais.

1692. *Quelle est la cause des* EXPLOSIONS *fréquentes dans les* MINES *de* HOUILLE? — Elles viennent de ce qu'on *introduit une lumière* dans une galerie où le grisou s'est accumulé; le gaz alors prend feu et détermine une explosion.

1693. *Comment les* MINEURS *peuvent-ils* VOIR *dans les galeries sans s'exposer à mettre le feu au grisou?* — Avec la *lampe de sûreté* de sir Humphry Davy.

1694. *Quelle est la* CONSTRUCTION *particulière de la* LAMPE *de* SURETÉ? — C'est une lanterne couverte d'une *enveloppe en gaze* ou *toile métallique*, au lieu de verre.

Cette gaze doit contenir cent quarante-quatre mailles ou ouvertures rectangulaires par centimètre carré de surface.

1695. *Pourquoi cette* TOILE MÉTALLIQUE *empêche-t-elle l'inflammation du gaz?* — Parce que, en sa qualité de métal bon conducteur, elle absorbe assez de chaleur et refroidit assez la flamme pour qu'elle ne puisse plus enflammer le grisou extérieur. Lorsqu'une semblable toile est interposée entre un feu de cheminée et la main, le feu ne brûle plus la main, même lorsqu'elle touche la toile.

1696. *Une petite quantité de* GRISOU *de la mine peut-elle* PÉNÉTRER *l'enveloppe de la lampe?* — Oui, le gaz s'enflamme souvent en dedans de l'enveloppe, et cette combustion intérieure peut indiquer au mineur l'état de l'atmosphère de la galerie.

1697. *Comment la* FLAMME *du gaz qui brûle au dedans de l'enveloppe de la lampe peut-elle* INDIQUER *au mineur l'*ÉTAT *de l'*AIR *de la galerie?* — Si le grisou se mêle à l'air dans de petites proportions, le *volume seul de la flamme augmente;* mais, quand le gaz forme le douzième du volume de l'air, alors le cylindre se *remplit d'une flamme pâle*, et le mineur doit sortir sur-le-champ.

1698. *Pourquoi le* MINEUR *doit-il* SORTIR *sur-le-champ,* *quand l'enveloppe métallique de la lampe se remplit d'une flamme pâle ?* —.Parce que : 1° la flamme échaufferait au rouge l'enveloppe métallique avec laquelle elle est alors en contact; l'enveloppe rougie enflammerait le gaz de la galerie, et causerait une explosion; 2° la chaleur de la flamme pourrait, à la longue, *détruire la toile métallique*.

1699. *Lorsque le gaz d'une mine s'*ENFLAMME, *quel danger courent les* MINEURS? — Ils peuvent être, ou *asphyxiés* par l'acide carbonique qui se forme alors dans la mine, ou renversés et tués par la *violence mécanique* de l'explosion.

CHAPITRE V

SECTION. I. — PHOSPHORE.

1700. *Qu'est-ce que le* PHOSPHORE ?— Un corps simple qui, à l'état de pureté et sous sa forme ordinaire, a toutes les apparences de la *cire blanche*.

Le nom du phosphore se compose de deux mots grecs (φῶς φέρειν, *porte-lumière*).

1701. *Pourquoi a-t-on donné à cette substance le nom de* PHOSPHORE *ou porte-lumière? —* Parce qu'elle est toujours *lumineuse* quand on la place dans l'obscurité, au *contact de l'air*.

1702. *Lorsque, dans l'obscurité, on* TRACE *sur un* MUR *des traits ou des caractères avec un bâton de* PHOS-

PHORE, *ou lorsqu'on* FROTTE *une* ALLUMETTE *chimique sur une surface rugueuse, pourquoi aperçoit-on alors une* LUEUR *blafarde?* — Cette lueur est la *fumée blanche d'une combustion lente* dans laquelle le phosphore se combine avec l'*oxygène de l'air.*

Le produit de cette combinaison *lente* est l'*acide phosphoreux;* quand le phosphore brûle à une température voisine de son point de *fusion,* il produit l'acide *phosphorique,* qui est un degré supérieur d'oxydation.

1703. *Pourquoi un bâton de* PHOSPHORE, *exposé à l'air, est-il toujours enveloppé d'une* FUMÉE *légère?* — Parce que le phosphore a une grande *affinité pour l'oxygène,* et subit au contact de l'air une *combustion lente.*

1704. *Comment doit-on* CONSERVER *un bâton de* PHOSPHORE? — Il faut le conserver dans un flacon *rempli d'eau* pour le mettre à l'abri du contact de l'air, placer le flacon dans un *lieu obscur* pour que l'action de la lumière ne le noircisse pas en modifiant son état moléculaire, ou l'envelopper d'un morceau de *laine.*

1705. *Comment peut-on* OBTENIR *le* PHOSPHORE? — Le phosphore s'extrait des os des animaux, par la distillation en vase clos à une température élevée et au contact du charbon.

Les os des animaux sont en très-grande partie formés de phosphate de chaux, combinaison d'acide phosphorique avec la chaux. L'acide phosphorique est un composé de phosphore et d'oxygène. Sous l'influence de la chaleur, le charbon s'empare de l'oxygène, et le phosphore, devenu libre, se dégage à l'état de vapeurs que l'on condense.

1706. *Comment* UTILISE-t-on *cette facile combustibilité du phosphore?* — On l'utilise dans la fabrication des *allumettes chimiques.*

1707. *Pourquoi ces* ALLUMETTES PHOSPHORIQUES *s'en-flamment-elles par une simple* FRICTION *contre un corps dur et rugueux?* — Parce que la friction dégage assez de chaleur pour déterminer la combinaison du phosphore avec l'oxygène de l'air et l'enflammer; le phosphore en brûlant enflamme le *soufre*, et celui-ci met le feu au *bois* de l'allumette, aidé de l'oxygène dégagé du chlorate ou du nitrate de potasse qui entre dans la composition de l'allumette.

On consomme, à Londres seule, plus de 150,000 kilogrammes de phosphore pour la fabrication des allumettes nommées *lucifer matches*.

1708. *Pourquoi* CERTAINES ALLUMETTES *s'enflamment-elles avec* BRUIT, *tandis que certaines autres s'enflamment* SANS *détonation?* — Les allumettes *détonantes* contiennent du *chlorate de potasse*, qui s'enflamme avec bruit; tandis que les allumettes *non* détonantes contiennent, au lieu de ce sel, une certaine quantité de *nitrate de potasse* ou *salpêtre raffiné*, que la chaleur décompose en oxygène qui active la combustion.

1709. *Les allumettes chimiques sont-elles un* DANGER *qu'il faille* CONJURER *en empêchant leur fabrication?* — Le danger existe; les allumettes chimiques ont souvent servi à des empoisonnements et à des incendies; mais il n'est pas tellement grave qu'il faille nécessairement anéantir cette précieuse industrie.

1710. *Comment peut-on* REMÉDIER, *en très-grande partie, aux dangers des allumettes chimiques?* — 1° En substituant au phosphore ordinaire le phosphore sous une autre forme, ou le phosphore rouge, qui n'est pas vénéneux; 2° en séparant le phosphore de l'allumette, ne mettant sur le bois que le chlorate de potasse et le soufre ; étendant le phosphore rouge sur le fond de la boîte ou sur un carton.

SECTION II. — HYDROGÈNE PHOSPHORÉ.

1711. *Qu'est-ce que le gaz* HYDROGÈNE PHOSPHORÉ ? — Une combinaison gazeuse de *phosphore* et d'*hydrogène* répandant une odeur fétide, *spontanément inflam= mable* à l'air à la température ordinaire, et brûlant avec une flamme blanche très-vive.

1712. *Quelle est la cause de l'*ODEUR *fétide des* CIME-TIÈRES ? — Le dégagement d'un mélange de gaz *hydrogène phosphoré, hydrogène sulfuré* et *ammoniac*, produit de la décomposition des cadavres.

1713. *Pourquoi les* VIANDES *et le poisson à l'état de décomposition ont-ils une odeur extrêmement désagréable? —* Parce que les matières animales en putréfaction engendrent des gaz *hydrogène phosphoré, hydrogène sulfuré* et *ammoniac*, qui donnent une odeur fétide.

1714. *Quelle est la cause des* FEUX FOLLETS, *qui apparaissent fréquemment en été dans les marais et dans les grandes fondrières? —* Ces vapeurs lumineuses sont dues probablement à du gaz *hydrogène phosphoré*, qui sort du corps des animaux et des poissons à l'état de décomposition, et s'enflamme au contact de l'air.

1715. *Pourquoi les feux follets n'apparaissent-ils, en général, que la nuit ? —* Peut-être : 1° parce que le gaz dégagé se décompose ou perd son inflammabilité

sous l'influence de la chaleur et de la lumière solaire ;
2° probablement parce que la flamme qu'il donne en
brûlant n'est pas visible à la clarté du jour.

1716. *Pourquoi les* FEUX FOLLETS FUIENT-*ils la personne qui les approche?* — Parce qu'en marchant la personne produit dans la même direction un *courant d'air* qui suffit pour pousser en avant le gaz léger.

1717. *Pourquoi les* FEUX FOLLETS POURSUIVENT-*ils la personne qui les fuit?* — Parce qu'elle laisse *derrière elle* une sorte de vide, ou espace rempli d'air moins dense, qui suffit pour attirer le gaz dans la même direction.

1718. *Où les feux follets se* MONTRENT-*ils le plus souvent?* — Dans les marais *sillonnés de crevasses* et renfermant des *débris organiques* enfouis depuis longtemps.

1719. *Pourquoi le* POISSON *pourri est-il* LUMINEUX? — La phosphorescence des poissons morts est due très-probablement à l'émission lente de l'*hydrogène phosphoré* qui provient de la putréfaction de leur *laitance*, matière très-riche en phosphore.

1720. *Pourquoi la* MER *est-elle quelquefois* LUMINEUSE ? — Cette phosphorescence est due à des myriades de *petits animaux*, mollusques et autres, qui *émettent de la lumière*, comme les vers luisants.

Il est probable que la décomposition de ces animaux morts produit très-souvent ces lueurs.

Ces animaux sont : 1° les acalèphes (*orties marines*), de la famille des méduses et des cyanies; 2° quelques mollusques; 3° un nombre infini d'infusoires.

1721. *Pourquoi le* SILLAGE *d'un navire est-il quelquefois* LUMINEUX ? — Parce que le navire, dans sa course, déplace les mollusques qui flottent sur la surface de la mer ; ceux-ci émettent de la lumière lorsqu'ils sont troublés ou effrayés par les vents, par les navires ou par d'autres causes.

SIXIÈME PARTIE

CHIMIE ORGANIQUE

1722. *Quels sont les* ÉLÉMENTS *des substances* ORGA-
NIQUES? — 1° Le plus grand nombre des substances du
règne *végétal* se composent seulement de *carbone*,
d'*hydrogène* et d'*oxygène*; 2° la plupart des substances
animales et un petit nombre de substances végétales
renferment en outre de l'azote.

CHAPITRE PREMIER

SUCRE

1723. *Qu'appelle-t-on sucres?* — Les substances organiques dont la propriété principale est d'éprouver la
fermentation alcoolique, ou de se transformer, sous
l'influence d'un ferment, en alcool et en acide carbonique.

1724. *Qu'est-ce que l'*ALCOOL? — Un liquide spiri-
tueux, inflammable et volatil, ordinairement extrait du

vin ou des autres boissons fermentées, appelé pour cette raison *esprit-de-vin*, et l'un des produits de la fermentation des sucres ou des matières sucrées.

1725. *Tous les* SUCRES *qui existent dans les organes des végétaux sont-ils* IDENTIQUES ? — Non ; et l'on distingue quatre espèces principales de sucres : 1° le sucre du raisin et de tous les fruits acides, appelé *glucose ;* 2° le sucre de la canne à sucre, de la betterave, de l'érable, etc., appelé *sucre cristallisable ;* 3° le sucre de lait ou *lactine ;* 4° le *sucre incristallisable* du miel et de la mélasse.

1726. *Quels sont les éléments du* SUCRE *ordinaire ou de* CANNE ? — Les éléments du sucre ordinaire sont le *carbone*, l'*oxygène* et l'*hydrogène* dans les proportions suivantes : 12 atomes de carbone, 11 atomes d'hydrogène et 11 d'oxygène ($C^{12}H^{11}O^{11}$).

1727. *Quels sont les éléments de l'*ALCOOL *(esprit-de-vin)* ? — Les éléments de l'alcool sont aussi le *carbone*, l'*oxygène* et l'*hydrogène*, mais combinés dans des proportions différentes : 4 atomes de carbone, 6 atomes d'hydrogène et 2 d'oxygène ($C^4H^6O^2$).

CHAPITRE II

FERMENTATION ALCOOLIQUE

1728. *Qu'est-ce que la* FERMENTATION ALCOOLIQUE ? — La décomposition d'un sucre ou d'une substance organique formée de carbone, d'hydrogène et d'oxygène, *sans azote*, avec production d'alcool et d'acide carbonique.

1729. *Que* DEVIENNENT *l'alcool et l'acide carbonique qui s'engendrent pendant la fermentation des moûts de vin ou de bière?* — L'alcool, resté en dissolution dans le liquide, forme la partie *enivrante* du vin et de la bière ; l'*acide carbonique s'est échappé* et s'est répandu dans l'air.

1730. *Quelle est la cause la plus commune qui fait* TOURNER *ou* AIGRIR *le vin, la bière et les autres liqueurs fermentées?* — L'*air atmosphérique qui pénètre* dans le vase qui les contient : l'oxygène de cet air se combine avec l'alcool et convertit la liqueur en vinaigre.

Si le *sucre* est exposé à l'air pendant la fermentation, il passe tout à coup à l'état de vinaigre.

1731. *Pourquoi convertit-on d'abord en* MALT *ou fait-on germer l'orge dont on veut faire de l'ale ou de la* BIÈRE? — Afin de faire naître dans l'orge le principe végétal ou ferment appelé DIASTASE, et qui est un des éléments constituant des germes ou des pousses des céréales.

1732. *De quelle manière convertit-on l'*ORGE *en* MALT? — On *amoncelle* l'orge et on la *mouille* de temps en temps, afin de produire assez de chaleur et d'humidité pour la faire *germer*. On continue ainsi jusqu'à ce que les pousses aient acquis à peu près la longueur du grain.

1733. *Comment* ARRÊTE-*t-on la germination de l'orge?* — En la *desséchant* au moyen d'air chaud.

L'orge ainsi préparée prend le nom de *drèche*.

38.

1734. *Pourquoi* ARRÊTE-*t-on la* GERMINATION *de l'orge lorsque les pousses ont acquis à peu près la longueur du grain ?* — Parce que les plantes, au moment de la naissance des premières pousses, contiennent le *maximum de leur sucre ;* aussitôt que les premières pousses commencent à *donner des jets*, le sucre de la plante est employé à les nourrir et disparaît.

1735. *Qu'est-ce que la* DIASTASE ? — Un principe ou ferment particulier qui opère très-énergiquement la conversion de l'amidon en *dextrine* d'abord, en *sucre* ou en *glucose* ensuite.

La diastase n'existe pas dans les graines avant leur germination ; son rôle est de rendre soluble la fécule des graines pour qu'elle puisse servir à la nutrition des organes.

1736. *Que désigne-t-on sous les noms d'*AMIDON *et de* FÉCULE ? — L'*amidon* est la substance amylacée ou farine extraite des céréales. La *fécule* est la substance blanche que dépose l'eau qui tient en suspension des pommes de terre râpées ; la fécule et l'amidon ont la même composition chimique : carbone 12 atomes, hydrogène 9 atomes, oxygène 9 atomes, eau une molécule ($C^{12}H^9O^9,HO$).

1737. *Qu'est-ce que la* DEXTRINE ? — Une sorte de gomme artificielle, solide, soluble dans l'eau, incristallisable, qui a la même composition chimique que l'amidon ou fécule, et que l'on obtient en traitant la fécule par la diastase. Dissoute dans l'eau, la dextrine donne un liquide visqueux qui remplace les dissolutions de gomme dans presque toutes leurs applications.

1738. *Quand la diastase opère-t-elle la conversion de l'amidon du malt en* DEXTRINE ? — Lorsqu'on prépare le moût, en traitant par l'eau chaude le malt broyé, la diastase dissout l'amidon et le transforme en dextrine; il suffit d'une partie de diastase pour dissoudre 2 000 parties d'amidon. Si l'on n'arrêtait pas l'action de la diastase, en portant le moût à 100 degrés, elle continuerait son action et convertirait la dextrine en glucose ou sucre de raisin.

1739. *Dans quel but ajoute-t-on au* MOUT *refroidi une petite quantité de* .LEVURE? — Pour déterminer la *fermentation* et la conversion de la *glucose en alcool.*

1740. *Qu'est-ce que la* LEVURE? — La levûre est l'*écume* que produit la *bière en fermentation.* On conserve cette écume pour la fabrication du pain, et pour opérer la fermentation du moût.

1741. *Comment comprenez-vous que la levûre ou écume de bière puisse faire fermenter le moût?* — La levûre de bière est le résultat d'une première fermentation; on peut la considérer, soit comme un mouvement moléculaire emmagasiné, soit comme une végétation commencée; or il est de la nature d'un mouvement de se communiquer, de la nature d'une végétation de se continuer au sein d'un milieu approprié.

L'action puissante d'une petite quantité de substance primitivement altérée ou transformée se montre dans une foule de circonstances; c'est ainsi que le lait aigre agit sur le lait doux; le vaccin sur le sang; le venin sur l'organisme entier.

La *levûre*, vue au microscope, se montre composée de globules transparents accolés les uns aux autres, et contenant des granules. Ces globules, qui sont en réalité une plante inférieure, se reproduisent avec une étonnante rapidité. — Quelques botanistes classent la *levûre* dans la famille des champignons, d'autres dans la famille des algues. Il en existe certainement plusieurs espèces.

1742. *Comment agit la levûre sur le moût?* — Elle opère la conversion de la *glucose* du moût en *alcool* et en *acide carbonique*, et celle du *gluten* en nouvelle *levûre*.

1743. *Qu'est-ce que le* GLUTEN? — Une substance filante et élastique, qui se compose de carbone, d'hydrogène, d'oxygène et d'azote. C'est à ce *dernier* élément que la levûre doit sa propriété de propager dans le moût la fermentation.

1744. *Quelles sont les principales espèces de bière anglaise?*

La *petite bière*, ou un moût faiblement fermenté ; elle contient $1\frac{1}{2}$ pour cent d'alcool.

L'*ale*, bière forte, contenant 7 pour cent d'alcool.

Le *porter*, bière forte et colorée par la carbonisation du malt, contenant $4\frac{1}{2}$ pour cent d'alcool.

Le *brown-stout*, espèce de *porter* contenant $6\frac{3}{4}$ pour cent d'alcool.

L'*ale de Burton*, double *ale*, $8\frac{1}{2}$ pour cent d'alcool.

1745. *Pourquoi mêle-t-on un peu de* LEVAIN, *ou de levûre, avec la pâte de* FARINE? — Pour déterminer la fermentation d'une partie du sucre de la farine, et faire naître ainsi de l'acide carbonique qui, retenu par la viscosité du gluten, s'interpose entre les molécules de la pâte, la soulève, la divise et la rende plus légère.

1746. *Pourquoi met-on la* PATE, *avant sa cuisson, près d'un bon* FEU, *ou dans un endroit chaud?* — Parce que : 1° la chaleur *développe le ferment;* 2° elle fait *dilater les gaz* retenus dans les petites bulles de la pâte. Plus ces bulles se boursouflent, plus le pain est léger.

1747. *Pourquoi le* PAIN *est-il toujours* LOURD *et compacte, si on laisse* REFROIDIR *la pâte chauffée avant de la cuire?* — Parce que les *gaz* se sont dégagés, ou se sont dissous dans la masse et ont perdu leur élasticité ; ils ne peuvent plus soulever la pâte ; elle reste compacte et lourde.

1748. *Pourquoi le* PAIN *s'*AIGRIT-*il si l'on* PROLONGE *trop la fermentation?* — Parce que la fermentation panaire continue jusqu'à la fermentation acétique, c'est-à-dire que l'alcool produit par la première devient vinaigre.

1749. *L'*ADDITION *de levûre, ou la fermentation, dans le but de soulever la pâte par le dégagement de l'acide carbonique, est-elle une* BONNE OPÉRATION?— La fermentation détruit une partie de la farine ou fécule ; elle donne des produits secondaires, de l'alcool, de l'ammoniaque, de l'acide acétique, et ce sont autant d'inconvénients plus ou moins graves. Il serait beaucoup plus rationnel d'introduire mécaniquement l'acide carbonique dans la pâte, ou bien de l'y faire naître, en ajoutant à la farine du bicarbonate de soude, à l'eau de pétrissage de l'acide chlorhydrique; cet acide, par son action sur le bicarbonate, donnerait du gaz carbonique qui soulèverait la pâte, et du chlorure de sodium, ou du sel marin, qui relèverait le goût du pain.

1750. *Pourquoi le* PAIN *frais et* CHAUD *est-il d'une digestion difficile?* — Parce qu'il contient encore beaucoup d'eau, qu'il se divise moins dans l'acte de la mastication, et qu'on l'avale en trop gros morceaux ;

tous les aliments, à l'état pâteux, sont plus ou moins indigestes.

1751. *Quel effet produit l'ENFOURNEMENT de la pâte de farine?* — La chaleur du four dilate les gaz, arrête la fermentation, vaporise une partie de l'eau, et donne par la cuisson une certaine consistance au gluten et à la matière amylacée.

1752. *Pourquoi l'INTÉRIEUR du pain est-il BLANC et MOU, tandis que l'EXTÉRIEUR en est DUR et BRUN?* — La *mie* du pain a subi l'action d'une température de 100 degrés à peine, à cause du *dégagement continuel de la vapeur*, tandis que la croûte a été cuite à 200 degrés.

1753. *A quel caractère reconnaît-on que le pain a été bien fabriqué?* — A la présence, dans son intérieur, d'un grand nombre d'yeux ou petites cavités qui ont été remplies par le gaz acide carbonique dans l'acte de la fermentation; le pain alors est léger, plus divisé et d'une digestion plus facile.

CHAPITRE III

PUTRÉFACTION

1754. *Quelle est la différence entre la FERMENTATION et la PUTRÉFACTION?* — La FERMENTATION est la décomposition chimique d'une substance organique composée de carbone, d'oxygène et d'hydrogène, sans *azote.* — La PUTRÉFACTION est la décomposition chimique d'une substance organique composée de carbone, d'oxygène, d'hydrogène et d'azote.

1755. *Quels* NOUVEAUX PRODUITS *fournit la putréfaction?* — Le carbone, l'hydrogène, l'oxygène et l'azote de la substance se séparent et se réunissent de nouveau de la manière suivante : — 1° une partie de l'oxygène, se combinant avec le *carbone*, se convertit en *acide carbonique;* — 2° une autre partie de l'oxygène, se combinant avec une première partie de l'*hydrogène*, se convertit en eau; — 5° une seconde partie de l'hydrogène, se combinant avec l'*azote*, se convertit en gaz *ammoniac.*

Quand la substance qui se décompose contient du soufre ou du phosphore, le soufre et le phosphore se combinent avec une partie de l'hydrogène, en donnant naissance à de l'*hydrogène phosphoré* ou *sulfuré.*

1756. *Que* DEVIENNENT *ces produits divers d'un corps à l'état de décomposition?* — Comme ce sont des gaz, ils se perdent dans l'air.

1757. *Pourquoi l'*HUMIDITÉ *accélère-t-elle la* PUTRÉFACTION? — Parce que l'eau *ramollit les fibres* des matières organiques, *détruit leur cohésion,* et fournit à la putréfaction de nouveaux éléments par l'oxygène et l'hydrogène qu'elle apporte.

La putréfaction n'est pas autre chose, comme l'a si bien établi M. Édouard Robin, qu'une combustion lente par l'oxygène humide, du carbone, de l'hydrogène et des autres éléments oxydables de la substance végétale ou animale.

1758. *Quelle est la cause de l'*ODEUR *fétide qu'exhalent les* VÉGÉTAUX POURRIS? — Elle est due à des produits gazeux ammoniacaux et sulfurés dont on ne connait pas bien la nature.

1759. *Pourquoi l'*ODEUR *des matières* ANIMALES *ou plus généralement des matières* AZOTÉES *en décomposition est-elle beaucoup plus* REPOUSSANTE *que celle des matières non azotées ?* — Parce que les matières animales ou azotées, en se décomposant, donnent de l'*ammoniac*, de l'*hydrogène sulfuré* et de l'*hydrogène phosphoré*, dont l'odeur est désagréable, tandis que les matières non azotées, en se décomposant, donnent de l'acide carbonique, de l'alcool, de l'acide acétique, et autres produits sans odeur prononcée ou désagréable.

1760. *Pourquoi les matières* ANIMALES *se* DÉTRUISENT*-elles plus facilement que les substances végétales ?* — Parce que : 1° leur composition est plus complexe et partant plus instable; 2° l'azote qu'elles contiennent, et qui a une certaine tendance à s'unir à l'hydrogène pour produire de l'ammoniaque, joue le rôle de ferment et hâte la décomposition.

1761. *Quelle est la cause de l'*ODEUR *repoussante des* FOSSES *d'*AISANCE*?*—L'exhalaison d'*ammoniaque*, d'*hydrogène sulfuré*, d'*hydrogène phosphoré*, produits de la fermentation putride des matières animales.

1762. *Quelle est la cause de l'*ODEUR *désagréable des* ŒUFS *qui ne sont pas frais ?* — La présence d'*hydrogène sulfuré*, et peut-être aussi d'*hydrogène phosphoré*, né de la combinaison avec l'hydrogène des petites quantités de *soufre* et de *phosphore* qui entrent dans la composi- de l'œuf.

1763. *Pourquoi les* VIANDES *se* PUTRÉFIENT*-elles plus promptement lorsque le temps est* CHAUD *et* HUMIDE *?* — Parce que la chaleur et l'humidité aident à la combustion qui constitue la fermentation putride, ou sont à la fois des agents destructeurs des combinaisons préexistantes et des agents excitateurs des combinaisons nouvelles qui la constituent.

1764. *Comment peut-on* ENLEVER *l'odeur désagréable d'une viande* AVANCÉE *et la rendre bonne à* MANGER? — 1° En la lavant avec un peu d'acide pyroligneux ou *vinaigre de bois;* — 2° en la couvrant, pendant deux ou trois heures, de charbon pulvérisé; 3° ou bien en mettant quelques morceaux de charbon dans l'eau dans laquelle on la fait cuire.

1765. *Pourquoi les* OISEAUX *morts se conservent-ils mieux lorsqu'on ne les* DÉPLUME *pas?* — Parce que les plumes empêchent, jusqu'à un certain point, l'accès de l'*air* et de l'*humidité.*

1766. *Pourquoi les substances* PUTRIDES *se remplissent-elles de* VERS? — Parce que les éléments des substances en putréfaction favorisent beaucoup le *développement des animaux inférieurs*, dont les œufs sont répandus partout.

Les vers de la viande proviennent le plus souvent des œufs d'insectes, surtout de la *mouche à viande* (*musca carnaria*, L.).

1767. *Pourquoi les végétaux, lorsqu'ils pourrissent, sont-ils d'abord* BRUNÂTRES, *et plus tard presque* NOIRS? — Parce que l'*oxygène* et l'*hydrogène* des végétaux se dégagent peu à peu; et que la proportion du *carbone* prédomine à mesure que la putréfaction fait des progrès.

1768. *Comment l'oxygène et l'hydrogène des végétaux pourris disparaissent-ils en partie?* — L'*oxygène* se combine avec une petite quantité de carbone et donne naissance à de l'*acide carbonique;* l'*hydrogène* se combine avec l'oxygène de l'air et se transforme en *eau.*

1769. *Pourquoi l'exhalaison d'un* TAS *de* FUMIER *provoque-t-elle un accès de* TOUX ? — Parce que la fermentation putride du fumier produit beaucoup d'*acide carbonique* et de *carbonate d'ammoniaque,* qui excitent la *toux* et l'*éternument* lorsqu'on les respire.

1770. *Pourquoi un* TAS *de* FUMIER *est-il toujours* HUMIDE ? — Parce que l'eau est un des produits de la putréfaction.

1771. *Pourquoi l'*AIR HUMIDE *fait-il pourrir le* BOIS ? — Parce que le bois subit au contact de l'air humide une *combustion lente* pendant laquelle : 1° l'*oxygène de l'air* enlève peu à peu l'*hydrogène* au bois pour former de l'*eau;* — 2° l'oxygène du *bois* s'unit au carbone de cette même substance et se sépare sous forme d'*acide carbonique;* — 3° le résidu est une masse pulvérulente, connue sous le nom de *terreau* ou d'*humus.*

1772. *Pourquoi le* BOIS *neuf et* VERT *pourrit-il plus promptement que le bois sec?* — Parce que l'*humidité* favorise presque toutes les réactions chimiques qui constituent la fermentation et la putréfaction.

1773. *Si l'humidité est un agent de décomposition, pourquoi met-on des planches et des poutres de bois dans l'eau pour les conserver?* — L'humidité n'est dangereuse qu'en présence de l'oxygène, agent principal de la putréfaction; en laissant les bois plongés dans l'eau, on les met en grande partie à l'abri de l'oxygène de l'air, et de plus l'eau exclut la séve, dont la présence serait plus nuisible.

1774. *Pourquoi l'introduction de substances* SALINES *dans l'intérieur du* BOIS *contribue-t-elle à sa conservation?* — Parce que ces dissolutions salines *absorbent* ou *déplacent la séve*, et possèdent en outre la propriété d'empêcher que l'oxygène se porte sur les parties ligneuses pour opérer la combustion lente qui ferait naître la putréfaction.

On introduit dans les vaisseaux de la séve, au moyen de l'absorption, du pyrolignite de fer, du sulfate de cuivre, des chlorures terreux, etc., pour la conservation des bois ; ces sels préservent les planches, et même les rendent en quelque sorte incombustibles ou du moins ininflammables.

Avec un sel de fer et du tannin, du prussiate de potasse, de l'acétate de plomb, du chromate de potasse, etc., on rend les bois à peu près incorruptibles, et on leur donne de très-belles teintes.

1775. *Quels sont les véritables conservateurs des substances animales et végétales?* — En général, les agents qui défendent ces substances de l'humidité et du contact ou de l'action de l'oxygène, et par conséquent : 1° les agents qui, comme le sel, l'alcool, le froid, la dessiccation, etc., déshydratent la substance ou lui enlèvent une partie de son eau; 2° les agents qui, comme l'huile de houille, le sulfure de carbone, l'éther, etc., ne contenant pas eux-mêmes d'oxygène, ferment accès à l'oxygène; 3° les substances qui, comme les hyposulfites de soude et de zinc, jouent, par rapport à l'oxygène, le rôle d'absorbant; 4° les substances qui, comme les sels de fer ou de mercure, et en général les sels métalliques, se combinent avec les substances animales ou végétales, et empêchent ainsi leur combinaison ultérieure avec l'oxygène; 5° enfin les substances qui, comme le chloroforme, sont toxiques à haute dose et anesthésiques à dose plus faible; elles tuent ou rendent insensibles pendant la vie, mais elles conservent après la mort. M. Édouard Robin a démontré par des expériences très-nombreuses l'efficacité de tous ces agents divers.

1776. *Comment expliquez-vous l'efficacité des procédés de conservation connus sous le nom de méthode Appert?* — 1° En portant à la température de l'ébullition, ou un peu au delà, la substance à conserver, on coagule son albumine, on la rend moins altérable, on exclut tout l'air mêlé à la substance, et par conséquent l'oxygène que l'air renferme et qui est le grand agent de putréfaction; 2° en enfermant la substance, ainsi privée d'air, dans des vases hermétiquement clos par une bonne soudure, on ferme tout accès à l'oxygène, et la décomposition devient presque impossible.

CHAPITRE IV

COMBUSTION SPONTANÉE

1777. *Qu'est-ce que la* COMBUSTION SPONTANÉE ? — Une combustion produite *sans l'application de la flamme.*

1778. *Donnez un* EXEMPLE *de combustion spontanée.* — Du charbon de terre entassé à fond de cale dans un vaisseau s'enflamme souvent par sa propre chaleur; de même que des marchandises rangées dans un magasin.

surtout des balles de coton, de lin, de chanvre, ou de grands amas de café, de riz, etc.

1779. *Pourquoi le* CHARBON *de terre, entassé à fond de cale dans un vaisseau, prend-il* FEU *quelquefois* SPONTANÉMENT ? — Parce qu'il contient du *fer sulfuré* nommé PYRITE SULFUREUSE.

Pyrite, ainsi nommée du grec πυρίτης (de πῦρ, *feu*), parce qu'elle est jaune et luisante comme le feu. Cette substance, frappée avec un briquet, donne de nombreuses étincelles bleues et puantes.

1780. *Comment le* FER SULFURÉ *(pyrite sulfureuse) agit-il pour faire* ENFLAMMER *le charbon?* — Sous l'action de l'humidité, le soufre et le fer se combinent avec l'oxygène et produisent du sulfate de fer; or la chaleur dégagée par cette réaction est quelquefois assez grande pour mettre le feu aux charbons.

1781. *Dans quelles circonstances des objets, tels que des balles de coton, de soie, de lin, de chanvre, etc., prennent-elles feu quelquefois* SPONTANÉMENT? — Lorsqu'elles étaient encore humides ou grasses quand on les a entassées, ou qu'on les a accumulées dans un lieu humide, la masse alors fermente dans des proportions considérables, et la fermentation peut, dans ces circonstances exceptionnelles, dégager assez de chaleur pour que la combustion, ordinairement lente, devienne une combustion active avec flamme. Déjà, au sein d'une masse de fumier, la température est quelquefois très-élevée.

1782. *Une* MEULE *de* FOIN *prend-elle feu quelquefois d'elle-même?* — Oui; et cela arrive, en général, lorsque le foin a été entassé humide, ou que le tas vient à être mouillé accidentellement. La fermentation devient

alors très-active, et la chaleur dégagée assez grande
pour que la masse prenne feu.

1783. Pourquoi le foin est-il DÉTÉRIORÉ par l'échauffement, quoique la meule n'ait pas pris feu? — Parce
qu'en fermentant il s'est carbonisé en partie, et a pris
un goût et une odeur désagréables.

1784. Si une meule de foin vient à fumer par le dégagement de chaleur, que doit-on faire pour l'EMPÊCHER de
prendre feu et pour CONSERVER le foin? — Il faut que la
meule soit abattue, et qu'on la refasse après que le foin
aura été mieux séché ; ou bien il faut introduire dans
le milieu de la meule un tuyau ou conduit par lequel
puissent s'échapper la chaleur et les gaz de la fermentation.

1785. Pourquoi les cotons gras ou les laines grasses
prennent-ils feu très-facilement d'eux-mêmes ? — Parce
que l'huile absorbe beaucoup d'oxygène, qui, venant
à agir sur les fibres très-divisées, les décompose, les
fait fermenter avec élévation considérable de température.

Une combustion spontanée se produit quelquefois dans les magasins
d'huiles, à cause de l'absorption de l'oxygène par ces matières. M. Phip-
son a trouvé que dans ces cas l'oxygène est transformé en ozone, ou oxygène allotropique, dont l'action est bien plus puissante que celle de l'oxygène ordinaire.

1786. Est-il des exemples bien avérés de combustions
humaines spontanées? — Oui ; et la réalité de ce genre
de combustion ne peut pas être révoquée en doute. On
l'explique par une décomposition ou une fermentation
active intérieure.

1787. Quelles sont les circonstances qui déterminent

la combustion HUMAINE *spontanée ?* — 1° L'usage habituel et excessif des liqueurs *alcooliques ;* 2° l'*obésité*, ou une *maigreur* extrême ; 3° un *froid* rigoureux qui empêche la transpiration insensible du corps.

SEPTIÈME PARTIE

CHIMIE ANIMALE ET PHYSIOLOGIE

CHAPITRE PREMIER

COMPOSITION DU SANG ET DE LA CHAIR DES ANIMAUX

1788. *Quelle est la* COULEUR *du* SANG *des animaux?* — Chez l'*homme* et chez tous les animaux mammifères, le sang *artériel* est *rouge vermeil*, et le sang *veineux rouge brun*. Cependant M. Claude Bernard a démontré, récemment, que, lorsqu'un organe fonctionne ou sécrète le liquide qu'il a pour fonction de sécréter, le sang qui sort des veines qui le traversent est rouge comme le sang artériel.

Chez tous les animaux qui, par leur organisation, se rapprochent le plus de l'homme, tels que les mammifères, les oiseaux, les reptiles, les poissons, et même chez la plupart des vers de la classe des annélides, le sang est d'une couleur *rouge intense;* mais, chez presque tous les animaux inférieurs, le sang est un *liquide aqueux*, tantôt complétement incolore, tantôt légèrement teinté en *jaune*, en *vert*, en *rose* ou en *lilas* : — par exemple, il est jaune dans le ver à soie, orangé dans la chenille du saule, brunâtre dans la plupart des coléoptères, etc.

1789. *Qu'est-ce qui donne au* SANG *sa couleur* ROUGE ?

— Des corpuscules ou *globules* tenus en suspension dans un fluide incolore appelé *sérum*.

L'oxygène absorbé dans la respiration change la couleur du sang, et le fait passer du rouge foncé au rouge vermeil; ce changement porte principalement sur l'*enveloppe extérieure* des globules du sang; seule partie qui soit colorée.

1790. *Qu'est-ce que le sérum?* — Il se compose d'eau, d'albumine, de fibrine, de matières grasses et de sels.

L'*albumine* est une substance ressemblant au blanc d'œuf, qui se coagule ou devient solide par la chaleur.

La *fibrine* est une substance animale blanche, de même composition chimique que l'albumine, insipide et incolore, qui constitue particulièrement la fibre musculaire.

1791. *Quelle est la composition des* GLOBULES *du* SANG? — Ils sont formés d'une enveloppe extérieure, d'un *noyau*, et d'une matière *colorante* appelée *hématosine*.

1792. *Lorsque le sang a été extrait des vaisseaux vivants, et qu'on le laisse en repos, quel* CHANGEMENT *subit-il?* — Il se sépare en un *liquide limpide, jaune verdâtre*, formé du sérum, et en une *masse* ou caillot *solide rougeâtre*, formée des globules et de la fibrine du sang.

1793. *Qu'est-ce que la* CHAIR *des animaux, connue sous le nom de* VIANDE? — Les *muscles*, qui sont placés immédiatement au-dessous de la peau et qui recouvrent les os.

1794. *Quelles substances composent les* MUSCLES, *ou la* CHAIR *des animaux?* — Les muscles ont pour base la *fibrine*, associée à de petites quantités d'albumine, de tissu cellulaire, de graisse, de matières sapides, et de différents sels, notamment des phosphates et du sel marin.

La fibrine est la substance qui constitue la fibre musculaire.

1795. *Pourquoi la viande est-elle* PLUS FACILE *à cuire, si on la place dans de l'eau froide dont on élève peu à peu la température que si on l'avait plongée tout à coup dans de l'eau bouillante ou très-chaude?* — Parce que : 1° au contact de l'eau très-chaude, l'albumine de la viande se coagule ou devient solide ; 2° l'albumine coagulée conduit mal la chaleur ; 5° la viande, par conséquent, cuit bien moins ou plus lentement lorsqu'elle a été saisie par la chaleur. Lorsqu'un œuf saisi par l'eau bouillante est à l'état que nous désignons sous le nom d'*œuf mollet*, l'extérieur solide, l'intérieur liquide, il est presque impossible, le lendemain, de le transformer en œuf dur, parce que la chaleur ne traverse que très-difficilement la couche d'albumine coagulée. Lorsqu'au contraire on a mis d'abord la viande dans l'eau froide, elle cède à l'eau une partie de son albumine, il n'y a plus coagulation à la surface, et la cuisson se fait mieux ; mais la viande aussi est plus épuisée de ses sucs, plus réduite à l'état de fibrine.

1796. *Pourquoi la viande qui a* BOUILLI *trop* LONG-TEMPS *est-elle toujours* DURE *et insipide?* — Parce qu'une cuisson prolongée enlève à la chair la plus grande partie de son *albumine* et des principes créatine. graisse ou, autres, qui lui donnaient sa sapidité ; réduite presque à l'état de fibrine, elle n'a plus de goût.

La meilleure méthode de cuire les viandes est la suivante : mettez la viande dans l'eau bouillante ; lorsqu'elle y a été un peu de temps, et quand l'albumine s'est fixée, ajoutez-y une petite quantité d'eau froide.

La fixation de l'albumine par l'eau chaude empêche l'eau de pénétrer la viande, les sucs de sortir ; les fibres se contractent et se dessèchent moins.

1797. *A quel état les viandes sont-elles surtout sapides et saines ?* — A l'état de viandes rôties à la broche en présence d'un feu vif. L'albumine est ainsi coagulée à la surface ; l'intérieur cuit lentement, sans perdre ses sucs, sans se dessécher ni s'épuiser de ses principes sapides. Rien, en réalité, ne peut remplacer la broche et les viandes rôties à l'air ; elles sont absolument nécessaires, surtout aux tempéraments lymphatiques. La cuisson au sein des fourneaux économiques modernes ne donne que des viandes délayées ou mollasses, des sauces allongées et insipides.

1798. *Quelles sont les viandes les plus sapides et les plus saines, celles des jeunes animaux, agneaux ou veaux, ou celles des animaux adultes, moutons ou bœufs ?* — Incontestablement les chairs des animaux adultes. Les chairs de l'agneau et du veau sont presque de l'albumine et de la fibrine pures, sans graisse ou sels intérieurs ; elles ont moins de goût et sont plus indigestes.

1799. *Pourquoi les chairs d'agneau et de veau subissent-elles plus facilement la putréfaction ?* — Parce qu'elles renferment une plus grande quantité d'albumine et moins de sels.

1800. *Pourquoi la chair des* VIEUX ANIMAUX *est-elle toujours* DURE *et moins* SAPIDE *?* — Parce qu'elle renferme moins d'albumine, de graisse, de suif, et plus de sels, carbonates ou phosphates de chaux ou autres. A mesure qu'un animal vieillit, la quantité de carbone et de sels terreux contenus dans ses organes devient plus grande.

1801. *Comment expliquez-vous la propriété qu'a le sel de conserver les viandes?* — 1° Il enlève aux viandes une partie de leur eau et les rend moins humides; 2° en sa qualité de chlorure, il se combine avec la chair et s'oppose à l'oxygénation ultérieure de ses principes combustibles; en d'autres termes, il joue le rôle de corps antiseptique; 3° il modifie l'albumine et la fibrine dans leur composition chimique et les rend moins altérables; 4° enfin il défend la viande de l'approche des mouches.

Le sel s'emploie sons deux formes : à l'état sec ou de cristaux, ou à l'état de dissolution ou de saumure. Sous la première forme, il agit principalement comme déshydratone et antiseptique; sous la seconde, il agit chimiquement et en se combinant avec la substance animale.

1802. *Pourquoi les viandes salées, lorsqu'on en fait un usage exclusif, contribuent-elles à produire le* SCORBUT ? — Le scorbut est une maladie générale ayant pour principal symptôme une sorte de décomposition ou d'altération du sang, résultant probablement de ce que le sang est plus pauvre en fibrine. L'usage trop prolongé des viandes sur lesquelles le sel a agi chimiquement, en modifiant l'albumine ou la fibrine qu'elles contiennent à l'état normal, peut contribuer à engendrer cette affection redoutable; mais d'autres influences très-nombreuses contribuent à cette altération. On assure que les légumes frais, le choux en particulier, comme aussi la limonade ou le jus de limon, contre-balancent l'effet des viandes salées.

CHAPITRE II

RESPIRATION.

1803. *Quel rôle joue la* RESPIRATION ? — 1° Elle donne au sang l'*oxygène* dont il a besoin ; 2° et lui enlève l'*acide carbonique* dont il est chargé.

1804. *Comment la* RESPIRATION *donne-t-elle de l'*OXYGÈNE *au sang ?* — Par l'*inspiration* l'air pénètre dans les poumons, arrive en contact avec le sang très-divisé qui les traverse, agit sur lui par son oxygène, et le fait passer de l'état de sang noir ou rouge foncé à l'état de sang rouge vermeil.

1805. *En quoi consiste cette action de l'oxygène sur le sang et qu'en résulte-t-il ?* — L'oxygène de l'air se combine, d'une part, avec les principes vitaux du sang et, les suroxyde ; de l'autre, avec l'excès de carbone et d'hydrogène que contenait le sang noir venu des veines, en donnant naissance à de l'acide carbonique et à de la vapeur d'eau ; ainsi purifié ou revivifié, et emportant avec lui de l'oxygène, le sang entre dans les artères et passe de nouveau des artères dans les veines.

1806. *Que deviennent l'acide carbonique et la vapeur d'eau ainsi formés ?* — Ils se dégagent par l'*expiration*, qui est le second acte de la respiration.

1807. *Pourquoi la* RESPIRATION *des êtres vivants ne* DÉTRUIT-*elle pas les* PROPORTIONS *normales des gaz de l'at-*

mosphère? — Parce que l'effet de la respiration des *végétaux* sur l'atmosphère est *précisément l'inverse* de la respiration des *animaux*, c'est-à-dire que les plantes *enlèvent* à l'air son acide carbonique, et, sous l'influence de la *lumière solaire*, *dégagent de l'oxygène*.

1808. *Si les plantes absorbent l'acide carbonique et dégagent l'*OXYGÈNE, *que devient le* CARBONE *de ce gaz?* — Les plantes retiennent le carbone pour le transformer en leur substance.

Elles fixent aussi une certaine quantité d'azote, qui entre dans la constitution de leurs fruits et de leurs graines.

1809. *Montrez de quelle manière le Créateur a mis dans une dépendance mutuelle les* ANIMAUX *et les* VÉGÉTAUX. — 1° Les animaux, pour l'entretien de leur vie, ont besoin d'oxygène qui leur est fourni par les feuilles des plantes, dont la surface inférieure en dégage une grande quantité; — 2° les plantes trouvent leur nourriture dans l'acide carbonique, que les animaux exhalent de leurs poumons. C'est donc un échange continuel entre le règne animal et le règne végétal.

CHAPITRE III

CHALEUR ANIMALE.

1810. *Quelle est la cause de la* CHALEUR ANIMALE? — La chaleur animale résulte : 1° de la *circulation du sang*; — 2° de la *combustion de l'hydrogène et du car-*

bone dans les poumons et dans les vaisseaux capillaires.

1811. *Que sont les* VAISSEAUX CAPILLAIRES ? — Les vaisseaux capillaires sont de très-petits tubes, ou veines, qui se ramifient dans toutes les parties du corps des animaux. On les appelle *capillaires* à raison de leur très-petit diamètre, qui n'est pas plus grand que celui d'un cheveu.

Capillaris veut dire, en latin, ressemblant à un cheveu.

1812. *Comment* SAIT-ON *que ces petits vaisseaux se ramifient dans toutes les parties du corps humain?* — Parce que la piqûre d'une aiguille suffit pour *faire sortir du sang* de toutes les parties du corps ; or, toutes les fois que le sang jaillit, c'est qu'un *vaisseau sanguin* a dû être percé.

1813. *D'où viennent cet hydrogène et ce carbone des vaisseaux capillaires ou des veines?* — Du chyle ou du produit dernier de la digestion, fourni en partie par les vaisseaux chylifères, qui le puisent dans le canal thoracique, et le font passer du canal thoracique dans le système veineux, en partie par les veines des intestins, qui l'ont puisé directement dans l'appareil digestif.

1814. *Quelle est la cause de la* COMBUSTION *de ces éléments?* — L'oxygène de l'air fourni par la respiration et emporté par le sang dans sa circulation.

1815. *La chaleur* ANIMALE *est-elle identique à la chaleur d'un* FEU *ordinaire?* — Oui, l'une et l'autre résultent de la combustion de l'hydrogène et du carbone par l'oxygène de l'air. Notre corps est une véritable locomobile à laquelle le combustible est fourni par l'alimentation et la digestion, le comburant ou l'oxygène par la respiration; dans laquelle la chaleur née de la combustion et transformée en force mécanique et électrique produit le mouvement des organes et l'assimilation.

1816. *Faites ressortir l'excellence et la perfection de la locomobile humaine.* — Sans bruit, sans secousse, par une série d'actions lentes et presque insensibles, elle est alimentée, elle se débarrasse des résidus de la combustion, elle développe une force mécanique considérable, elle entretient dans tout le corps une chaleur relativement très-élevée de 37 degrés. Pour échauffer un cadavre et le maintenir même dans une chambre fermée à la température du corps humain, il faudrait brûler une masse énorme de combustible ; tandis que, par la combustion lente, dans les poumons et les vaisseaux capillaires, des éléments fournis par la digestion, le corps entier reste chaud, même dans une atmosphère glacée, etc.

1817. *Si le corps est le siége d'une véritable combustion, comment n'est-il pas brûlé?* — La combustion dans l'organisme des êtres vivants se fait à une température relativement basse ; mais il n'en est pas moins brûlé peu à peu. Chaque organe perd incessamment de sa substance, et à chaque instant il cède des molécules infiniment petites, qui sont converties en gaz ou en cendres, qui s'échappent par l'expiration, la transpiration et les sécrétions diverses. Cette déperdition toutefois n'est pas sensible, parce qu'elle est réparée à chaque instant par l'alimentation et l'assimilation d'éléments nouveaux apportés par le sang. Il arrive un terme cependant où les poumons s'engorgent de carbone ou de carbonates terreux, où les artères et les veines perdent leur élasticité ; la respiration et la circulation se font alors difficilement, la combustion se ralentit, l'assimilation se fait mal, la vie s'éteint peu à peu : ce terme s'appelle la mort.

1818. *Comment expliquez-vous que le carbone, qui partout ailleurs exige pour brûler une température très-élevée, brûle au sein des organismes vivants à une température relativement basse de 37 degrés?* — Par l'excessive division des molécules de carbone charriées par le sang.

1819. *Pourquoi* TOUTES *les parties du corps humain sont-elles* CHAUDES? — Parce que les *vaisseaux capillaires* se ramifient par *toutes les parties* du corps, et que la combustion du carbone et de l'hydrogène a lieu dans chacun de ces petits tubes. La circulation du sang chaud, venu du cœur, jusque dans les plus petits vaisseaux, suffirait à expliquer comment tout le corps est chaud, alors même qu'on n'admettrait pas, ce qui est démontré aujourd'hui, que la combustion se continue jusque dans les vaisseaux capillaires par l'oxygène que le sang absorbe dans les poumons. Quelques physiologistes veulent que le frottement du sang contre les parois des artères et des veines produise sa part de la chaleur animale : cela peut être, mais, en dernière analyse, la chaleur animale n'a pas d'autre source que la combustion, par l'oxygène de la respiration, des éléments fournis par l'alimentation; et la force mécanique qui, éteinte par ce frottement, se transformerait en chaleur aurait elle-même sa force et sa raison d'être dans la combustion.

1820. *Pourquoi s'échauffe-t-on en courant ?* —Pour courir, il faut développer et dépenser un surcroît de force mécanique ou musculaire, et cette force dépensée se transforme nécessairement en chaleur.

1821. *D'où peut venir le surcroît de force moléculaire dépensée dans la course, ou que suppose-t-il?* — Une plus grande activité de la respiration et de la circulation. Les personnes chez lesquelles la respiration et la circulation se font mal, parce qu'elles sont atteintes d'affections des voies respiratoires ou du cœur, ont beaucoup de peine même à monter, parce que, pour gravir un escalier ou une pente rapide, il faut une dépense de force et partant une respiration et une circulation plus actives.

1822. *Pourquoi transpire-t-on en courant?* — Parce que l'excédant de chaleur dégagée dans la course dilate et vaporise naturellement les fluides animaux. C'est en même temps une sorte de réaction, par laquelle l'organisme donne issue à la chaleur excédante et détermine un refroidissement salutaire.

1823. *Comment la* TRANSPIRATION *peut-elle* REFROIDIR *le corps?* — La sueur, en s'évaporant, enlève à la peau beaucoup de chaleur.

1824. *Pourquoi la température des petits* ENFANTS *est-elle toujours plus* ÉLEVÉE *que celle des personnes* *âgées?* — Parce que chez les enfants la respiration et la circulation sont plus actives ; ils respirent plus souvent et leur pouls bat plus vite.

Le nombre des pulsations d'un jeune enfant est souvent de 140 par minute, tandis que chez les personnes plus âgées il n'est que de 70.

1825. *Quels sont les animaux à sang chaud ?* — Ceux chez lesquels la respiration et par conséquent la combustion est très-active ; les oiseaux sont dans ce cas. Chez les animaux à sang chaud, la chaleur animale est en outre presque constante, quand ils n'appartiennent pas à la classe des animaux *hibernants*, ou qui dorment l'hiver.

1826. *Quels sont les animaux à sang froid?* — Ceux chez lesquels la respiration est très-lente et très-peu intense. Les animaux qui, comme les poissons et les grenouilles, vivent dans l'eau, laquelle ne contient qu'une très-petite quantité d'air et d'oxygène, sont des animaux à sang froid. Il en est de même des reptiles en général, des lézards, etc., etc. Chez les animaux à sang froid la chaleur animale est en outre variable ; elle change avec le milieu et la saison.

1827. *Les animaux* HIBERNANTS, *comme les ours, les loirs, les hérissons, les chauves-souris, etc., sont-ils plus* FROIDS *pendant leur état de* TORPEUR ? — Sans doute ; parce que leur respiration et la circulation de leur *sang cessent presque entièrement.*

Pendant l'*été*, leur température est à peu près la même que celle des animaux à sang chaud ; mais, pendant la saison *froide*, ou pendant leur sommeil, elle n'est guère que 12 à 15 degrés au-dessus de la température du milieu ambiant.

1828. *Pourquoi un corps* MORT *est-il* FROID? — Parce

que les sources de la chaleur animale, la respiration et la combustion, sont taries.

1829. *Pourquoi les gens pauvres recherchent-ils en général les lieux mal aérés et sombres?* — Sans aucun doute parce que ces habitations sont moins chères; peut-être aussi qu'ils redoutent instinctivement une trop grande circulation d'air qui augmenterait leur appétit, et rendrait plus piquant le froid dont ils ne peuvent pas se défendre, parce qu'ils sont mal vêtus. Cette appréhension instinctive, jointe à l'affaiblissement moral, expliquent la malpropreté qui accompagne ordinairement la misère.

1830. *Pourquoi a-t-on besoin d'être* PLUS COUVERT *pendant la* NUIT *que pendant le jour?* — Parce que : 1° la nuit est en général *plus froide* que le jour; — 2° on *respire plus lentement* en dormant, la combustion dans les poumons et les vaisseaux capillaires est *languissante*, et le corps tend à se refroidir. Il arrive très-souvent, si l'on s'endort pendant le jour, sans avoir soin de se couvrir la tête, que l'on se réveille avec un rhume de cerveau, dû, sans aucun doute, au refroidissement.

SECTION I. — ALIMENTS DE L'HOMME.

1831. *Quels rôles jouent les* ALIMENTS? — Ils fournissent les éléments nécessaires à l'assimilation qui assure le développement et l'intégrité de l'organisme, et à la combustion qui doit produire la chaleur animale.

1832.   *Quelles sont les substances les plus* NUTRITIVES?
—Les substances *azotées*, parce qu'elles se rapprochent
le plus de la *composition de notre corps.*

1833.   ·*Quelles sont les principales substances azotées
ou les aliments qui fournissent la matière de l'assimilation?* — La viande, ou plus généralement la chair des
animaux terrestres ou aquatiques, et les légumes plus
ou moins riches en fibrine, en albumine, en caséine,
qui renferment de l'azote.

La *caséine* (du latin *caseus,* fromage) est une substance albumineuse
qui existe dans le lait et qui ne se coagule pas spontanément comme la
fibrine, ni au moyen de la chaleur comme l'albumine; mais seulement sou
l'influence d'un acide.

1834.   *Quels sont les aliments qui fournissent les
matériaux de la combustion?* — Les aliments non azo-
·tés, plus ou moins riches en hydrogène et en carbone :
les graisses, l'amidon, la gomme, le sucre, etc., etc.

1835.   *De quelle manière la* NOURRITURE *se convertit-
elle en* SANG ? — Elle passe, au moyen de la déglutition,
dans l'estomac, où elle est modifiée par le *suc gastrique,*
et convertie en une masse molle et pulpeuse qu'on
appelle CHYME.

1836.   *Quel changement subit ce* CHYME? — Il passe
de l'estomac dans les intestins, où la *bile* le sépare en
deux, en CHYLE, dont la composition diffère à peine de
eelle du sang, et en matière *excrémentielle.*

1837.   *Que devient ce* CHYLE? — Il est absorbé par
des vaisseaux qui le transmettent aux poumons, où il
se change en *sang artériel.*

1838.   *Pourquoi le même individu a-t-il besoin d'une
nourriture plus* ABONDANTE *dans les climats* FROIDS *que dans*

les climats chauds? — Parce que, dans les pays froids,
1° le corps a besoin de plus de matière combustible
pour *conserver sa température normale ;* 2° l'air est plus
riche en oxygène, la respiration plus active, la digestion
plus rapide, et, par conséquent, le besoin d'alimentation se fait plus tôt sentir.

1839. *Pourquoi, dans les climats chauds, ou pendant la chaleur de l'été, l'appétit est-il, en général, moins
vif, le besoin d'alimentation moins senti, la tendance à
l'oisiveté ou au repos plus grande ?* — Parce que, quand il
fait chaud : 1° l'air est moins riche en oxygène, la respiration moins active, la digestion plus lente ; 2° le
mouvement aurait pour effet une augmentation pénible de chaleur intérieure.

1840. *Pourquoi les Lapons, les Esquimaux, et les
autres peuples qui habitent sous un climat très-froid,
aiment-ils instinctivement les aliments gras, les huiles,
les graisses, etc.?*—Parce que les huiles et les graisses
sont les aliments qui, à poids égal, fournissent à l'organisme le plus de carbone, et qui contribuent plus
efficacement à l'entretien de la chaleur animale.

1841. *Pourquoi, même dans les climats tempérés, les
aliments gras et les viandes sont-ils plus recherchés en
hiver, et les légumes en été?* — C'est toujours la même
raison. On sent naturellement, en hiver, le besoin d'aliments plus substantiels riches en azote, en carbone et
en hydrogène, qui nourrissent mieux et entretiennent
plus efficacement la chaleur intérieure du corps. Les
légumes, qui contiennent moins d'azote, de carbone,
d'hydrogène et plus d'eau, sont relativement des ali-

ments rafraichissants. La Providence fait naitre, dans les pays chauds, une grande quantité de légumes pleins de jus, comme les melons, les pastèques, les oranges, etc., etc.

1842. *Pourquoi les habitants des pays* TROPICAUX *se nourrissent-ils principalement de* RIZ *et de* FRUITS? — Parce que dans ces climats brûlants, où la chaleur intérieure se conserve sans peine, où elle est plutôt trop forte que trop faible, des aliments trop substantiels ne sont nullement nécessaires ou seraient même dangereux ; le riz, médiocrement riche en azote, mais très-riche en carbone, est un excellent aliment respiratoire et suffisamment nutritif.

1843. *Comment les animaux* HIBERNANTS, *comme les hérissons, les chauves-souris, les tortues, les loirs, etc., peuvent-ils* VIVRE *cinq ou six mois sans* NOURRITURE? — Parce qu'ils respirent à peine. La combustion intérieure est excessivement lente ; les pertes que fait le sang par cette combustion si lente sont tout à fait inappréciables ; il n'y a pas de dépense, il n'est donc pas besoin d'entretien. Il est certain que des crapeaux ont vécu des années, et peut-être des siècles, au sein de pierres très-dures et qui fermaient tout accès à l'air ; sans être éteintes, les fonctions vitales étaient presque suspendues : on comprend, dès lors, qu'elles n'ont pas eu besoin d'alimentation.

SECTION II. — FAIM.

1844. *Pourquoi le* FROID AIGUISE-*t-il* LA FAIM? — Parce que, d'une part, au sein d'un air froid et plus riche en oxygène, la combustion intérieure est plus rapide ;

et parce que, de l'autre, l'organisme, dépensant plus pour se défendre du froid extérieur, sent plutôt la nécessité de réparer ses pertes.

1845. *Pourquoi la* DIGESTION *rapide éveille-t-elle l'*APPÉTIT ? — Parce que, là où la dépense ou consommation d'éléments nutritifs est plus grande, il est tout naturel que le besoin d'éléments nutritifs nouveaux se fasse sentir.

1846. *Pourquoi avons-nous, en général, besoin d'*ACTIVITÉ *lorsqu'il fait* FROID? — Parce que nous savons instinctivement que le mouvement et l'activité augmentent la chaleur animale.

1847. *Pourquoi les gens occupés à des travaux rudes ont-ils, en général, un bon* APPÉTIT? — Parce que, dans leur travail, il y a dépense plus grande et perte plus rapide des éléments respiratoires et nutritifs.

1848. *Pourquoi l'action de* LIRE *à haute voix, de* CHANTER *et de* PARLER, *excite-t-elle l'*APPÉTIT? — Parce qu'elle est un travail qui ne se fait pas sans dépense d'éléments respiratoires et nutritifs.

1849. *Pourquoi l'*APPÉTIT *est-il* MOINS *excité pendant la* NUIT *que pendant le jour?* — Parce que, pendant le sommeil, la respiration, et par conséquent la dépense d'éléments combustibles, est beaucoup moins grande.

1850. *Pourquoi les hommes* SÉDENTAIRES *ont-ils, en général,* MOINS *d'*APPÉTIT *que les laboureurs?* — Parce que, dépensant ou perdant moins, ils sentent moins, naturellement, le besoin de réparer leurs pertes.

1851. *Pourquoi les personnes qui n'ont pas une* NOURRITURE SUFFISANTE *sont-elles en général* PARESSEUSES? — Parce que, se sentant moins de forces, elles sont moins disposées à les dépenser ; elles résistent instinctivement à l'activité, qui amènerait des pertes qu'elles ne pourraient pas réparer.

1852. *Quels sont les êtres qui* PÉRISSENT *le plus promptement par le* DÉFAUT *de* NOURRITURE? — Les animaux à sang chaud, chez les quels la respiration est très-active, comme les oiseaux et la plupart des mammifères. Les herbivores succombent plus tôt que les carnivores, et les jeunes animaux plus tôt que les adultes.

1853. *Pourquoi maigrit-on lorsque l'on est souvent ou longtemps condamné à la faim?* — Parce que, en l'absence d'aliments, la combustion intérieure se fait aux dépens de l'organisme lui-même ; il perd sans cesse, et ses pertes ne sont pas réparées, il doit donc maigrir.

1854. *Quels sont, dans l'épuisement causé par la faim, les éléments de l'organisme qui sont consumés les premiers?* — La graisse, d'abord, qui est plus combustible; les muscles ensuite, etc.

CHAPITRE IV

SOMMEIL

1855. *Qu'est-ce que le* SOMMEIL? — Le repos de l'homme causé par l'assoupissement naturel de tous ses sens.

1856. *Pourquoi la* CHALEUR *animale s'*ABAISSE-*t-elle pendant le sommeil?* — Parce que les mouvements du cœur et ceux de la respiration sont *moins fréquents.*

1857. *Que sont les rêves?* — Un produit, pendant un sommeil incomplet, de l'activité de l'imagination non réglée par la volonté. Quand l'organisme dort, l'âme veille; mais celles de ses facultés qui sont sous la dépendance du corps échappent en quelque sorte à la volonté.

1858 *Pourquoi le proverbe dit-il : « Qui dort dîne? »* — Parce que le sommeil ralentit la respiration, affaiblit l'action de tous les organes, diminue la chaleur animale, rend plus lente la digestion et moins abondantes toutes les sécrétions; lorsqu'on dort, l'appétit n'est que très-lentement excité.

1859. *Pourquoi les* ENFANTS RÊVENT-*ils plus souvent que les personnes d'un âge viril?* — Parce que leur imagination est plus active et leur volonté moins forte.

1860. *Pourquoi les* RÊVES *sont-ils en général* BIZARRES *et* INCOHÉRENTS? — Parce que, cessant d'être sous la dépendance de la volonté, l'imagination bat la campagne.

1861. *Qu'est-ce que le somnambulisme* NATUREL? — Une sorte de rêve en action pendant lequel on répète les actes dont on a contracté l'habitude, mais sans en avoir la conscience, et sans en conserver le souvenir.

1862. *Pourquoi le sommeil du matin, celui qui précède le réveil, est-il souvent accompagné de rêves, de songes, d'une sorte de délire?* — Parce que le sommeil du matin redevient un demi-sommeil, un sommeil incomplet.

1863. *Pourquoi souvent le café, le thé et les autres excitants font-ils rêver davantage, et pourquoi les rêves sont-ils alors le plus souvent des rêves pénibles ou de véritables cauchemars?* — Parce que, sous l'influence des excitants auxquels on n'est pas habitué, le sommeil devient incomplet ; les rêves sont alors pénibles, parce que l'organisme est dans une sorte d'état de malaise ; les digestions mal faites causent le plus souvent de mauvais rêves et le cauchemar.

1864. *Pourquoi s'*ÉTIRE-*t-on toujours le matin, avant de pouvoir parler, voir et se lever?* — Parce que les *muscles*, au réveil, sont encore engourdis, et que la volonté est obligée de faire un certain effort pour reprendre sur eux son empire.

1865. *Pourquoi se* FROTTE-*t-on les* YEUX *lorsqu'on se* RÉVEILLE? — Pour arracher l'organe de la vision à l'engourdissement.

1866. *Quelle est la cause des* PANDICULATIONS, *c'est-à-*

dire de l'action automatique par laquelle on porte les bras en haut, avec des bâillements et des soupirs, au moment d'un réveil incomplet ? — Un besoin instinctif de rappeler l'afflux nerveux dans les muscles, et de les ramener sous l'empire de la volonté.

1867. *Pourquoi les* ENFANTS, *les* FEMMES *et les habitants des pays chauds dorment-ils plus* LONGTEMPS *que les autres personnes ?* — Chez les femmes et les enfants, le système nerveux est plus délicat et plus excité, ils ont donc besoin d'un repos ou d'un sommeil plus prolongé ; leur imagination et leurs sens sont aussi moins sous l'empire de la volonté, ils doivent donc s'endormir plus facilement. Dans les pays chauds, la vie intérieure est moins active, et l'exercice de l'activité extérieure plus pénible, un plus long sommeil devient alors une sorte de nécessité, et l'on y est naturellement porté.

1868. *Pourquoi, en général, dort-on mieux dans une chambre tout à fait* SOMBRE *et* TRANQUILLE *?* — Parce que le sommeil s'établit d'autant mieux qu'il y a absence de *tout excitant extérieur*, comme la lumière et le bruit.

1869. *Lorsqu'un membre est placé dans une situation gênante pendant le sommeil, pourquoi souvent ne change-t-on pas de position ?* — Parce qu'on n'a qu'une demi-conscience de la cause du malaise que l'on ressent, et que l'action de la volonté sur les organes est suspendue. Cette sensation pénible trouble le sommeil et cause le plus souvent des rêves pénibles ou des cauchemars ; on rêve que ce membre est garrotté ou pressé par une main étrangère.

1870. *Pourquoi, pendant le sommeil, ne voit-on pas, même alors que les yeux sont ouverts, n'entend-on pas, ne sent-on pas, etc., etc.?* — Pendant le sommeil on voit, si les yeux sont ouverts, on entend, on sent; aussi un bruit violent, une lumière vive, une odeur piquante, une saveur très-aigre ou très-amère, suffisent à réveiller; mais on voit, on entend, on sent très-faiblement, parce que les organes sont comme engourdis ou arrêtés dans leur exercice; et l'on n'a pas la conscience de la vision, de l'audition, de l'odeur, de la saveur, etc., parce que l'action de l'âme sur les organes est elle-même presque totalement suspendue.

CHAPITRE V

ACIDES ORGANIQUES

1871. *Qu'est-ce que l'acide* PYROLIGNEUX? — Cet acide, qu'on retire de la distillation du *bois*, n'est autre chose que de l'acide acétique mélangé d'huile empyreumatique et de goudron.

Empyreumatique veut dire qui a l'odeur ou le goût d'huile brûlée.

1872. *Pourquoi l'acide* PYROLIGNEUX *empêche-t-il la* PUTRÉFACTION *des viandes, et leur enlève-t-il leur odeur et leur saveur désagréables?* — Parce qu'il renferme une petite quantité d'une substance huileuse connue sous le nom de *créosote*, complétement désoxygénée, et qui, par conséquent, s'oppose à la combustion lente qui constitue la putréfaction. C'est à cette substance que l'acide pyroligneux doit sa propriété *antiseptique*.

Créosote veut dire *conservateur de la chair* (du grec κρέας σώζω, *la chair je conserve*). Le chimiste allemand Reichenbach a donné le nom de créosote à cette huile, en raison de sa vertu antiputride très-prononcée.

Antiseptique (du grec ἀντί σηπτός, *contre-pourriture*), c'est-à-dire propre à arrêter les progrès de la putréfaction.

1873. *Pourquoi la* SUIE *et la* FUMÉE *de bois empêchent-elles longtemps les* VIANDES *et les poissons de se putréfier?* — La suie et la fumée de bois doivent leur propriété antiseptique à la substance huileuse nommée *créosote*.

1874. *Pourquoi les pommes, les poires, les baies de sureau, les prunelles etc., sont-elles* AIGRES, *surtout lorsqu'elles ne sont pas mûres?* — Parce qu'elles contiennent de l'*acide malique*.

Malique vient du mot latin *malum* (pomme).

1875. *A quel acide les oranges, les citrons, les limons et autres fruits de la même espèce doivent-ils leur agréable* ACIDITÉ? — A l'acide *citrique*.

1876. *A quels acides tous les fruits* ROUGES, *tels que les groseilles, les cerises, les fraises, les framboises, les sorbes, etc., doivent-ils leur* ACIDITÉ ?— A l'acide *citrique* mêlé à l'acide *malique*.

1877. *Pourquoi les* RAISINS *qui ne sont pas mûrs sont-ils* AIGRES? — Cette acidité est due à l'acide *tartrique* que les raisins contiennent.

Tartrique ou tartarique dérive du mot anglais *tart* (aigre). L'acide du tartre est l'acide organique de la *crème de tartre;* mais c'est toujours du jus de raisin qu'on l'extrait dans la fabrication en grand.

1878. *Pourquoi l'acidité disparaît-elle en grande*

partie lorsque les raisins ou les autres fruits ont mûri?
— Parce que, sous l'action de la chaleur qui produit la
maturité, l'acide organique des fruits verts se change
en *pectine*, ou matière sucrée.

1879. *A quel acide est due la saveur aigre de l'*OSEILLE? — Cette saveur est due à *l'acide oxalique* que contient
cette plante.

1880. *Pourquoi l'*ACIDE OXALIQUE, *ou sel d'oseille,
fait-il disparaître sur le linge les taches de* ROUILLE? —
Parce qu'il se *combine avec les oxydes de fer* et forme
avec eux des sels très-solubles.

Le sel d'oseille est l'oxalate acide de potasse.

1881. *Pourquoi l'*ACIDE OXALIQUE *fait-il disparaître
les taches d'*ENCRE *sur le bois, le linge, le papier, etc.?*
— Parce qu'il décompose la *couperose, sulfate de fer*,
et le *tannate* ou *gallate de fer* de l'encre, substances
auxquelles l'encre doit sa couleur noire, en donnaut
naissance à des sels solubles et incolores.

La couperose verte est un *sel de fer* connu sous le nom de sulfate de
protoxyde de fer.

Le tannate de fer ou le tannate de peroxyde de fer est composé d'a-
cide tannique en combinaison avec le fer.

On peut enlever du papier l'encre à écrire en lavant la tache avec une
eau chlorurée qui décompose le tannate de fer comme le fait la dissolution d'acide oxalique.

1882. *Pourquoi l'acide oxalique ne fait-il pas disparaître du papier l'encre d'*IMPRESSION *comme l'encre ordinaire?* — Parce que l'encre d'impression doit sa couleur noire au *carbone*, sur lequel l'acide oxalique n'a
aucune action.

1883. *Pourquoi l'*ENCRE *à écrire s'altère-t-elle ou*

pâlit-elle quelquefois? — Parce que le papier blanchi *au chlorure de chaux* retient du chlore qui détruit la matière colorante de l'encre.

1884. *Qu'est-ce que le liquide qu'on vend chez les épiciers sous le nom d'*EAU DE CUIVRE *pour nettoyer les objets en cuivre?* — C'est une simple dissolution d'*acide oxalique* ou de sel d'oseille, dont on fait un fréquent usage pour nettoyer les ustensiles, les harnais en cuivre poli, etc.; l'acide oxalique forme, avec les oxydes de cuivre et de fer, des sels solubles qu'un lavage enlève en rendant au métal tout son éclat.

1885. *A quel acide est due l'acidité du* VINAIGRE? — A l'acide *acétique*.

1886. *Pourquoi la* BIÈRE *et le* VIN *exposés à l'air deviennent-ils* AIGRES *en peu de temps?* — Parce qu'ils absorbent l'oxygène de l'air, qui transforme l'*alcool* en *acide acétique*.

En rapprochant la composition de l'alcool de celle de l'acide acétique, on voit que 1 équivalent d'alcool peut, en absorbant 4 équivalents d'oxygène, se transformer en acide acétique et en eau.

$$C^4H^6O^2 \; (alcool) + O^4 = C^4H^4O^4 \; (acide\ acétique) + H^2O^2 \; (eau).$$

1887. *A quoi les vins* ROUGES *doivent-ils leur* COULEUR? — A la matière colorante *bleue* qui réside dans les pellicules du fruit, et que les *acides* libres ont fait virer au *rouge*.

1888. *Pourquoi les* VINS *s'*AMÉLIORENT-*ils avec le temps?* — Parce que : 1° le sucre qui a échappé à la première fermentation en éprouve une seconde et se convertit peu à peu en alcool ; 2° à mesure que la proportion d'alcool augmente, le tartre ou le tartrate aci-

dulé de potasse qui donnait au vin sa verdeur, et qui
est insoluble dans l'alcool, se précipite. Voilà comment,
en vieillissant et se dépouillant, le vin devient moins
amer, moins acide et plus chaud.

1889. *A quoi attribue-t-on le bouquet du vin et l'o-
deur qu'il laisse dans les tonneaux où il a longtemps séjourné?* — A un produit de la fermentation qu'on a désigné du nom d'éther œnanthique.

Œnanthique est formé de deux mots grecs (οἶνος, *vin*, et ἄνθος, *fleur*).

1890. *A quoi est due l'*ODEUR *des corps* GRAS? — Le
plus souvent à un acide gras volatil que la *chaleur* décompose. Ainsi le beurre ordinaire doit son odeur à
des traces d'acide *butyrique* ; les graisses de bouc et
de mouton à l'acide *hircique* ; les huiles de poisson à
l'acide *phocénique*, etc.

Butyrique, du mot latin *butyrum* (beurre).
Hircique, du latin *hircus* (bouc).
Phocénique, de *phocœna*, nom que Cuvier a donné au *veau marin*.

1891. *Pourquoi faut-il* TANNER *les peaux animales
pour les rendre propres à la confection de nos* CHAUS-
SURES? — Parce que les peaux desséchées, sans être
tannées, s'imprègnent d'*eau* facilement, se *pourrissent*
et s'*usent* très-vite.

1892. *Pourquoi l'*ÉCORCE *de* CHÊNE *sert-elle à durcir
les peaux d'animaux?* — Parce qu'elle contient une
substance astringente, désignée sous le nom de *tannin*
ou d'acide tannique.

1893. *Quel effet produit sur la peau animale le* TAN-
NIN *en dissolution dans l'eau?* — Absorbé par la peau,
il forme une combinaison insoluble de *tannin* et de

substance animale. Quand la peau s'est combinée avec le tannin, elle devient presque imperméable et imputrescible.

1894. · *Comment colore-t-on en* NOIR *les* CUIRS *tannés?* — On les colore avec de l'*acétate de fer*. On passe plusieurs couches de ce sel à la surface du cuir; le tannin se combine avec le *protoxyde de fer*, et forme un tannate de protoxyde qui se transforme plus tard en tannate noir de sesquioxyde de fer.

On obtient l'acétate de fer en dissolvant les vieilles ferrailles dans de la bière aigre.

1895. *Pourquoi le* LAIT TOURNE-*t-il lorsqu'on le conserve trop longtemps?* — Parce qu'il subit une *fermentation* qui opère la conversion du sucre de lait en *acide lactique;* l'acide lactique, à son tour, détermine la coagulation du caséum.

Lactique, du latin *lac* (lait).

Caséum ou caséine, du latin *caseus* (fromage), désigne la partie du lait qui est de la nature du fromage.

1896. *Qu'est-ce que le* CASÉUM *ou la* CASÉINE *du lait?* — Le caséum ou le caillé du lait est une matière azotée à laquelle sont dues les principales propriétés *nutritives* du lait. Le lait tourné se partage en *caséum* et en *sérum* ou petit-lait.

1897. *Pourquoi le* LAIT TOURNE-*t-il quand la température de l'air est élevée et dans les temps* ORAGEUX? — Parce que la chaleur et l'électricité déterminent ou hâtent la *fermentation* ou la conversion du sucre du lait en acide lactique.

1898. *Pourquoi ne peut-on jamais faire* BOUILLIR *le*

lait VIEUX *sans qu'il* TOURNE ? — Parce que le lait qui a été exposé longtemps à l'air subit un commencement de fermentation que la chaleur du feu achève ou précipite.

1899. *Pourquoi la* CAILLETTE DE VEAU *ou présure fait-elle cailler le lait?* — Parce que la présure extraite du quatrième estomac du veau est une liqueur acide formée de sucs gastriques acides et de lait presque à l'état de caséum ou de fermentation commencée.

1900. *Pourquoi les* ACIDES *font-ils* TOURNER *le lait?* — Parce qu'ils s'emparent des alcalis du lait, sans lesquels le caséum ne peut pas rester dissous par la portion liquide du lait. En ajoutant au lait une petite quantité d'un sel alcalin, le carbonate de soude, les marchands de lait retardent sa fermentation ou sa décomposition par l'acide lactique spontanément formé.

1901. *Pourquoi une petite quantité de* SUBLIMÉ CORRO-SIF *empêche-t-elle la* COLLE *de farine de* TOURNER ?—Parce qu'elle en retarde la *fermentation*. Au sublimé corrosif, qui est un poison violent, on substituerait avec avantage l'huile de houille indiquée par M. Édouard Robin, et dont on se sert depuis quelque temps pour conserver l'albumine ou les blancs d'œufs.

CHAPITRE VI

GRAISSES

1902. *Qu'appelle-t-on corps gras?*—Des substances solides ou liquides formées de carbone, d'hydrogène, d'oxygène et d'azote, tachant le papier, inflammables, insolubles dans l'eau, que les alcalis convertissent en savons.

1903. *Quels sont les principaux corps gras?* — Les huiles, les beurres, les suifs et les cires.

1904. *Quelle est la composition des huiles?* — Elles sont formées essentiellement de deux substances, l'une liquide, appelée *oléine;* l'autre, solide, appelée *margarine.*

1905. *Quelle est la composition des suifs?* — En outre de l'oléine et de la margarine, les suifs contiennent en grande quantité une autre substance analogue à la margarine, et qu'on appelle stéarine.

Oléine vient d'*oleum*, qui en latin signifie huile.

Margarine vient de *margarita* (perle) ; on lui a donné ce nom en raison de son éclat perlé.

Stéarine vient du grec στεαρ, suif. La margarine diffère surtout de la stéarine en ce qu'elle est soluble dans l'éther, qui ne dissout pas la stéarine.

1906. *Qu'est-ce que la cire?*—Une substance grasse, d'origine animale ou végétale, formée essentiellement de *cérine,* ou *acide cérotique,* de *myricine* et de *céroléine,*

substances analogues à l'oléine et aux acides stéarique
et margarique, mais de composition différente.

1907. *Quelle est la composition générale de l'oléine,
de la stéarine, de la margarine?* — Chacune de ces
substances est formée d'une base toujours la même, la
glycérine, et d'un acide qui varie d'une de ces substances à l'autre. L'oléine est formée de glycérine et d'a-
cide oléique; la margarine, de glycérine et d'acide
margarique ; la stéarine, de glycérine et d'acide stéarique.

1908. *Qu'est-ce que la glycérine?* — Un liquide sé-
rupeux, transparent, presque incolore, sans odeur, et
d'une saveur sucrée très-douce, composé de carbone,
d'ydrogène et d'oxygène dans les proportions indiquées
par la formule $C^6 H^8 O^6$. Elle a déjà reçu diverses applications dans l'industrie ; en médecine on l'emploie
dans le traitement de diverses maladies de la peau.

1909. *De quoi sont formées les bougies modernes,
analogues à celles qu'on désigne communément du nom
de bougies de l'Étoile?* — D'acide stéarique, substance
solide composée de carbone, d'hydrogène et d'oxygène,
$C^{34} H^{35} O^5$, HO, blanche, nacrée, grasse au toucher,
insoluble dans l'eau et dans l'éther, soluble dans l'alcool, fondant à 70°.

1910. *Comment prépare-t-on l'acide stéarique?* —
Par la saponification du suif, obtenue en chauffant le
suif avec du lait de chaux ; on décompose par l'acide
sulfurique le savon de chaux formé ; on soumet le résidu lavé à l'action de la presse hydraulique pour en

séparer l'acide oléique liquide ; on obtient ainsi l'acide stéarique pur.

1911. *Pourquoi les bougies stéariques coulent-elles dès qu'on agite le flambeau dans lequel elles brûlent ?* — Parce que le point de fusion de l'acide stéarique est de 70 degrés, tandis que le point de fusion du suif fondu est de 38° ; l'acide stéarique fondu est très-liquide, il coule donc très-facilement, et le moindre refroidissement le solidifie. Mais il ne graisse pas comme le suif, on l'enlève sans peine par le frottement, surtout si le drap avec lequel on frotte est imbibé d'alcool.

1912. *Comment les* HUILES, *surtout l'huile d'*OLIVE, *sont-elles* CONCRÉFIÉES *par le froid ?* — La *margarine*, sous l'influence du froid, se séparant de l'oléine, se précipite au *fond* sous la forme de grumeaux solides, tandis que l'*oléine* occupe le *haut* du vase.

1913. *Pourquoi les* HUILES *deviennent-elles* RANCES ? — Parce qu'elles absorbent l'*oxygène* et forment, en se combinant avec ce gaz, des principes *volatils odorants* et deux ou trois acides.

1914. *Qu'est-ce qui fait qu'une graisse est plus ou moins solide ?* — La plus ou moins grande proportion de stéarine et de margarine relativement à l'oléine. Le suif de mouton est plus solide que le suif de bœuf, parce qu'il contient plus des deux principes solides, et moins du principe liquide.

1915. *Pourquoi le* BEURRE *se durcit-il par le froid ?* — Parce que la margarine, qui est un de ses principes constituants, n'est plus maintenue à l'état fluide par l'oléine quand la température baisse; le beurre d'hiver contient aussi plus de margarine que le beurre d'été.

1916. *Pourquoi les* HUILES *se solidifient-elles quand il fait froid?* — Par la même raison que le beurre : l'acide margarique cesse d'être dissous et se précipite en se séparant de l'oléine sous forme de grumeaux. L'huile se fige d'autant plus qu'elle est plus fine et plus pure; c'est même à ce caractère qu'on reconnaît l'huile d'olive; l'huile d'olive tout à fait franche se fige tout entière et de très-bonne heure.

1917. *Pourquoi les* HUILES *et le* BEURRE *deviennent-ils rances par un long contact avec l'air?* — Parce qu'ils absorbent l'oxygène et s'acidifient par suite d'une sorte de fermentation des corps azotés qu'ils tiennent en dissolution; les huiles rances ont une odeur et une saveur désagréables; l'odeur du beurre rance est due à la présence de l'acide butyrique, résultat de son acidification.

1918. *Qu'est-ce que le blanc de* BALEINE? — La matière grasse que l'on extrait du cerveau de diverses espèces de cachalot, et qui est formée d'une huile et d'une substance solide appelée *cétine* ou *sperma-ceti*. La cétine fond à 49 degrés, et donne par le refroidissement une masse transparente qui sert à fabriquer les bougies diaphanes. Sous l'influence des alcalis, elle se transforme en un acide gras, l'acide *éthalique*, et un alcool solide, l'*ethal*.

1919. *Qu'est-ce que la* PARAFFINE? — Un corps gras analogue au blanc de baleine, fusible à 49 degrés, qu'on retire des huiles lourdes résultant de la distillation des bois, de la tourbe et des schistes bitumineux, avec laquelle on fait aussi de très-belles bougies diaphanes, mais qui est encore rare et chère.

1920. *Qu'est-ce qu'un* savon? — Un véritable sel formé par la combinaison des acides gras avec les oxydes métalliques, et obtenu par l'opération appelée saponification.

1921. *Quels sont les corps gras et les oxydes qui entrant dans la composition des* savons *ordinaires?* — Les savons ordinaires sont formés de potasse et de soude, combinés avec des huiles, du suif ou de l'axonge.

1922. *Quelle différence y a-t-il entre les* savons *de soude et de potasse?* — Les savons de soude sont plus fermes, on les appelle savons durs; les savons de potasse sont moins fermes : on les appelle savons mous. Le savon noir, avec excès de potasse, est mous et visqueux.

1923. *Si les* savons *se composent de substances grasses, comment les emploie-t-on à dégraisser?* — Parce qu'ils contiennent un excès considérable d'alcali apte à neutraliser les matières grasses sur lesquelles on le fait agir, en formant avec elles un nouveau savon soluble dans l'eau.

1924. *Comment les* savons *nettoient-ils ou blanchissent-ils le linge?* — Dissous dans l'eau, ils font à la fois l'office d'un liquide qui lave, et d'un alcali qui neutralise les corps gras en les saponifiant et les rendant solubles dans l'eau savonneuse, qui en débarrasse le linge.

1925. *Pourquoi dans les eaux calcaires le* SAVON *ne se dissout-il pas, ou donne-t-il naissance à des grumeaux non solubles dans l'eau?* — Parce que les sels solubles de potasse ou de soude qui constituent les savons se changent en sels de chaux insolubles.

1926. *Quelles sont surtout les eaux calcaires qui ne dissolvent pas les* SAVONS? — Les eaux qui contiennent la chaux à l'état de sulfate, *sélénite* ou plâtre, et que l'on appelle eaux dures ou crues ; l'acide sulfurique abandonne la chaux pour se porter sur la soude ou la potasse du savon, la chaux se combine avec le corps gras pour former un sel insoluble.

1927. *A quoi est due la marbrure du* SAVON? — A l'addition d'une alumine ferrugineuse, qui, s'unissant à l'acide gras, donne un savon coloré en vert.

1928. *Qu'est-ce que le* SAVON *noir?* — Un savon de potasse avec grand excès d'alcali.

1929. *Qu'est-ce que le* LAIT? — Un liquide sécrété par les glandes mammaires des femelles des animaux mammifères et destiné à nourrir leurs petits. Il est essentiellement formé d'eau, tenant en dissolution, ou à l'état d'émulsion, du beurre, du caséum et certains sels.

1930. *Qu'est-ce que la* CRÈME? — La portion du lait qui monte à sa surface par le repos dans un lieu frais et tranquille, et qui y forme une couche légèrement jaunâtre, onctueuse, plus ou moins épaisse. La crème est d'autant plus abondante que le lait est de meilleure qualité.

1931. *Qu'est-ce que.le* BEURRE?—La partie grasse du lait et de la crème de vache; elle est essentiellement formée de margarine, d'oléine, de butyrine, et d'une matière colorante, plus abondante en été quand les vaches se nourrissent d'herbe fraîche, moins abondante, ou presque nulle en hiver, quand les vaches se nourrissent de fourrages secs.

1932. *Pourquoi la* CRÈME *et le* LAIT *donnent-ils du beurre quand on les agite dans la baratte?* — Parce que l'agitation brise l'enveloppe des globules de beurre en suspension dans la partie aqueuse du lait, et amène ces globules en contact; ils s'unissent alors, s'agglomèrent et forment une masse solide isolée qui constitue le beurre.

1933. *Pourquoi le* BEURRE *rancit-t-il à l'air?*—Parce que, sous l'influence de l'oxygène de l'air, il s'acidifie en donnant naissance à de l'acide butyrique qui communique au beurre rance son odeur et sa saveur âcre et désagréable. Le beurre devient rance d'autant plus vite qu'il contient plus d'eau ou qu'il a été mal lavé.

1934. *Comment empêche-t-on le* BEURRE *de rancir aussi vite?* — En le salant ou le fondant; en y ajoutant une petite quantité d'une substance qui, comme l'iodure de potassium, empêche ou suspend son oxygénation ou son acidification.

1935. *Comment enlève-t-on au* BEURRE *sa rancidité?* — En le lavant et le pétrissant de nouveau dans de l'eau salée, ou mieux dans de l'eau à laquelle on a ajouté une petite quantité de carbonate de soude, qui décompose ou neutralise l'acide butyrique.

1936. *Comment empêche-t-on le* LAIT *de s'acidifier ou de tourner quand on le fait bouillir?* — Par l'addition d'une petite quantité de carbonate de soude, qui neutralise l'acide lactique à mesure de sa formation.

1937. *Comment conserve-t-on le* LAIT? — Le meilleur procédé pour conserver le lait est celui de M. Mabru, qui le met dans des bouteilles munies d'un col en plomb, élève sa température à 100 degrés au sein d'une atmosphère de vapeur d'eau, chasse ainsi tout l'air qu'il contenait, et ferme les bouteilles en pressant fortement le col en plomb, alors qu'il est encore plein de lait chaud. Le procédé de M. de Lignac consiste à vaporiser le lait sucré de manière à l'amener à la consistance d'un sirop ou crème épaisse, qu'on garde dans des boîtes en fer-blanc fermées hermétiquement et soudées comme les boîtes de conserves alimentaires.

CHAPITRE VII

ANTIDOTES.

TRAITEMENT GÉNÉRAL QUE POURRONT APPLIQUER LES PERSONNES ÉTRANGÈRES A L'ART DE GUÉRIR.

1938. *Lorsqu'une personne s'est* EMPOISONNÉE *par quelque breuvage, quel traitement faut-il lui administrer?* — Il faut : 1° provoquer l'*expulsion du poison* par le vomissement; — 2° calmer l'irritation locale ou des entrailles.

1939. *De quelle manière peut-on déterminer le vomissement?* — 1° En donnant au malade une très-grande
tasse d'*eau tiède* légèrement *miellée;* — 2° en lui faisant boire un vomitif énergique, obtenu par l'addition
d'une cuillerée de *moutarde* à un quart de litre d'eau
tiède; ou en versant dans un saladier trois verres
d'eau bouillante dans laquelle on met une égale quantité
d'*huile* ou de *beurre;* on bat fortement pour mélanger
le tout intimement, et l'on administre ce mélange
tiède, de cinq en cinq minutes, jusqu'à ce que le vomissement ait été suffisamment provoqué; — 3° si
l'on ne peut pas déterminer très-promptement le
vomissement, il faut le hâter par l'introduction des
doigts dans la gorge, en supposant que le poison ne
l'ait pas rendu trop douloureuse, ou par des chatouil-
lements dans le gosier avec la *barbe d'une plume,* que
l'on a soin de froisser pour la rendre très-souple.

1940. *De quelle manière peut-on calmer l'irritation
locale chez une personne qui a avalé un poison?* — 1° En
appliquant sur le ventre des linges imbibés de dé-
coctions émollientes; en l'humectant très-fréquemment
avec une éponge trempée dans de l'eau chaude, ou en
mettant le malade dans un bain d'eau tiède et l'y laissant même plusieurs heures, à la condition de réchauffer l'eau de temps en temps; — 2° si ces calmants
étaient insuffisants, il serait nécessaire d'appliquer au
ventre dix ou douze *sangsues* dans le voisinage des
points les plus douloureux.

§ 1. — Acides concentrés.

1941. *Citez les poisons les plus communs parmi les*

ACIDES MINÉRAUX. — L'acide muriatique (*chlorhydrique*); — l'acide nitrique (*azotique*); — l'acide sulfurique (*huile de vitriol*); — l'acide pyroligneux (*vinaigre de bois*); — le sulfate de fer (*vitriol vert* ou *couperose verte*).

1942. *Que doit-on faire à une personne qui a avalé un* ACIDE MINÉRAL ? — 1° Il faut lui faire boire soit du lait, soit un verre d'eau dans laquelle on a délayé un *alcali absorbant*, de la magnésie calcinée, ou, si l'on n'en a pas sous la main, de la craie, du blanc d'Espagne, du plâtre ou enfin du savon, qu'on fait dissoudre dans de l'eau chaude jusqu'à ce que le mélange prenne la consistance de la crème ; — 2° cinq minutes après, on lui donne un second verre du mélange absorbant; on lui administre ensuite un vomitif; et l'on revient au mélange absorbant après chaque vomissement.

1943. *Quel effet produisent ces* ALCALIS *sur les* ACIDES ? — Ils les *neutralisent* en les convertissant en *sels*. Ainsi la soude convertit l'acide chlorhydrique en *chlorhydrate de soude*, etc.

1944. *Citez les poisons les plus communs parmi les* ACIDES VÉGÉTAUX. — L'acide oxalique et l'acide prussique.

1945. *Quel traitement faut-il opposer à l'*ACIDE OXALIQUE? — Le même traitement qu'aux acides minéraux; excepté que, pour provoquer le vomissement, il faut bien se garder de recourir à l'eau tiède, qui aggraverait le mal, en dissolvant et disséminant davantage le poison.

1946. *Dans quelles substances rencontre-t-on l'*ACIDE

PRUSSIQUE? — Les amandes amères, les noyaux d'abricot, de pêche, etc., les feuilles de laurier cerise, employées quelquefois imprudemment à aromatiser le lait, donnent facilement naissance, pendant la digestion, à de l'acide prussique ; six ou huit amandes amères suffisent quelquefois pour incommoder gravement.

8947. *Quels secours faut-il donner à une personne qui a pris de l'*ACIDE PRUSSIQUE*?* — Il faut : 1° mettre du sel volatil ou de l'ammoniaque liquide sous le nez du malade, lui jeter de l'eau froide au visage, sur la poitrine et sur le dos ; — 2° exciter le vomissement. Après avoir déterminé l'expulsion du poison, on lui administrera une infusion de café faite avec un litre d'eau bouillante versée sur 310 grammes (10 *onces*) de cette poudre.

§ 2. — Alcalis caustiques.

1948. *Citez les poisons les plus communs parmi les* ALCALIS MINÉRAUX. — La potasse, la soude, l'ammoniaque liquide, la chaux vive, etc.

1949. *Quel est le remède à employer contre les* ALCALIS CAUSTIQUES? — Il faut administrer au malade une grande quantité d'eau dans laquelle on a ajouté un peu de *vinaigre* ou de jus de *citron*. L'huile et le beurre pris intérieurement, ainsi que de l'eau de gruau, produiront de bons effets. L'acide citrique forme avec les alcalis des sels et les neutralisent ; le beurre, l'huile ou le principe azoté du gruau, forme avec ces mêmes alcalis des savons.

On ne doit jamais donner à boire de l'ammoniaque sans avis du médecin.

§ 3. — Arsenic.

1950. *Sous quelle forme l'*ARSENIC *est-il surtout vénéneux et devient-il souvent un poison ?* — Sous forme
d'oxyde blanc d'arsenic ou d'acide arsénieux communément appelé *mort aux rats.*

1951. *Comment doit-on se conduire à l'égard du
malade qui a avalé de l'*ARSENIC *?* — 1° Il faut se hâter
de déterminer le vomissement, au moyen de l'introduction des doigts ou d'une plume dans la gorge
(*voyez* n° 1339) ; — 2° on administre, sans différer,
plusieurs verres d'*eau sucrée* froide jusqu'à ce qu'on
ait eu le temps d'en faire chauffer; si l'on peut se procurer de l'eau *sulfureuse,* on en fait boire quelques
petits verres; — 3° on met dans un vase 30 grammes
(une *once*) de *chaux vive,* qu'on écrase et dissout en y
ajoutant peu à peu quatre litres d'eau, ou bien 500
grammes (*une livre*) de savon dans deux litres d'eau ;
puis on fait prendre au malade par petits verres, de
cinq en cinq minutes, l'eau ainsi *alcalinisée* et qui a la
consistance du lait.

Quelquefois 8 ou 10 litres d'eau chaude ont à peine réussi.

L'eau peut être alcalinisée avec de la chaux, de la craie, du blanc d'Espagne ou de la magnésie.

1952. *Mentionnez un autre antidote célèbre de l'*AR-
SENIC *préconisé par le docteur Bunsen, chimiste illustre
de Heidelberg.* — Une forte dose d'*hydrate de peroxyde
de fer,* qui a la propriété de neutraliser l'effet du poison sur l'estomac.

1953. *Quel* EFFET *produit cet oxyde de fer sur l'ar-*

senic? — Il forme un *arséniate de fer*, qui est sans action sensible sur l'économie animale.

§ 4. — Vert-de-gris, vitriol.

1954. *Quels sont les poisons les plus communs à base de cuivre?* — Le vert de Scheele, qui est l'*arsénite de cuivre*; — le vert-de-gris *naturel*, qui est le *sous-carbonate* de cuivre; — le vert-de-gris *artificiel*, qui est le *sous-acétate* de cuivre; — le vitriol bleu ou la couperose bleue, qui est le *sulfate* de cuivre.

1955. *Quand l'empoisonnement par le cuivre est-il à redouter?* — Lorsqu'on fait cuire des aliments *acides* ou *gras* dans un vase de cuivre qui n'a pas été convenablement nettoyé ou qu'on a négligé d'entretenir bien étamé, et qu'on les y laisse *refroidir*.

Le vin, le vinaigre, l'huile, le lait et les graisses en général, par leur séjour dans des vases de cuivre, déterminent la formation du *vert-de-gris* et deviennent des poisons très-violents.

Les casseroles de cuivre ne communiquent aucune qualité nuisible aux aliments gras tant qu'elles sont très-propres et qu'on n'y laisse pas refroidir les mets qu'on y a fait cuire; mais il est toujours dangereux d'y faire cuire des aliments acidulés.

1956. *Quel est le remède à l'empoisonnement par les sels de* CUIVRE? — Il faut, sans différer, prendre : 1° plusieurs verres d'*eau bien sucrée*, froide d'abord, jusqu'à ce qu'on ait eu le temps d'en faire chauffer; 2° un mélange composé de six blancs d'œuf versés dans un demi-litre d'eau, et sans battre en *neige*. On peut, à défaut d'œufs, employer de la farine ou du lait coupé.

Ce remède peut combattre aussi l'empoisonnement par le *zinc* et le *mercure;* par le *vitriol blanc* (couperose blanche), ou sulfate de zinc; le *calomel* ou protochlorure de mercure administré à trop haute dose; par le *sublimé corrosif* ou deutochlorure de mercure, poison très-violent même à petite dose.

§ 5. — Plomb.

1957. *Sous quelles formes principales le* PLOMB *se présente-t-il comme poison?* — Sous forme de *céruse*, de sucre de plomb ou sel de Saturne, d'eau de Goulard (*eau blanche*), etc.

La céruse (*blanc de plomb*) est le carbonate du métal.

Le minium (*plomb rouge*) est un composé d'oxyde et de peroxyde de plomb.

Le sel de Saturne est l'acétate de plomb; l'eau de Goulard est une solution de cet acétate.

Les poteries grossières sont toujours malsaines, parce que les potiers se servent de *sulfure de plomb* pour les vernir. .

1958. *En outre de l'empoisonnement aigu, quels sont les principaux accidents causés par les sels de plomb?* — Les coliques appelées saturnines, et dont le siége est plus dans les muscles du ventre que dans les entrailles, que l'on guérit par l'application de l'électricité; la paralysie des bras ou d'autres membres, que l'on soulage aussi par les courants électriques interrompus ou continus.

1959. *Quel traitement faut-il opposer à l'empoisonnement par le plomb?* — Un purgatif formé avec une dissolution double de *sel d'Epsom* (sulfate de magnésie), et répété plusieurs fois. Le lait, l'huile de castor, et toute espèce de corps gras, sont de bons antidotes contre la *colique des peintres*.

Les peintres doivent éviter de porter des vêtements en *laine*, qui s'imprègnent très-facilement des émanations de la céruse, ils doivent changer très-fréquemment de linge, se couvrir la tête, et se laver très-souvent le corps.

§ 6. — Végétaux.

1960. *Citez les* POISONS VÉGÉTAUX *les plus communs ?*
— La ciguë, la persil des fous (*cicutaire aquatique*),
l'aconit, l'ellébore, la campanule gantelée, le trèfle
d'eau ou ménianthe, la morelle, la jusquiame, le tabac
et les champignons.

La ciguë et le persil des fous ressemblent au persil commun.

Quelques espèces de champignons sont bonnes à manger, mais le plus
grand nombre sont *vénéneuses*.

Il paraît cependant, d'après des expériences faites par un savant français,
M. Frédéric Gérard, qu'on peut, à l'aide d'une très-simple opération, rendre
innocents et *comestibles* les champignons les plus vénéneux. Il suffit de les
faire macérer pendant deux ou trois heures dans de l'eau salée ou dans une
eau alcaline ou vinaigrée. On leur fait ensuite subir plusieurs lavages à l'eau
chaude, et on les accommode à la manière ordinaire. (*Toxicologie*, par le
docteur Flandin. Paris, 1853, t. III, p. 452.)

**1961. *Quel est le remède à employer contre un poi-
son végétal ?*** — 1° Déterminer tout d'abord le vomissement (*Voyez* n° 1959); 2° administrer chaque demi-
heure une potion composée de vinaigre dilué dans
deux fois son volume d'eau.

Si le malade est plongé dans une profonde stupeur, il faut lui jeter de
l'eau froide au visage, sur la poitrine et sur le dos. Une tasse de *café très-
fort* est souvent utile dans ce cas.

1962. *Quels produits végétaux sont vénéneux ?* —
L'alcool (*esprit-de-vin*), l'opium, le laudanum, etc.

§ 7. — Ivresse.

1963. *Quel est le meilleur remède contre l'*IVRESSE ?*
— Il faut : 1° placer le malade sur un lit, élever un
peu sa tête et sa poitrine, et le déshabiller; 2° s'il n'a

pas vomi, lui donner un vomitif (*Voyez* n° 1959); 3° s'il
y a eu vomissement, donner de la *limonade*, ou de
l'eau sucrée avec du *vinaigre*, ou bien du thé avec du
jus de citron; 4° s'il est tout à fait insensible, lui jeter
de l'eau fraîche au visage ; si les extrémités sont froides, lui frotter les pieds et les jambes, ou les fomenter
avec de l'eau chaude ; 5° lorsque la circulation est ré-
tablie, le laisser *dormir*.

M. Bouchardat recommande de faire flairer de temps en temps de l'alcali
volatil, ou même de faire boire de l'eau additionnée de quelques gouttes
d'ammoniaque, 10 à 15 gouttes dans un verre d'eau.

§ 8. — Opium, laudanum.

1964. *Quel est le meilleur remède contre l'empoisonnement par l'*opium *ou le* laudanum*?* — Il faut : 1° donner d'abord au malade un vomitif ; 2° lui jeter de temps
en temps de l'eau froide au visage ; 3° quand il a vomi
abondamment, lui donner alternativement une tasse *de
café fort*, et un peu d'eau legèrement acidulée avec du
vinaigre ou du jus de citron.

On verse un litre d'eau bouillante sur 310 grammes de café. N'adminis-
trez que des boissons *froides*. On dit que le jus de citron est un antidote
héroïque contre l'opium.

§ 9. — Brûlure.

1965. *Si l'on s'*échaude *ou si l'on se* brule, *que doit-
on faire?* — Il faut 1° percer les cloches et faire sortir
le liquide; étendre l'épiderme ; 2° couvrir la partie lésée soit d'une *couche épaisse de farine*, soit de linges
trempés dans de l'huile non acide, et par-dessus de
compresses d'eau fraîche.

Il peut suffire d'envelopper d'ouate ou de laine la partie lésée si la
brûlure est légère. On peut aussi avoir recours à l'éther. L'essentiel,

en cas de brûlure, est de mettre la plaie à l'abri de l'air; le papier chimique ou papier Fayard est très-utile dans ce but; on peut aussi employer le collodion étendu sur une peau mince.

§ 10. — Convulsions.

1966. *Que doit-on faire pour combattre les* convulsions? — Mettre le malade sur-le-champ dans un *bain chaud* dont la température soit telle, qu'une *femme puisse y tenir le bras entier.*

§ 11. — Syncope.

1967. *Qu'y a-t-il à faire pour une personne qui tombe en* syncope? — Il faut : 1° placer la personne évanouie *sur le plancher sans lui élever la tête*, et ouvrir tous ses vêtements; 2° lui jeter de l'eau froide au visage, lui mettre sous le nez un flacon contenant du *sel volatil* ou de l'ammoniaque liquide, sans l'y laisser séjourner.

La meilleure manière de jeter l'eau au visage des personnes en faiblesse consiste à plonger la main dans un vase plein d'eau, à la fermer et à l'ouvrir brusquement, en imprimant aux doigts un mouvement de projection, de manière à lancer vivement contre le visage des gouttes d'eau très-divisées.

§. 12. — Apoplexie.

1968. *Comment doit-on combattre l'*apoplexie? — Il faut : 1° *élever* un peu la tête et les épaules du malade; mais bien se garder de lui laisser *pencher la tête sur la poitrine;* 2° lui appliquer alors à la tête des serviettes trempées d'eau froide et bien tordues. Il est souvent très-dangereux de saigner les personnes frappées d'apoplexie, parce qu'on enlève à la nature la force de réagir contre le choc reçu par l'organisme; la résorption du sang extravasé n'a pas lieu, et le malade ne se rétablit pas. Les révulsifs très-puissants, par exemple, l'application momentanée d'un tampon trempé dans l'eau bouillante; les ventouses sont mieux indiquées et plus efficaces.

§ 13. — Asphyxie par submersion (noyés).

1969. *Quels secours doit-on porter à un* NOYÉ? — Il faut : 1° non le *suspendre par les pieds*, mais le placer sur le côté droit, *la tête un peu élevée;* ouvrir doucement la bouche pour faciliter la sortie de l'eau ; 2° le déshabiller, en coupant avec des ciseaux ses vêtements sur toute leur longueur, l'envelopper chaudement d'une bonne couverture de laine, et le coucher sur un matelas, à terre, *près d'un grand feu,* en lui mettant sous la plante des pieds une brique chaude recouverte d'un linge ; 3° lui essuyer la bouche et le nez, et lui faire des frictions sur les diverses parties du corps avec une flanelle sèche d'abord, puis imbibée de quelque liqueur spiritueuse ; 4° introduire le *tuyau d'un soufflet* dans une de ses narines, en comprimant l'autre avec les doigts, pour pousser de l'air dans les poumons ; 5° lui tenir sous le nez du sel volatil ou de l'ammoniaque liquide, ou lui chatouiller le dedans des narines avec les *barbes d'une plume;* 6° lui presser le bas-ventre et les deux côtés de la poitrine doucement et à diverses reprises.

On a vu des noyés n'être rappelés à la vie que *sept* où *huit* heures après qu'ils avaient été retirés de l'eau.

Il faut traiter de la même manière les asphyxiés par strangulation *ou les* PENDUS, *en ayant de plus recours à la saignée.*

§ 14. — Asphyxie par le froid.

1970. *Comment doit-on soigner une personne* ASPHYXIÉE *par le* FROID? — On doit : 1° la porter dans la maison la plus voisine, l'envelopper dans une chaude couverture, en se gardant bien de l'*approcher du feu ;* 2° la déshabiller en coupant ses vêtements pour ne pas l'agiter, et la coucher dans un lit *non bassiné ;* 5° la placer dans un bain à la température ordinaire des puits, dans lequel, de deux en deux minutes, on verse *un peu d'eau chaude,* jusqu'à ce qu'il atteigne, dans l'espace de *trois quarts d'heure,* 25 degrés centigrade, et 30 degrés lorsqu'on sent le pouls se ranimer ; 4° lui faire, dans le bain, de légères aspersions d'eau froide sur le visage, après le lui avoir doucement et à plusieurs reprises frotté avec un linge sec ; 5° chercher à déterminer la première inspiration, soit en présentant sous le nez de l'asphyxié un flacon d'alcali volatil, soit en lui chatouillant les narines avec les barbes d'une plume, ou en y introduisant de l'air à l'aide d'un tube.

Si l'on ne peut se procurer un bain, il faut faire sur le corps des frictions avec des linges imbibés d'abord d'eau de puits, et ensuite d'eau tiède. On assure que le meilleur moyen de faire revenir les membres gelés consiste à les frotter avec de la neige, jusqu'à ce que l'on ait déterminé une réaction. L'asphyxié peut revenir à la vie même après douze ou quinze heures de mort apparente.

§ 15. — Asphyxie par la chaleur.

1971. *Quel remède doit-on apporter à l'asphyxie causée par l'ardeur du* SOLEIL, *par un* FEU *ardent, ou par la chaleur d'une* COURSE *rapide?* — Il faut 1° transporter promptement la personne asphyxiée par la chaleur dans un endroit qui soit un peu frais sans être froid ; 2° lui faire avaler de l'*eau acidulée* avec un peu de vinaigre ou de jus de citron, lui donner des lavements de même nature, mais *peu chargés de vinaigre*.

Des bains de pieds dans de l'eau médiocrement chaude sont utiles.

Si le malade ne se trouve pas mieux après ces soins, il faut avoir recours à l'application de sangsues à l'anus, ou à la saignée.

§ 16. — Asphyxie par l'acide carbonique.

1972. *Quels sont les secours à donner à une personne asphyxiée par le gaz provenant du* vin *ou de la* bière *en fermentation, de la combustion du* charbon, *des* mines, *des lieux habités par un trop grand nombre d'hommes, etc.?* — Il faut : 1° la transporter promptement hors du lieu méphitisé et l'exposer au grand air; 2° lui ôter ses vêtements et lui faire sur le corps des aspersions d'eau froide ; 3° lui faire avaler de l'eau légèrement acidulée; 4° lui donner des lavements avec deux tiers d'eau froide et un tiers de vinaigre ; 5° lui mettre sous le nez un flacon d'alcali volatil ou lui chatouiller le dedans des narines avec les barbes d'une plume ; 6° lui souffler très-lentement de l'air dans les poumons à l'aide d'un tube introduit dans une narine, en lui comprimant l'autre avec les doigts.

§ 17. — Blessures.

1973. *Quels sont les secours à donner à une personne blessée?* — Il faut : 1° en cas de plaie, découvrir doucement la partie blessée et la laver avec une éponge ou du linge imbibé d'eau fraîche ; 2° s'il n'y a qu'une simple coupure, et que le sang soit arrêté, rapprocher les bords de la plaie et les maintenir en cet état, en la couvrant d'un morceau de taffetas gommé, dit taffetas d'Angleterre, ou de bandelettes de sparadrap chauffé ; 3° s'il y a contusion ou bosse, appliquer et maintenir humides des compresses imbibées d'eau salée, ou mieux d'eau additionnée d'extrait de saturne, 15 à 20 gouttes d'extrait de saturne pour un verre d'eau ; 4° s'il y a perte de sang abondante, appliquer, soit des morceaux d'amadou, soit des gâteaux de charpie, soutenus au moyen de la main, d'un mouchoir ou de tout autre bandage, qui comprime suffisamment, sans exagération ; si le sang s'échappe par un jet rouge, écarlate, saccadé, exercer de suite avec les doigts une forte compression sur l'endroit d'où part le sang ; 5° si le blessé crache ou vomit du sang, le placer sur le dos ou sur le côté correspondant à la blessure, la tête et la poitrine soulevées et doucement soutenues, et lui faire prendre par petites gorgées de l'eau fraîche, appliquer sur la poitrine ou sur le creux de l'estomac, des compresses mouillées ; 6° s'il y a foulure ou entorse, plonger, s'il est possible, la partie blessée dans un vase rempli d'eau fraîche et l'y maintenir pendant très-longtemps, en renouvelant l'eau à mesure qu'elle s'échauffe ; si la partie ne peut être plongée dans l'eau, la couvrir ou l'envelopper de compresses imbibées d'eau, que l'on entretiendra fraîches au moyen d'un arrosement continuel ; 7° s'il y a luxation ou déboitement, éviter de faire exécuter au membre malade aucun mouvement brusque et étendu, placer et soutenir ce membre dans la position qui occasionne le moins de douleur au blessé;

8° s'il y a fracture, éviter d'imprimer au membre fracturé aucun mouvement inutile : pendant le transport du blessé, le porter ou le soutenir avec la plus grande précaution ; s'il s'agit du bras, de l'avant-bras ou de la main, rapprocher doucement le membre du corps et le soutenir avec une écharpe dans la position la moins pénible pour le blessé ; s'il s'agit de la cuisse ou de la jambe, après avoir placé doucement le blessé sur le brancard ou sur un lit, étendre avec précaution le membre fracturé sur un oreiller, et l'y maintenir à l'aide de deux ou trois rubans, suffisamment serrés par-dessus l'oreiller ; ou rapprocher le membre blessé du membre sain, et les unir ensemble dans toute leur longueur, sans trop serrer, soutenir le pied pour l'empêcher de tourner, soit en dedans, soit en dehors.

N. B. Tous ces différents secours doivent être administrés avec la plus grande célérité, en attendant l'arrivée du MÉDECIN, ou du CHIRURGIEN qu'il faut, dans presque tous les cas, envoyer chercher sur-le-champ.

FIN.

INDEX ALPHABÉTIQUE

Les chiffres renvoient aux numéros des questions; *n* indique une note; *p* veut dire page. Le signe — tient lieu du mot qui fait le sujet de l'article.

A

ABSORPTION de la chaleur, *p.* 178; qu'est-ce que l'—, 715; — par les couleurs blanches, 725; — par les couleurs foncées, 726, 727; par le lin, 728; — par la fumée, 724, 741; — par la mer, 736, 737; — par un métal terne, 720; — par la peau noire, 731; — par la suie, 724, 741.

Absorption de la lumière, 1259; — des rayons colorés, 1576.

Absorbant (pouvoir), 715, *n.*

ACÉTATE de fer, 1886, *n.*

ACÉTIQUE (acide), 1886.

ACIDE, Acides, *p.* 485; — acétique, 1886; action des — sur le tournesol, 1416; antidote contre les —, 1941; — azotique, 1570, *n.* (voy. *Nitrique*); — butyrique, 1917; — carbonique, 1616; *p.* 421 (voy. *Carbonique*); — citrique, 1875;—composés de l'oxygène avec les corps combustibles, 1415; — concentrés, empoisonnement par les —, *p.* 500; — de la fermentation, 1728, 1875; — des fruits, 1875; désignation des —, 1420; — fait tourner le lait, 1900; — hircique, 1890; — lactique,

1895; — malique, 1874; — margarique, 1907; — poisons parmi les minéraux, *p.* 500; — muriatique, son antidote, *p.* 501; — oléique, 1907; — — oxalique, 1879, 1880, 1881; — son antidote, *p.* 500; — phocénique, 1890; —phosphorique, 1705, *n.*;—prussique, 1940; son antidote, 1917; — pyroligneux, 1871, 1872; son antidote, *p.* 500; — stéarique, 1907; — sulfureux, sulfurique, 1420; taches des — enlevées, 1881; — tannique, 1891; — tartarique, 1888.

ACIER, rouille de l' —, 1425; — à l'abri de la rouille, 1453.

ACONIT, son antidote, *p.* 506.

ACOUSTIQUE, *p.* 289.

ACROLÉINE, 564, *n.*

ACRYLE, 563, *n.*

ACTINIQUES (rayons), 4, 16, *n.*

ACTION chimique, *p.* 45; — source de chaleur, 166; — mécanique, *p.* 185; — source de chaleur, 742.

AÉRONAUTES (souffrances des), 792.

AÉROSTATS, *p.* 193; cause de l'ascension des —, 784; — gonflés par l'hydrogène, 1501.

AGATE, 1494.

F

G

N

W

Z